中等职业学校教学用书（机电技术专业）

CAXA
电子图板绘图教程
（2007版）

郭朝勇　主编

電子工業出版社
Publishing House of Electronics Industry
北京 • BEIJING

内容简介

本书以大众化的国产微机绘图软件 CAXA 电子图板（2007 版）为应用平台，介绍了计算机绘图的基本概念、主要功能及 CAXA 软件的使用方法。全书内容简洁、通俗易懂，具有较强的实用性和较好的可操作性。

本书可作为中等职业学校机械、机电等专业的计算机绘图课程教材，也可供其他计算机绘图方面的初学者使用。

本书配有电子教学参考资料包（包括教学指南、电子教案、习题答案），详见前言。

图书在版编目（CIP）数据

CAXA 电子图板绘图教程：2007 版 / 郭朝勇主编.—北京：电子工业出版社，2007.7
中等职业学校教学用书．机电技术专业
ISBN 978-7-121-04436-6

I. C…　Ⅱ.郭…　Ⅲ.自动绘图－软件包，CAXA－专业学校－教材　Ⅳ.TP391.72

中国版本图书馆 CIP 数据核字（2007）第 090638 号

策划编辑：白　楠
责任编辑：宋兆武
印　　刷：涿州市京南印刷厂
装　　订：涿州市桃园装订有限公司
出版发行：电子工业出版社
　　　　　北京市海淀区万寿路 173 信箱　邮编　100036
开　　本：787×1 092　1/16　印张：16.75　字数：428.8 千字
印　　次：2011 年 6 月第 9 次印刷
印　　数：3 000 册　　定价：25.00 元

凡所购买电子工业出版社图书有缺损问题，请向购买书店调换。若书店售缺，请与本社发行部联系，联系及邮购电话：（010）88254888。

质量投诉请发邮件至 zlts@phei.com.cn，盗版侵权举报请发邮件至 dbqq@phei.com.cn。

服务热线：（010）88258888。

中等职业学校教材工作领导小组

前　言

随着 CAD 技术的发展和普及，计算机绘图已广泛应用于机械、电子、建筑、轻纺等行业的工程设计和生产，大大促进了工业技术的进步和工程设计生产率及产品质量的提高。掌握计算机绘图技术已成为机械、电子、建筑、轻纺等行业从业技术人员的基本要求。在多数大中专工科院校中均已开设计算机绘图类必修课程。为适应技术的发展和学生毕业后任职的具体需要，2003 年 1 月，我们以 CAXA 电子图板 V2 为软件蓝本，编写并出版了《CAXA 电子图板绘图教程》一书，作为中等职业技术学校机电专业计算机绘图课程的教材。

根据中等职业教育的培养目标和计算机绘图的应用现状，并考虑加入 WTO 后对使用正版软件的客观要求，教材选用最为普及的国产微机绘图软件 CAXA 为教学软件。该软件具有中文界面、国标图库、优质低价等特点，与常用的国外软件 AutoCAD 相比，更为经济、易学、实用；连续 4 年获“国产十佳软件”的称号，连续 4 年占国内 CAD/CAM 软件市场份额第一的优秀业绩，具有较好的代表性和较高的市场占有率；已作为劳动人事和社会保障部“制图员”职业资格考试软件、教育部 NIT（全国应用技术证书考试）“计算机绘图”考试软件及教育部“优秀”职业教育软件，得到了社会和行业的广泛认可。

原教材出版后的 4 年来，很多中职学校将其选作教材，累计印数已数万册。鉴于在 CAXA 电子图板 V2 后北航海尔公司又先后推出了 CAXA 电子图板 XP、2005 和 2007 三个新的版本，原书已不能完全满足软件版本及技术发展的需要。根据培养目标和中职教材的基本要求，结合新版本软件特点及使用者的反馈意见，在原教材的基础上我们编写了本书，继续作为中等职业技术学校机电专业计算机绘图课程的教材。

全书共分 10 章，全面介绍了 CAXA 电子图板的主要功能及具体应用。第 1 章概述计算机辅助设计（CAD）、计算机绘图的基本概念及 CAXA 电子图板的主要功能；第 2 章介绍

CAXA 电子图板的用户界面及基本操作；第 3 章介绍平面绘图命令；第 4 章介绍图层、颜色、线型等图形特性的设置和控制；第 5 章介绍图框和标题栏设置、捕捉和导航等绘图辅助工具；第 6 章介绍图形编辑命令；第 7 章介绍图块及图库的定义及应用；第 8 章介绍工程标注；第 9 章以典型零件和装配体的绘图为例介绍了 CAXA 电子图板的综合应用；第 10 章介绍打印排版及绘图输出的方法。本书是以 CAXA 电子图板的 2007 版本为依据来组织编写的，所述命令、功能及基本操作大多也适用于 CAXA 电子图板的其他版本（如 2000,R2,XP,2005 等）。

针对中等职业教育的培养目标和课程特点，本书在内容取舍上注意突出基本概念、基本知识和操作能力的培养；在内容编排上注重避繁就简、突出可操作性；在示例和练习选择上尽量做到简单明了、通俗易懂，并侧重于机械工程实际应用。对重点内容和绘图示例，均给出了具体的上机操作步骤，学生只要按照书中的操作指导，即可顺利地绘制出工程图形，并能全面、深入地学习和训练计算机绘图常用命令的使用方法及应用技巧。每章后均附有习题和上机指导与练习，可以帮助学生加深对所学内容的理解和掌握。

本书由郭朝勇主编，路纯红、黄海英、欧涛编著，郭虹、韩宏伟、许静、段勇、郭栋等也参与了部分工作。河北邮电规划设计院高工段红梅审阅了本书，并提出了很好的建议，在此表示感谢。

限于编者水平，书中难免存在疏漏和错误之处，敬请使用本书的老师和同学批评指正。我们的 E-mail 地址为chaoyongguo@21cn.com。

为了方便教师教学，本书还配有教学指南、电子教案和习题答案（电子版）。请有此需要的教师登录华信教育资源网（www.huaxin.edu.cn 或 www.hxedu.com.cn）免费注册后再进行下载，有问题时请在网站留言板留言或与电子工业出版社联系（E-mail:hxedu@phei.com.cn）。

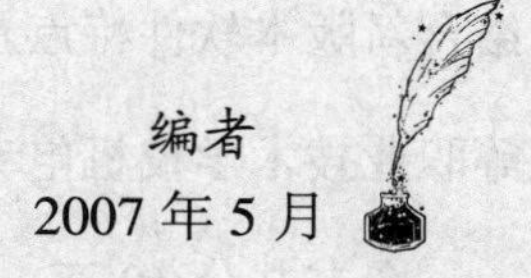

编者

2007 年 5 月

目 录

第1章 概 述

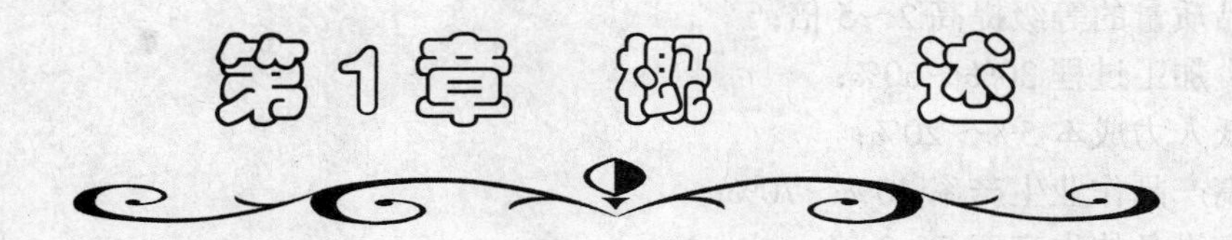

本章将概要介绍计算机辅助设计（CAD）及计算机绘图的概念、意义，计算机绘图系统的组成，以及有代表性的微机绘图软件——CAXA 电子图板的特点、应用及其安装和启动。

1.1 计算机辅助设计

设计工作的特点是整个设计过程是以反复迭代的形式进行的，在各个设计阶段之间有信息的反馈和交互。在此过程中设计者需要进行大量的分析计算和绘图等工作。传统的设计方法使设计人员不得不在脑海里完成产品构思，想象出复杂的三维空间形状，并把大量的时间和精力消耗在翻阅手册、图板绘图、描图等烦琐、重复的劳动中。

计算机具有高速的计算功能、巨大的存储能力和丰富灵活的图形文字处理功能。充分利用计算机的这种优越性能，同时，结合人的知识经验、逻辑思维能力，形成一种人与计算机各尽所长、紧密配合的系统，以提高设计的质量和效率。

计算机辅助设计（Computer Aided Design，CAD），是从 20 世纪 50 年代开始，随着计算机及外部设备的发展而形成的一门新技术。广义上讲，计算机辅助设计就是设计人员根据设计构思，在计算机的辅助下建立模型，进行分析计算，在完成设计后，输出结果（通常是图纸、技术文件或磁盘文件）的过程。

CAD 是一种现代先进的设计方法，它是人的智慧与计算机系统功能的巧妙结合。CAD 技术能够提供一个形象化的设计手段，有助于发挥设计人员的创造性，提高工作效率，缩短新产品的设计周期，把设计人员从繁重的设计工作中解脱出来。同时，在产品数据库、程序库和图形库的支持下，应用人员用交互方式对产品进行精确的计算分析，能够使产品的结构和功能更加完善，提高设计质量。不仅如此，CAD 技术还有助于促进产品设计的标准化、系列化、通用化，规范设计方法，使设计成果方便、快捷地进行推广和交流。目前，CAD 已成为工程设计行业在新技术背景下参与产品竞争的必备工具，成为衡量一个国家和地区科技与工业现代化水平的重要标志之一。CAD 正朝着标准化、智能化、网络化和集成化方向蓬勃发展。

CAD 技术的开发和应用从根本上改变了传统的设计方法和设计过程，大大缩短了科研成果的开发和转化周期，提高了工程和产品的设计质量，增加了设计工作的科学性和创造性，对加速产品更新换代和提高市场竞争力有巨大的帮助。美国国家工程科学院曾将 CAD 技术的开发应用评为 1964～1989 年（共 25 年）对人类影响最大的十大工程成就之一。CAD 技术所产生的经济效益也十分可观，下面是由美国科学研究院所做的统计分析：

① 降低工程设计成本13%～30%；

② 减少产品设计到投产的时间30%～60%；

③ 产品质量的等级提高2～5倍；

④ 减少加工过程30%～60%；

⑤ 降低人力成本5%～20%；

⑥ 提高产品作业生产率40%～70%；

⑦ 提高设备的生产率2～3倍；

⑧ 提高工程师分析问题的广度和深度的能力3～35倍。

CAD技术的应用也改变了人们的思维方式、工作方式和生产管理方式，因为载体发生了变化，已不再是图纸。CAD工作方式主要体现在：

① 并行设计。进行产品设计的各个部门，如总体设计部门、各部件设计部门、分析计算部门及试验测试部门，可以并行地进行各自的工作，同时，还能共享到他人的信息，从网络上获得产品总体结构形状和尺寸，以及各部门的设计结果、分析计算结果和试验测试数据，并能对共同感兴趣的问题进行讨论和协调。在设计中，这种协调是必不可少的。

② 在设计阶段就可以模拟零件加工和装配，便于及早发现加工工艺性方面的问题，甚至运动部件的相碰、相干涉的问题。

③ 在设计阶段可以进行性能的仿真，从而大幅度地减少试验工作量和费用。

作为CAD技术主要组成部分的CAD软件源自20世纪60年代的计算机辅助几何设计，当时主要解决图形在计算机上的显示与描述问题，逐渐提出了线框、实体、曲面等几何形体描述模型。发展至今，共经历了以下几个阶段：

（1）计算机绘图阶段。重点解决计算机图形生成、显示、曲面表达方式等基础问题。

（2）参数化与特征技术阶段。解决CAD数据的控制与修改问题。

（3）智能设计阶段。在设计中融入更多的工程知识和规则，实现更高层次上的计算机辅助设计。

经过40余年的发展，CAD软件已经由单纯的图纸或者产品模型的生成工具，发展为可提供广泛的工程支持，涵盖了设计意图表达、设计规范化、系列化、设计结果可制造性分析（干涉检查与工艺性判断）、设计优化等诸多方面。产生的三维设计模型可转换为支持CAE（计算机辅助工程）和CAM（计算机辅助制造）应用的数据形式。三维设计的这些特点满足了企业的工程需要，极大地提高了企业的产品开发质量和效率，大大缩短了产品设计和开发周期。

目前，国外大型制造类企业中，三维设计软件已得到了广泛的应用。如美国波音公司利用三维设计及相关软件，在两年半的时间里实现了波音777的无图纸设计，而按照传统的设计工作方式，整个过程至少需要4年。并且，在工程实施中，广泛采用了并行工程技术，在CAD环境下进行了总体产品的虚拟装配，纠正了多处设计错误，从而保证了设计过程的短周期、设计结果的高质量，以及制造过程的流畅性。

相对于二维设计（计算机辅助绘图），三维设计的最大特点就是采用了特征建模技术和设计过程的全相关技术。三维设计软件不仅具有强大的造型功能，而且提供了广泛的工程支持，包括设计意图的描述、设计重用和设计系列化等。

三维设计分为零件设计、装配设计和工程图生成三个阶段。设计过程的全相关，使得在任何一个阶段修改设计，都会影响其他阶段的设计结果，从而保持模型在各种设计环境中的一致性，提高了设计效率。图 1.1 所示为用三维设计软件建立的“装载机”三维装配模型；图 1.2 所示是装载机中的主要零件之一——“铲斗”的三维零件模型；图 1.3 所示是由软件自动生成的对应图 1.2 所示“铲斗”的零件工程图。三者之间是完全关联和协调一致的。

图 1.1　“装载机”三维装配模型

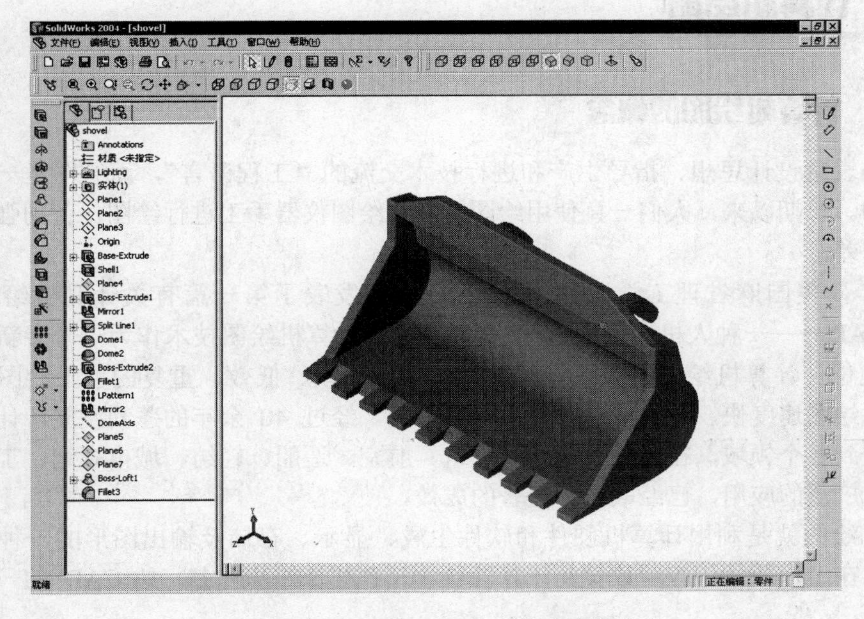

图 1.2　装载机中“铲斗”的三维零件模型

我国的 CAD 技术，从总体水平上看，与发达国家相比较还存在着一定的差距。我国的 CAD 技术的研究及应用，始于 20 世纪 70 年代初，主要研究单位是为数不多的航空和造船工业中的几个大型企业和高等院校。到 80 年代后期，CAD 技术的优点开始为人们所认识，我国的 CAD 技术有了较大的发展，并推动了几乎一切领域的设计革命。目前，作为

CAD 应用初级阶段的计算机绘图技术在我国的工程设计和生产部门已完全实现。三维 CAD 技术和应用正得到迅猛发展和普及，并已产生巨大的社会效益和经济效益。

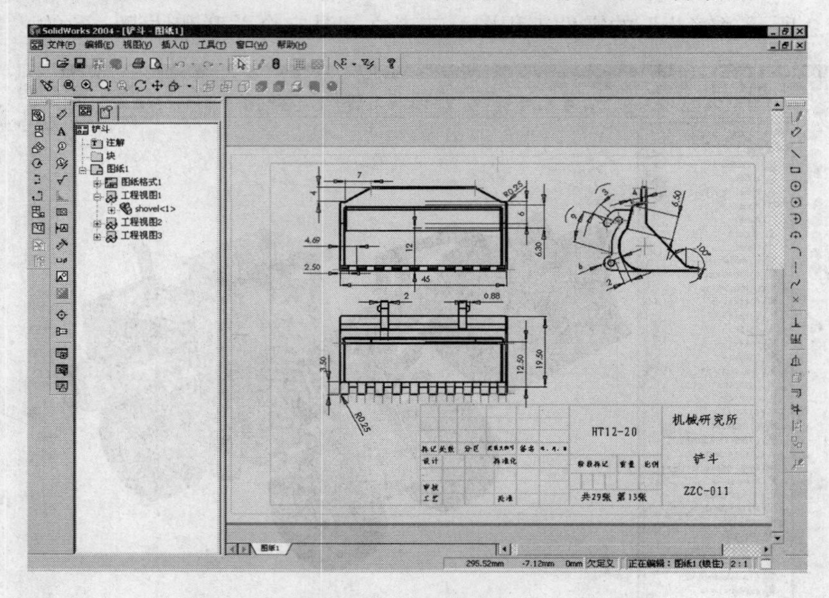

图 1.3　由软件自动生成的“铲斗”零件工程图

1.2　计算机绘图

1.2.1　计算机绘图的概念

图样是表达设计思想、指导生产和进行技术交流的“工程语言”，而绘图是一项细致、烦琐的劳动。长期以来，人们一直使用绘图工具和绘图仪器手工进行绘图，劳动强度大、效率低、精度差。

1963 年，美国麻省理工学院的 I.E.Sutherland 发表了第一篇有关计算机绘图的论文“SKECHPAD——一种人机通信系统”，从而确立了计算机绘图技术作为一个崭新的科学分支的独立地位。计算机绘图的出现，将设计人员从烦琐、低效、重复的手工绘图中解脱出来。计算机绘图速度快、精度高，且便于存储管理。经过 40 余年的蓬勃发展，计算机绘图技术已渗透到各个领域，在机械、电子、建筑、航空、造船、轻纺、城市规划、工程设计等方面得到了广泛的应用，已经取得了显著的成效。

计算机绘图就是利用计算机硬件和软件生成、显示、存储及输出图形的一种方法和技术。它建立在工程图学、应用数学及计算机科学三者结合的基础上，是 CAD 的一个主要组成部分。

计算机绘图系统由硬件和软件两大部分组成，所谓硬件是指计算机及图形输入、输出等外围设备，而软件是指专门用于图形显示、绘图及图数转换等处理的程序。

1.2.2　计算机绘图系统的硬件

计算机绘图系统的硬件主要由计算机主机、图形输入设备及图形输出设备组成。

输入/输出设备在计算机绘图系统中与主机交换信息，为计算机与外部的通信联系提供了方便。输入设备将程序和数据读入计算机，通过输入接口将信号翻译为主机能够识别与接受的信号形式，并将信号暂存，直至被送往主存储器或中央处理器；输出设备把计算机主机通过程序运算和数据处理送来的结果信息，经输出接口翻译并输出用户所需的结果（如图形）。下面介绍几种常用的输入/输出设备。

1. 图形输入设备

从逻辑功能上分，图形输入设备有定位、选择、拾取和输入四种，但实际的图形输入设备却往往是多种功能的组合。常用的图形输入设备中，除最基本的输入设备——键盘、鼠标外，还有图形数字化仪和扫描仪。

（1）图形数字化仪

图形数字化仪又称图形输入板，是一种图形输入设备。它主要由一块平板和一个可以在平板上移动的定位游标（有4键和16键两种）组成，如图1.4所示。当游标在平板上移动时，它能向计算机发送游标中心的坐标数据。图形数字化仪主要用于把线条图形数字化。用户可以从一个粗略的草图或大的设计图中输入数据，并将图形进行编辑、修改到所需要的精度。图形数字化仪也可以用于徒手做一个新的设计，随后进行编辑，以得到最后的图形。

图1.4 图形数字化仪

图形数字化仪的主要技术指标有：

- 有效幅面。指能够有效地进行数字化操作的区域。一般按工程图纸的规格来划分，如A4,A3,A1,A0等。
- 分辨率。指相邻两个采样点之间的最小距离。
- 精度。指测定位置的准确度。

（2）扫描仪

扫描仪是一种直接把图形（如工程图）和图像（如照片、广告画等）以像素信息形式扫描输入到计算机中的设备，其外观如图1.5所示。将扫描仪与图像矢量化软件相结合，可以实现图形的扫描输入。这种输入方式在对已有的图纸建立图形库，或局部修改图纸等方面有重要意义。

（a）平板式

（b）滚动式

图1.5 扫描仪

扫描仪按其所支持的颜色，可分为黑白和彩色两种；按扫描宽度和操作方式可分为大型扫描仪、台式扫描仪和手持式扫描仪。扫描仪的主要技术指标有：

- 扫描幅面。常用的幅面有 A0、A1、A4 三种。
- 分辨率。指在原稿的单位长度上取样的点数（常用的单位为 dpi，即每英寸内的取样点数）。一般来说，扫描时所用分辨率越高，所需存储空间越大。
- 支持的颜色、灰度等级。目前有 4 位、8 位和 24 位颜色、灰度等级的扫描仪。一般情况下，扫描仪支持的颜色、灰度等级越多，图像的数字化表示就越精确，但也意味着占用的存储空间越大。

2. 图形输出设备

图形显示器是计算机绘图系统中最基本的图形输出设备，但屏幕上的图形不可能长久保存下来，要想将最终图形变成图纸，就必须为系统配置绘图机、打印机等图形输出设备以永久记录图形。现仅就最常用的图形输出设备——绘图机进行简单介绍。

绘图机从成图方式来分有笔式、喷墨、静电和激光等类型；从运动方式来分有滚筒式和平板式两种。因喷墨滚筒绘图机既能绘制工程图纸，又可输出高分辨率的图像及彩色真实感效果图，且对所绘图纸的幅面限制较小，因而目前得到了广泛的应用。图 1.6 所示为两种滚筒绘图机的外观。

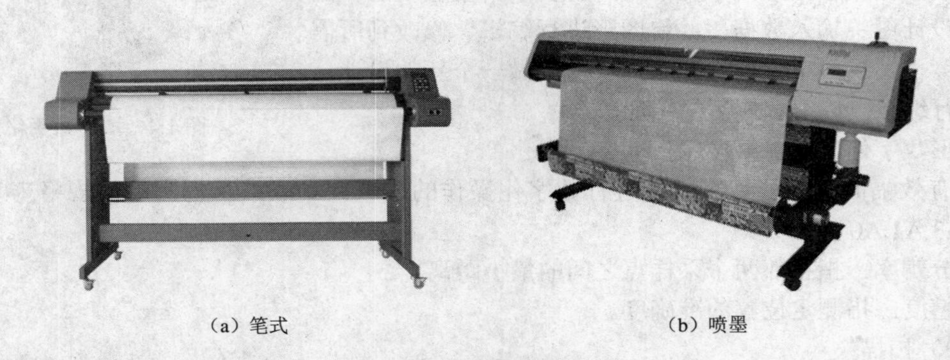

（a）笔式　　（b）喷墨

图 1.6　滚筒绘图机

1.2.3　计算机绘图系统的软件

在软件方面，实现计算机绘图，除可通过编程以参数化等方式自动生成图形外，更多采用的是利用绘图软件以交互方式绘图。绘图软件一般应具备以下功能：

- 绘图功能。绘制多种基本图形。
- 编辑功能。对已绘制的图形进行修改等编辑。
- 计算功能。进行各种几何计算。
- 存储功能。将设计结果以图形文件的形式存储。
- 输出功能。输出计算结果和图形。

目前流行的交互式微机绘图软件有多种，代表性的主要有美国 Autodesk 公司开发的 AutoCAD 及我国北京北航海尔公司开发的 CAXA 电子图板。本书以 CAXA 电子图板为应用平台，介绍计算机绘图的知识和操作技术，所述基本原理与方法也适用于其他绘图软件。

1.3 CAXA 电子图板概述

CAXA 电子图板是一个功能齐全的通用计算机辅助绘图软件。它以图形交互方式，对几何模型进行实时地构造、编辑和修改。CAXA 电子图板提供形象化的设计手段，帮助设计人员发挥创造性，提高工作效率，缩短新产品的设计周期，把设计人员从繁重的设计绘图工作中解脱出来，并有助于促进产品设计的标准化、系列化和通用化，使得整个设计规范化。CAXA 电子图板在 1997 年由北航海尔公司开发，经过 CAXA 电子图板 98,2000,V2,XP,2005 等多次典型版本更新，目前已发展到 2007。

CAXA 电子图板适合于所有需要二维绘图的场合。利用它可以进行零件图设计、装配图设计、零件图组装装配图、装配图分解零件图、工艺图表设计、平面包装设计、电气图纸设计等。它已经在机械、电子、航空、航天、汽车、船舶、轻工、纺织、建筑及工程建设等领域得到广泛的应用。图 1.7 至图 1.9 所示分别为用 CAXA 电子图板绘制的机械装配图、建筑工程图、电气工程图图例。

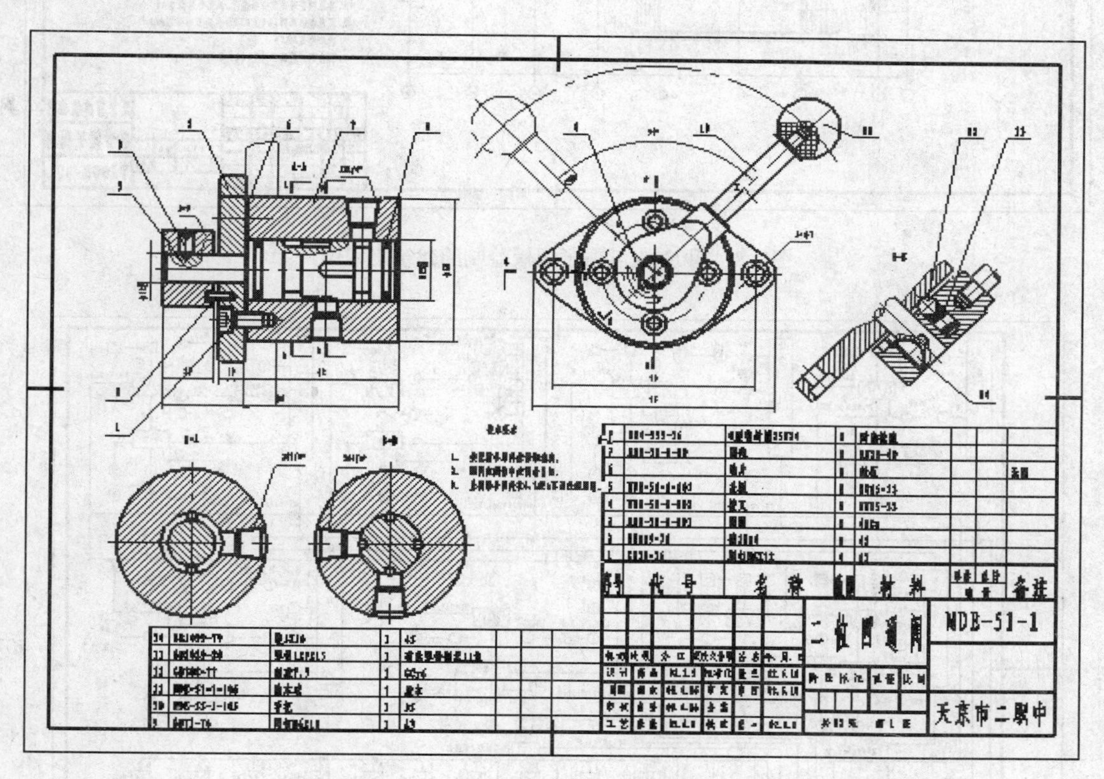

图 1.7 用 CAXA 电子图板绘制的机械装配图

电子图板具有“开放的体系结构”，允许用户根据自己的需求，通过在电子图板开发平台基础之上进行二次开发，扩充电子图板的功能，实现用户化、专业化，使电子图板成为既通用于各个领域，也适用于特殊专业的软件。

本书以 CAXA 电子图板 2007 为蓝本，系统介绍 CAXA 电子图板的操作及应用，所述操作与方法也基本适用于电子图板的其他版本。

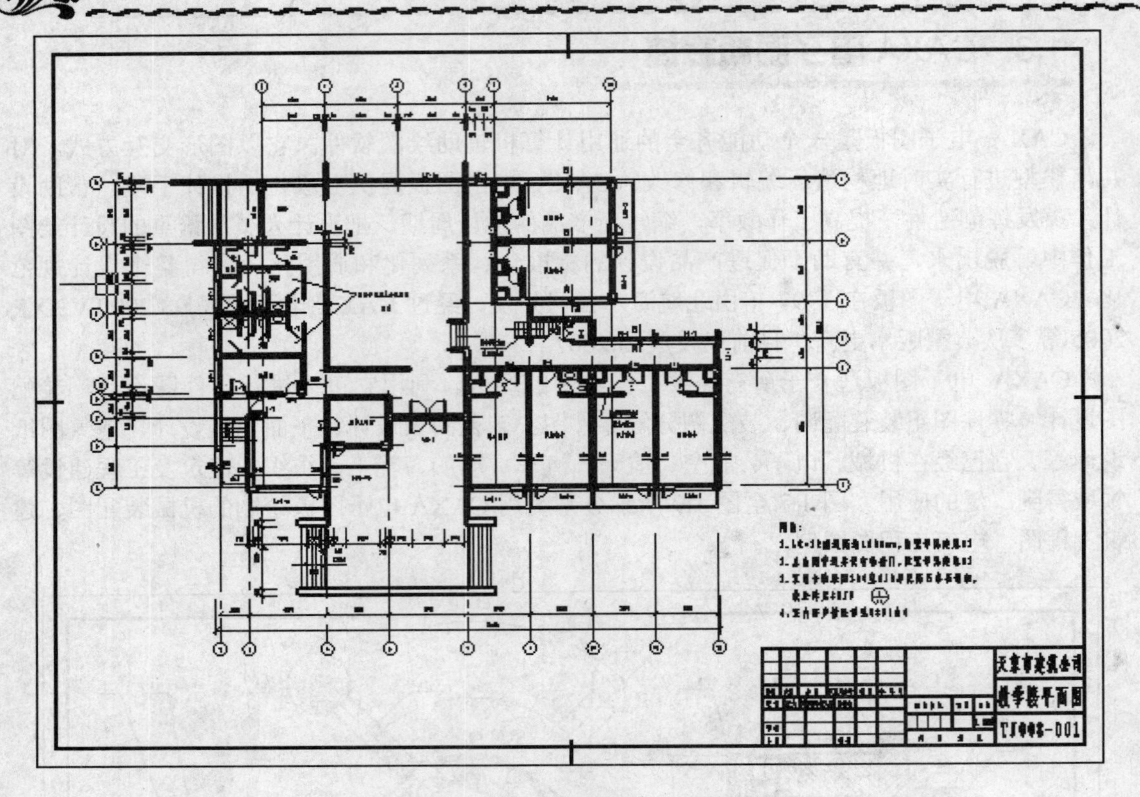

图 1.8　用 CAXA 电子图板绘制的建筑工程图

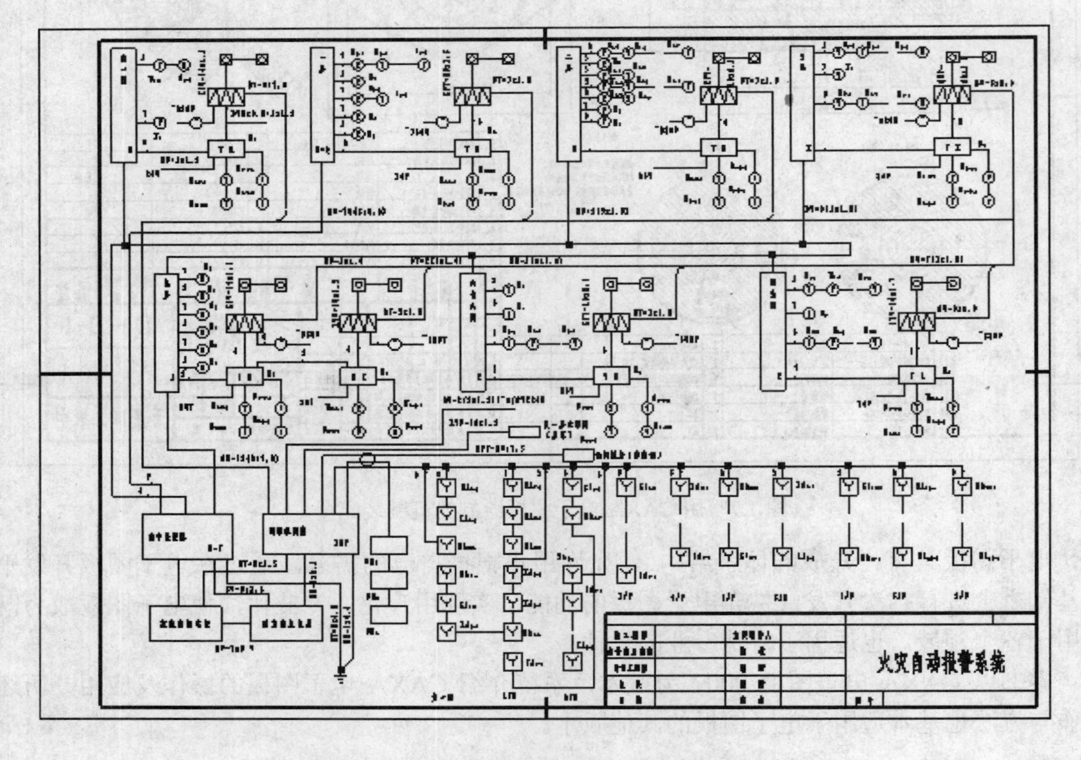

图 1.9　用 CAXA 电子图板绘制的电气工程图

1.3.1 系统特点

1. 智能设计、操作简便

系统提供了强大的智能化工程标注方式，包括尺寸标注、坐标标注、文字标注、尺寸公差标注、形位公差标注和粗糙度标注等。标注过程智能化，只需选择需要标注的方式，系统就可自动捕捉您的设计意图。

系统提供强大的智能化图形绘制和编辑功能、文字和尺寸的修改等。绘制和编辑过程实现“所见即所得”。

系统采用全面的动态可视设计，支持动态导航、自动捕捉特征点、自动消隐等功能。

2. 体系开放、符合标准

系统全面支持最新的国家标准，通过国家机械 CAD 标准化审查。系统提供了图框、标题栏等样式供您选用。在绘制装配图的零件序号、明细表时，系统自动实现零件序号与明细表联动。明细表支持 Access 和 FoxPro 数据库接口。

3. 参量设计、方便实用

系统提供方便高效的参量化图库，可以方便地调出预先定义的标准图形或相似图形进行参数化设计。

系统增加了大量的国标图库，覆盖了机械设计、电气设计等所有类型。

系统提供的局部参数化设计可以对复杂的零件图或装配图进行编辑修改，在欠约束和过约束的情况下，均能给出合理的结果。

1.3.2 运行环境

最低配置：Windows 2000/XP 操作系统；P3 800 MHz 以上 CPU；256 M 以上内存。

推荐配置：Windows 2000/XP 操作系统；P4 2 GHz 以上 CPU；512 M 以上内存；NVADIA 显卡。

1.4 CAXA 的安装与启动

在使用 CAXA 电子图板绘图之前，首先应将其从软件供应商提供的软件光盘上正确地安装到用户的计算机中。

CAXA 电子图板的安装程序本身具有文件复制、系统更新、系统注册等功能，并采用了智能化的安装向导，操作非常简单，用户只需一步一步按照屏幕提示操作即可完成整个安装过程。

安装过程结束后，在操作系统的“程序”组中会增加“CAXA”程序组（如图 1.10 所示），并同时在操作系统的“桌面”上，自动生成图 1.11 所示的 CAXA 电子图板 2007 快捷图标。

启动 CAXA 电子图板有多种方法，最简单的方法是在 Windows 桌面上双击图 1.11 所示的 CAXA 电子图板的快捷图标。

启动后首先显示 CAXA 电子图板的启动画面，然后自动显示“日积月累”提示框，单击其中的“关闭”按钮后，进入系统界面。由此可开始进行绘图。

图 1.10 “CAXA” 程序组

图 1.11　CAXA 电子图板 2007 快捷图标

习　题

1．什么是 CAD？采用 CAD 技术有什么意义？

2．什么是计算机绘图？在您所熟悉的领域中哪些工作可以应用计算机绘图？

3．计算机绘图系统由哪些部分组成？请列出您所见到过的图形输入和输出设备。

4．“CAXA 电子图板”绘图软件有什么特点？

上机指导与练习

【上机目的】

了解 CAXA 电子图板绘图软件的安装和启动方法。

【上机内容】

（1）将 CAXA 电子图板绘图软件正确地安装到您的计算机上。

（2）启动 CAXA 电子图板绘图软件。

【上机练习】

（1）检查您的计算机软、硬件环境和配置是否满足 CAXA 电子图板的运行要求。

（2）将 CAXA 电子图板软件光盘放到计算机的光驱中，运行其中的 setup.exe 文件，系统将执行软件安装程序；按提示依次输入用户信息及安装设置选项，特别是务必输入正确的软件序列号。

（3）安装结束后，将在计算机“开始”—“程序”下生成“CAXA”程序组，并在计算机桌面上生成 CAXA 电子图板 2007 快捷图标。

（4）将软件狗插到计算机的 USB 端口上，软件即可正常运行。

（5）双击桌面上的快捷图标即可启动 CAXA 电子图板。

第 2 章　用户界面及基本操作

本章将介绍 CAXA 电子图板的用户界面及基本操作，并介绍一个简单工程图形的具体绘制和操作过程，为后续章节的学习打下基础。

2.1　用户界面及操作

2.1.1　界面组成

图 2.1 所示为 CAXA 电子图板 2007 的用户界面，其主要由以下几个区域组成。

1．标题行

标题行位于窗口的最上一行，左端为窗口图标，其后显示当前文件名，右端依次为“最小化”、“最大化/还原”、“关闭”三个图标按钮。

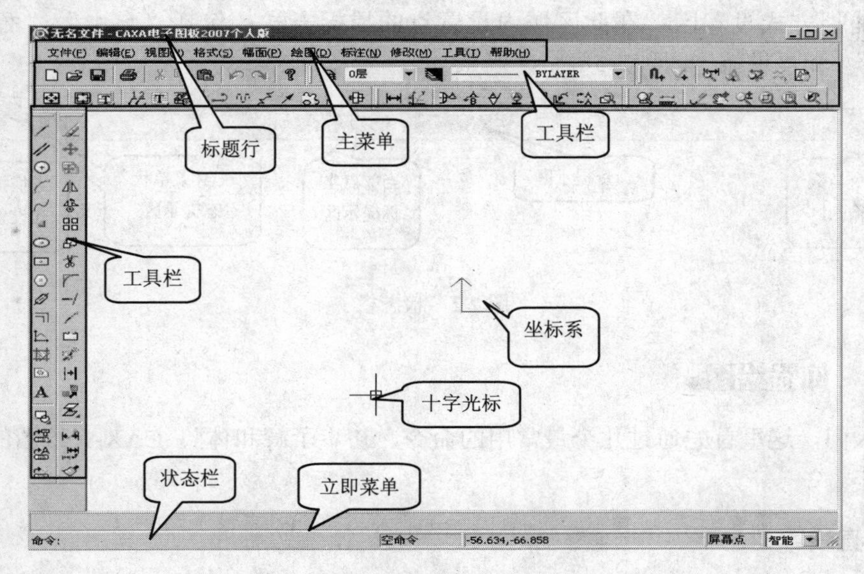

图 2.1　CAXA 电子图板 2007 的用户界面

2．绘图区

绘图区为屏幕中间的大面积区域，其内显示画出的图形。绘图区除显示图形外，还设置了一个坐标原点为（0.000,0.000）的二维直角坐标系，称为世界坐标系。CAXA 电子图板以当前用户坐标系的原点为基准，水平方向为 X 轴方向，向右为正，向左为负；垂直方向为 Y 轴方向，向上为正，向下为负。在绘图区用鼠标拾取的点或由键盘输入的点，均以当前用户坐标系为基准。

3．菜单区

标题行下面一行为主菜单，由主菜单可产生出下拉菜单；绘图区上方和左侧为常用功能图标按钮组成的菜单，即工具栏；绘图区下面的一行为立即菜单。

4．状态栏

状态栏位于界面窗口的最下面一行，是操作提示与状态显示区。包括“命令与数据输入区”、“命令提示区”、“当前点坐标提示区”、“工具菜单状态提示区”和“点捕捉方式设置区”，如图 2.2 所示。

- 命令与数据输入区：位于状态栏的左侧，在没有执行任何命令时，操作提示为“*命令:*”，即表示系统正等待输入命令，称为命令状态。一旦输入了某种命令，将出现相应的操作提示。
- 命令提示区：提示当前所执行的命令在键盘上的输入形式，便于用户快速掌握 CAXA 电子图板的键盘命令。
- 当前点坐标提示区：显示当前光标点的坐标值，它随鼠标光标的移动而做动态变化。
- 工具菜单状态提示区：自动提示当前点的性质及拾取状态，默认状态为屏幕点。当用工具点菜单捕捉切点和端点等时，工具菜单状态提示将自动显示出来。
- 点捕捉方式设置区：在此区域内设置点的捕捉方式，包括“自由”、“智能”、“栅格” 和“导航”四种方式。

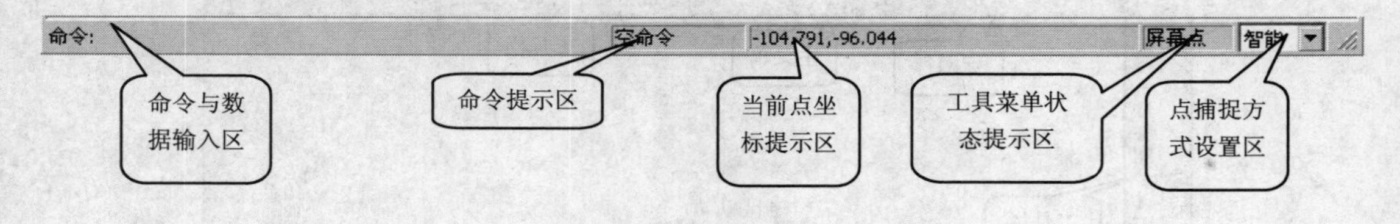

图 2.2 状态栏

2.1.2 体验绘图

作为入门，这里首先通过几个最常用的命令，初步了解和体验 CAXA 绘图的基本方法和具体操作。

1．画直线

移动鼠标，将屏幕上的光标移至左侧的工具栏区域，光标变为一空心箭头，使该箭头位于屏幕最左边“绘图工具”工具栏中的图标按钮 上，单击鼠标左键，即启动“直线”命令，开始画直线的操作。这时在绘图区下方出现立即菜单 1: 两点线 2: 连续 3: 非正交，即当前为“两点线-连续-非正交”画线方式，同时在屏幕左下角提示区出现提示“*第一点:*”，用鼠标移动十字光标至屏幕中间，单击左键即输入了一个点。这时，提示变为“*第二点:*”，再移动光标时，屏幕上出现一条以第一点为定点，可以动态拖动着伸缩和旋转的“橡皮筋”。单击左键确定第二点后，一条直线段就被画出。接下来仍然提示“*第二点:*”，可以继续输入点画出连续的折线，直至单击鼠标右键或按键盘上的回车键，退出画直线操作。

2. 画圆

移动光标单击屏幕左侧工具栏中的图标按钮，立即菜单为 1: 圆心_半径 2: 半径 3: 无中心线，即按给定圆心和半径方式画圆。首先提示“*圆心点:*”，移动光标在某处单击鼠标左键确定圆心后，提示变为“*输入半径或圆上一点:*”。此时，移动光标拖动出一个圆心固定而大小动态变化着的圆，单击鼠标左键后即画出一个圆（也可以由键盘输入半径值后按回车键）。之后提示仍为“*输入半径或圆上一点:*”，可连续画出一系列同心圆。单击鼠标右键退出画同心圆命令，返回到“*圆心点:*”提示状态，此时可另给圆心接着画圆，或单击鼠标右键退出画圆命令。

3. 删除

如要将已画出的图线删除时，可从屏幕左边“编辑工具”工具栏中单击图标按钮，则启动“删除”命令，可执行删除操作。系统提示“*拾取添加:*”，用鼠标左键拾取一个或连续多个要删除的元素（拾取后变为红色虚线显示），最后单击鼠标右键，则所选元素即被删除。

由上可见，利用电子图板绘图是一个人机交互的操作过程。具体地说，要实现某种绘图操作，首先要输入命令。系统接受命令后，会做出相应的反应，如出现提示、出现选项菜单、出现对话框，以及显示结果等，然后处于等待状态。这时用户应根据所处状态及提示进行相应的操作，如输入命令、输入一个点或一组数据、拾取元素、从选项菜单或对话框中进行选择等。系统接受这些信息后继续做出反应和提示，用户再根据新的状态和提示继续输入或选择，直至完成操作。

计算机绘图的基本操作主要是命令的输入、点和数据的输入，以及元素的拾取等，其操作状态分别称做命令状态、输点状态、输数状态和拾取状态等。这些操作都是通过鼠标或键盘实现的。

在 CAXA 电子图板中，移动鼠标，屏幕上的光标随之移动。光标在绘图区时为十字线，中心带一小方框（称为拾取盒）；移到绘图区以外的区域时变为一空心箭头。移动光标至某处后，单击鼠标左键，可用于：

① 选择菜单或图标按钮；
② 输入一个点；
③ 拾取元素。

鼠标右键与键盘上的回车键功能相同，主要用于：

① 在命令执行过程中跳出循环或退出命令；
② 在连续拾取操作时确认拾取；
③ 在命令状态下重复上一条命令；
④ 确认键盘输入的命令和数据。

2.1.3 菜单系统

CAXA 电子图板的菜单系统由下述部分组成。

1. 主菜单和下拉菜单

主菜单包括“文件”、“编辑”、“视图”、“格式”、“幅面”、“绘图”、“标注”、“修改”、“工具”和“帮助”。选择其中一项，即弹出该选项的下拉菜单，如果下拉菜单中的某项后面有向右的黑三角标记，则表示其还有下一级的级联菜单，如图 2.3 所示。

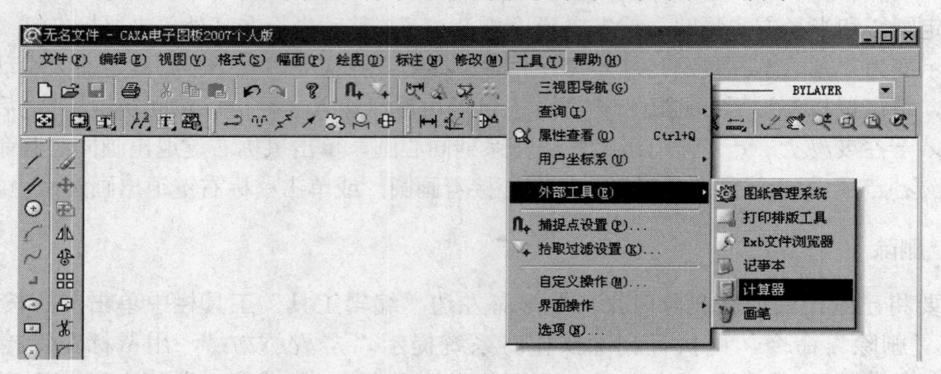

图 2.3　下拉菜单及其级联菜单

2. 工具栏

工具栏是绘图区上方和左侧由若干图标按钮组成的条状区域。

下拉菜单包含了系统的绝大多数命令。但为了提高作图效率，电子图板还将常用的一些命令以工具栏的形式直接布置在屏幕上，每一个工具栏上包括一组图标按钮，用鼠标左键单击某图标按钮，即执行相应命令。若欲了解某一图标按钮的具体功能，可以将光标移到该按钮上，停留片刻，则在光标的下方将显示按钮功能的文字说明。

CAXA 电子图板提供的工具栏及其默认布置如图 2.4 所示。现分述如下。

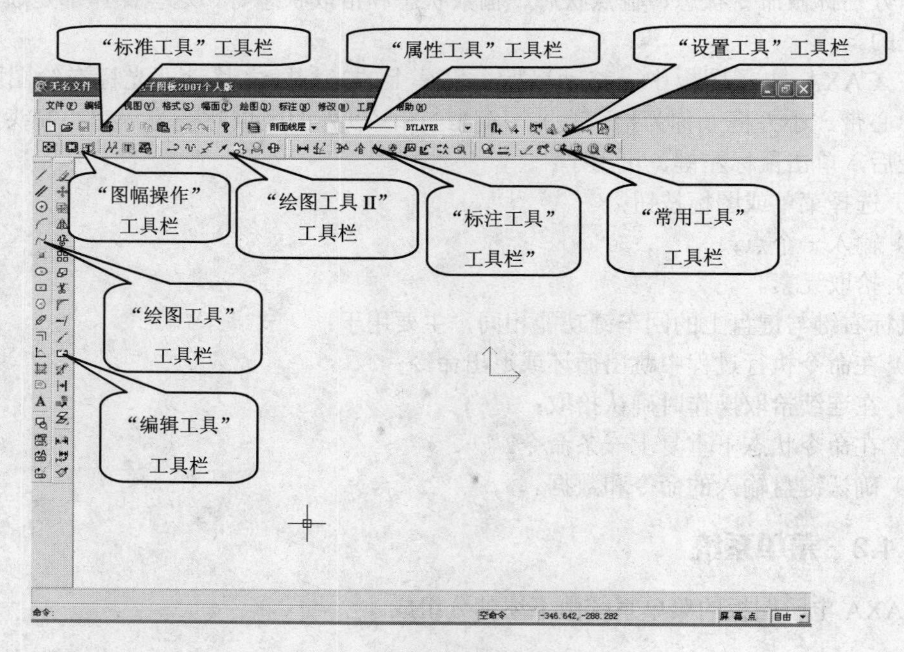

图 2.4　工具栏及其默认布置

（1）“标准工具”工具栏

位于绘图区上方左端，包括“新文件”、“打开文件”、“存储文件”、“打印输出”、“剪切”、“复制”、“粘贴”、“取消操作”和“重复操作”等图标按钮，它们是下拉菜单“文件”和“编辑”中的常用命令，具体如图 2.5 所示。

（2）“属性工具”工具栏

位于“标准工具”工具栏右侧，包括“层控制”和“颜色设置”的图标按钮，还包括当前层和线型的下拉式选择窗口，具体如图 2.6 所示。

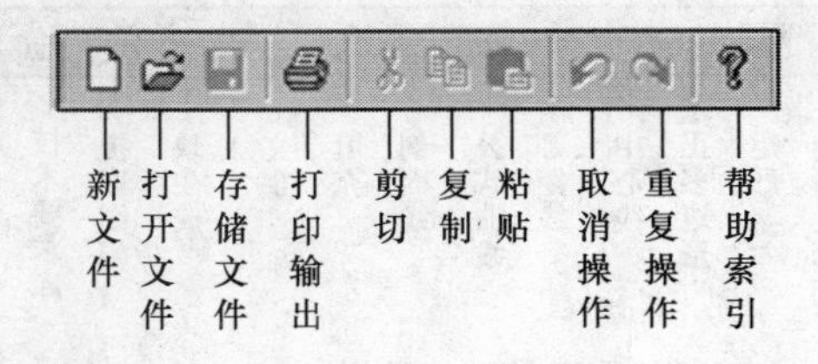

图 2.5　“标准工具”工具栏

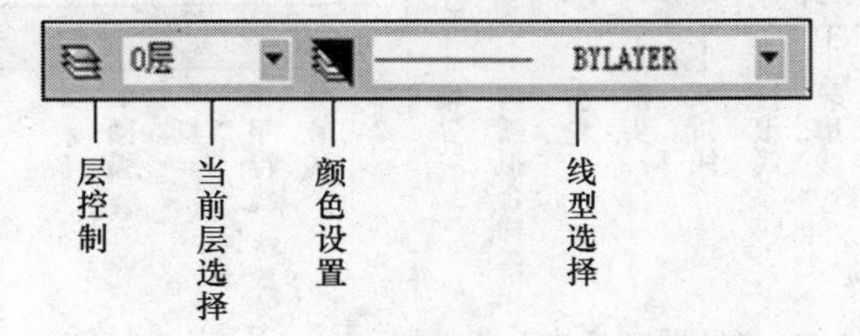

图 2.6　“属性工具”工具栏

（3）“常用工具”工具栏

位于绘图区的右上方，包括“显示/隐藏属性查看栏”、“两点距离删除”、“重画”、“动态显示平移”、“动态显示缩放”、“显示窗口”、“显示全部”和“显示回溯”，具体如图 2.7 所示。

（4）“标注工具”工具栏

位于 “属性工具”工具栏的下方，提供了尺寸及各种符号标注的命令，具体如图 2.8 所示。

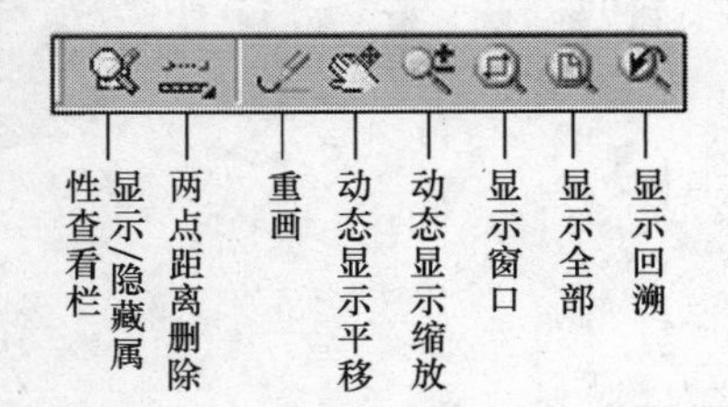

图 2.7 “常用工具”工具栏

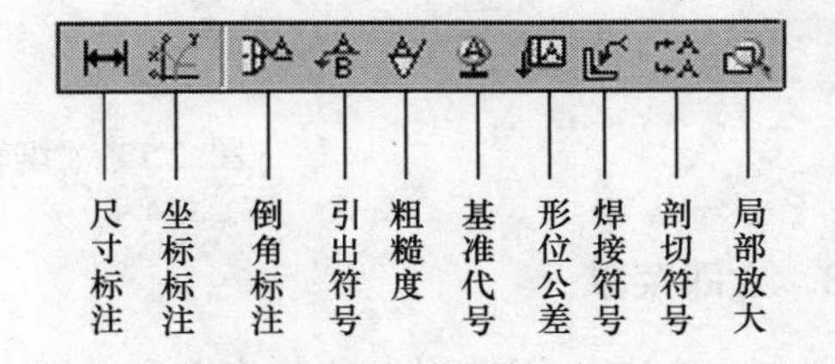

图 2.8 “标注工具”工具栏

（5）“设置工具”工具栏

位于“属性工具”工具栏的右侧，提供了“捕捉点设置”等与设置相关的各种命令，具体如图 2.9 所示。

（6）“图幅操作”工具栏

位于“标准工具”工具栏的下方，提供了与图纸幅面、图框、标题栏、零件序号及明细表等相关的各种命令，具体如图 2.10 所示。

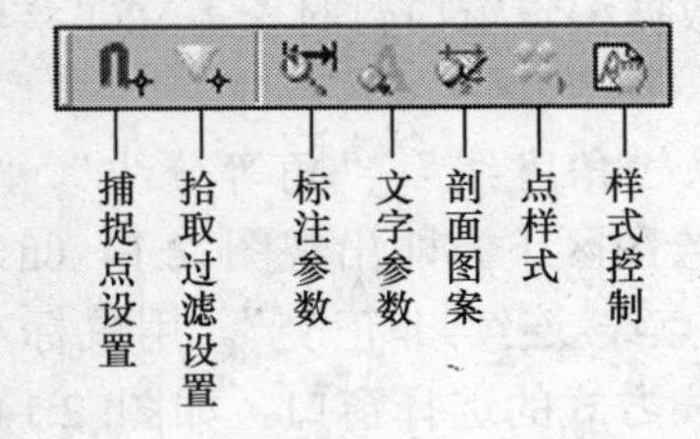

图 2.9 “设置工具”工具栏

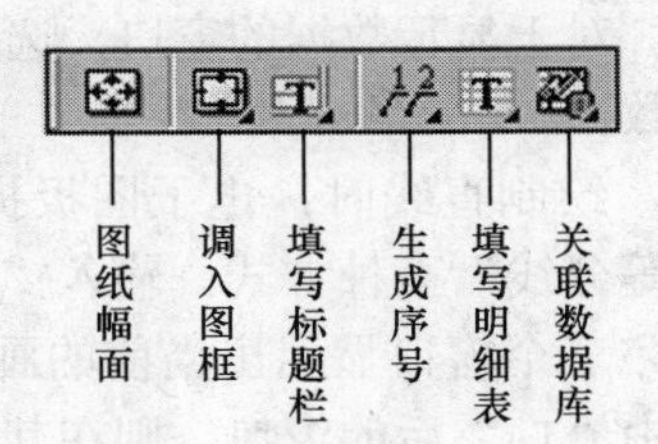

图 2.10 “图幅操作”工具栏

（7）“绘图工具Ⅱ”工具栏

是对“绘图工具”工具栏的补充，它提供了绘制轮廓线、波浪线等曲线和组合图线的命令，具体如图2.11所示。

（8）“绘图工具”工具栏

图2.1中屏幕最左侧的工具栏，它提供了最常用的一些绘图命令。在绘制图形时，只要单击相应的图标按钮，即可执行相应的操作。各图标的具体含义如图2.12所示。

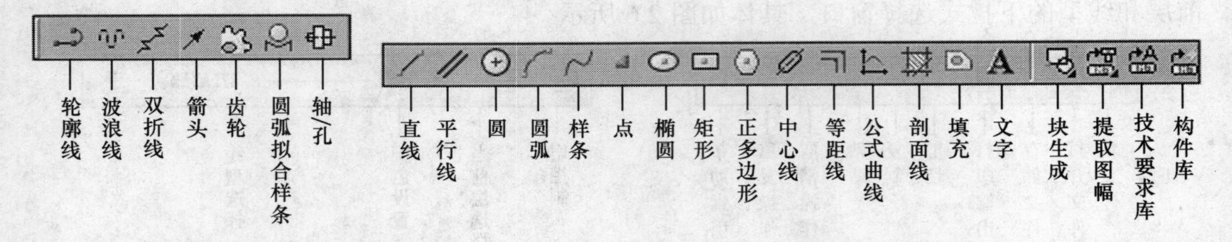

图2.11 “绘图工具Ⅱ”工具栏　　图2.12 “绘图工具”工具栏

（9）“编辑工具”工具栏

位于“绘图工具”工具栏的右侧，提供了修改图形时常用的各种编辑命令，具体如图2.13所示。

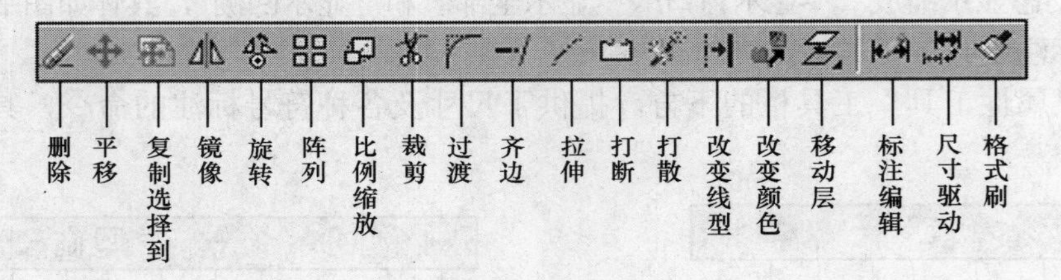

图2.13 “编辑工具”工具栏

3. 立即菜单

一个命令在执行过程中往往有多种执行方式，需要用户选择。CAXA电子图板以立即菜单的方式，为用户提供了一种直观、简捷地处理命令选择项的操作方法。当系统执行某一命令时，在绘图区左下方的立即菜单区大都会出现由一个或多个窗口构成的立即菜单，每个窗口前标有数字序号。它显示当前的各种选择项及有关数据。用户在绘图时应注意审核所显示的各项是否符合自己的意图。

改变某窗口中的选项时，一种方法是用鼠标左键单击该窗口，另一种方法是按Alt+“数字”（“数字”为该窗口前的序号）组合键。若该窗口只有两个选项，则直接切换；若选项多于两个时，会在其上方弹出一个选项菜单，用鼠标上下移动光标选择后，该窗口内容即被改变。对于显示数据的窗口，选择它会出现一个数据编辑窗口暂时覆盖立即菜单，从中可改变该数据。

例如，绘制直线时，电子图板提供了“两点线”、“角度线”、“角等分线”、“切线/法线”和“等分线”五种方式。输入“直线”命令后，绘图区下方即出现图2.14（a）所示的立即菜单，三个窗口显示出当前的画直线方式为“两点线-连续-非正交”。用鼠标左键单击立即菜单中“1:”后的窗口，则在其上方出现五种画线方式的选择窗口，如图2.14（b）所示。在“两点线”方式下，又有“连续”和“单个”、“非正交”和“正交”之分。立即菜单

“2:”为“连续”和“单个”的切换窗口，立即菜单“3:”为“非正交”和“正交”的切换窗口。“正交”方式下，又出现立即菜单“4:”，可在“点方式”和“长度方式”间切换。如选择“长度方式”则出现立即菜单“5：长度=”，这样的立即菜单窗口称为数据显示窗口，如图 2.14（c）所示。数据显示窗口中显示出了默认值，要改变其数值，可用鼠标左键单击该窗口，立即菜单区变为一个数据编辑窗口，如图 2.14（d）所示。在数据编辑窗口中用键盘输入新的数值后，单击窗口右侧的✔按钮或按键盘的回车键，则返回图 2.14（c）所示的立即菜单，但立即菜单“5:”中的长度值已被改变。在对数据编辑窗口的操作中，可单击窗口右侧的✕按钮或按键盘上的 Esc 键取消操作。

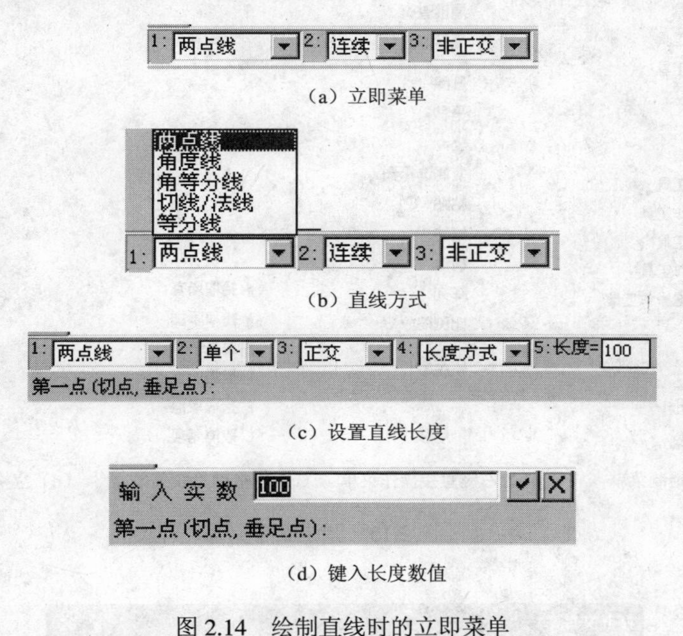

（a）立即菜单

（b）直线方式

（c）设置直线长度

（d）键入长度数值

图 2.14　绘制直线时的立即菜单

4. 弹出菜单

系统处于某种特定状态时，按下特定键会在当前光标处出现一个弹出菜单。电子图板的弹出菜单主要有以下几种：

- 当光标位于任意一个菜单或工具栏区域（即光标为空心箭头）时，单击鼠标右键，弹出控制用户界面中菜单和工具栏显示与隐藏的右键定制菜单，如图 2.15（a）所示。单击菜单中选项前面的复选框可以在显示和隐藏之间切换。
- 在命令状态下拾取元素后单击鼠标右键　（或按回车键）弹出面向所拾取图形对象的菜单，如图 2.15（b）所示。根据拾取对象的不同，此右键菜单的内容会略有不同。
- 在拾取状态下按空格键弹出空格键拾取菜单，如图 2.15（c）所示。
- 在输入点状态下按空格键弹出空格键捕捉菜单，如图 2.15（d）所示。

5. 对话框

执行某些命令时，会在屏幕上弹出对话框，可以进行参数设置、方式选择或数据的输入和编辑，从而完成相关操作。CAXA 电子图板中的许多命令都是通过对话框操作来实现的。图 2.16 为“打开文件”对话框，通过它可选择、预览欲打开的图形文件。

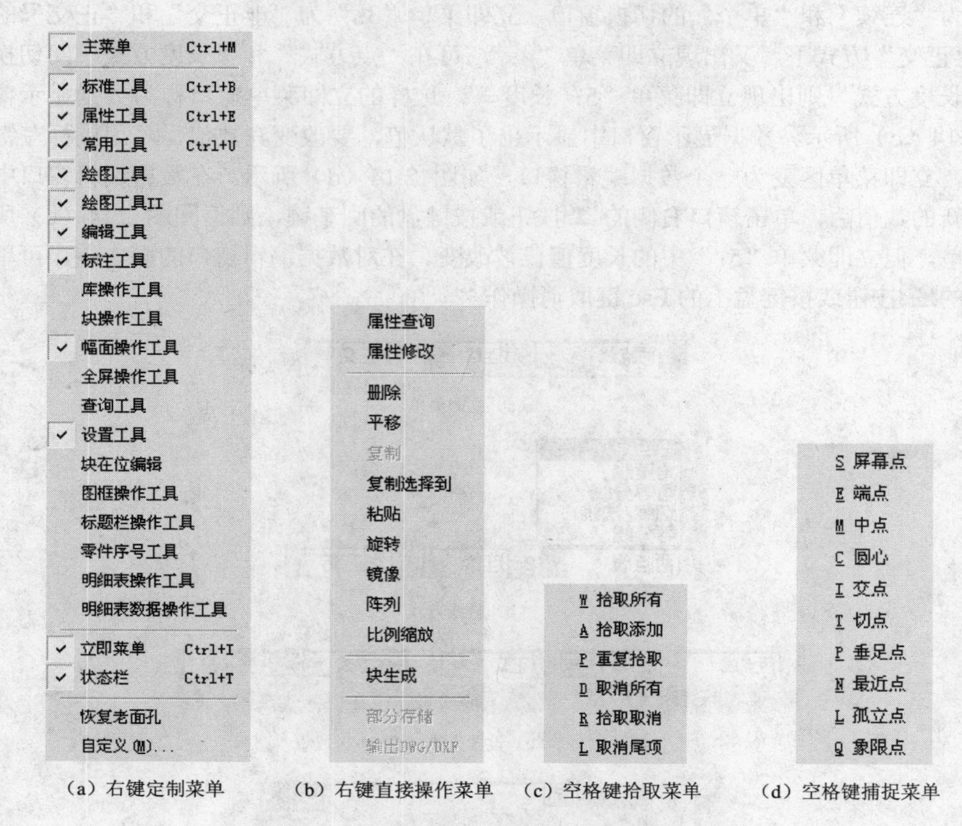

（a）右键定制菜单（b）右键直接操作菜单（c）空格键拾取菜单（d）空格键捕捉菜单

图 2.15 弹出菜单

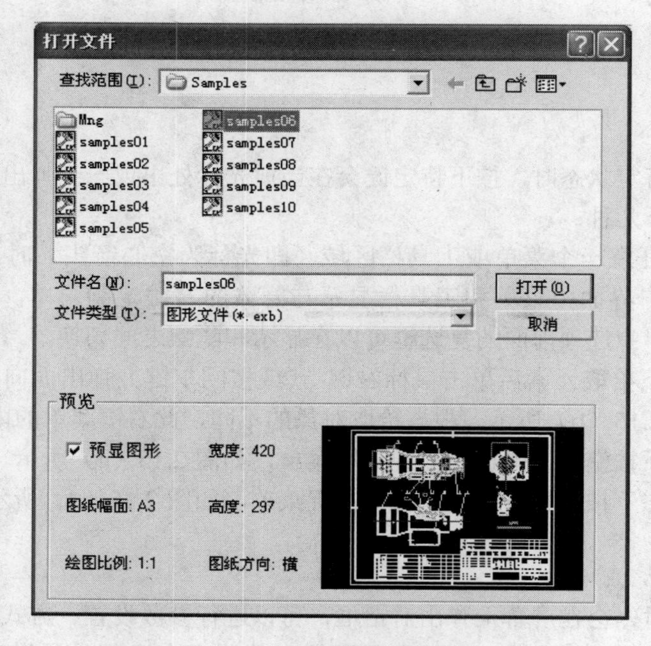

图 2.16 “打开文件”对话框

2.2　命令的输入与执行

电子图板提供了丰富的绘图、编辑、标注及辅助功能，这些功能都是通过执行相应的命令来实现的。

2.2.1　命令的输入

输入命令可采用键盘输入和鼠标选择两种方式。

1．键盘输入

可采用以下方法用键盘输入命令。

- 输入命令名并回车　电子图板的几乎每一条命令都有其命令名，在操作提示为“*命令:*”（即命令状态）时，使用键盘直接输入命令名，然后按回车键（或单击鼠标右键、按空格键）即执行该命令。例如，画直线的命令为 LINE。
- 输入简化的命令名并回车 CAXA 系统为有的命令定义了简化的命令名，通常只有一两个字母，记住常用命令的简化命令名，可以提高绘图效率。例如，画直线的简化命令名为 L。
- 使用快捷键　有的命令可利用系统定义的快捷键输入。

2．鼠标选择

屏幕上的光标在绘图区时为十字光标，用鼠标移动光标到绘图区之外时，光标变为一空心箭头，即进入鼠标选择状态。电子图板将主菜单、屏幕菜单和工具栏中的图标以按钮的形式形象地布置在屏幕上，将光标移至某按钮处，单击鼠标左键，该按钮凹下即表示被选中。通常可采用以下方法通过鼠标选择输入命令。

● 从下拉菜单中选择　每一命令都有其对应的菜单，首先用鼠标移动光标在主菜单上选择某菜单项，即出现该项的下拉菜单。上下移动光标在下拉菜单中选择某项，若无级联菜单则开始执行命令，若有级联菜单则弹出级联菜单，再在级联菜单中上下移动光标选择某项后即执行命令，图 2.17 所示为从“工具”下拉菜单中选择“查询”—“点坐标”命令的情况。

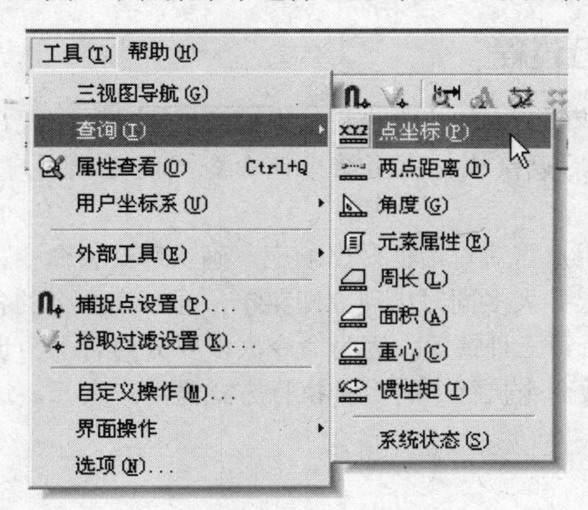

图 2.17　从“工具”下拉菜单中选择“查询”—“点坐标”命令

- 从工具栏中选择 CAXA 电子图板为用户提供了较丰富的工具栏，凡在下拉菜单的命令项前有图标标志的命令都可在相应的工具栏中找到。输入命令时，只需将光标移至某工具栏的某一图标按钮上，单击鼠标左键，即开始执行该命令。

3. 示例

例如，要画一条直线，可通过以下几种方法输入命令：

- 在命令状态下，输入“LINE”（直线的命令名，大小写均可），按回车键（单击鼠标右键或按空格键）。
- 在命令状态下，输入“L”（直线的简化命令名），按回车键（单击鼠标右键或按空格键）。
- 用鼠标移动光标到主菜单的“绘图”处，单击左键弹出其下拉菜单；在下拉菜单中用鼠标上下移动光标至“直线”处，该菜单项反显，这时单击鼠标左键（或按回车键）即输入直线命令。
- 在命令状态下，按“Alt+D”组合键（即在按下键盘 Alt 键的同时再按 D 键），弹出“绘图”下拉菜单，再按“Ctrl+L”组合键，执行“直线”命令。
- 用鼠标移动光标在“绘图工具”工具栏中单击图标按钮，执行直线命令。

综上所述可以看出，CAXA为用户提供了丰富、灵活的输入命令的方法。在所有命令输入方法中，下拉菜单方式命令最全，CAXA 电子图板中的全部命令均能在下拉菜单项中找到；单击工具栏图标按钮方式输入命令最为方便，一次击键即可；输入命令名（简化命令名）方式最简捷，只需敲入几个命令字母。本书在 2.5.3 节后介绍各种命令时，均以这三种输入方法为主。为节省篇幅，将它们集中放在位于段首的一个图框内，如图 2.18 所示，而不再一一说明。

下拉菜单：“绘图”—“直线”
“绘图工具”工具栏：
命令：LINE

图 2.18　直线命令的输入

注意

用键盘输入命令，必须在命令状态下，即系统提示为“*命令:*”时才有效。而选择菜单则不受此限制，当在某一命令的执行过程中选择菜单后，系统会自动退出当前命令而执行新的命令。但在命令执行中弹出对话框或输入数据窗口时则不接受其他命令的输入。

2.2.2　命令的执行过程

CAXA 电子图板中一条命令的执行过程，大致有以下几种情况：

（1）系统接受命令后直接执行直至结束该命令，而无须用户干预，如“存储文件”、“退出”等；

（2）弹出对话框，用户需对对话框做出响应，确认后结束命令；

（3）出现操作提示，并大多同时出现立即菜单，显示出命令的各种默认选项。

多数命令的执行属于第三种情况。因为命令大多要分为若干个步骤，一步一步地通过人机对话交互执行，且多数命令执行中有多种执行方式需用户选择。这种情况下，一般的操作步骤为：

（1）输入命令。

（2）对立即菜单进行操作，使其各选项均符合要求。

（3）根据系统提示进行相应的操作，比如指定一个点、输入一个数、拾取元素等。有些操作重复提示，单击鼠标右键（或按回车键）即向下执行。

（4）继续根据新的提示和新的立即菜单进行操作，直至实现操作目的而结束命令（即退回到命令状态）。不少命令循环执行，一次操作完成后，并不退回到命令状态，而返回步骤（2）。对于循环执行的命令，单击鼠标右键（按或回车键）可退出当前命令。

在以上各步骤中，有时也会弹出对话框，做出响应并确认后向下执行。

例如，输入“直线”命令后，立即菜单如图 2.14（a）所示，提示区的提示为“*第一点:*”，此时若输入一个点，将提示“*第二点:*”，即按“连续”和“非正交” 方式过两点画线。而如果将立即菜单改变为图 2.14（c）所示状态，确定了画线长度，给出“*第一点:*”后，则能画出一定长度的水平线或垂直线。在连续画线方式下，画出一段线后，继续提示“*第二点:*”，若给点则连续画线，单击鼠标右键可退出命令。

2.3　命令的中止、重复和取消

1．命令的中止

在命令执行过程中，按 Esc 键可中止当前操作。通常情况下，单击鼠标右键或按回车键也可中止当前操作直至退出命令。此外，在一个命令执行过程中，若通过选择菜单或单击图标按钮又启动了其他命令，则系统将先中止当前命令，然后执行新的命令。

2．命令的重复

执行完一条命令，状态行又出现“*命令:*”提示时，单击右键或按回车键（即空回车）可重复执行上一条命令。

3．取消操作

单击“标准工具”工具栏中的图标按钮，可取消最后一次所执行的命令，它常用于取消误操作。此项操作具有多级回退功能，直至取消已执行的全部命令。

4．重复操作

它是“取消操作”的逆过程。在执行了一次或连续数次取消操作后，单击“标准工具”工具栏中的“重复操作”图标按钮，即取消上一次“取消操作”命令。

5．命令的嵌套执行

电子图板中的某些命令可嵌套在其他命令中执行，称为透明命令。显示、设置、帮助、存盘，以及某些编辑操作属于透明命令。在一个命令的执行过程中，即提示区不是“*命令:*”状态下输入透明命令后，前一命令不中止但暂时中断，执行完透明命令后再接着执行前一命令。

例如，系统正在执行画“直线”命令，提示为“*第二点:*”时处于输入点状态，这时如果单击“常用工具”工具栏上的图标按钮，即执行“显示窗口”命令，提示“*显示窗口第一角点:*”、“*显示窗口第二角点:*”，按给定两点所确定的窗口进行放大，再单击鼠标右键则结束窗口放大，又恢复提示“*第二点:*”，回到画直线输入点状态，继续执行画直线的命令。

2.4 数据的输入

CAXA 电子图板环境下需输入的数据主要有点（如直线的端点、圆心点等）、数值（如直线的长度、圆的半径等）和位移（如图形的移动量）等，下面分别介绍。

2.4.1 点的输入

图形元素大都需要通过输入点来确定大小和位置，如画两点线时提示“*第一点:*”、“*第二点:*”，画圆时提示“*圆心点:*”等（称为输入点状态），因此点的输入是计算机绘图的一项基本操作。CAXA 电子图板提供了点的下述多种输入方法。

1．鼠标输入

利用鼠标移动屏幕上的十字光标，选中位置后，单击鼠标左键，该点的坐标即被输入。这种输入方法简单快捷，且动态拖动形象直观，但在按尺寸作图时准确性较差。

为了使得用鼠标输入点时除快捷外还能做到准确，CAXA 电子图板提供了捕捉和导航等辅助绘图功能，对此将在第 5 章做详细介绍。

2．键盘输入

在输入点状态下，用键盘输入一个点的坐标并回车，该点即被输入。工程制图中，每一图形元素的大小和位置具有严格的尺寸，因此常常需要用键盘输入坐标。输入坐标值后，需按回车键（或单击鼠标右键、按空格键）确认。

根据坐标系的不同，点的坐标分为直角坐标和极坐标，对同一坐标系而言，又有绝对坐标和相对坐标之分。为区别起见，CAXA 电子图板中规定：

- 直角坐标在 *X*、*Y* 坐标之间用逗号“,”分开。如图 2.19 中的 *A* 点的直角坐标即为（40,40）。

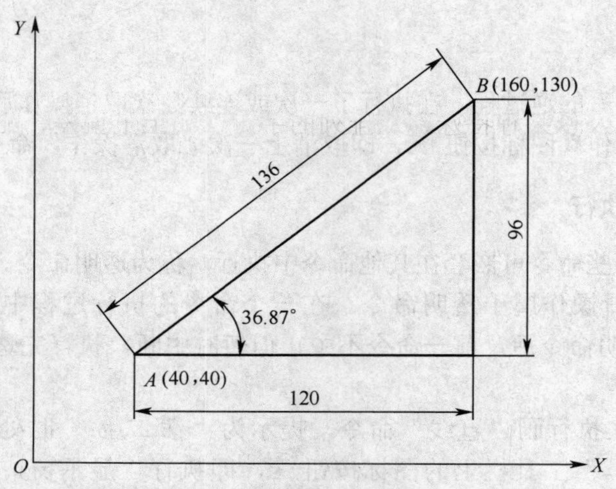

图 2.19　点的输入方式

● 极坐标以“*d*<*a*”的形式输入。其中“*d*”表示极径，即点到极坐标原点的距离；“*a*”表示极角，即原点至该点的连线与 *X* 轴正向（水平向右方向）的夹角。不难计算，图 2.19 中 *A* 点至坐标原点 *O* 的距离为 $\sqrt{40^2+40^2}=56.59$，*OA* 连线与 *X* 轴正向的夹角为 45°，从而该点的极坐标表示为“56.59<45”。

● 相对坐标是在坐标数值前加上一个符号“@”。如图 2.19 中 *B* 点对 *A* 点的相对直角坐标为（@120,90）；即 *B* 点相对于 *A* 点的 *X* 坐标差为 120，*Y* 坐标差为 90；*B* 点对 *A* 点的相对极坐标为“@150<36.87”，表示输入的点（*B* 点）相对于前一点（*A* 点）的极坐标极径（即 *A*、*B* 两点间距离）为 150，极角（即 *A*、*B* 连线方向与 *X* 轴正向的逆时针夹角）为 36.87°。

2.4.2　数值的输入

电子图板中，某些命令执行中需要输入一个数（如长度、高度、直径、半径、角度等），此时，既可以直接输入一个具体数值，也允许以一个表达式的形式输入，如“50/31+（74−34）/3”、“sqrt（23）”、“sin（70*3.14159/180）”等。

输入角度时，规定以度为单位，只输入角度数值。并且规定角度值以 *X* 轴正向为 0°，逆时针旋转为正，顺时针旋转为负。

2.4.3　位移的输入

位移是一个矢量，不但具有大小，而且具有方向。在某些编辑操作中（如平移、拉伸等），需输入位移。一般可采用“给定两点”和“给定偏移”两种方法。前者输入两个点，由两点连线决定位移的方向，由二点间距离决定位移的大小；后者以（Δ*X*，Δ*Y*）的格式直接输入偏移量，而且规定当Δ*Y* 为零，即沿 *X* 轴方向进行位移时，可以只输入“Δ*X*”。具体操作将在第 6 章中做详细介绍。

2.4.4　文字及特殊字符的输入

当在有些命令的对话框或数据输入中需输入文字时，可直接由键盘输入。

输入汉字时，需启动 Windows 操作系统或外挂汉字系统的某一种汉字输入法（如智能 ABC、五笔字型输入法等）。但需注意的是，汉字输入完毕后应及时切换回“英文”状态。否则，用键盘输入的命令名，以及全角数字、字符等将不能被 CAXA 电子图板所接受。

绘图中，有时需要输入一些键盘上没有的特殊字符（如直径符号“*ϕ*”、角度单位“°”、“±”等），以及以某种特殊格式排列的字符（如上下偏差、配合代号、分数等），CAXA 电子图板规定了特定的格式用于输入这些特殊字符和格式，具体见表 2.1。

表 2.1　特殊符号和格式的输入

内容	输入符号	示例	键盘输入
ϕ	%c	*ϕ*20	%c20
°	%d	60°	60%d
±	%p	100±0.1	100%p0.1
%	%%	60%	60%%
还原后缀	%b	36℃	36%d%bC
上偏差/下偏差	%上偏差%下偏差	$80^{+0.2}_{-0.1}$	80%+0.2%−0.1
分数/配合	%&分子/分母	$\phi30\frac{H7}{f6}$	%c30%&H7/f6

关于文字和特殊字符的具体输入方法，将在第 8 章中做进一步介绍。

2.5 元素的拾取

CAXA 电子图板中，将绘制的点、直线、圆、圆弧、椭圆、样条和公式曲线等统称为曲线。曲线和由曲线生成的图块（如剖面线、文字、尺寸、符号和图库中的图符等）称为图形元素，简称元素，又称实体。

在许多命令（特别是编辑命令）的执行过程中都需要拾取元素。例如，输入“删除”命令后，提示为“*拾取添加:*”，这时就要先通过拾取，确定想要删除的对象，拾取一个或一组元素后，单击鼠标右键或按键盘回车键确认，所选元素即被删除。

屏幕提示拾取元素时称为拾取状态，元素被拾取后以红色点线显示。多数拾取操作允许连续进行，已选中元素的集合称为选择集。

2.5.1 拾取元素的方法

拾取元素一般通过鼠标操作，左键用于拾取，右键用于确认。可以单个拾取，也可以用窗口拾取。

1．单个拾取

移动鼠标，将十字光标中心处的方框（称为拾取盒）移到所要选择的元素上，单击鼠标左键，该元素即被选中。

2．窗口拾取

用鼠标左键在屏幕空白处指定一点，系统提示“*另一角点:*”，然后移动鼠标即拖动出一个矩形，单击左键确定另一角点后，矩形区域中的元素即被选中。

需注意的是，如果从左向右确定窗口（即第一点在左，第二点在右），则只是完全位于窗口内的元素被选中，不包括与窗口相交的元素；而如果从右向左确定窗口（即第一点在右，第二点在左），则被选中的不但包括完全位于窗口内的元素，还包括与窗口相交的元素。如图 2.20 所示，图中双点画线表示窗口，虚线表示被选中的元素。

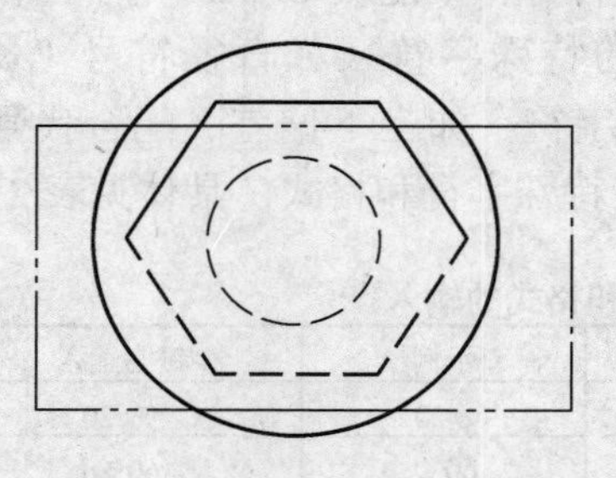

(a) 从左向右确定窗口

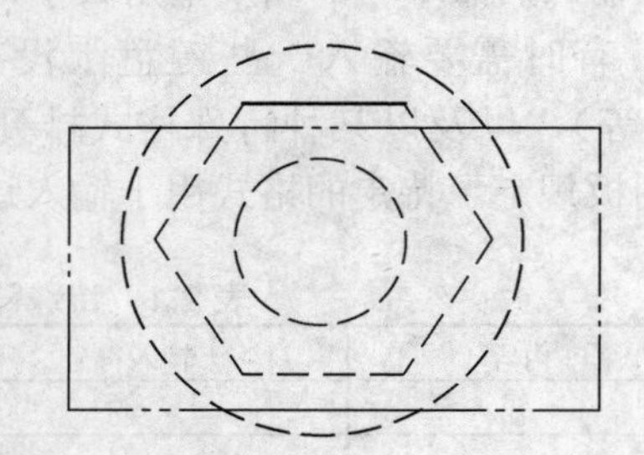

(b) 从右向左确定窗口

图 2.20　窗口拾取

单个拾取和窗口拾取在操作上的区别在于第一点是否选中元素，第一点定位在元素上则按单点拾取处理；第一点定位在屏幕空白处，未选中元素，则提示“*另一角点:*”，按窗口拾取处理。

拾取操作大多重复提示，即可多次拾取，直至单击鼠标右键（或按回车键）确认后，即结束拾取状态。

2.5.2　拾取菜单

在拾取状态下，按下键盘上的空格键即在光标所在处弹出空格键拾取菜单，如图 2.21 所示，移动鼠标选择该菜单中的某项，即执行相应的拾取操作。

W 拾取所有
A 拾取添加
P 重复拾取
D 取消所有
R 拾取取消
L 取消尾项

图 2.21　空格键拾取菜单

（1）“拾取所有”　即拾取当前图形文件中显示的所有元素（不包括拾取设置中被过滤掉的元素及已关闭图层中的元素）。

（2）“拾取添加”　指定系统为拾取添加状态，此后拾取到的元素，将添加到选择集中。

拾取操作分为两种状态：添加状态和移出状态，系统默认的初始状态为添加状态。

（3）“重复拾取”　拾取上一次选择的元素。

（4）“取消所有”　取消所有被拾取到的元素。

（5）“拾取取消”　进入拾取取消状态，即此后拾取到的以红色点线显示的元素将从选择集中扣除。

（6）“取消尾项”　即从选择集中扣除最后拾取到的元素。

2.5.3　拾取设置

下拉菜单：“工具”—“拾取过滤设置”
“标准工具”工具栏：
命令：OBJECTSET

单击“常用工具”工具栏中的图标按钮，将弹出图 2.22 所示的“拾取设置”对话框。从中可设置被拾取的元素、图层、颜色及线型。若某项不被选择，则拾取操作时该项不能被拾取，即起到过滤的作用。例如，要删除当前图形中除粗实线外的所有内容，可将拾取设置对话框中的线型设置成中心线不可拾取，然后执行“删除所有”。

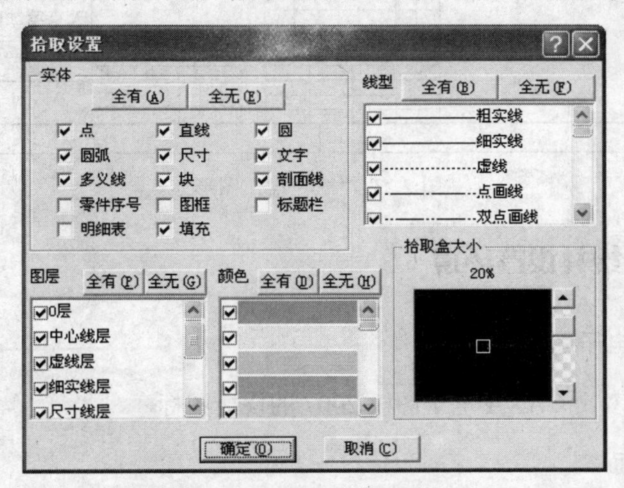

图 2.22　“拾取设置”对话框

在“拾取设置”对话框中，还可以改变拾取盒的大小。

2.6 图形文件的操作

计算机绘图生成的图形需以文件的形式存储在计算机中，称为图形文件。CAXA 电子图板的图形文件类型为“*.exb”，“exb”为文件的扩展名。计算机绘图操作中，经常需要将画出的图形存盘、新建一个图形文件或打开一个已存盘的图形文件。电子图板提供了方便、灵活的文件管理功能，集中放在“文件”下拉菜单中，并将最为常用的“新文件”、“打开文件”和“存储文件”以图标按钮的形式放在“标准工具”工具栏中。图形文件的基本操作及系统退出与其他 Windows 应用程序完全相同，此处不再赘述。

2.7 快速入门示例

下面以绘制图 2.23 所示的一个简单的机械平面图形——“法兰盘”为例，介绍用 CAXA 电子图板进行工程绘图的具体过程，以便对 CAXA 绘图有一概略的了解。

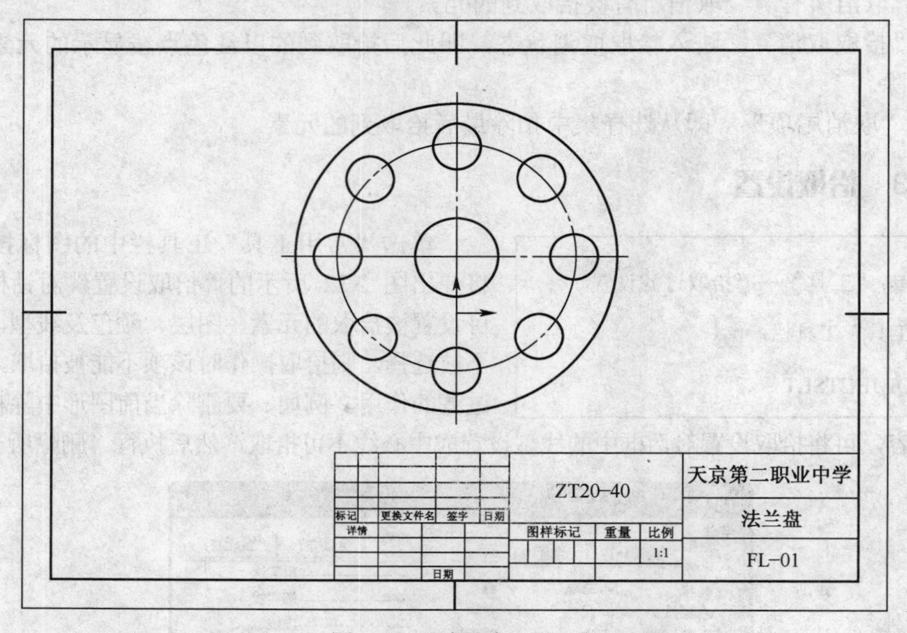

图 2.23 “法兰盘”图形

2.7.1 启动系统并设置环境

1．启动 CAXA 电子图板 2007

在计算机桌面上双击 CAXA 电子图板 2007 的快捷图标。

2．设置绘图幅面

从下拉菜单中选择“幅面”—“图幅设置”命令（如图 2.24 所示），将弹出如图 2.25 所示的“图幅设置”对话框。

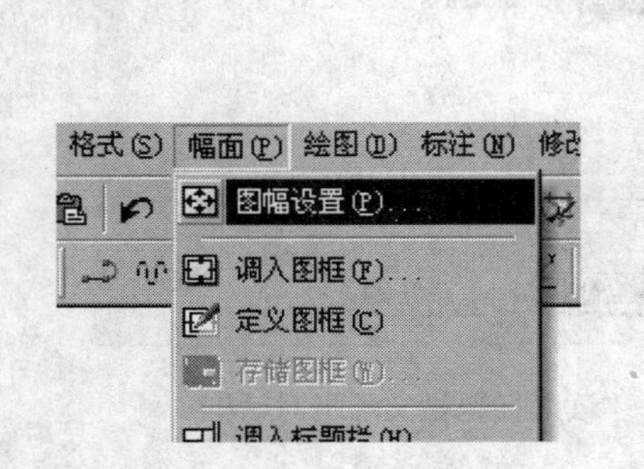

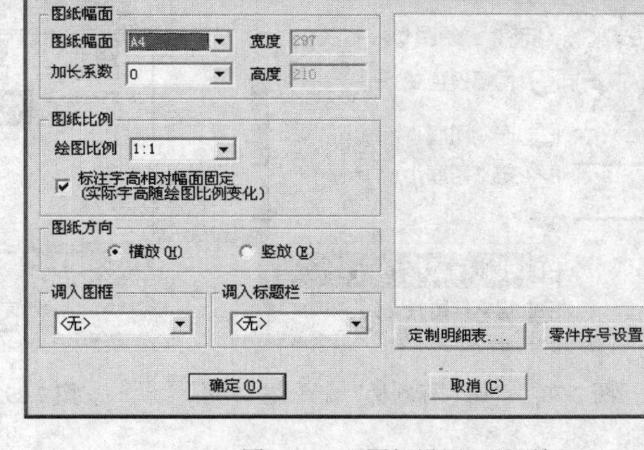

图 2.24　“图幅设置”命令　　　图 2.25　“图幅设置”对话框

在其中选择“图纸幅面”为“A4”；“绘图比例”为“1∶1”；“图纸方向”为“横放”。然后单击“确定”按钮。

3．设置图框规格

在下拉菜单中选择“幅面”—“调入图框”命令（如图 2.26 所示），将弹出图 2.27 所示的“读入图框文件”对话框。在其中选择“HENGA4”，然后单击“确定”按钮，则在绘图区将绘制出图框。

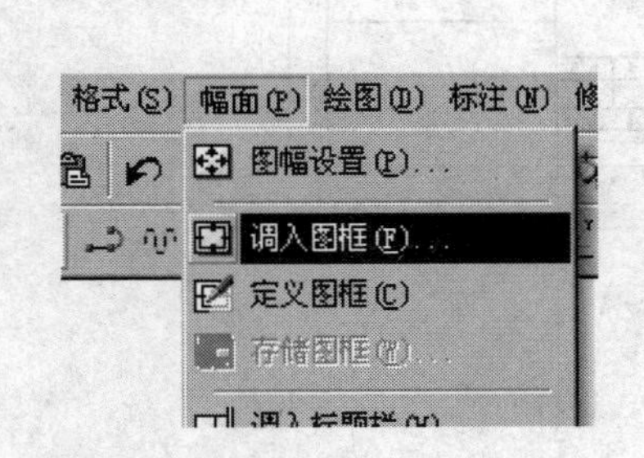

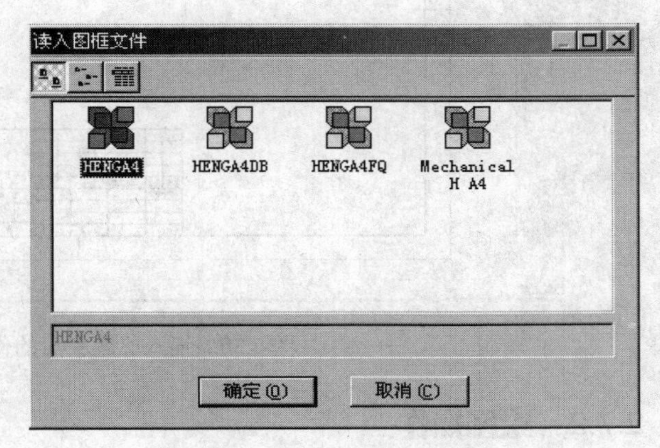

图 2.26　“调入图框”命令　　　图 2.27　“读入图框文件”对话框

4．插入标题栏

在下拉菜单中选择“幅面”—“调入标题栏”命令（如图 2.28 所示），将弹出图 2.29 所示的“读入标题栏文件”对话框。

在其中选择“Mechanical Standard A”，单击“确定”按钮，则此时的界面如图 2.30 所示。至此，作图前的环境准备工作就全部完成了。

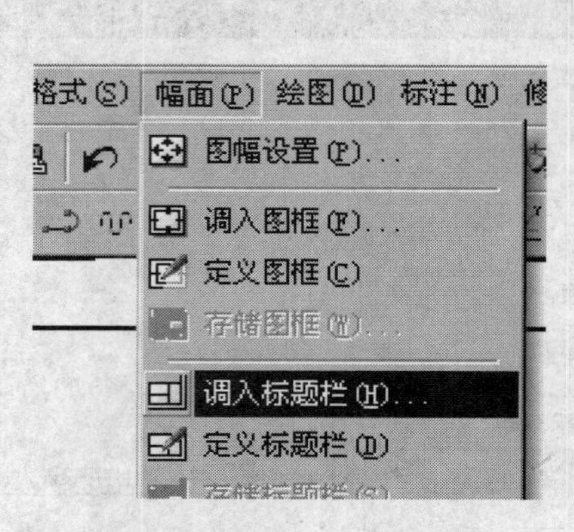

图 2.28 “调入标题栏”命令

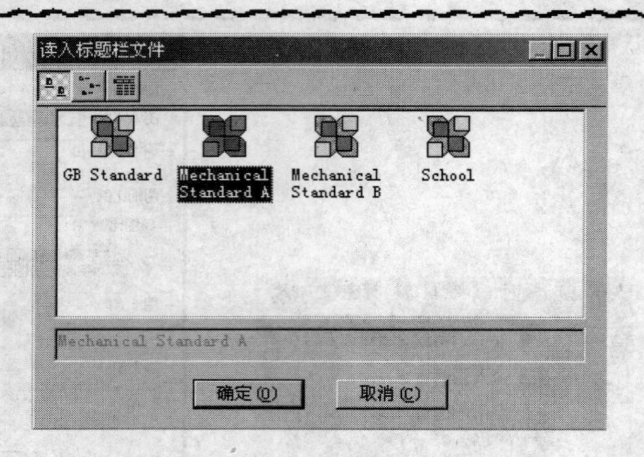

图 2.29 “读入标题栏文件”对话框

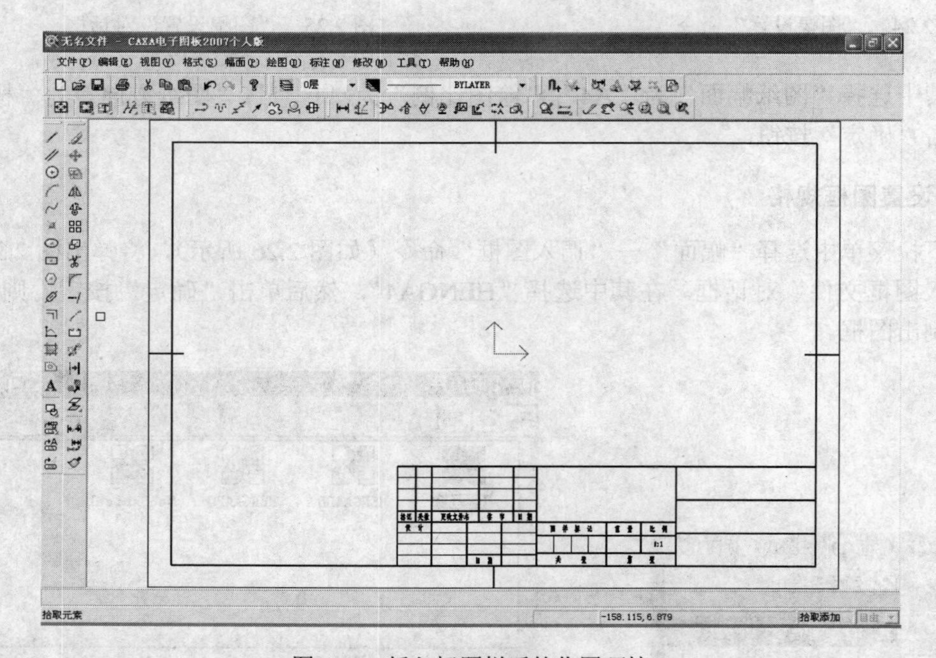

图 2.30 插入标题栏后的作图环境

2.7.2 绘图操作

1．画出“法兰盘”的内外轮廓圆（粗实线）

单击屏幕左上位置“绘图工具”工具栏中画圆的图标按钮⊙，则启动了画“圆”命令（请注意此时屏幕左下角显示的立即菜单为1: 圆心_半径 2: 半径 3: 无中心线），并在屏幕左下角的命令行中提示用户输入“*圆心点：*”，此时，请用键盘输入圆心点的直角坐标“0,20”，接下来提示用户输入“*输入半径或圆上一点：*”，此时，请用键盘输入外轮廓圆的半径值“55”，再在后续提示“*输入半径或圆上一点：*”下，输入内轮廓圆的半径值“15”。单击右键或按回车键，则结束轮廓线的绘制，此时的屏幕显示如图 2.31 所示。

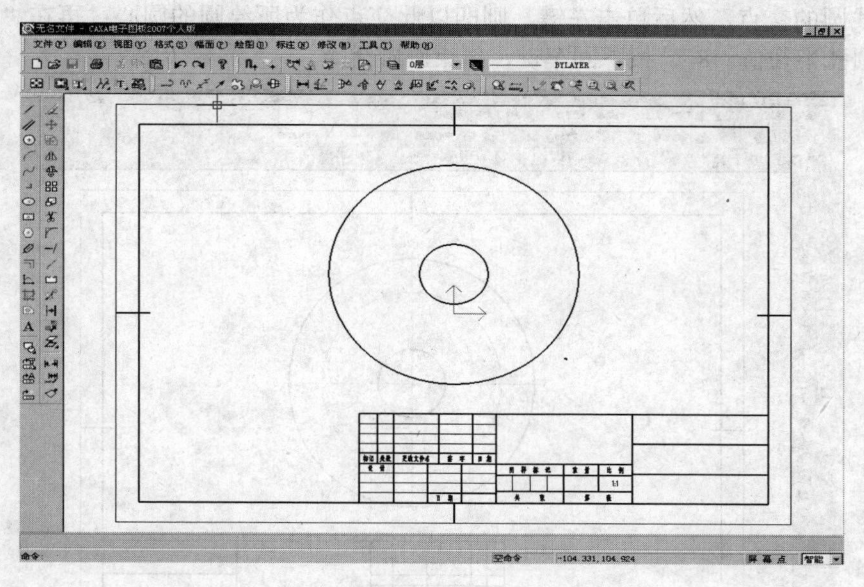

图 2.31　绘制内外轮廓线

2．绘制中心线（点画线）

（1）单击绘图区正上方“属性工具”工具栏 0层 BYLAYER 中“0 层”右边向下的箭头，则弹出系统已设置好的各图层的层名。在此选择“中心线层”，如图 2.32 所示。

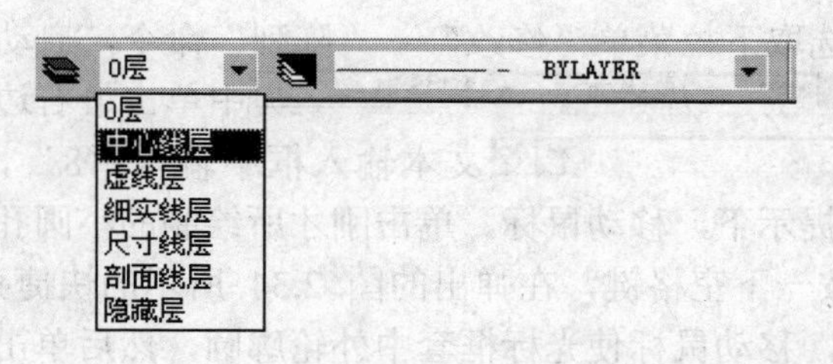

图 2.32　将当前层设置为“中心线层”

（2）选取下拉菜单“绘图”—“中心线”命令，在提示“*拾取圆（弧、椭圆）或第一条直线:*”下，移动鼠标，用光标单击刚才所绘制的外轮廓圆，则系统将自动绘制出该圆的两条互相垂直的中心线。再单击画圆图标按钮，再次启动画“圆”命令，依次输入“*圆心点:*”坐标“0,20”和“*半径:*”值“40”，单击右键或按回车键，结束画“圆”命令。此时的屏幕显示如图 2.33 所示。

3．绘制均匀分布的 8 个圆孔

（1）将当前图层切换回“0 层”

如前方法显示出图 2.33 所示的图层列表，从中选取“0 层”作为当前层。

（2）绘制最右边的一个圆孔

如前方法启动画“圆”命令，在“*圆心点:* ”提示下按一下空格键，在弹出的图 2.34 所示快捷菜单中选取“交点”，则此时的光标变为一方框，移动鼠标使光标框套中水平中心线与点画线圆的交点，然后单击左键，则即以此交点作为所绘圆的圆心；再在“*半径:*”提示下输入圆孔半径值“8”，按下回车键，结束画圆命令。

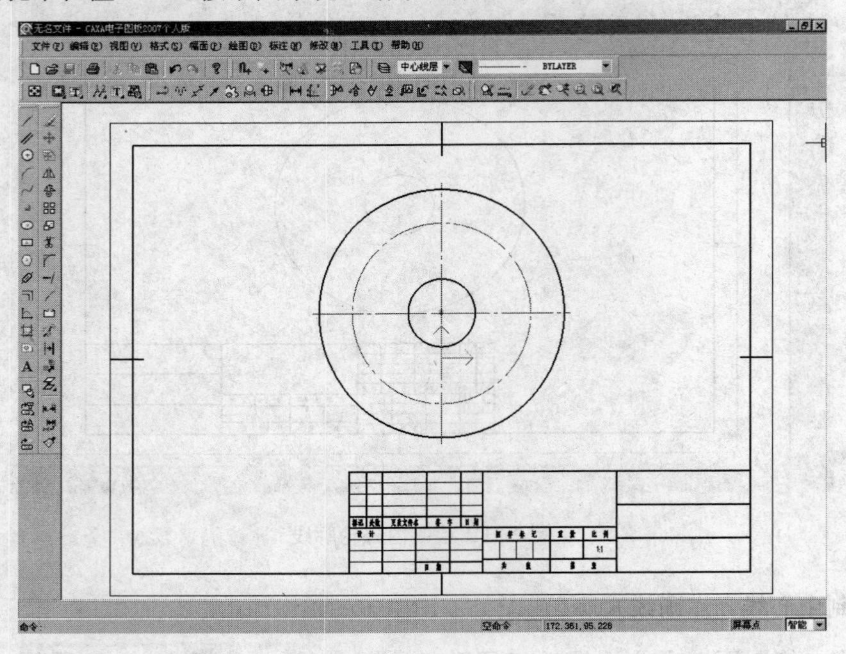

图 2.33 绘制中心线

（3）将所绘小圆孔阵列为 8 个

如图 2.35 所示，选取下拉菜单“修改”—“阵列”命令，启动“阵列”命令，在此时的立即菜单 1:圆形阵列 2:旋转 3:均布 4:份数 4 中单击最右边的“份数”文本框，再在弹出的 输入整数: 4 文本输入框中输入“8”，然后单击其后的✔按钮，在“*拾取添加:*”提示下，移动鼠标，单击刚才所绘制的小圆孔，再单击鼠标右键，在“*中心点:*”提示下，按一下空格键，在弹出的图 2.34 所示的快捷菜单中选取“圆心”，则此时的光标变为一方框，移动鼠标使光标框套中外轮廓圆，然后单击鼠标左键，则系统即以此圆的圆心作为圆形阵列的中心点，自动将小圆孔阵列为 8 个，回车或单击鼠标右键，结束阵列操作。此时的屏幕显示如图 2.36 所示。

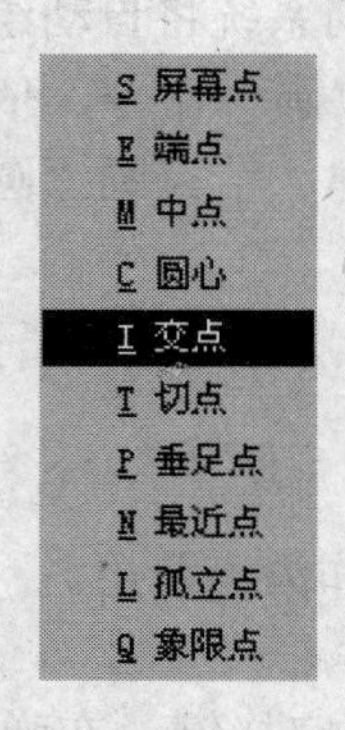

图 2.34 快捷菜单

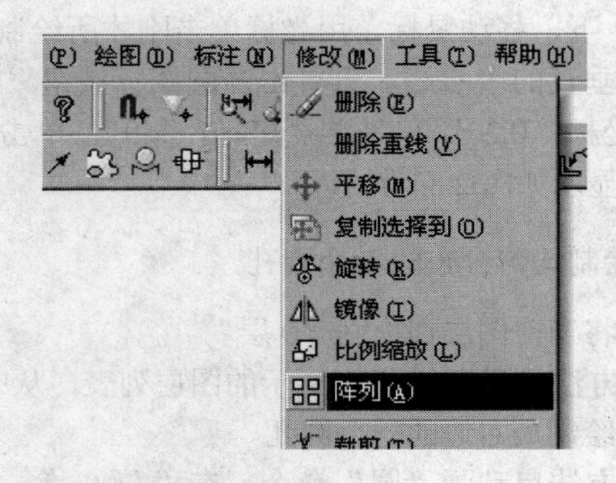

图 2.35 阵列

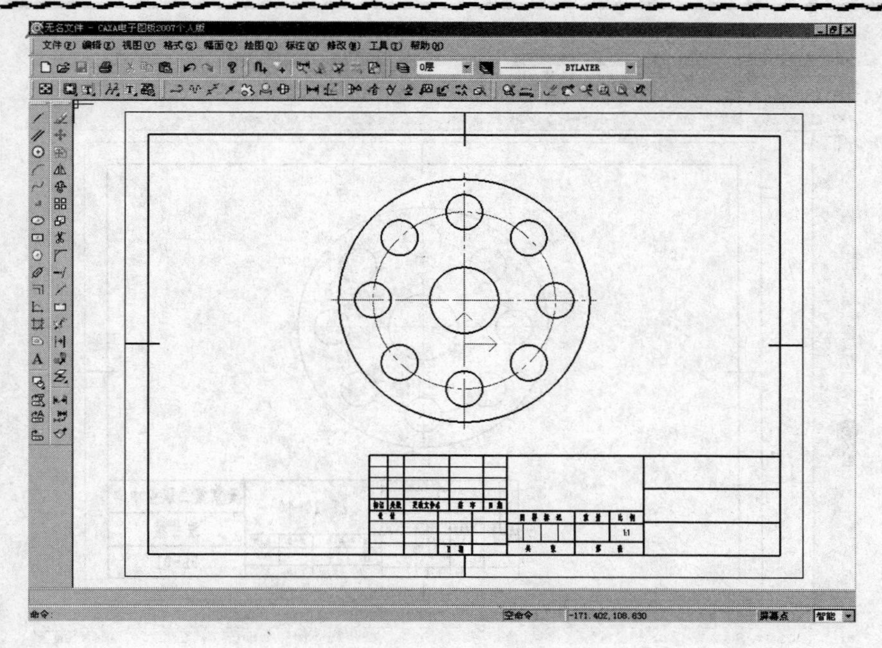

图 2.36　阵列小圆孔

2.7.3　填写标题栏

选取下拉菜单“幅面”—“填写标题栏”命令，在弹出的图 2.37 所示的“填写标题栏”对话框中，依提示填入各项相关内容，然后单击“确定”按钮，则系统将自动地把输入的各项内容填入标题栏中。最后绘制完成的图形如图 2.38 所示。

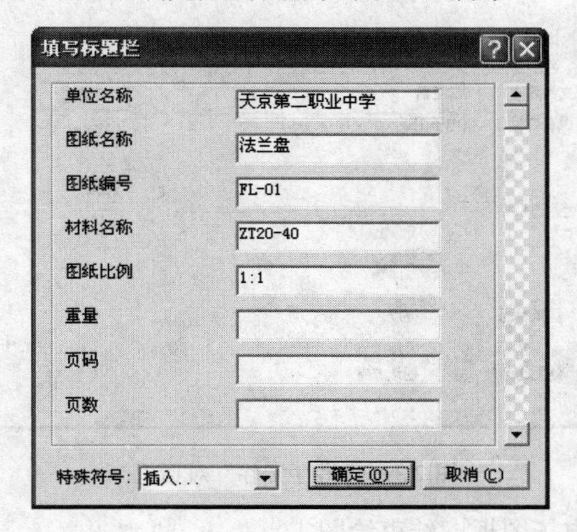

图 2.37　“填写标题栏”对话框

2.7.4　保存所绘图形

选取下拉菜单“文件”—“另存文件”命令，在弹出的图 2.39 所示的“另存文件”对话框中，输入文件名“法兰盘”，然后单击“保存”按钮，则系统将自动以“法兰盘.exb”为文件名将图形存入磁盘上用户指定的文件夹下。

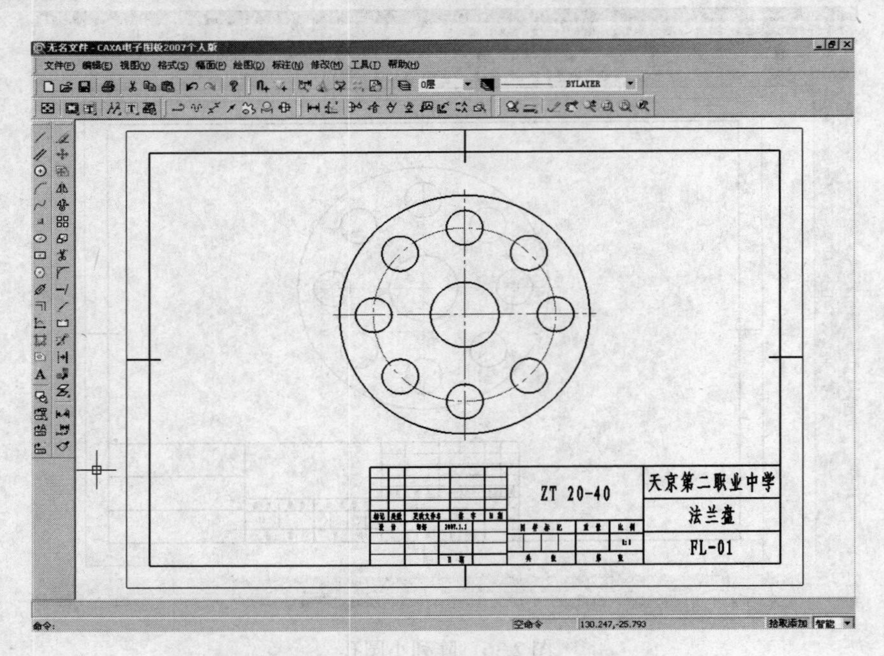

图 2.38　绘制完成的“法兰盘”图形

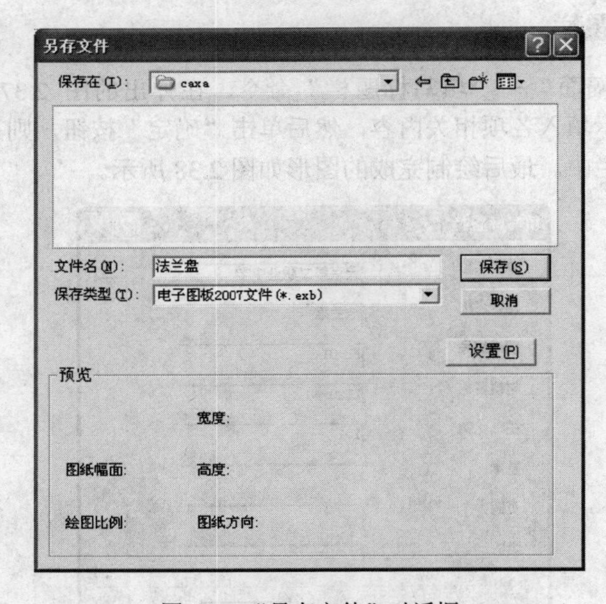

图 2.39 “另存文件”对话框

最后，关闭 CAXA 电子图板，结束绘图。

习　题

1. 请指出 CAXA 电子图板系统界面中下述工具栏所处的位置：

（1）“标准工具”工具栏；

（2）“属性工具”工具栏；

（3）“常用工具”工具栏；

（4）“绘图工具”工具栏。

2．选择题

（1）对于工具栏中您不熟悉的图标按钮，最简捷了解其功能的方法是（　　）

① 查看用户手册；

② 使用在线帮助；

③ 把光标移动到图标上稍停片刻，然后观看其伴随提示。

（2）调用 CAXA 电子图板命令的主要方法有（　　　　）

① 在命令行输入命令名；

② 在命令行输入命令缩写字；

③ 选取下拉菜单中的菜单选项；

④ 单击工具栏中的对应图标按钮；

⑤ 以上均可。

3．请列出四种调用 CAXA 电子图板画直线命令的方法。

4．在 CAXA 电子图板下如何输入一个点？

5．采用“两点线-连续-非正交”方式画直线，提示和输入如下（其中，用斜体编排部分为 CAXA 电子图板的系统提示，用黑体编排部分为用户的键盘输入，符号↙代表回车）：

第一点： 0,0↙

第二点： 30,20↙

第二点： @0,-40↙

第二点： @-60,0↙

第二点： @40<90↙

第二点： @30,-20↙

第二点： ↙

请分析此操作的绘图结果。

上机指导与练习

【上机目的】

熟悉 CAXA 电子图板的用户界面及基本操作，初步了解绘图的全过程，为后面的学习打下基础。

【上机内容】

（1）熟悉用户界面。指出 CAXA 电子图板各下拉菜单、工具栏、图形窗口、状态栏及立即菜单的位置、功能，练习对它们的基本操作。

（2）熟悉绘图命令的输入及基本操作。

① 用选取下拉菜单、工具栏图标按钮、输入命令名等不同的命令输入方式启动画直线和画圆命令，随意画一些直线和圆，尺寸自定；

② 分别用“单选”和从左到右及从右到左两种“窗选”方法删除所画内容。

（3）熟悉存储文件、打开文件及退出系统的操作方法。

（4）上机验证习题5的绘图结果。

（5）用直线命令画两个100×80的矩形，左下角均用绝对坐标给定，其他点分别采用相对直角坐标和相对极坐标给定。

（6）按照2.7节所述方法和步骤完成“法兰盘”工程图的绘制并存盘。

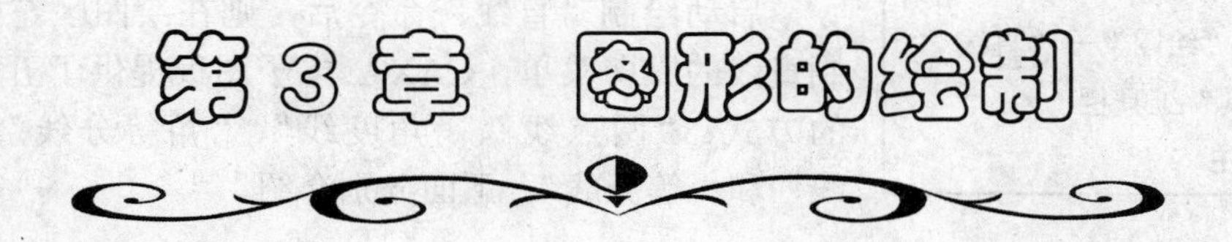

第 3 章　图形的绘制

图形的绘制是计算机绘图软件最主要的功能，CAXA 电子图板以先进的计算机技术和简捷的操作方式来代替了传统的手工绘图方法，为用户提供了功能齐全的作图方式，利用 CAXA 可以绘制各种复杂的工程图纸。本章主要介绍以下两部分内容：

（1）基本曲线的绘制

基本曲线是指那些构成一般图形的基本图形元素。如直线、圆、圆弧、矩形、中心线、样条曲线、轮廓线、等距线和剖面线等。

（2）高级曲线的绘制

高级曲线是指由基本元素组成的一些特定的图形或特定的曲线。如正多边形、椭圆、孔/轴、波浪线、双折线、公式曲线、填充、箭头、点和齿轮等。

3.1　基本曲线的绘制

CAXA 电子图板将所有的绘图命令放在了“绘图”下拉菜单中。为了操作上的方便，同时还将一些常用的绘图命令放入“绘图工具”工具栏中，另一些绘图命令放入“绘图工具 II”工具栏中，如图 3.1 所示。选取下拉菜单中的某个命令或直接单击工具栏中的绘图图标，即可执行相应的绘图命令。

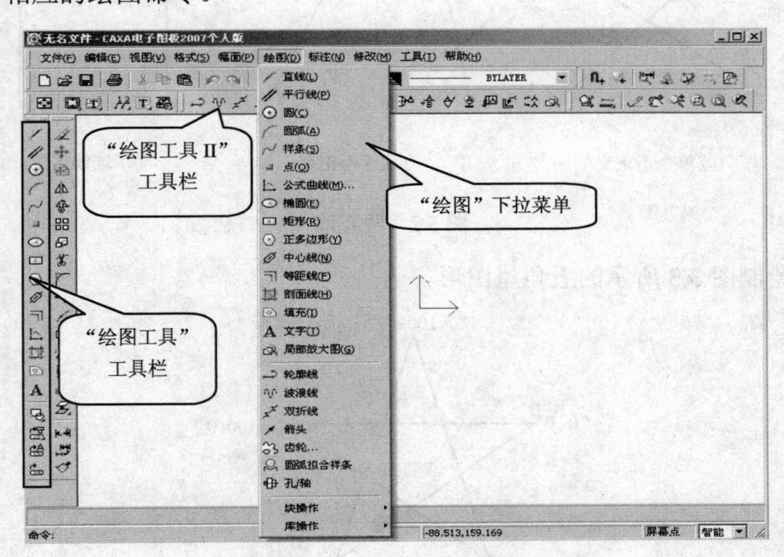

图 3.1　基本曲线绘图菜单和工具栏

3.1.1 绘制直线

下拉菜单："绘图"—"直线"
"绘图工具"工具栏：
命令：LINE

启动绘制"直线"命令后，则在绘图区左下角弹出绘制直线的立即菜单，CAXA 电子图板提供了五种绘制直线的方式："两点线"、"角度线"、"角等分线"、"切线/法线"和"等分线"。下面分别介绍。

1．两点线

【功能】按给定两点绘制一条直线或按给定的条件绘制连续的直线。

【步骤】

（1）单击立即菜单"1:"，在其上方弹出一个直线绘制方法的选项菜单，选取"两点线"选项。

（2）单击立即菜单"2:"，选择"连续"或"单个"方式，其中"连续"表示直线段间相互连接；"单个"表示每次绘制的直线相互独立。

（3）单击立即菜单"3:"，选择"正交"或"非正交"方式，所谓"正交"表示绘制的是正交线段，即与坐标轴平行的线段（水平线或垂直线），如图 3.2 所示。在"正交"方式下，可以单击立即菜单"4:"，选择"点方式"或"长度方式"绘制直线。在"长度方式"下，增加了可编辑直线长度的立即菜单"5:"，即数据显示窗口，立即菜单区变为一个数据编辑窗口，可用键盘输入新的数据以改变长度值。

（4）按立即菜单的条件和提示要求，用鼠标拾取两点，则一条直线被绘制出来，若要准确地作出直线，最好使用键盘输入两点的坐标。

此命令可以重复使用，单击鼠标右键结束此命令。

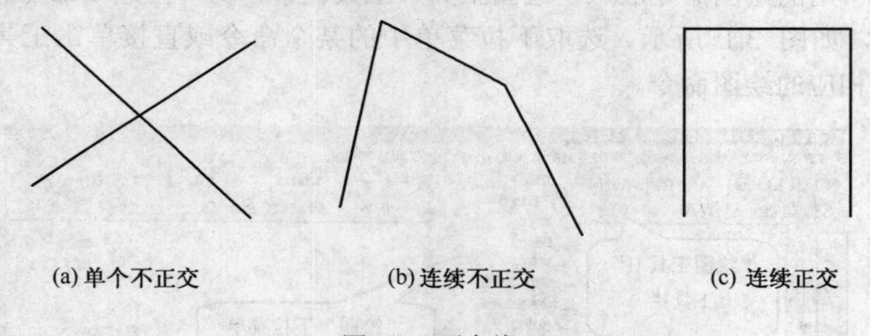

图 3.2 两点线

【示例】绘制图 3.3 所示的五角星图形。

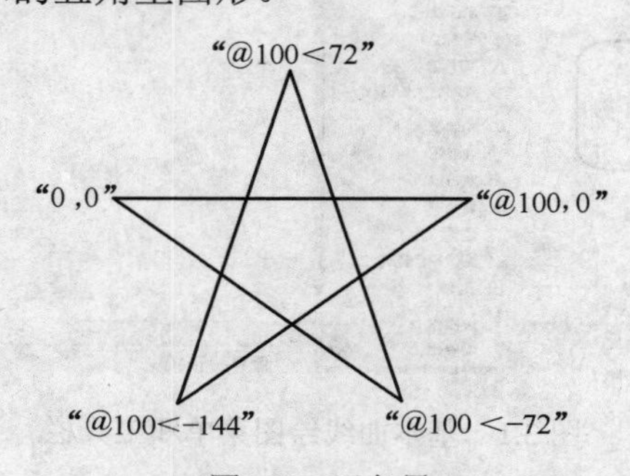

图 3.3 五角星

（1）单击“绘图工具”工具栏中的“直线”图标按钮，进入“两点线”绘制方式，单击立即菜单“2:”选择“连续”，单击立即菜单“3:”选择“非正交”。

（2）依次输入五角星五个顶点的坐标值。当系统提示“*输入第一点:*”时，通过键盘输入第一点的直角坐标“0,0”，然后在系统提示下用相对直角坐标输入方法输入第二点“@100,0”，用相对极坐标输入方法输入第三点“@100<-144”、第四点“@100<72”、第五点“@100<-72”，最后输入绝对直角坐标“0,0”，回到第一点，单击鼠标右键结束画线操作，则整个五角星绘制完成。

注意

电子图板 2007 新增加了 F8 键可以切换是否正交。

2．角度线

【功能】按给定角度、给定长度绘制一条直线段。

【步骤】

（1）单击立即菜单“1:”，从中选取“角度线”选项。

（2）单击立即菜单“2:”，选择“X 轴夹角”、“Y 轴夹角”或“直线夹角”方式，分别表示绘制与 X 轴、Y 轴或已知直线的夹角为指定角度的直线段，如图 3.4 所示。当选择“直线夹角”方式时，需要根据操作提示拾取一条已知直线段。

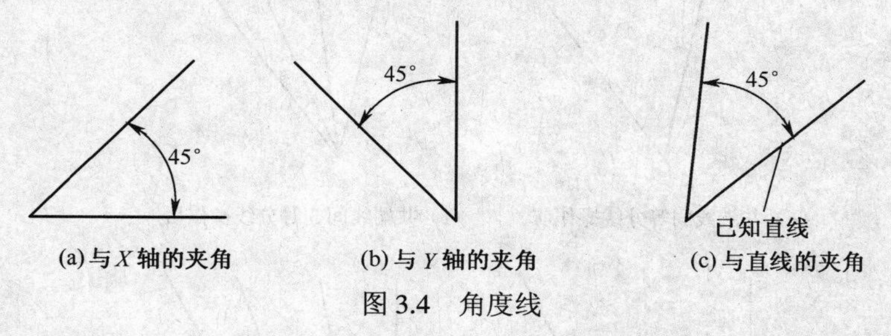

(a) 与 X 轴的夹角　(b) 与 Y 轴的夹角　(c) 与直线的夹角

图 3.4　角度线

（3）单击立即菜单“3:”，选择“到点”或“到线上”方式，即指定终点位置是在选定点上还是在选定直线上。

（4）单击立即菜单“4:”、“5:”、“6:”，则在操作区出现数据编辑窗口，可在-360～360 间输入所需角度的“度”、“分”、“秒”值。编辑框中的数值为当前立即菜单所选角度的默认值，单击按钮确认，单击按钮取消操作。

（5）按提示要求输入第一点后，操作提示变为“*输入长度或第二点:*”，拖动鼠标将出现一条粉红色的角度线，在适当位置处单击鼠标左键，则绘制出一条给定长度和倾角的直线段，同理也可以采用到线上或输入长度的方法确定终点。

3．角等分线

【功能】按给定等分份数和给定长度绘制角的等分线。

【步骤】

（1）单击立即菜单“1:”，从中选取“角等分线”选项。

（2）单击立即菜单“2:”，输入等分份数。

（3）单击立即菜单“3:”，输入角等分线的长度。

按提示分别拾取“*第一条线:*”和“*第二条线:*”，即可按所设的等分份数和长度画出所选角的等分线。图 3.5（a）、（b）所示为将 60° 的角等分为 3 份、长度为 100 的角等分线。

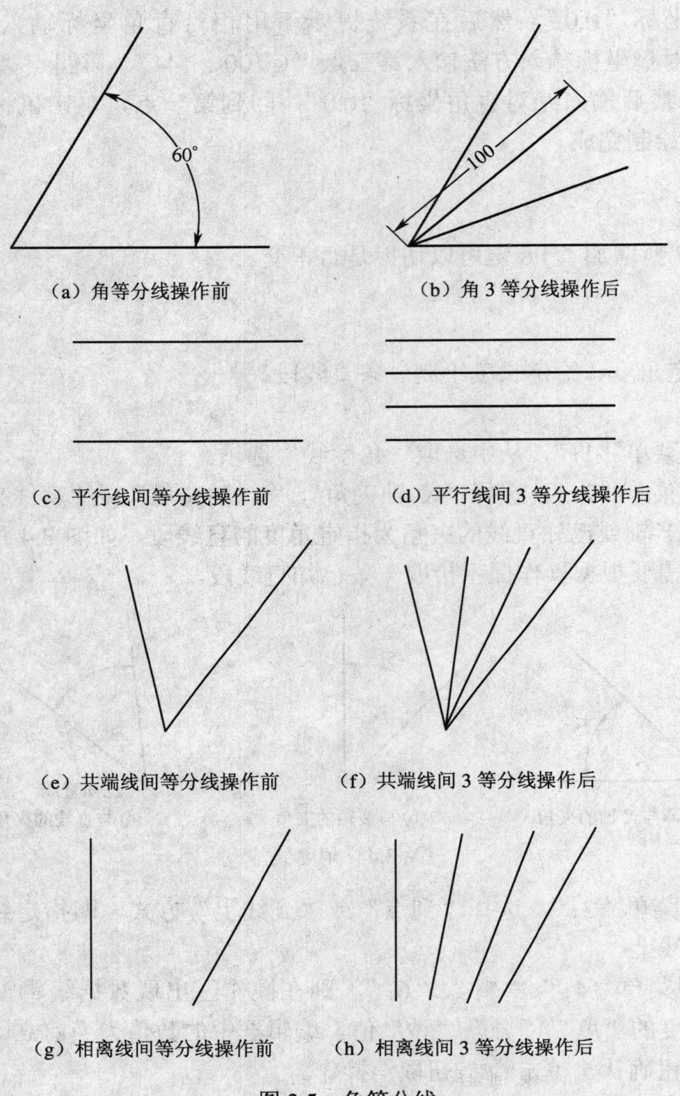

（a）角等分线操作前　（b）角 3 等分线操作后

（c）平行线间等分线操作前　（d）平行线间 3 等分线操作后

（e）共端线间等分线操作前　（f）共端线间 3 等分线操作后

（g）相离线间等分线操作前　（h）相离线间 3 等分线操作后

图 3.5　角等分线

4. 等分线

【功能】按给定的等分数 n 在指定的两条直线之间生成一系列的直线，这些线将两条线之间的部分等分成 n 份。

【步骤】

（1）单击立即菜单“1:”，从中选取“等分线”选项。

（2）单击立即菜单“2:”，输入等分量。

（3）按提示分别拾取“*第一条线:* ”和“*第二条线:*”，即可按所设的等分份数在两条直线间画出等分线。图 3.5（d）为在图 3.5（c）所示的两平行线间做 3 等分线；图 3.5（f）

为在图 3.5（e）所示的共端线间做 3 等分线；图 3.5（h）为在图 3.5（g）所示两相离直线间做 3 等分线。

5．切线/法线

【功能】过给定点作已知曲线的切线、法线或已知直线的平行线、垂直线。

（1）单击立即菜单“1:”，从中选取“切线/法线”选项。

（2）单击立即菜单“2:”，选择“切线”或“法线”方式，将分别绘制已知曲线的切线（已知直线的平行线）或已知曲线的法线（已知直线的垂线）。

（3）单击立即菜单“3:”，选择“对称”或“非对称”方式，其中“对称”方式表示选择的第一点为所要绘制直线的中点，第二点为直线的一个端点，如图 3.6（a）所示；“非对称”方式表示选择的第一点为所要绘制直线的一个端点，选择的第二点为直线的另一端点，如图 3.6（b）所示。

（4）单击立即菜单“4:”，选择“到点”或“到线上”方式，意义同上。图 3.6（c）、（d）所示分别为“到点”和“到线上”方式。

（5）按提示要求拾取一条已知曲线或直线后，操作提示变为“*输入点:*”，在绘图区适当位置单击鼠标左键指定一点后，提示又变为“*第二点或长度:*”，拖动鼠标到适当位置，单击鼠标左键确定长度，或用键盘输入直线长度。

需说明的是，如果要绘制圆或圆弧的法线，则所选第一点即为所作法线上的一点，如图 3.6（c）所示；CAXA 电子图板环境下，画直线命令中的切线是指与过所选点法线相垂直的直线，如果要绘制圆或圆弧的切线，所选第一点也为所作切线上的一点，如图 3.6（d）所示。真正意义上圆的切线的画法请参见本章 3.1.3 节中的【示例】。

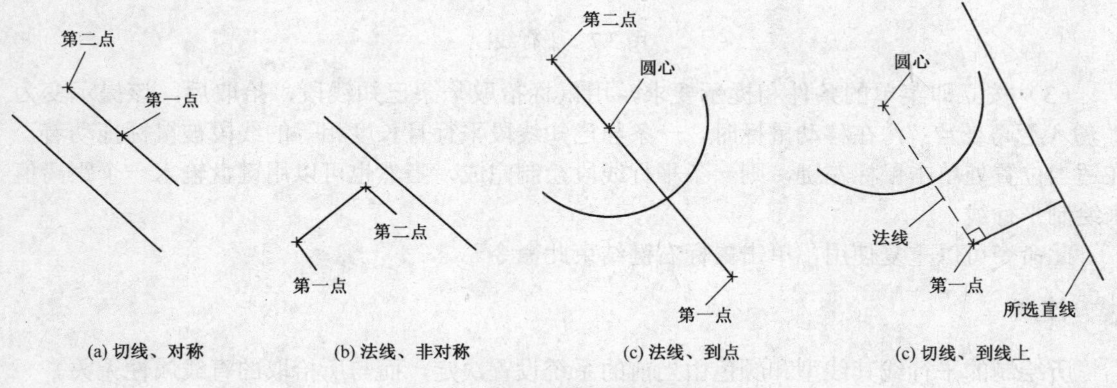

图 3.6　直线和圆弧的切线/法线

3.1.2　绘制平行线

> 下拉菜单：“绘图”—“平行线”
> “绘图工具”工具栏：
> 命令：LL

启动绘制“平行线”命令后，则在绘图区左下角弹出绘制平行线的立即菜单，CAXA 电子图板提供了两种绘制方式：“偏移方式”和“两点方式”。

【功能】按给定距离绘制与已知线段平行且长度相等的单向或双向平行线段，也可以绘制直线长度不等的平行线，其长度值通过给定两点确定。

【步骤】

（1）单击立即菜单“1:”，选择“偏移方式”或“两点方式”，其中“偏移方式”表示以给定偏距方式生成平行线；“两点方式”表示以指定两点方式生成平行线。

（2）当选择立即菜单“1:”中的“偏移方式”选项时，单击立即菜单“2:”，选择“单向”或“双向”模式，其中“单向”模式将根据给定的偏距及十字光标在所选直线的哪一侧来绘制平行线，如图 3.7（a）所示；“双向”模式将根据给定的偏距绘制与已知直线平行且长度相等的双向平行线，如图 3.7（b）所示。

当选择立即菜单“1:”中的“两点方式”选项时，单击立即菜单“2:”，选择“到点” 或“到线上”模式，其中“到点”模式表示在适当位置单击鼠标左键来确定平行线的终点，如图 3.7（c）所示；“到线上”模式表示平行线的终点在选定的曲线上，如图 3.7（d）所示。

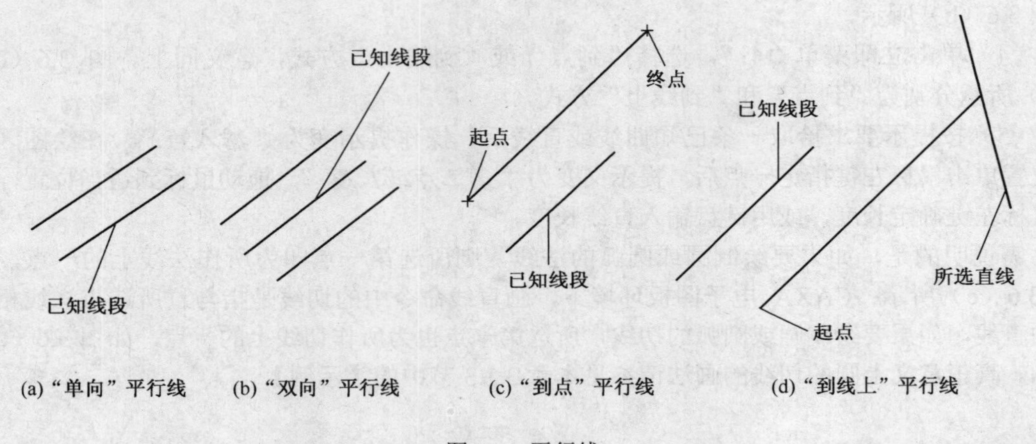

图 3.7 平行线

（3）按立即菜单的条件和提示要求，用鼠标拾取一条已知线段，拾取后，该提示变为“*输入距离或点:*”，在移动鼠标时，一条与已知线段平行且长度相等的线段被鼠标拖动着，在适当位置处单击鼠标左键，则一条平行线段绘制完成，当然也可以用键盘输入一个距离值来绘制平行线。

此命令可以重复使用，单击鼠标右键结束此命令。

注意

所绘制的平行线其线型和颜色由当前的系统设置决定，而与所拾取的直线属性无关。

3.1.3 绘制圆

> 下拉菜单：“绘图” —“圆”
> “绘图工具”工具栏：⊕
> 命令：CIRCLE

启动绘制“圆”命令后，则在绘图区左下角弹出绘制圆的立即菜单，CAXA 电子图板提供了四种绘制圆的方式：“圆心_半径”、“两点”、“三点”、“两点_半径”。下面分别进行介绍。

1. 圆心_半径

【功能】已知圆心和半径画圆。

【步骤】

（1）单击立即菜单“1:”，在其上方弹出一个圆绘制方法的选项菜单，选取“圆心_半径”选项。

（2）单击立即菜单“2:”，选择“半径”或“直径”方式，分别表示需要给定圆的半径或直径数值。

（3）单击立即菜单“3:”，选择“有中心线”或“无中心线”方式。如果选择“有中心线”方式，则圆绘制完成后将自动生成中心线，后同。

（4）按提示要求用键盘或鼠标输入圆心，提示变为“*输入半径或圆上一点:*”，此时可以直接输入半径数值（如果在立即菜单“2:”中选择的是“直径”方式，则需要输入直径数值），也可以拖动鼠标，在适当位置处单击鼠标左键确定圆上一点，则一个圆绘制完成。此命令可以重复使用，单击鼠标右键结束此命令。

2．两点

【功能】通过两个已知点画圆，且这两个已知点之间的距离为直径。

【步骤】

（1）单击立即菜单“1:”，从中选择“两点”选项。

（2）按提示要求用键盘或鼠标分别输入第一点和第二点，即可绘制一个圆。

3．三点

【功能】过给定的三点画圆。

【步骤】

（1）单击立即菜单“1:”，从中选择“三点”选项。

（2）按提示要求用键盘或鼠标分别输入第一点、第二点和第三点，即可绘制一个圆。

4．两点_半径

【功能】过两个已知点和给定半径画圆。

【步骤】

（1）单击立即菜单“1:”，从中选择“两点_半径”选项。

（2）按提示要求用键盘或鼠标分别输入第一点和第二点后，提示变为“*第三点或半径:*”，用鼠标或键盘输入第三点或由键盘输入一个半径值，即可绘制一个圆。

【示例】圆的公切线的绘制。

下例说明了图 3.9 所示两圆公切线的画法，其中用到了前面介绍的画直线命令及在第 4 章中还要介绍的特征点捕捉。

（1）用上面所述绘制“圆”命令画出图 3.9 所示的两圆。

（2）单击“绘图工具”工具栏中的“直线”图标按钮，进入“两点线”绘制方式，单击立即菜单“2:”选择“单个”，单击立即菜单“3:”选择“非正交”。

（3）当系统提示“*第一点（切点，垂足点）:*”时，按空格键弹出工具点菜单（如图 3.8 所示），单击“切点”项，然后按提示拾取第一个圆，拾取位置为图 3.9（a）中“1”所指的位置。

（4）按提示拾取第二点（方法同第一点）。在拾取圆时，拾取位置的不同，则切线绘制的位置也不同，图 3.9 所示拾取位置分别为（a）图、（b）图中“2”点所指位置，则结果是分别绘制出了两圆的外公切线与内公切线。

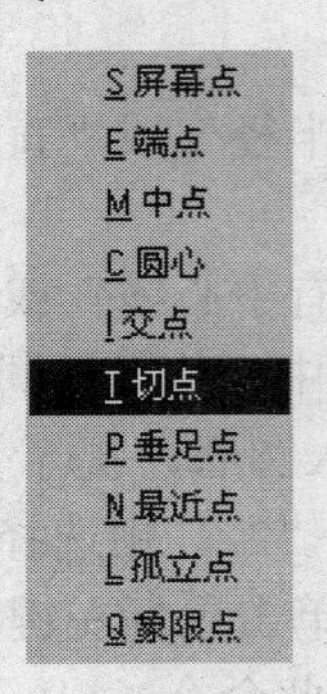

图 3.8 工具点菜单

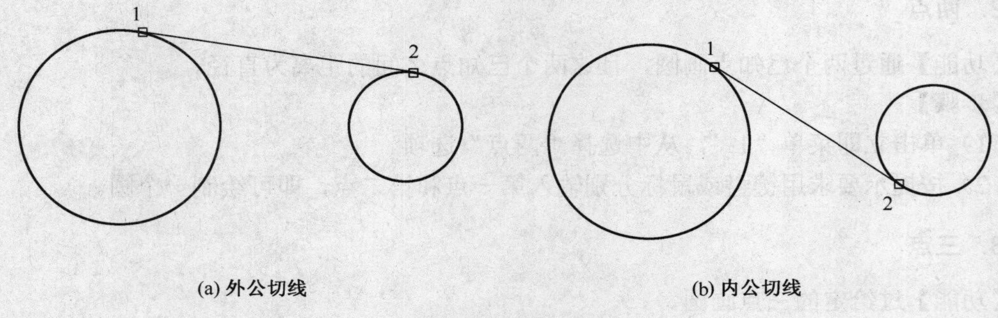

图 3.9 两圆公切线

3.1.4 绘制圆弧

> 下拉菜单：“绘图”—“圆弧”
>
> “绘图工具”工具栏：
>
> 命令：ARC

启动绘制“圆弧”命令后，则在绘图区左下角弹出绘制圆弧的立即菜单，CAXA 电子图板提供了六种绘制圆弧的方式：“三点圆弧”、“圆心_起点_圆心角”、“两点_半径”、“圆心_半径_起终角”、“起点_终点_圆心角”、“起点_半径_起终角”。下面分别进行介绍。

1. 三点圆弧

【功能】过三点画圆弧，其中第一点为起点，第三点为终点，第二点决定圆弧的位置和方向。

【步骤】

（1）单击立即菜单“1:”，在其上方弹出一个圆弧绘制方法的选项菜单，选取“三点圆弧”选项。

（2）按提示要求输入第一二点，屏幕上会生成一段过上述两点及光标所在位置的三点动态圆弧，在适当位置处单击鼠标左键，则一条圆弧线绘制完成（用户也可以灵活运用工具点、智能点、导航点、栅格点等功能或直接用键盘输入点的坐标来确定这三个点）。

2．圆心_起点_圆心角

【功能】已知圆心、起点及圆心角或终点画圆弧。

【步骤】

（1）单击立即菜单“1:”，从中选择“圆心_起点_圆心角”选项。

（2）按提示要求输入圆心和圆弧起点，生成一个弧长可拖动的动态圆弧，此时提示变为“*圆心角或终点（切点）:*”，从键盘输入圆心角数值或终点，或在适当位置处单击鼠标左键，则一条圆弧线绘制完成。

3．两点_半径

【功能】已知两点及圆弧半径画圆弧。

【步骤】

（1）单击立即菜单“1:”，从中选择“两点_半径”选项。

（2）按提示要求输入完第一点和第二点后，提示变为“*第三点或（切点）半径:*”。此时如果输入一个半径值，则系统首先根据十字光标当前的位置判断绘制圆弧的方向，判定规则是：十字光标处在第一二两点连线的哪一侧，则圆弧就绘制在哪一侧，如图 3.10（a）、（b）所示。同样的两点 1 和 2，由于光标位置的不同，可绘制出不同方向的圆弧。然后系统根据两点的位置、半径值及圆弧的绘制方向来绘制圆弧。如果在输入第二点后移动鼠标，则在屏幕上出现一段由输入的两点及光标所在位置点构成的三点圆弧，在适当位置处单击鼠标左键，一条圆弧线绘制完成，如图 3.10（c）所示。

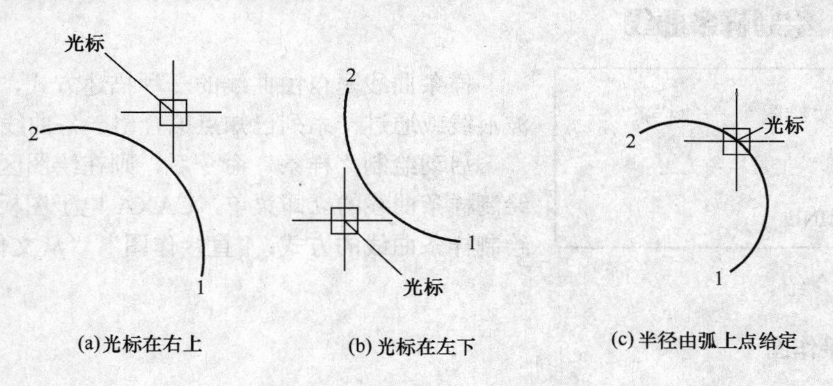

图 3.10　已知两点、半径画圆弧

4．圆心_半径_起终角

【功能】由圆心、半径、起终角画圆弧。

【步骤】

（1）单击立即菜单“1:”，从中选择“圆心_半径_起终角”选项。

（2）单击立即菜单“2:”，提示变为“*输入实数:*”，此时可输入圆弧的半径（其中编辑框内数值为默认值）。

（3）单击立即菜单“3:”和立即菜单“4:”，按系统提示分别输入圆弧的起始角和终止角数值，其范围为-360°～360°，均从 *X* 轴正向开始（逆时针旋转为正）。此时，屏幕上生成一段按给定条件画出的圆弧，在适当位置处单击鼠标左键，或从键盘输入圆心点的坐标值，则一条圆弧线绘制完成。

5．起点_终点_圆心角

【功能】已知起点、终点和圆心角画圆弧。

【步骤】

（1）单击立即菜单“1:”，从中选择“起点_终点_圆心角”选项。

（2）单击立即菜单“2:”，依提示输入圆心角的数值。

（3）按提示要求用鼠标或键盘输入圆弧的起点，此时屏幕上生成一段起点固定、圆心角固定的圆弧，用鼠标拖动圆弧的终点到适当的位置，或从键盘输入终点的坐标值，则一条圆弧线绘制完成。

6．起点_半径_起终角

【功能】已知起点、半径和起终角画圆弧。

【步骤】

（1）单击立即菜单“1:”，从中选择“起点_半径_起终角”选项。

（2）单击立即菜单“2:”，输入圆弧的半径。

（3）单击立即菜单“3:”和立即菜单“4:”，按系统提示分别输入圆弧的起始角和终止角的数值，此时，屏幕上生成一段按给定条件画出的圆弧，在适当位置处单击鼠标左键，或从键盘输入圆弧起、终点的坐标值，则一条圆弧线绘制完成。

3.1.5 绘制样条曲线

下拉菜单：“绘图” —“样条”

“绘图工具”工具栏：

命令：SPLINE

样条曲线是自由曲线的一种描述方式，常用于绘制波浪线或通过一系列已知点拟合出一条曲线。

启动绘制“样条”命令后，则在绘图区左下角弹出绘制样条曲线的立即菜单，CAXA电子图板提供了两种绘制样条曲线的方式：“直接作图”、“从文件读入”。下面分别进行介绍。

1．直接作图

【功能】生成过给定顶点的样条曲线。

【步骤】

（1）单击立即菜单“1:”，选择“直接作图”方式。

（2）单击立即菜单“2:”，选择“给定切矢”或“缺省切矢”方式，其中“给定切矢”表示当结束输入插值点后，还需要用鼠标或键盘输入决定起点和终点方向的两点，并用这两点分别与起点和终点形成的矢量作为给定端点的切矢；“缺省切矢”表示系统将根据数据点的性质，自动确定端点的切矢。

（3）单击立即菜单“3:”，选择“开曲线”或“闭曲线”，分别表示绘制非闭合或闭合的样条曲线（如果选择“闭曲线”则最后一点与第一点将自动连接），如图3.11所示。

（4）按提示要求用鼠标或键盘依次输入各个插值点，单击右键结束输入。

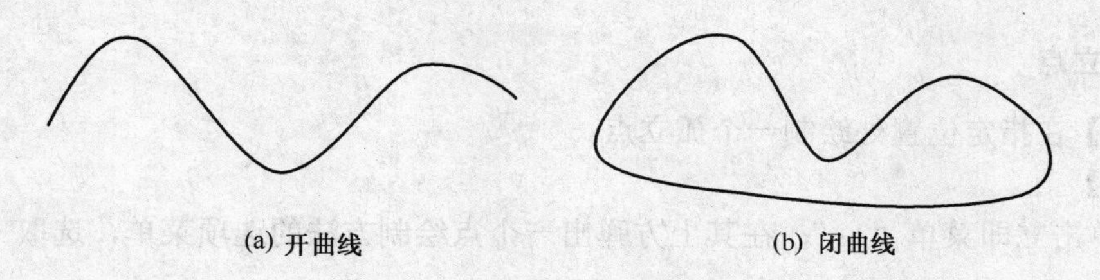

(a) 开曲线　　(b) 闭曲线

图 3.11　样条曲线

2. 从文件读入

【功能】通过从外部样条曲线数据文本文件中读取样条插值点的数据来绘制样条曲线。

【步骤】

单击立即菜单“1:”，选择“从文件读入”方式，弹出图 3.12 所示的“打开样条数据文件”对话框，系统将根据所选择数据文件中的数据绘制样条曲线。

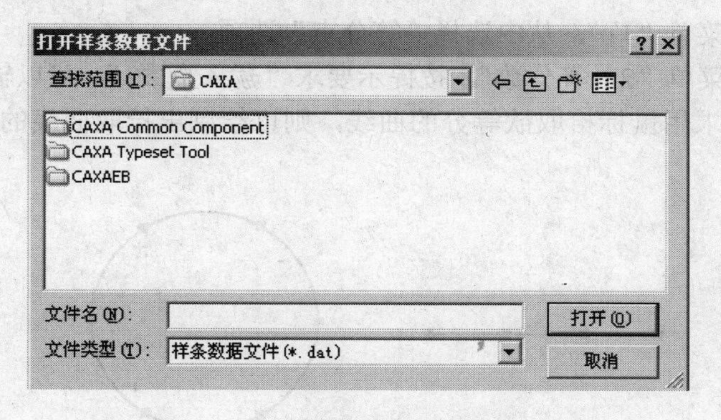

图 3.12　“打开样条数据文件”对话框

文本文件可用任何一种文本编辑器生成，结构如下：

5
0,0
100,30
40,60
30,-40
-90,-40

第一行为插值点的个数，以下各行分别为各个插值点的坐标。

3.1.6　绘制点

下拉菜单：“绘图”—“点”
“绘图工具”工具栏：
命令：POINT

启动绘图“点”命令后，则在绘图区左下角弹出绘制点的立即菜单，CAXA 电子图板提供了三种绘制点的方式：“孤立点”、“等分点”、“等弧长点”。下面分别进行介绍。

1. 孤立点

【功能】在指定位置处绘制一个孤立点。

【步骤】

（1）单击立即菜单“1:”，在其上方弹出一个点绘制方法的选项菜单，选取“孤立点”选项。

（2）按提示要求，单击鼠标左键或用键盘输入点的坐标，则可绘制出孤立点。当然也可以利用工具点菜单绘制中心点、圆点、端点等特征点。此命令可以重复使用，单击鼠标右键结束此命令。

2. 等分点

【功能】给定等分份数，绘制已知曲线的等分点。

【步骤】

（1）单击立即菜单“1:”，从中选择“等分点”选项。

（2）单击立即菜单“2：等分数”，按提示要求“*输入整数:*”，可以输入等分份数。

（3）按提示要求用鼠标拾取欲等分的曲线，则可绘制出拾取曲线的等分点，如图 3.13 所示。

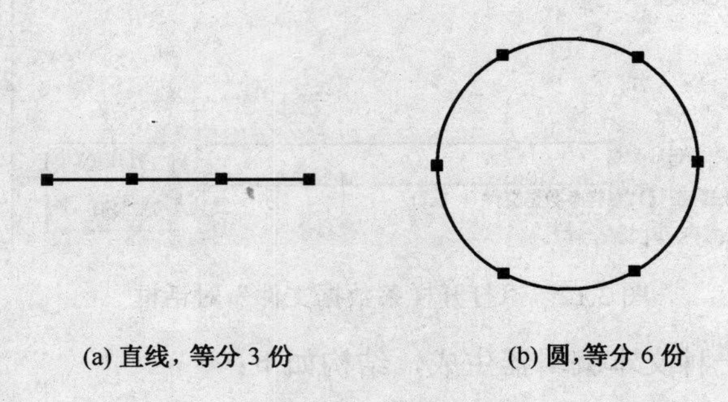

(a) 直线，等分 3 份　　(b) 圆，等分 6 份

图 3.13　绘制等分点

3. 等弧长点

【功能】给定弧长和等分份数，绘制已知曲线的等弧长点。

【步骤】

（1）单击立即菜单“1:”，从中选择“等弧长点”选项。

（2）单击立即菜单“2:”，选择“两点确定弧长”或“指定弧长”方式，其中“两点确定弧长”表示需要在拾取的曲线上指定两个点来确定等分的弧长；如果选择“指定弧长”方式，则出现立即菜单“4：弧长”，单击其可以输入等分的弧长。

（3）单击立即菜单“3：等分数”，输入等分份数。

（4）按提示要求用鼠标拾取欲等分弧长的曲线后，提示变为“*拾取起始点:*”，在拾取的曲线上单击鼠标左键确定等分的起始点，提示变为“*选取方向:*”，此时在拾取的起始点上出现一个双向箭头，在曲线上单击鼠标左键确定等分的方向，如图 3.14 所示。

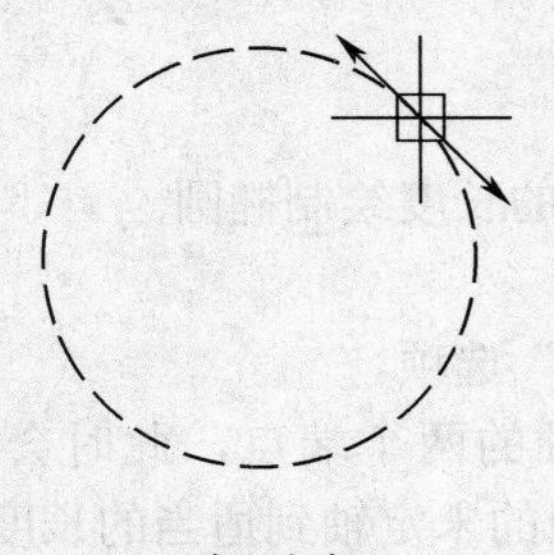

(a) 选取方向　　(b) 圆的等弧长点，弧长 30，等分数 5

图 3.14　绘制等弧长点

3.1.7　绘制椭圆/椭圆弧

下拉菜单："绘图"—"椭圆"
"绘图工具"工具栏：
命令：ELLIPSE

启动绘制"椭圆"命令后，在绘图区左下角弹出绘制椭圆的立即菜单，CAXA 电子图板提供了三种绘制椭圆的方式："给定长短轴"、"轴上两点"、"中心点_起点"。下面分别进行介绍。

1. 给定长短轴

【功能】以椭圆的中心为基准点，给定椭圆长、短轴的半径绘制任意方向的椭圆或椭圆弧。

【步骤】

（1）单击立即菜单"1:"，在其上方弹出一个椭圆绘制方法的选项菜单，选取"给定长短轴"选项。

（2）单击立即菜单"2：长半轴"、"3：短半轴"、"4：旋转角"，按提示要求分别输入待画椭圆的长轴半径值、短轴半径值及旋转角。

（3）单击立即菜单"5：起始角"、"6：终止角"，按提示要求分别输入待画椭圆的起始角和终止角。当起始角为 0°、终止角为 360° 时，将绘制整个椭圆；当改变起始角、终止角时，将绘制一段从起始角开始，到终止角结束的椭圆弧，如图 3.15 所示。

（4）拖动鼠标，在适当位置处单击鼠标左键（或用键盘输入基准点的坐标值），则一个椭圆绘制完成。

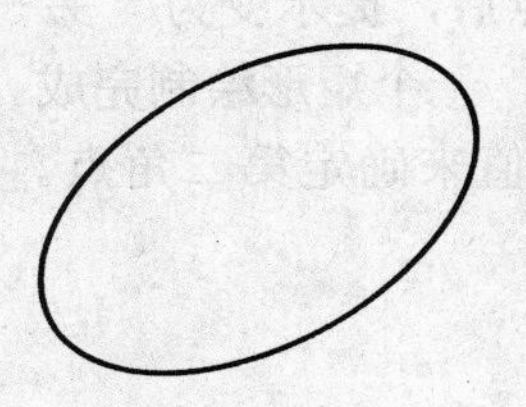

(a) 椭圆，旋转角 30°

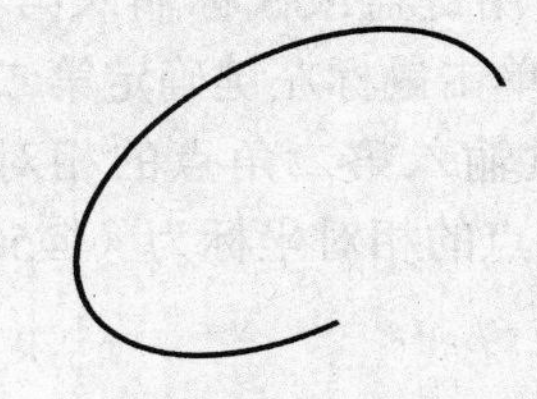

(b) 椭圆弧，起始角 0°，终止角 260°

图 3.15　"给定长短轴"绘制椭圆

2．轴上两点

【功能】已知椭圆一个轴的两个端点和另一个轴的长度绘制椭圆。

【步骤】

（1）单击立即菜单“1:”，从中选择“轴上两点”选项。

（2）按提示要求用键盘或鼠标分别输入椭圆轴的两个端点，此时会生成一段一轴固定、另一轴随鼠标拖动而改变的动态椭圆，拖动椭圆的未定轴到适当的长度，单击鼠标左键确定（或用键盘输入未定轴的半轴长度），则一个椭圆绘制完成。

3．中心点_起点

【功能】已知椭圆中心点、轴的一个端点和另一个轴的长度绘制椭圆。

【步骤】

（1）单击立即菜单“1:”，从中选择“中心点_起点”选项。

（2）按提示要求用键盘或鼠标分别输入椭圆的中心点及一个轴的起点，此时会生成一段一轴固定、另一轴随鼠标拖动而改变的动态椭圆，拖动椭圆的未定轴到适当的长度，单击鼠标左键确定（或用键盘输入未定轴的半轴长度），则一个椭圆绘制完成。

3.1.8 绘制矩形

下拉菜单：“绘图”—“矩形”
“绘图工具”工具栏：
命令：RECT

启动绘制“矩形”命令后，则在绘图区左下角弹出绘制矩形的立即菜单，CAXA 电子图板提供了两种绘制矩形的方式：“两角点”、“长度和宽度”。下面分别进行介绍。

1．两角点

【功能】通过给定矩形的两个角点绘制矩形。

【步骤】

（1）单击立即菜单“1:”，选择“两角点”方式。

（2）单击立即菜单“2:”，用于确定所绘矩形是否有中心线，单击立即菜单中“2:”，“无中心线”可切换为“有中心线”，此时又弹出立即菜单“3: 中心线延长长度”，可在其中输入矩形中心线的延伸长度。

（3）按提示要求，用键盘或鼠标输入第一角点后，提示变为“*另一角点:*”，此时可拖动鼠标，在适当位置处单击鼠标左键确定第二角点，一个矩形绘制完成。如果已知矩形的长和宽，则可以使用键盘输入第二角点的相对坐标值来确定第二角点。如已知矩形的长为 50，宽为 30，则第二角点的相对坐标为（@50,30）。

2．长度和宽度

【功能】已知矩形的长度和宽度绘制矩形。

【步骤】

（1）单击立即菜单“1:”，选择“长度和宽度”方式。

（2）单击立即菜单“2:”，选择“中心定位”、“顶边中点”或“左上角点定位”定位方式。其中“中心定位”表示以矩形的中心为定位点绘制矩形，如图 3.16（a）所示；“顶边中点”表示以矩形顶边的中点为定位点绘制矩形，如图 3.16（b）所示。“左上角点定位”即以矩形的左上角顶点为定位点绘制矩形，如图 3.16（c）所示。

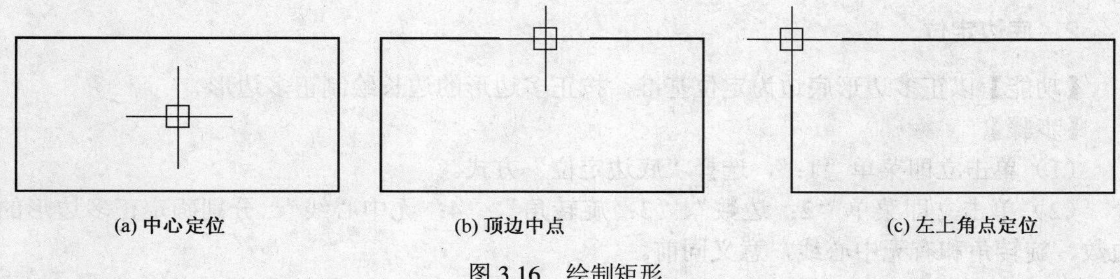

(a) 中心定位　(b) 顶边中点　(c) 左上角点定位

图 3.16　绘制矩形

（3）单击立即菜单“3：角度”、“4：长度”、“5：宽度”，分别输入矩形的倾斜角度，长度和宽度的数值。

（4）单击立即菜单“6”，选择“有中心线”和“无中心线”方式，同上。

（5）拖动鼠标，出现一个按立即菜单给定的条件绘制的矩形，按提示要求在适当位置处单击鼠标左键确定定位点（或用键盘输入定位点），则一个矩形绘制完成。

3.1.9　绘制正多边形

> 下拉菜单：“绘图”—“正多边形”
> “绘图工具”工具栏：
> 命令：POLYGON

启动绘制“正多边形”命令后，在绘图区左下角弹出绘制正多边形的立即菜单，CAXA 电子图板提供了两种绘制正多边形的方式：“中心定位”、“底边定位”。下面分别进行介绍。

1. 中心定位

【功能】以正多边形中心定位，按内接或外切圆的半径或圆上的点，作圆的内接或外切正多边形。

【步骤】

（1）单击立即菜单“1:”，选择“中心定位”方式。

（2）单击立即菜单“2:”，选择“给定半径”或“给定边长”方式，其中“给定半径”方式表示需要输入正多边形内接或外切圆的半径值；“给定边长”方式表示需要输入正多边形的边长。

（3）单击立即菜单“3:”，选择“内接”或“外切”方式，分别表示所画正多边形为某个圆的内接或外切正多边形。

（4）单击立即菜单“4：边数”，按提示要求“*输入整数:*”，输入待画正多边形的边数，边数是 3～36 之间的整数。

（5）单击立即菜单“5：旋转角”，按提示要求“*输入实数:*”，输入正多边形的旋转角度，范围是-360～360，正负角的含义与前相同。

（6）单击立即菜单“6:”，用于确定所绘正多边形是否有中心线，单击立即菜单中“6:”，“无中心线”可切换为“有中心线”，此时又弹出立即菜单“7：中心线延长长度”，可在其中输入中心线的矩形轮廓线的长度。

（7）按提示要求“*中心点:*”，用键盘或鼠标输入一个中心点后，提示变为“*圆上点或外接圆半径:*”，拖动鼠标，在适当位置处单击鼠标左键（或用键盘输入一个半径值或圆上的一个点），则一个正多边形绘制完成。

2. 底边定位

【功能】以正多边形底边为定位基准，按正多边形的边长绘制正多边形。

【步骤】

（1）单击立即菜单“1:”，选择“底边定位”方式。

（2）单击立即菜单“2：边数”、“3：旋转角”、“4：无中心线”，分别确定正多边形的边数、旋转角和有无中心线，意义同前。

（3）按提示要求“*第一点:*”，用键盘或鼠标输入正多边形的第一点，提示变为“*第二点或边长:*”，拖动鼠标，在适当位置单击鼠标左键（或用键盘输入边长或第二点），则一个正多边形绘制完成。

3.1.10 绘制中心线

下拉菜单：“绘图”—“中心线”
“绘图工具”工具栏：
命令：CENTERL

启动绘制“中心线”命令后，则在绘图区左下角弹出绘制中心线的立即菜单。

【功能】绘制回转体的中心线或对称图形的对称线。

【步骤】

（1）单击立即菜单“1：延伸长度”（延伸长度是指中心线超过轮廓线部分的长度），可通过键盘输入延伸长度。

（2）按提示要求拾取第一条曲线，若拾取的是一个圆或一段圆弧，则直接生成一对互相垂直且超出其轮廓线一定长度的中心线，如图 3.17（a）所示；如果拾取的是一条直线，则系统将继续提示拾取另一条与第一条直线平行或对称的直线，拾取完毕后，则生成两条直线的对称中心线，如图 3.17 (b) 、（c）所示。若所选定的两条直线在与其平行或垂直方向均可绘制对称中心线，则命令行中的提示为“*左键切换，右键确认:*”，此时，单击左键则可实现中心线方向（水平方向和垂直方向）的切换，单击右键确认绘制当前方向的中心线。

此命令可以重复使用，单击鼠标右键结束此命令。

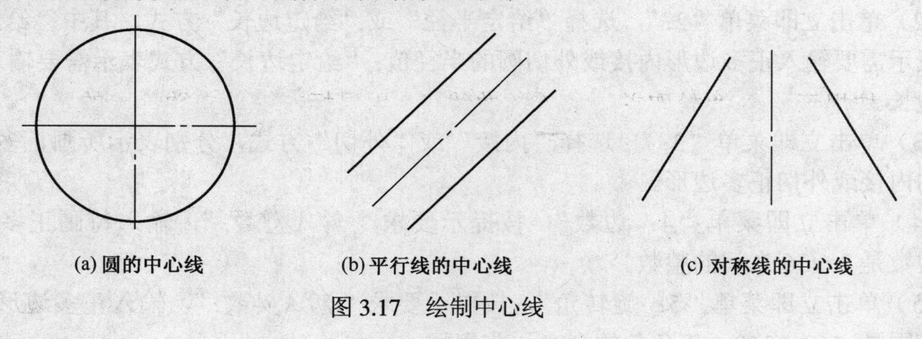

图 3.17 绘制中心线

此命令不受系统当前所在图层的限制。

3.1.11　绘制等距线

下拉菜单："绘图"—"等距线"

"绘图工具"工具栏：

命令：OFFSET

启动绘制"等距线"命令后，则在绘图区左下角弹出绘制等距线的立即菜单。CAXA 电子图板提供了两种绘制等距线的方式："链拾取"、"单个拾取"。下面分别介绍。

【功能】以等距方式生成一条或多条给定曲线的等距线。

1．链拾取方式

【步骤】

（1）单击立即菜单"1:"，选择"链拾取"方式，表示将把首尾相连的图形元素作为一个整体进行等距处理。

（2）单击立即菜单"2:"，选择"过点方式"或"指定距离"方式，其中"过点方式"表示绘制的等距线通过指定的点；"指定距离"是指选择箭头方向确定等距方向，按给定距离的数值来生成等距线。如果选择"指定距离"方式，则会出现立即菜单"5：距离"，需要输入等距线距离所选曲线的距离。

（3）单击立即菜单"3:"，选择"单向"或"双向"方式，其中"单向"表示只在所选曲线的一侧绘制等距线，此时需要选择等距线绘制的方向，如图 3.18（a）所示；"双向"表示在所选曲线的两侧均绘制等距线，如图 3.18（c）所示。

（4）单击立即菜单"4:"，选择"空心"或"实心"方式，其中"实心"表示将在所选曲线及其等距线之间进行填充，如图 3.18（b）所示；"空心"则表示只画等距线，不进行填充，如图 3.18（a）、（c）所示。

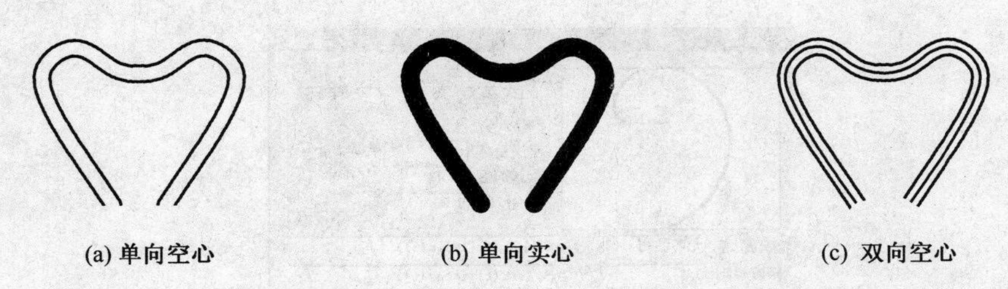

图 3.18　"链拾取"方式绘制等距线

（5）按提示要求"*拾取首尾相连的曲线:*"，用鼠标左键单击欲拾取的曲线，则曲线变为红色的虚线，提示变为"*请拾取所需的方向:*"，用鼠标左键单击欲使等距线通过的一个方向，则所选曲线的等距线绘制完成。

此命令可以重复使用，单击鼠标右键结束此命令。

2．单个拾取方式

【步骤】

（1）单击立即菜单"1:"，选择"单个拾取"方式，表示仅绘制选中的一个元素的等距线。

（2）立即菜单"2:"、"3:"、"4:"的选择意义及等距线绘制的过程与"链拾取"的方式基本相同。不同的是，如果在立即菜单“4：”中选择了“空心”方式，则出现立即菜单“5：份数”，可以输入等距线的数目，如图 3.19 所示。

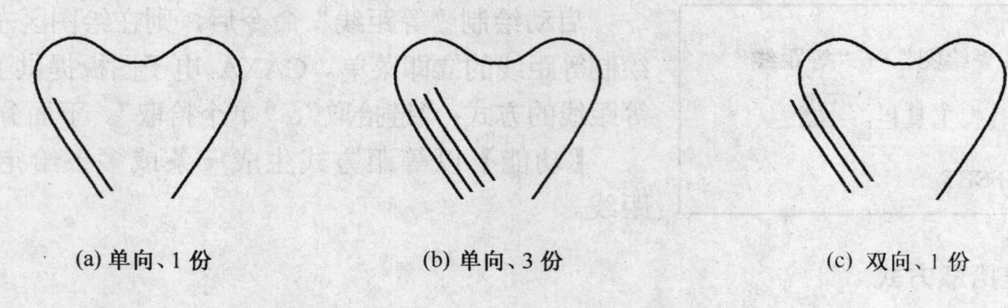

(a) 单向、1 份 (b) 单向、3 份 (c) 双向、1 份

图 3.19 “单个拾取”方式绘制等距线

 **注意**

等距线的线型和颜色由当前的系统设置决定，与所拾取的曲线无关。

3.1.12 绘制公式曲线

下拉菜单：“绘图”—“公式曲线”
“绘图工具”工具栏：
命令：FOMUL

启动绘制“公式曲线”命令后，则弹出“公式曲线”对话框，如图 3.20 所示。

【功能】公式曲线即是数学表达式的曲线图形，也就是根据数学公式（或参数表达式）绘制出相应的数学曲线，公式的给出既可以是直角坐标形式的，也可以是极坐标形式的。公式曲线为用户提供了一种更为方便和精确的作图手段，以适应某些精确型腔、轨迹线形的作图设计。

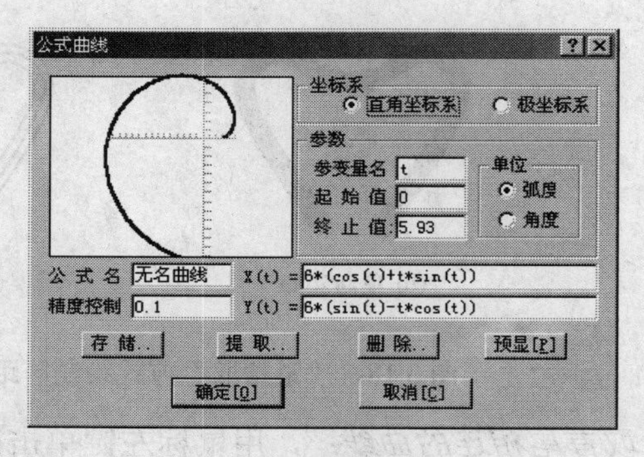

图 3.20 “公式曲线”对话框

【步骤】

（1）在弹出的“公式曲线”对话框中，选择是在直角坐标系下还是在极坐标系下输入公式。

（2）填写需要给定的参数：参变量名、起终值（即给定变量范围），并选择变量的单位。

（3）在编辑框中输入公式名、公式及精度。如果单击“预显”按钮，则在左上角的预览框中可以看到设定的曲线。

（4）对话框中还有“存储”、“提取”、“删除”这三个按钮，单击“存储”按钮，可将当前曲线保存；单击“提取”或“删除”按钮，则会列出所有已存在公式曲线库中的曲线，从中选取欲提取或删除的曲线。

（5）设定完曲线后，单击“确定”按钮，按提示要求输入定位点，则一条公式曲线绘制完成。

3.1.13　绘制剖面线

下拉菜单：“绘图”—“剖面线”
“绘图工具”工具栏：
命令：HATCH

启动绘制“剖面线”命令后，则在绘图区左下角弹出绘制剖面线的立即菜单。CAXA 电子图板提供了两种绘制剖面线的方式：“拾取点”、“拾取边界”。下面分别进行介绍。

1．拾取点

【功能】在指定的区域内绘制剖面线。

【步骤】

（1）单击立即菜单“1:”，选择“拾取点”方式。

（2）单击立即菜单“2：比例”，可以改变剖面线的间距；单击立即菜单“3：角度”，可以改变剖面线的角度；单击立即菜单“4：间距错开”，可以输入与前面所画剖面线间距错开的剖面线，如图 3.21 所示。

（3）按提示要求“*拾取环内点:*”，用鼠标左键单击封闭区域内任意一点，系统搜索到封闭环上的各条曲线变为红色虚线，然后再单击鼠标左键确认，则将在环内区域画出剖面线。

注意

拾取环内的点后，系统首先从拾取点开始，从右向左搜索最小封闭环。如图 3.22 所示，若拾取点为 1，则从 1 点向左搜索到的最小封闭环是矩形，1 点在环内，可以作出剖面线，若拾取点为 2 点，则搜索到的最小封闭环是圆，2 点在环外，不能作出剖面线。

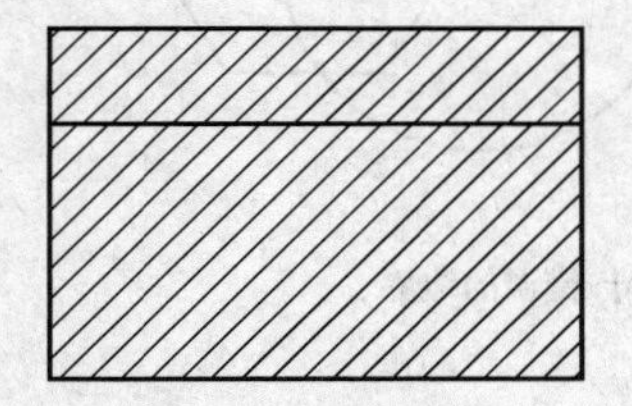

图 3.21　间距错开的剖面线

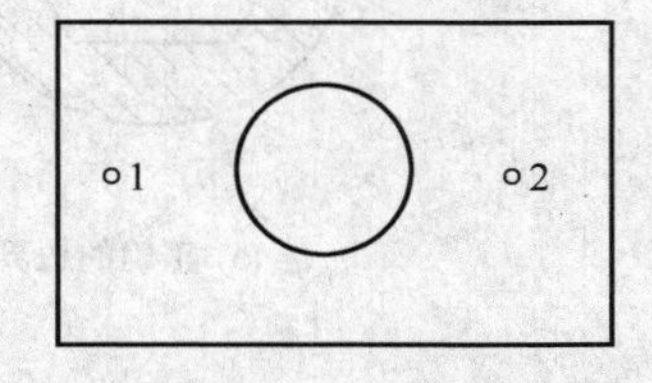

图 3.22　“拾取点”绘制剖面线

【示例】绘制图 3.23 所示的多个封闭环的剖面线。

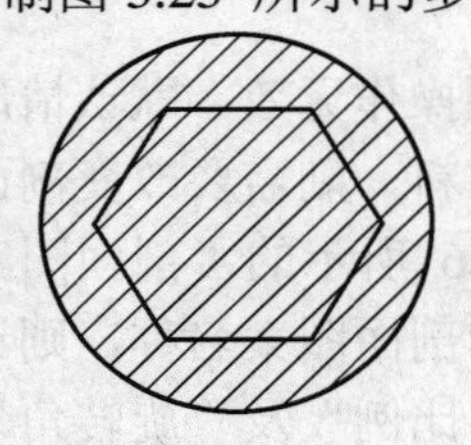

(a) 忽略内边界

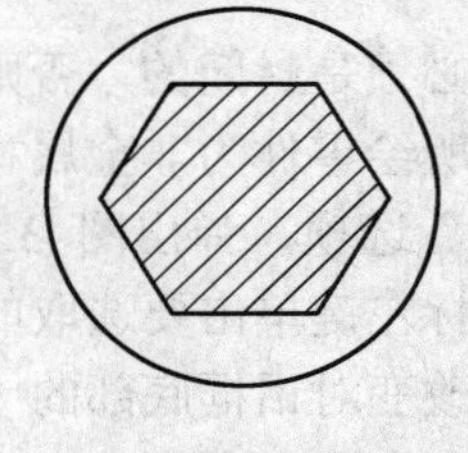

(b) 忽略外边界

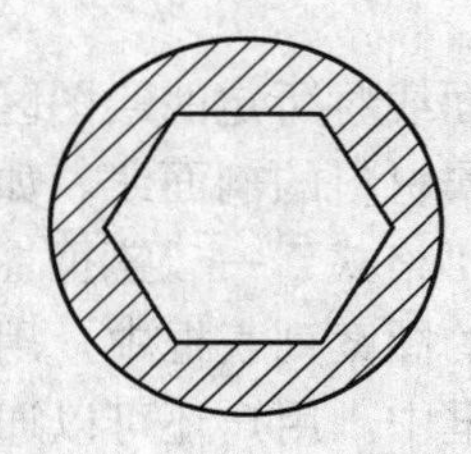

(c)同时考虑内外边界

图 3.23　多个封闭环的剖面线

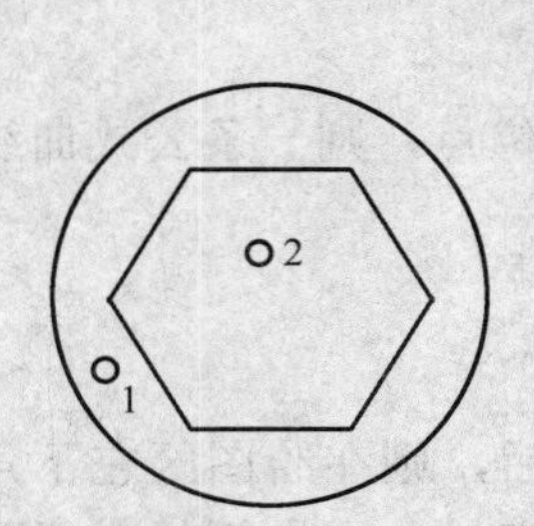

图 3.24　不同的拾取点

（1）单击“绘图工具”工具栏中的“剖面线”图标按钮，进入“剖面线”绘制方式，单击立即菜单“1:”选择“拾取点”。

（2）分别单击立即菜单“2：比例”、“3：角度”，按提示要求“*输入实数:*”分别输入剖面线的间距及角度。

（3）按提示要求“*拾取环内点:*”，用鼠标左键单击 1 点，则绘制 3.23（a）图的剖面线；单击 2 点则绘制 3.23（b）图的剖面线；如果先选择 1 点，再选择 2 点，则绘制 3.23（c）图的剖面线，拾取点的位置如图 3.24 所示。

2．拾取边界

【功能】根据拾取到的曲线搜索环生成剖面线。

【步骤】

（1）单击立即菜单“1:”，选择“拾取边界”方式。

（2）单击立即菜单“2：比例”、“3：角度”、“4：间距错开”，分别改变剖面线的间距、角度及与前面所画剖面线间距错开的值。

（3）按提示要求“*拾取边界曲线:*”，用鼠标左键拾取构成封闭环的若干曲线，可以用窗口拾取，也可以单个拾取每一条曲线，如果拾取的曲线能够生成互不相交的封闭环，则单击鼠标右键确认，剖面线被画出；如果拾取的曲线不能生成互不相交的封闭环，系统认为操作无效，不能绘制出剖面线。如图 3.25（a）、（b）所示，其中（b）图为错误的边界，应使用“拾取点”方式来绘制重叠区域的剖面线。

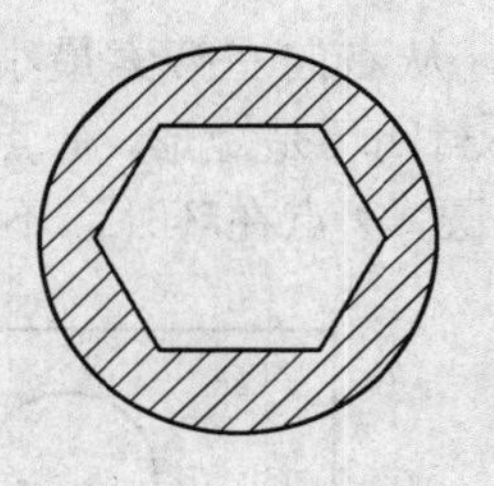

(a) 正确的边界

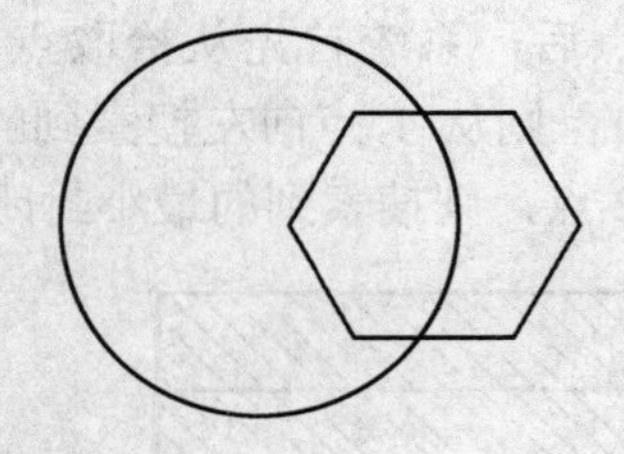

(b) 错误的边界

图 3.25 “拾取边界”绘制剖面线

注意

在绘制剖面线时所定的绘图区域必须是封闭的，否则操作无效。默认情况下，剖面填充图案为表示金属材料的剖面线。如果所绘零件为非金属材料，则需要改变剖面图案。方法为选取下拉菜单“格式”—“剖面图案”选项，弹出图 3.26 所示的“剖面图案”对话框，在该对话框左边的图案列表框中，用鼠标左键单击要选取的剖面图案名称，则该剖面图案显示在右边的预览框中。用户还可以通过改变对话框底部的“比例”及“旋转角”编辑框中的数值，对剖面图案进行设置。

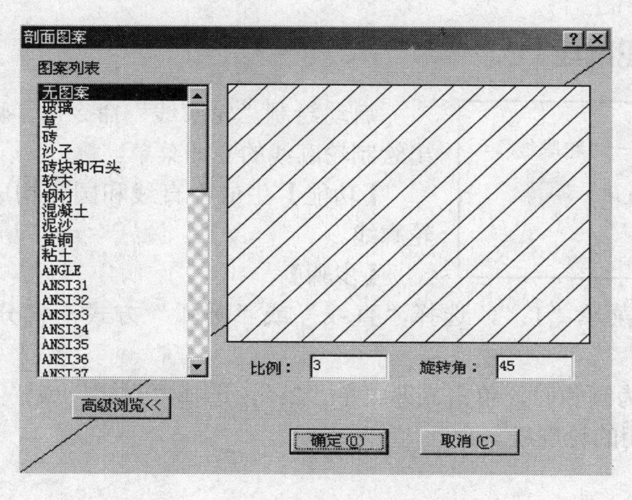

图 3.26 “剖面图案”对话框

3.1.14 绘制填充

下拉菜单：“绘图”—“填充”

“绘图工具”工具栏：

命令：SOLID

启动绘制“填充”命令后，即可根据系统提示要求进行填充。

【功能】填充实际上是一种图形类型，可对封闭区域的内部进行填充，对于某些零件剖面需要涂黑时可用此功能。

【步骤】

按提示要求“*拾取环内点:*”，单击鼠标左键拾取要填充的封闭区域内任意一点，再单击鼠标右键则可完成填充操作，如图 3.27 所示。

图 3.27　填充

注意

执行填充的操作类似于剖面线的操作，被填充的区域必须是封闭的。如果要填充汉字，则必须首先将汉字进行“块打散”操作，然后才能进行填充。

3.2 高级曲线的绘制

高级曲线是指由基本元素组成的一些特定的图形或特定的曲线。这些曲线都能完成绘图设计的某些特殊要求。本节将详细介绍“绘图工具 II”工具栏中高级曲线的功能和操作方法。

3.2.1　绘制轮廓线

下拉菜单："绘图"—"轮廓线"
"绘图工具 II"工具栏：
命令：CONTOUR

启动绘制"轮廓线"命令后，则在绘图区左下角弹出绘制轮廓线的立即菜单。

【功能】生成由直线和圆弧构成的首尾相接的一条轮廓线。

【步骤】

（1）单击立即菜单"1:"，选择"直线"或"圆弧"方式，将分别绘制直线或圆弧轮廓线。

（2）当轮廓线为圆弧时，单击立即菜单"2:"，选择"封闭"或"不封闭"方式，将分别绘制封闭或不封闭的轮廓线。

注意

封闭轮廓线的最后一段圆弧与第一段圆弧不能保证相切关系，如图 3.28（a）所示。

（3）当轮廓线为直线时，单击立即菜单"2:"，选择"自由"、"水平垂直"、"相切"或"正交"方式，其中"相切"表示将绘制与前一条圆弧相切的直线，如图 3.28（c）所示；"正交"表示将绘制与前一条直线正交的直线。单击立即菜单"3:"，选择"封闭"或"不封闭"方式。

注意

正交封闭轮廓线的最后一段直线不能保证正交，如图 3.28（d）所示。

（4）按提示要求用键盘或鼠标依次输入轮廓线上的各点，单击右键结束输入。

此命令可以重复使用，单击鼠标右键结束此命令。

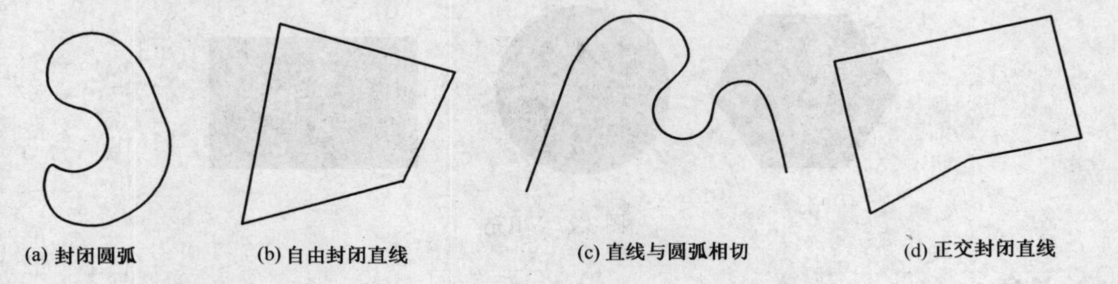

(a) 封闭圆弧　(b) 自由封闭直线　(c) 直线与圆弧相切　(d) 正交封闭直线

图 3.28　绘制轮廓线

3.2.2　绘制波浪线

下拉菜单："绘图"—"波浪线"
"绘图工具 II"工具栏：
命令：WAVEL

启动绘制"波浪线"命令后，则在绘图区左下角弹出绘制波浪线的立即菜单。

【功能】按给定方式生成波浪曲线。改变波峰高度可以调整波浪曲线各曲线段的曲率和方向。

【步骤】

（1）单击立即菜单"1：波峰"，按提示要求"*输入实数:*"，可以在-100～100 之间输入波峰的数值，以确定波峰的高度。

（2）按提示要求，用鼠标连续输入几个点，则一条波浪线随即显示出来，在每两点之间绘制出一个波峰和一个波谷，单击鼠标右键结束操作。

3.2.3　绘制双折线

下拉菜单："绘图 "—"双折线"
"绘图工具 II"工具栏：
命令：CONDUP

启动绘制"双折线"命令后，则在绘图区左下角弹出绘制双折线的立即菜单。

【功能】绘制表示工程图上折断部分的双折线。

【步骤】

（1）单击立即菜单"1:"，在"折点距离"和"折点个数"之间切换。如果选择"折点距离"，则立即菜单"2:"为"距离"，单击可以输入相邻折点之间的距离；如果选择"折点个数"，则立即菜单"2:"为"个数"，单击可以输入一条双折线上折点的个数。

（2）按提示要求用键盘或鼠标分别输入两点，则可以绘制出一条双折线，也可以拾取现有的一条直线将其改变为双折线，如图 3.29（a）、（b）、（c）所示。

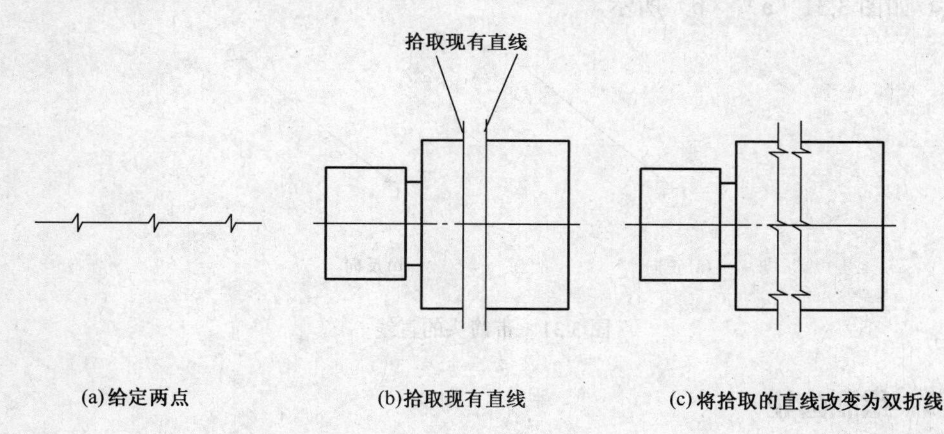

图 3.29　绘制双折线

3.2.4　绘制箭头

下拉菜单："绘图"—"箭头"
"绘图工具 II"工具栏：
命令：ARROW

启动绘制"箭头"命令后，则在绘图区左下角弹出绘制箭头的立即菜单。

【功能】在直线、圆弧或某点处，按指定的正方向或反方向绘制一个实心箭头。箭头的大小，可通过选取下拉菜单"格式"—"标注风格"命令，在弹出的"标注风格"对话框中进行设置。

【步骤】

（1）单击立即菜单"1:"，进行"正向"和"反向"的切换。表示将分别在直线、圆弧或某一点处绘制一个正向或反向的箭头。

（2）按提示要求，用鼠标拾取直线、圆弧、样条或某一点后，提示变为"*箭头位置:*"

或“*箭尾位置:*”，拖动鼠标，则出现一个在直线或圆弧上滑动的箭头，在适当位置处单击鼠标左键，则一个箭头绘制完成。系统对箭头方向的规定：如果拾取的是直线，箭头指向与 X 正半轴的夹角大于等于 0°，小于 180° 时为正向，大于等于 180°，小于 360° 时为反向；如果拾取的是圆弧，则逆时针方向为正向，顺时针方向为反向；如果拾取的是一点，则箭头没有正、反向之分，总是指向该点，如图 3.30 所示。

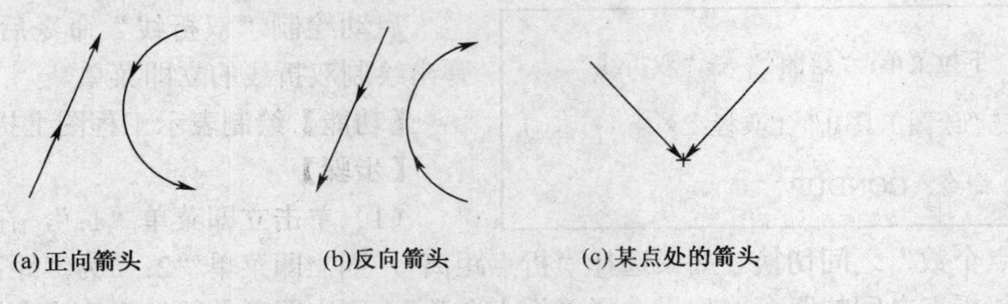

图 3.30　箭头的方向

（3）也可以按提示要求，用键盘或鼠标确定两点，像画两点线一样绘制带箭头的直线。如果选择“正向”，则箭头由第二点指向第一点；如果选择“反向”，则箭头由第一点指向第二点，如图 3.31（a）、（b）所示。

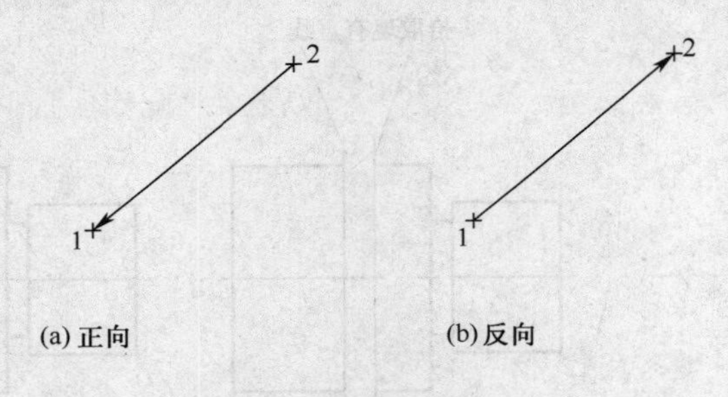

图 3.31　带箭头的直线

3.2.5 绘制齿轮

下拉菜单：“绘图” —“齿轮”

“绘图工具 II”工具栏：

命令：GEAR

启动绘制“齿轮”命令后，则弹出“渐开线齿轮齿形参数”对话框，如图 3.32 所示。

【功能】按给定的参数生成整个齿轮或生成给定个数的齿形。

【步骤】

（1）在弹出的“渐开线齿轮齿形参数”对话框中设置齿轮的齿数、模数、压力角、变位系数等，并且可以通过改变齿轮的齿顶高系数和齿顶隙系数来改变齿轮的齿顶圆半径和齿根圆半径，也可以直接指定齿轮的齿顶圆直径和齿根圆直径。

（2）设置完齿轮的参数后，单击“下一步”按钮，弹出“渐开线齿轮齿形预显”对话框，如图 3.33 所示，在该对话框中可以设置齿形的齿顶过渡圆角半径和齿根过渡圆角半径及齿形的精度，并可以确定要生成的齿数和起始齿相对于齿轮圆心的角度，输入完成后，单击“预显”按钮可以观察生成的齿形。

（3）单击“完成”按钮，结束齿形的生成。如果需要改变前面的参数，单击“上一步”按钮可以回到前一对话框。

图 3.32　“渐开线齿轮齿形参数”对话框

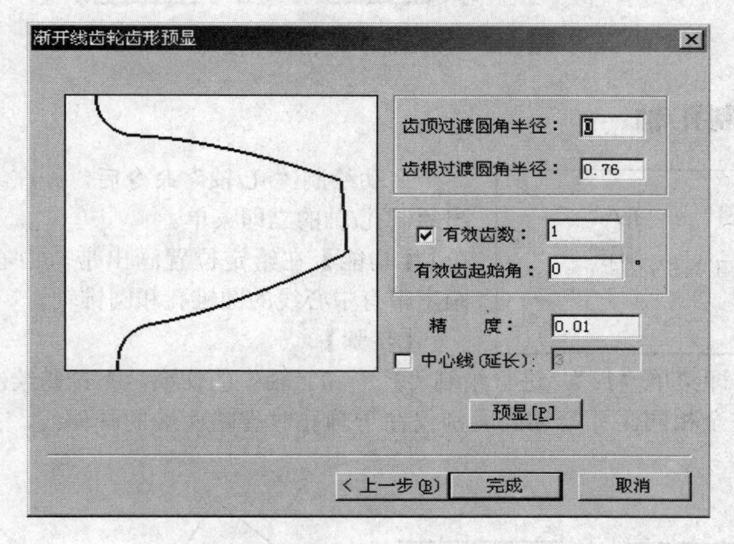

图 3.33　“渐开线齿轮齿形预显”对话框

（4）按提示要求，用键盘或鼠标输入齿轮的定位点，则一个齿形绘制完成。

3.2.6　绘制圆弧拟合样条

下拉菜单：“绘图”—“圆弧拟合样条”
“绘图工具 II”工具栏：
命令：NHS

启动绘制“圆弧拟合样条”命令，则在绘图区左下角弹出绘制圆弧拟合样条的立即菜单。

【功能】将样条曲线分解为多段圆弧，并且可以指定拟合的精度。配合查询功能使用，可以使加工代码编程更方便。

【步骤】

（1）单击立即菜单“1”，进行“不光滑连续”或“光滑连续”的选取。

（2）单击立即菜单“2”，进行“保留原曲线”或“不保留原曲线”的选取。

（3）按操作提示拾取需要拟合的样条线，完成操作。

（4）单击主菜单中的“工具”菜单，分别选择“查询”、“元素属性”命令，窗口选取样条的所有拟合圆弧，单击右键确认后，弹出“查询结果”对话框，拉动滚动条，可见各拟合圆弧属性，如图 3.34 所示。

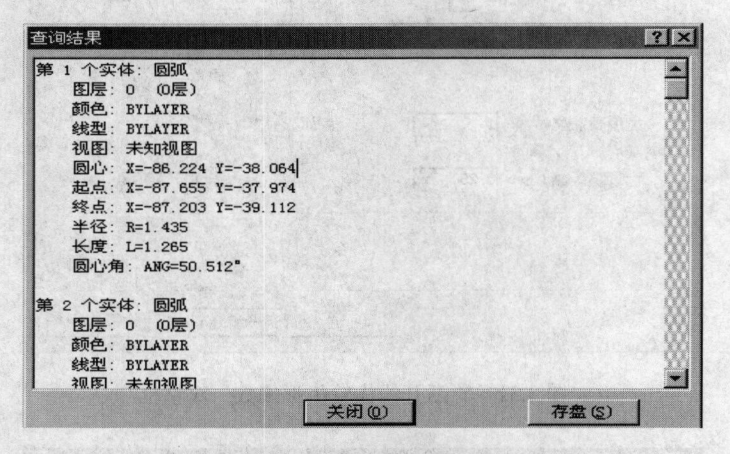

图 3.34　圆弧拟合样条的查询结果

3.2.7　绘制孔/轴

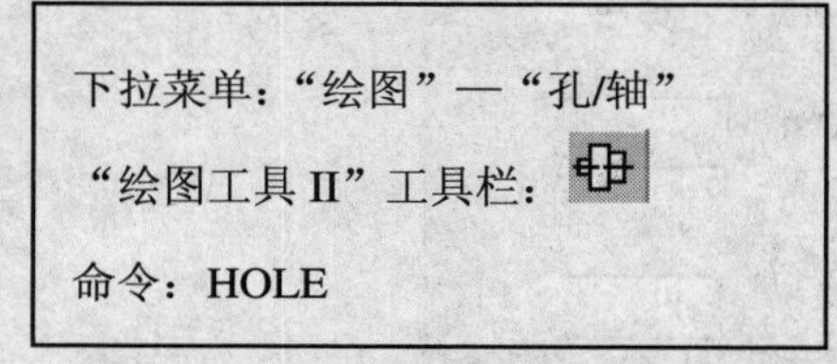

启动绘制“孔/轴”命令后，则在绘图区左下角弹出绘制孔/轴的立即菜单。

【功能】在给定位置画出带有中心线的轴和孔或画出带有中心线的圆锥孔和圆锥轴。

【步骤】

（1）单击立即菜单“1:”，进行绘制“孔”和“轴”的切换，不论是绘制孔还是轴，剩下的操作方法完全相同。孔与轴的区别仅在于画孔时省略两端的端面线。如图 3.35（a）、（b）所示。

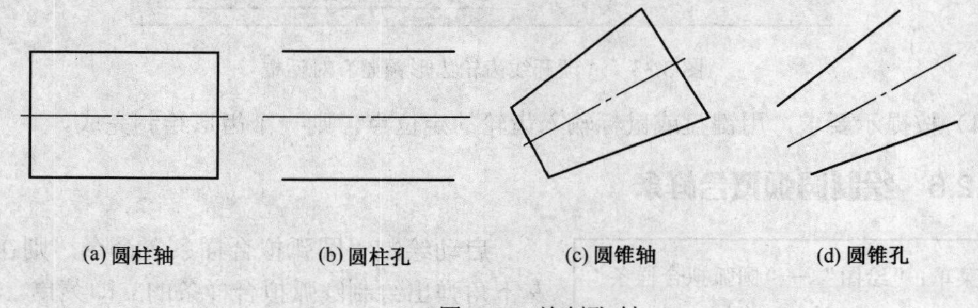

图 3.35　绘制孔/轴

（2）单击立即菜单“2:”，选择“直接给出角度”或“两点确定角度”方式。如果选择“直接给出角度”方式，则出现立即菜单“3：中心线角度”，单击可以输入中心线的角度；如果选择“两点确定角度”方式，则需要输入两点确定孔或轴的倾斜角度。

（3）按提示要求“*插入点:*”，用键盘或鼠标输入孔或轴上一点，此时出现立即菜单“2：起始直径”、“3：终止直径”，分别单击可以输入孔或轴的两端直径，如果起始直径与终止直径不同，则画出的是圆锥孔或圆锥轴，如图 3.35（c）、（d）所示。单击立即菜单“4:”，选择“有中心线”或“无中心线”方式，分别表示在孔或轴绘制完成后，添加或不添加中心线。

（4）按提示要求用键盘或鼠标确定孔或轴上一点，或用键盘输入孔或轴的长度，则一个孔或轴绘制完成。

此命令可以重复使用，单击鼠标右键结束此命令。

3.3　应用示例

3.3.1　轴的主视图

利用本章所学的图形绘制命令，绘制图 3.36 所示轴的主视图（不标注尺寸）。

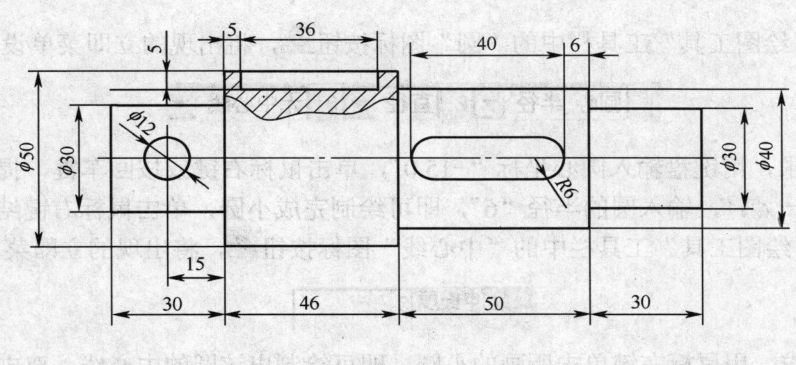

图 3.36　轴

【分析】

该图表达了一个带有圆孔和键槽的轴，因此可以用绘制“孔/轴”命令来画出轴的主要轮廓线；用绘制“圆”命令画出“ϕ30”轴上的小圆；用绘制“轮廓线”命令画出“ϕ40”轴上的键槽；用绘制“直线”命令画出“ϕ50”轴上的键槽，由于该键槽是采用局部剖视表示的，因此要用绘制“波浪线”命令画出局部剖视中的波浪线，用绘制“剖面线”命令画出剖面线。

绘制该图时，将坐标原点选在“ϕ50”轴的左端面投影竖直线与中心线的交点处，根据图中所标的尺寸，就可以计算出绘制各部分图形所需的尺寸。下面为具体的画图步骤。

【步骤】

（1）用绘制“孔/轴”命令画出轴的主要轮廓线。

① 单击“绘图工具 II”工具栏中的“孔/轴”图标按钮，将出现的立即菜单设置为：

1: 轴　2: 直接给出角度　3: 中心线角度 0

② 据提示要求，用键盘输入插入点的坐标“-30,0”，单击鼠标右键或按回车键，将出现的立即菜单设置为：

1: 轴　2: 起始直径 30　3: 终止直径 30　4: 有中心线

按提示要求“*轴上一点或轴的长度：*”，用键盘输入该轴径的长度“30”，则绘制完成第一段轴。

③ 方法同上，分别将起始直径设置为“50”、“40”、“30”（终止直径将自动改变），相应轴径的长度设置为“46”、“50”、“30”，即可绘制完成轴的主要轮廓线，如图 3.37 所示，单击鼠标右键结束该命令。

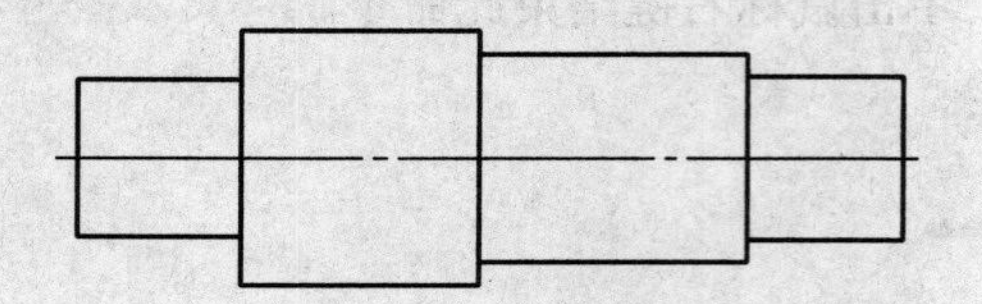

图 3.37 轴的主要轮廓线

（2）用绘制圆命令画出“ϕ30”轴径上的小圆，用绘制轮廓线命令画出“ϕ40”轴径上的键槽。

① 单击“绘图工具”工具栏中的“圆”图标按钮，将出现的立即菜单设置为：

1: 圆心_半径 2: 直径 3: 无中心线

按提示要求，用键盘输入圆心坐标“-15,0”，单击鼠标右键或按回车键，提示变为“*输入半径或圆上一点：*”，输入圆的半径“6”，即可绘制完成小圆，单击鼠标右键结束该命令。

② 单击“绘图工具”工具栏中的“中心线”图标按钮，将出现的立即菜单设置为：

1: 延伸长度 3

按提示要求，用鼠标左键单击所画的小圆，即可绘制出该圆的中心线，双击鼠标右键结束该命令。

注意

在第①步圆的绘制中，将立即菜单“3：”设置为“有中心线”，也可实现此步操作。

③ 单击“绘图工具 II”工具栏中的“轮廓线”图标按钮，将出现的立即菜单设置为：

1: 圆弧 2: 封闭

根据提示“*第一点：*”、“*下一点：*”，分别输入“56,6”、“56,-6”，单击立即菜单设置为：

1: 直线 2: 相切 3: 封闭

按提示要求“*下一点：*”，输入点的相对坐标“@28,0”，单击立即菜单切换回“圆弧”方式，方法同上，输入“84,6”，单击立即菜单，切换回“直线”方式，设置同上，按提示要求“*下一点：*”，输入点的相对坐标“@-28,0”，单击鼠标右键或按回车键，即可完成键槽的绘制，单击鼠标右键结束该命令。

绘制完此步后的图形如图 3.38 所示。

（3）用绘制“直线”命令画出“ϕ50”轴径上的键槽，用绘制“波浪线”命令画出局部剖视中的波浪线，用绘制“剖面线”命令画出剖面线。

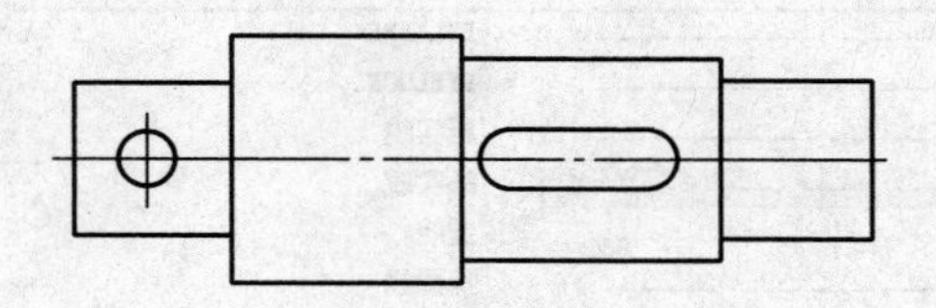

图 3.38　绘制完小圆和键槽后的图形

① 单击“绘图工具”工具栏中的“直线”图标按钮，将出现的立即菜单设置为：

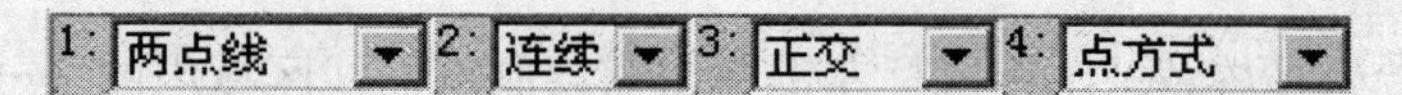

分别输入坐标“5,25”、“@0,−5”、“@36,0”、“@0,5”，即可绘制完成键槽的轮廓线，单击鼠标右键结束该命令。

② 单击“绘图工具 II”工具栏中的“波浪线”图标按钮，将出现的立即菜单设置为：

1:波峰 1

按提示要求，输入第一点的坐标“0,18”，提示变为“*下一点:*”，用鼠标左键在适当位置处单击，确定波浪线上的点，将波浪线上最后一点的坐标设置为“46,18”，单击鼠标右键结束该命令，即绘制完成波浪线，从图中可以看出绘制完成的波浪线的线型是粗实线，而国家标准规定波浪线应为细实线，因此要更改线型，方法如下：

首先用鼠标左键单击拾取图中的波浪线，然后单击鼠标右键，在弹出的如图 3.39 所示的快捷菜单中，单击“属性修改”项，则弹出“属性”对话框，如图 3.40 所示，单击“线型”显示框后向下的黑三角按钮，在弹出的如图 3.41 所示的“线型”选择框中选择“细实线”，则图中的波浪线线型更改为细实线。单击“属性”对话框右上角的“关闭”图标，关闭对话框。

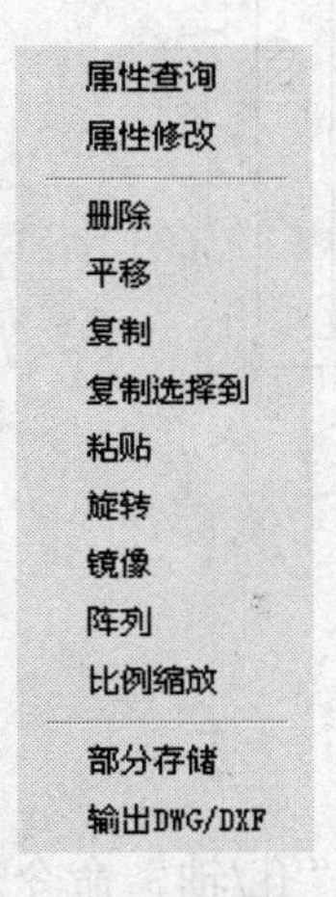

图 3.39　快捷菜单

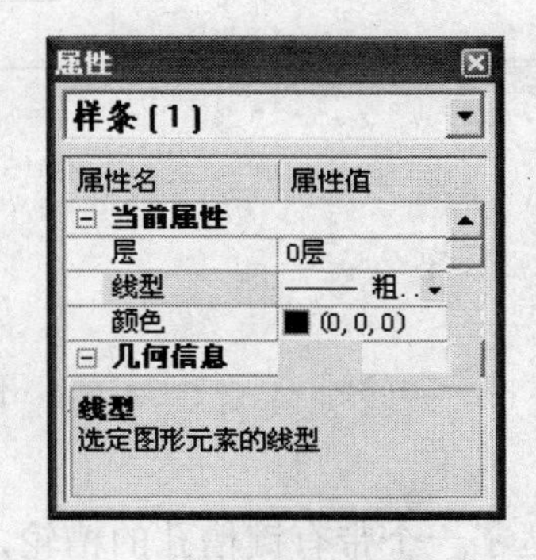

图 3.40　“属性”对话框

③ 单击“绘图工具”工具栏中的“剖面线”图标按钮，将出现的立即菜单设置为：

1: 拾取点　2:比例 3　3:角度 45　4:间距错开 0

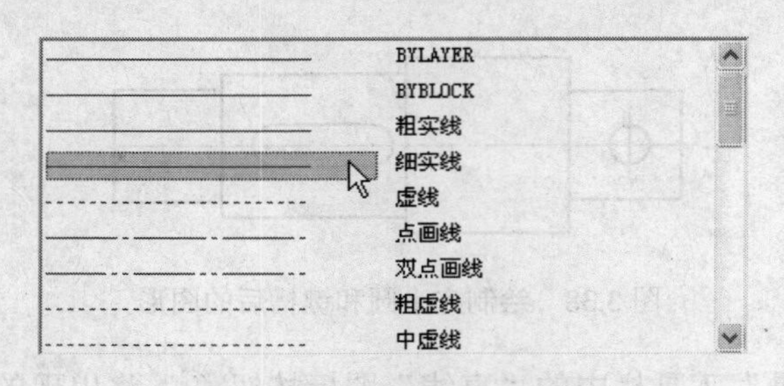

图3.41 “线型”选择框

根据提示“*拾取环内点:*”，用鼠标左键单击需绘制剖面线区域内的任一点，则选中的区域显示为红色，如图3.42所示，单击鼠标右键确认，即可完成剖面线的绘制。

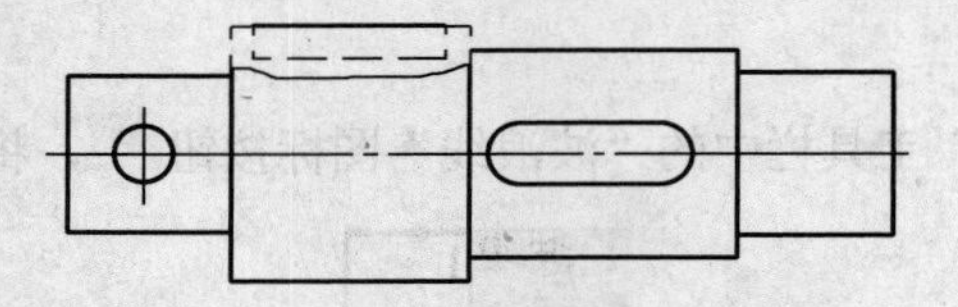

图3.42 选择绘制剖面线的区域

（4）用文件名“轴.exb”保存该文件（注：在后面第7章的练习中还要用到该图）。

3.3.2 槽轮的剖视图

利用本章所学的图形绘制命令，绘制图3.43所示槽轮的剖视图（不注尺寸）。

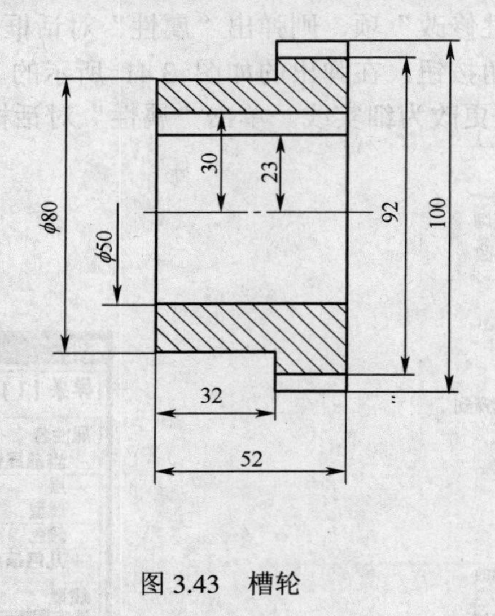

图3.43 槽轮

【分析】

该图表达了一个带有键槽孔的槽轮，因此可以用绘制“孔/轴”命令来画出槽轮的主要轮廓线；用绘制“平行线”命令画出槽轮的槽根线和键槽，由于该槽轮是采用全剖视图表示的，因此最后要用绘制“剖面线”命令画出剖面线。

【步骤】

（1）用绘制“孔/轴”命令及绘制“平行线”命令，画出槽轮的主要轮廓线。

① 单击“孔/轴”图标按钮，将出现的立即菜单设置为：

1: 孔　2: 直接给出角度　3: 中心线角度 0

② 根据提示要求，在绘图区内单击鼠标左键，确定插入点后，方法同示例 3.3.1，分别将起始直径设置为“80”、“100”，轴的长度设置为“32”、“20”，单击鼠标右键结束该命令。

③ 单击“直线”图标按钮，将出现的立即菜单设置为：

1: 两点线　2: 单个　3: 正交　4: 点方式

按下空格键，弹出“工具点菜单”，用鼠标左键单击“端点”项，根据提示“*第一点:*”，移动光标到所画出的图形的左上角附近，单击鼠标左键捕捉第一点，如图 3.44 所示，此时系统提示“*第二点:*”，用同样的方法捕捉图形的左下角点，即可绘制出槽轮的左端面线。同理，分别捕捉图形的右上角点和右下角点，绘制出槽轮的右端面线，单击鼠标右键结束该命令。

④ 单击“孔/轴”图标按钮，按下空格键，弹出“工具点菜单”，用鼠标左键选取“交点”选项，移动光标到槽轮左端线与中心线的交点附近，单击鼠标左键捕捉孔的插入点，方法同上，将孔的起始直径设置为“50”，输入孔的长度“52”，即可绘制出槽轮的内孔，单击鼠标右键结束该命令。绘制完此步后的图形如图 3.45 所示。

图 3.44　捕捉端点　　　　图 3.45　槽轮的主要轮廓线

（2）用绘制“平行线”命令画出槽轮的槽根线和键槽，用绘制“剖面线”命令画出剖面线。

① 单击“平行线”图标按钮，将出现的立即菜单设置为：

1: 偏移方式　2: 单向

用鼠标左键单击槽轮上部的槽顶线，则在光标所在的一侧，出现一条与所拾取的直线平行且相等的粉红色线段，如图 3.46 所示，输入偏移距离“4”，按回车键，即可绘制出上部的槽根线，同理绘制出下部的槽根线（拾取槽轮下部的槽顶线）和键槽（绘制键槽时，需拾取槽轮内孔的上边线，分别向上和向下绘制其平行线，偏移距离分别为“5”和“2”。最后，再将所拾取的槽轮内孔上边线删除），如图 3.47 所示。

② 单击“剖面线”图标按钮，将角度设置为 135°，用鼠标左键单击要绘制剖面线的区域内任一点，单击鼠标右键确认，即可完成剖面线的绘制。

（3）用文件名“槽轮.exb”保存该文件（注：在后面第 7 章的练习中还要用到该图）。

图 3.46 拾取槽轮上部的槽顶线　　　　图 3.47 绘制完槽轮槽根线和键槽后的图形

习　题

1．选择题

（1）用绘制“直线”命令中的“两点线”方式画直线，其起点坐标为（10,10），终点坐标为（5,10），则对终点坐标值的输入，以下哪几种方式是对的？（　）

① @-5<0；

② @5<180；

③ @-5,0；

④ @5,0；

⑤ @5,5。

（2）用“两点”方式画圆时，该圆的直径（　　）

① 由系统给定；

② 为输入的两个点之间的距离；

③ 由用户直接输入圆的直径。

（3）用绘制“矩形”命令画出的一个矩形，它所包含的图形元素的个数是（　　）

① 1 个；

② 4 个；

③ 不确定。

（4）用“孔/轴”命令绘制出的孔和轴，有什么区别？（　　）

① 无区别；

② 孔有两端的端面线，轴没有；

③ 轴有两端的端面线，孔没有。

2．在单向模式下绘制平行线，用键盘输入偏移距离时，系统根据什么来判断绘制平行线的位置？

3．用“起点-终点-圆心角”方式绘制圆弧时，圆心角所取正负号的不同，对所绘圆弧有什么影响？

上机指导与练习

【上机目的】

掌握 CAXA 电子图板提供的二维图形绘制命令——基本曲线的绘制命令和高级曲线的绘制命令（如直

线、圆、圆弧、中心线、轮廓线、样条、剖面线、孔/轴、波浪线等），能够综合运用所学的图形绘制命令绘制一般的平面图形。

【上机内容】

（1）熟悉基本曲线绘制命令及高级曲线绘制命令的基本操作。

（2）按本章 3.2.1 节【示例】所列方法和步骤完成“五角星”的绘制。

（3）按本章 3.3.1 节所给方法和步骤完成“轴的主视图”图形的绘制。

（4）按本章 3.3.2 节所给方法和步骤完成“槽轮的剖视图”图形的绘制。

（5）按照下面【上机练习】中的要求和指导，完成“轴端”图形的绘制。

【上机练习】

用本章所学的图形绘制命令，绘制图 3.48 所示的轴端（不必标尺寸）。

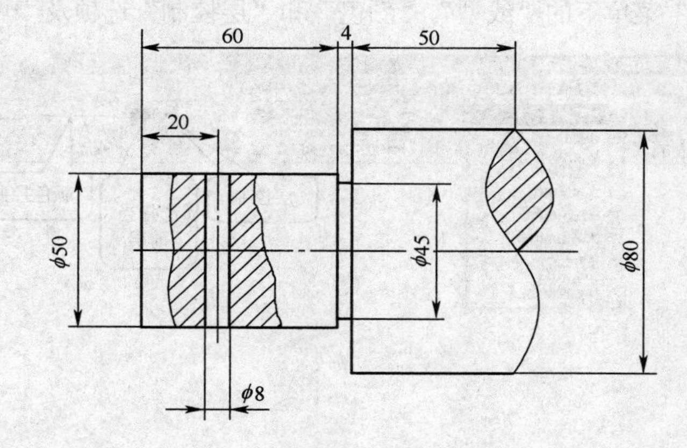

图 3.48　轴端

提示

该图表达了一个带销孔的轴，因此可以用绘制“孔/轴”命令画出轴的主要外轮廓线；用绘制“孔/轴”命令画出销孔，由于销孔是采用局部剖来表示的，因此可以用绘制“波浪线”命令绘制波浪线（注意要更改波浪线的线型）；用绘制“样条”命令绘制轴右端的曲线（绘制时，可以利用工具点菜单捕捉端点）；用绘制“剖面线”命令绘制剖面线。

绘制一幅完整的图形，不仅要用到前面章节所介绍的“图形绘制”命令，还需通过线型、颜色和图层等来区分、组织图形对象。例如，我们可以通过粗实线、虚线、点画线来分别表达图形中可见、不可见及轴线等部分；可利用颜色来区分图形中相似的部分；而用图层来组织图形可使画图及信息管理更加清晰、方便。线型、颜色和图层统称为图形特性。

本章将介绍 CAXA 电子图板图形特性的概念、设置和应用。设置图形特性的命令为图 4.1 所示的“格式”菜单下的“线型”、“颜色”和“层控制”选项及“属性工具”工具栏。

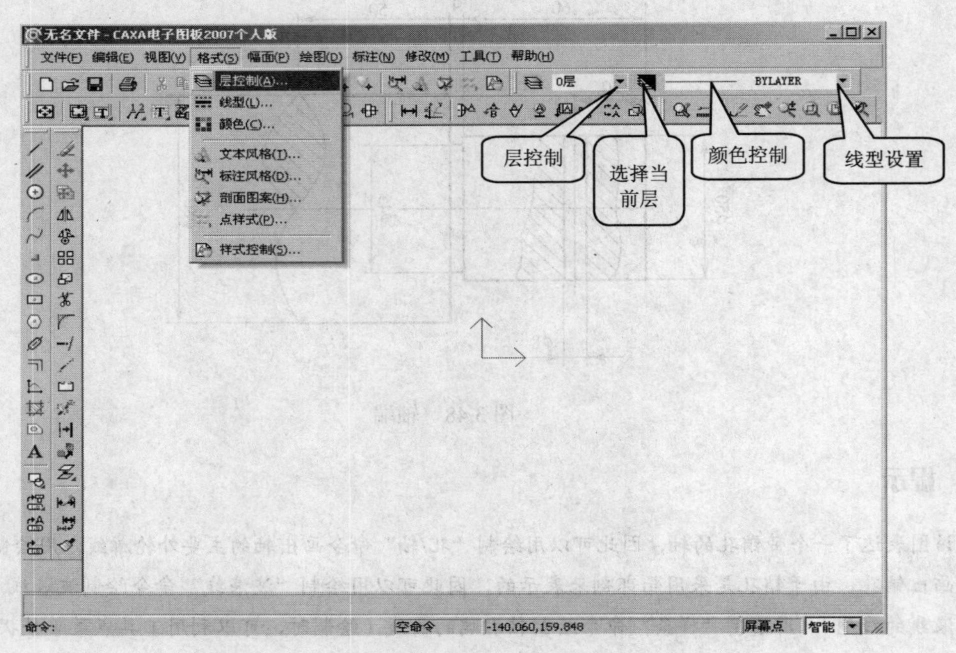

图 4.1 图形特性的命令

4.1 概述

4.1.1 图层

CAXA 电子图板绘图同其他 CAD 绘图系统一样，提供了图形分层功能。每一图层可以被想象为一张没有厚度的透明纸，上边画着属于该层的图形对象。所有这样的层叠放在一起，就组成了一个完整的图形。

应用图层在图形设计和绘制中具有很大的实际意义。例如，在城市道路规划设计中，可以将道路、建筑，以及给水、排水、电力、电信、煤气等管线的布置图画在不同的图层上，把所有层加在一起就组成整条道路规划设计图。而单独对各个层进行处理时（例如，要对排水管线的布置进行修改），只要单独对相应的图层进行修改即可，不会影响到其他层。

例如，图 4.2 中，将“0 层”的粗实线图形（a）、中心线层的中心线（b）、剖面线层的剖面线（c）组合在一起就将得到最终的图形（d）。

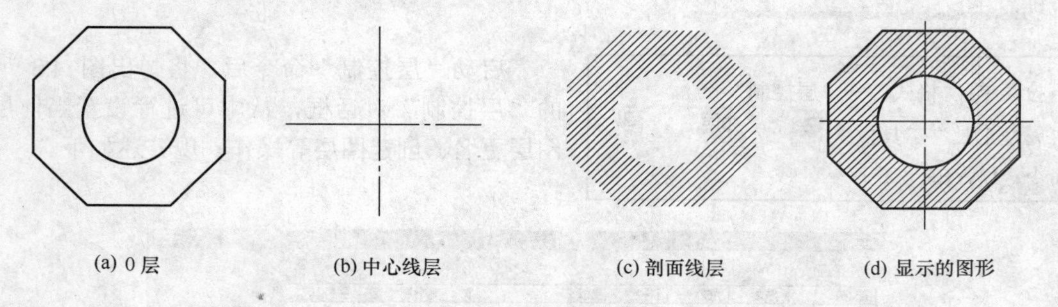

图 4.2 层的概念

图层具有下列特点：

（1）每一图层对应有一个图层名，系统默认设置的初始图层为“0（零）层”，另外，还预先定义了“中心线层”、“虚线层”、“尺寸线层”、“剖面线层”、“细实线层”和“隐藏层”等 7 个图层。用户也可以根据绘图需要命名创建的图层，CAXA 最多可以设置 100 个图层。

（2）各图层具有同一坐标系，而且其缩放系数一致；每一图层对应一种颜色、一种线型。新建图层的默认设置为白色、连续线（实线）。图层的颜色和线型设置可以修改。一般在一个图层上创建图形对象时，就自然采用该图层对应的颜色和线型，称为随层（Bylayer）方式。

（3）当前作图使用的图层称为当前层，当前层只有一个，但可以切换。

（4）用户可根据需要控制图层的打开和关闭。图层打开，则该图层上的对象可见，图层关闭，该图层的对象从屏幕上消失。

4.1.2 线型

CAXA 已为用户预定义了 24 种标准线型，存放在线型文件 Ltype.lin 中，可根据具体情况选用。例如，中心线一般采用点画线，可见轮廓线采用粗实线，不可见轮廓线采用虚线等。

4.1.3 颜色

在 CAXA 颜色系统中，图形对象的颜色设置可分为以下几种。

（1）随层（Bylayer）：依对象所在图层，具有该层所对应的颜色，这样的好处是随着图层颜色的修改，属于此层的图形元素的颜色也会随之改变。

（2）随块（Byblock）：当对象创建时，具有系统默认设置的颜色（白色），当该对象定义到块中，并插入到图形中时，具有块插入时所对应的颜色（块的概念及应用将在第 7 章中介绍）。

（3）指定颜色：即图形对象颜色不随层、随块时，可以具有独立于图层和图块的颜色，CAXA 的颜色由颜色号对应，编号范围是红 1～255，绿 1～255，蓝 1～255，其中 1～47 号是 47 种标准颜色。其中 47 号颜色随背景而变，背景为黑色时，47 号代表白色；背景为白色时，则其代表黑色。

根据具体的设置，画在同一图层中的图形对象，可以具有随层的颜色，也可以具有独立的颜色。

4.2　图层的操作

下拉菜单：“格式”—“层控制”
“属性工具”工具栏：　或 0层
命令：LAYER

启动“层控制”命令后，将弹出图 4.3 所示的“层控制”对话框，从中可进行设置当前层、图层更名、创建图层等操作。现分述如下。

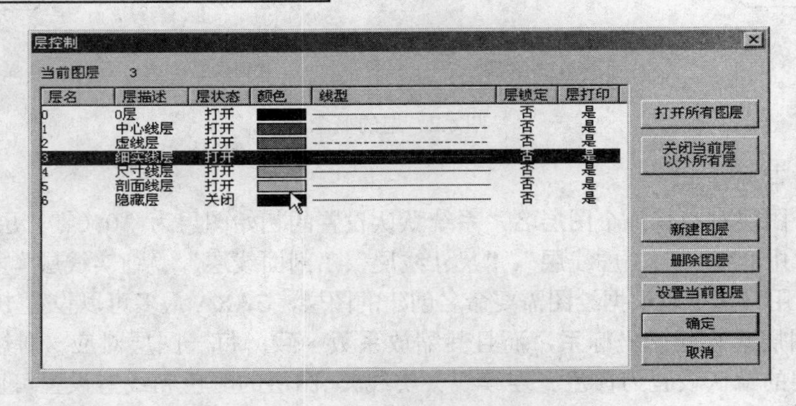

图 4.3 “层控制”对话框

4.2.1　设置当前层

【功能】将某个图层设置为当前层，随后绘制的图形均放在此层上。

【步骤】

设置当前层有以下两种方式：

（1）在图 4.3 所示的“层控制”对话框中选取所需图层，然后单击右侧的“设置当前图层”按钮，最后单击“确定”按钮。

（2）单击“属性工具”工具栏中图标 0层 右侧的三角形图标，在弹出的图 4.4 所示的图层列表中选取所需图层。

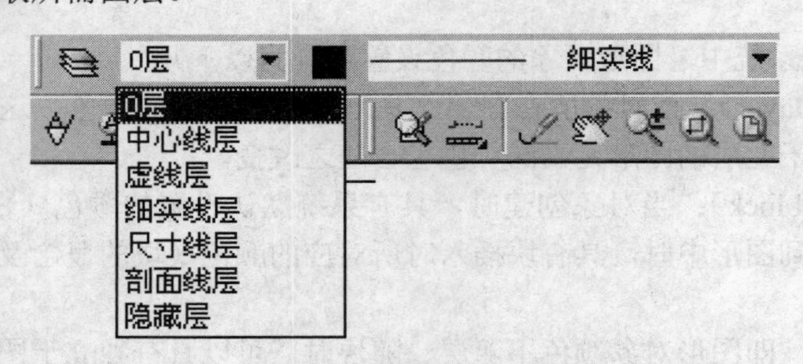

图 4.4　图层列表

4.2.2 图层更名

【功能】改变一个已有图层的名称。

【步骤】

图层的名称分为“层名”和“层描述”两部分，“层名”是层的代号，因此不允许有相同层名的图层存在；“层描述”是对层的形象、性质的描述，不同层之间层描述可以相同。

（1）在图 4.3 所示的“层控制”对话框中，双击所要修改图层的层名或层描述，则在该位置将出现一编辑框。

（2）输入新层名或层描述，单击编辑框外任一点结束编辑。此时，“层控制”对话框中的相应内容已经发生变化。

（3）单击“确定”按钮即可完成更名或更改层描述操作。

 **注意**

本操作只改变图层的名称，不会改变图层上的原有状态。层名是唯一的，不允许有相同的层名同时存在。

4.2.3 创建图层

【功能】创建一个新图层。

【步骤】

（1）在“层控制”对话框中单击“新建图层”按钮，则在图层列表框的最下一行出现一新建图层，其默认层名为“new1”，默认颜色为白色，默认线型为粗实线。

（2）根据需要按上节介绍的方法更改层名及层描述。

（3）单击“确定”按钮结束操作。

图 4.5 所示为创建一新建图层的具体设置情况，该新建图层的层名为“7”，层描述为“电路层”。

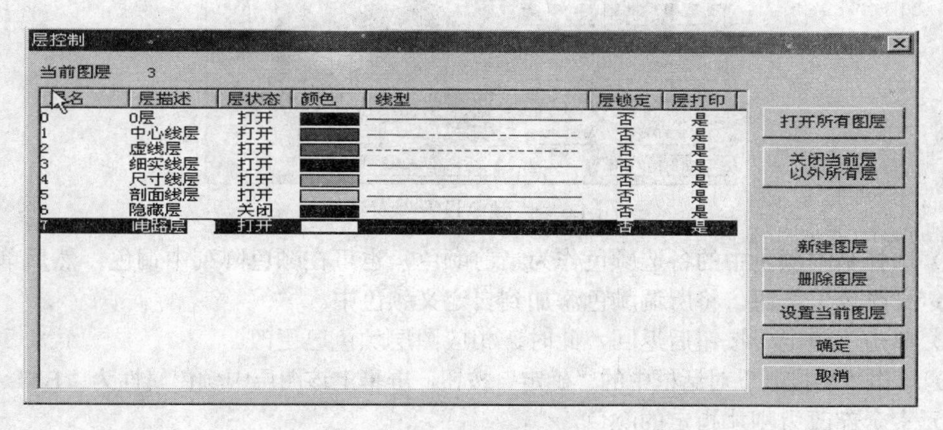

图 4.5 创建新图层

4.2.4 删除已建图层

【功能】删除一个未使用过的自建图层。

在“层控制”对话框中选中该层，单击“删除图层”按钮，则该层消失。

【步骤】

 **注意**

系统初始图层（0～6）不能被删除。

4.2.5 打开和关闭图层

【功能】打开或关闭某一图层。

【步骤】

在“层控制”对话框中，将鼠标移至欲改变图层的“层状态”（打开/关闭）位置上，用鼠标双击就可进行图层打开和关闭的切换。

图层处于打开状态时，该层图形被显示在屏幕上；处于关闭状态时，该层不可见，但图层及绘制在该图层上的图形元素依然存在。

 **注意**

当前层不能被关闭。

4.2.6 设置图层颜色

【功能】设置图层的颜色。

【步骤】

（1）在“层控制”对话框中，双击需改变颜色的图层的颜色图标，弹出图 4.6 所示的“颜色设置”对话框。

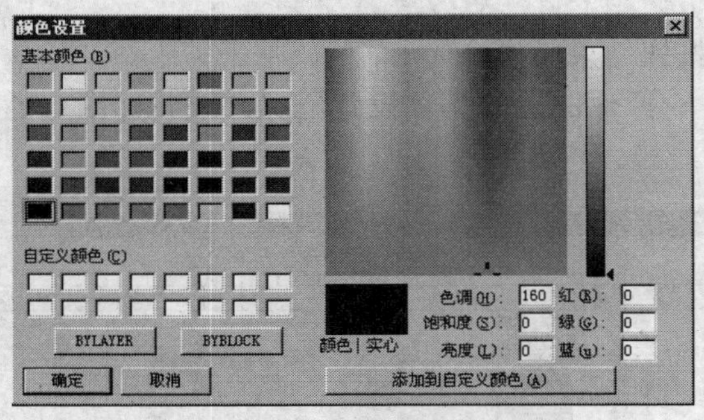

图 4.6 “颜色设置”对话框

（2）选择基本颜色中的备选颜色作为当前颜色，也可在颜色阵列中调色，然后单击“添加到自定义颜色”按钮，将所调颜色添加到自定义颜色中。

（3）单击“确定”按钮后返回，此时，相应图层颜色已更改。

（4）单击“层控制”对话框中的“确定”按钮，屏幕上该图层中颜色属性为“BYLAYER”的图形元素全部改为刚才指定的颜色。

 **注意**

系统原始状态不会发生变化，只是将所选定图层上的图形元素的颜色进行转换。一旦将线型或颜色设置为其他，当前层对线型和颜色的设置将不再起作用，此后画出的图形元素的线型和颜色都与所在的图层无关。

4.2.7 设置图层线型

【功能】设置图层的线型。

CAXA 系统已为默认的 7 个预设图层设置了不同的线型，也为新建图层设置了默认线型——粗实线，所有这些线型都可以重新设置。

【步骤】

（1）在“层控制”对话框中选取要改变线型的图层，双击线型图标，将弹出图 4.7 所示的“设置线型”对话框，用户可用鼠标选择系统提供的任一图线。

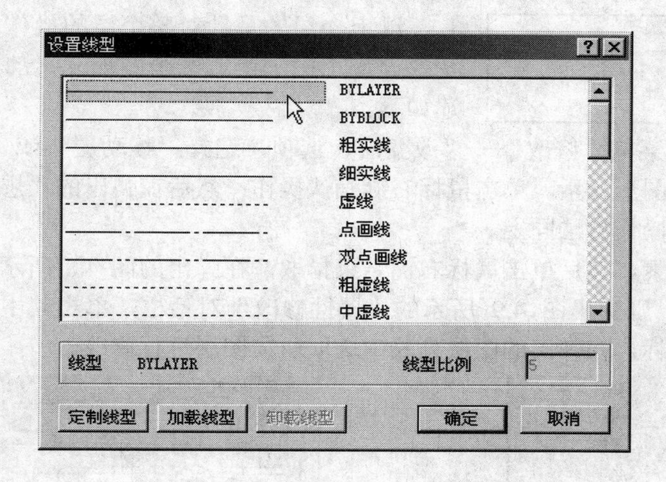

图 4.7 “设置线型”对话框

（2）单击“确定”按钮，返回“层控制”对话框，线型图标改为所选线型。

（3）单击“确定”按钮，结束为图层设置线型的操作，则屏幕上该图层中线型为“BYLAYER”的图形元素将全部改为指定的线型。

4.2.8 层锁定

【功能】锁定所选图层。

【步骤】

在“层控制”对话框中，将鼠标移至欲改变图层的“层锁定”（是/否）位置上，用鼠标左键单击层锁定下欲改变层所对应的“是”、“否”项。

如果选择“是”，则图层被锁定，锁定后，图层上的图素只能增加，可以选中进行复制、粘贴、阵列、属性查询等功能，但是不能进行删除、平移、拉伸、比例缩放、属性修改、块生成等修改性操作。

 **注意**

标题栏和明细表，以及图框不受此限制。

4.2.9 层打印

【功能】打印所选图层中的内容。

【步骤】

在“层控制”对话框中，将鼠标移至欲改变图层的“层打印”（是/否）位置上，用鼠标左键单击层打印下欲改变层所对应的“是”、“否”项。

如果选择“是”，则将所选层的内容进行打印输出，选择“否”，则不会将此层内容进行打印输出。

4.3 对图形元素的层控制

下拉菜单：“修改”—“改变层”
命令：MLAYER

以上介绍的是针对整个层的操作，必要时还可以改变任一层上的一组或一个图形元素的属性。具体方法分述如下。

（1）选取下拉菜单“修改”—“改变层”选项，选择“移动层”或“复制层”。按系统提示选择需改变的图形元素，单击鼠标右键确认操作；然后在弹出的“层控制”对话框中进行图层相应修改，操作方法同上。

（2）先拾取元素，然后单击鼠标右键结束拾取，在弹出的图 4.8 所示的右键快捷菜单中选取“属性修改”，则弹出图 4.9 所示的“属性修改”对话框，单击其中的“层”按钮，右侧出现一三角形图标，在弹出的图层列表中选取所需图层进行修改。

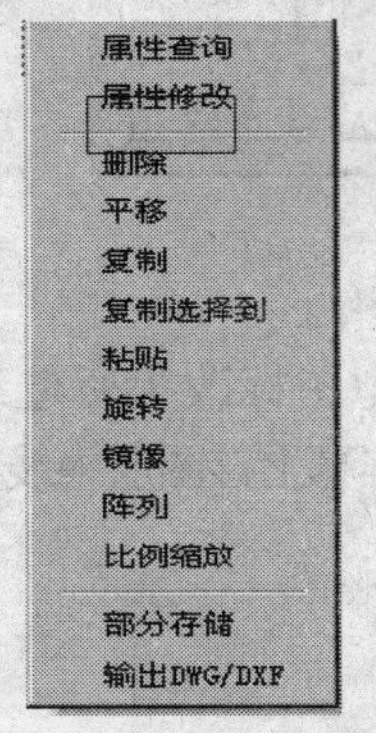

图 4.8　右键快捷菜单

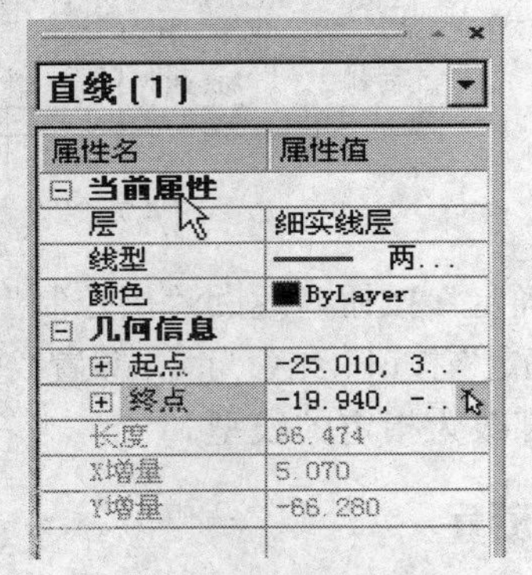

图 4.9　“属性修改”对话框

4.4 线型设置

4.4.1 设置线型

下拉菜单：“格式”—“线型”
“属性工具”工具栏：- - - - - - - - BYLAYER

CAXA 电子图板对线型设置提供了三种方式。

（1）随层（BYLAYER）：按图形对象所在图层，具有该层所对应的线型。

（2）随块（BYBLOCK）：当图形对象创建时，具有系统默认设置的线型（连续线），当该对象定义到块中，并插入到图形中时，具有块插入时所对应的线型（块的概念及应用详见

第 7 章）。

（3）指定具体的线型：即图形对象不随层、随块，而是具有独立于图层的线型，用具体的线型名表示。

启动设置“线型”命令，将出现图 4.7 所示的“设置线型”对话框，可以从中选取“BYLAYER”（随层）、“BYBLOCK”（随块），或选取系统默认的任一图线。

如果没有所需图线，还可以通过“设置线型”对话框定制新的线型和加载所定制的线型（定制线型和加载线型的具体方法参见《CAXA 电子图板用户手册》）。

4.4.2　线型比例

CAXA 环境下，还可以通过线型比例来控制非实线线型中线段的长短，即对于一条图线，在总长不变的情况下，用线型比例来调整线型中短划、间隔的显示长度。该功能可通过改变图 4.7 所示“线型设置”对话框中“线型比例”的数值来实现。比例因子越大，则线段越长。

4.5　颜色设置

下拉菜单：“格式”—“颜色”
“属性工具”工具栏：
命令：COLOR

启动设置“颜色”命令后，则弹出图 4.6 所示的“颜色设置”对话框，它用于改变图形对象的颜色或为新创建对象设置颜色。

由对话框可以看出其与 Windows 的标准颜色对话框相似，只是增加了两个设置逻辑颜色的按钮：“BYLAYER”和“BYBLOCK”。“BYLAYER”（随层）是使图形元素的颜色随图层颜色的改变而改变，这样设置的好处是当修改图层颜色时，属于此层的图形元素的颜色也会随之改变。“BYBLOCK”是指当前图形元素的颜色与图形元素所在块的颜色一致。

可以选择基本颜色中的备选颜色作为当前颜色，也可在颜色阵列中调色，然后单击“添加到自定义颜色”按钮将所调颜色添加到自定义颜色中。最后单击“确定”按钮确认所进行的操作。

4.6　应用示例

利用图层、颜色和线型及图形绘制等命令，完成图 4.10 所示图形的绘制（不标注尺寸）。

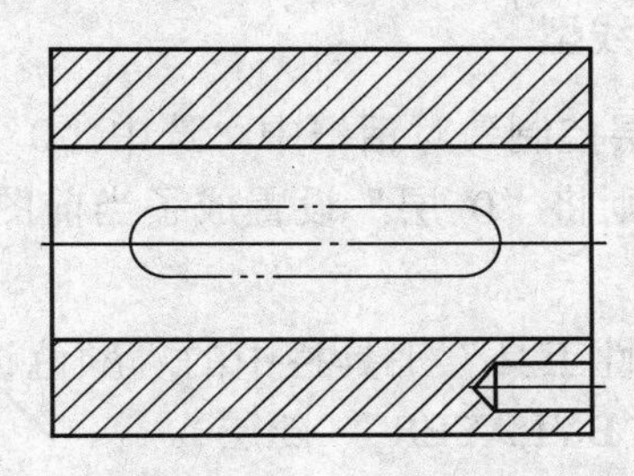

图 4.10　图形特性应用示例

【分析】

在该图中分别应用了粗实线、点画线、双点画线，以及剖面线四种不同的线型。因此，为了便于图形的管理和修改，我们可以按线型的不同而设置四个图层，每一种图线分别在对应的图层中进行绘制。

由于系统提供的待选图层中没有双点画线层，因此，首先需要建立该图层。然后，分别在粗实线层、中心线层、剖面线层绘制相应的图形。

【步骤】

1. 新建“细双点画线”图层

（1）进入“层控制”对话框：在“属性工具”工具栏中点取“层控制”图标，弹出如图 4.5 所示的“层控制”对话框。

（2）命名并描述新图层：在“层控制”对话框中，单击“新建图层”按钮，在图层列表中出现新建图层，单击层名位置，修改层名为“8”，修改相应层描述为“细双点画线”。

（3）设置图层颜色：单击新建图层的颜色框位置，弹出“颜色设置”对话框，选取深蓝色的颜色框，单击“确定”按钮，回到“层控制”对话框。

（4）设置该图层线型：单击新建图层的线型图标，弹出“线型设置”对话框，以鼠标左键在线型列表中点取“双点画线”，单击“确定”按钮，返回“层控制”对话框，则该层线型变为双点画线。此时该层的状态如图 4.11 所示。

（5）确认操作：单击“层控制”对话框中的“确定”按钮，则新建的细双点画线层已在图层列表中，如图 4.12 所示。

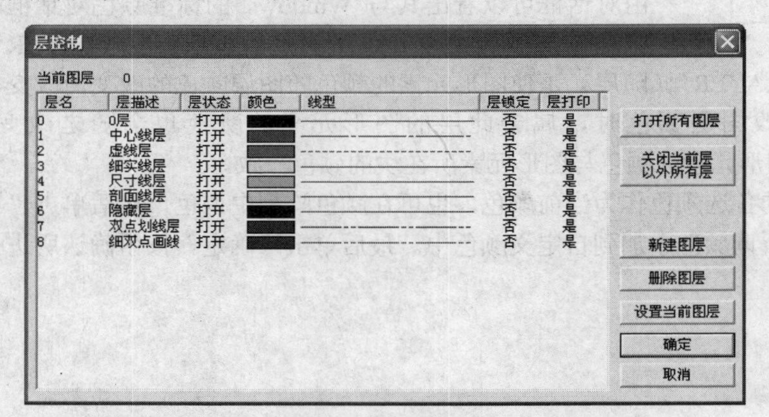

图 4.11 新建“细双点画线”层

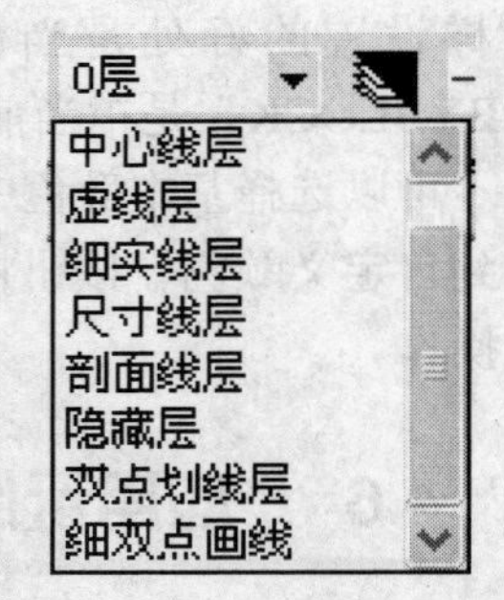

图 4.12 图层列表

2. 设置当前图层、颜色和线型

（1）设置当前图层：在“层控制”对话框中，选中“0 层”，然后依次单击“设置当前图层”按钮和“确定”按钮，则将“0 层”设置成了当前图层，即此后所画的图形均位于“0 层”上。

（2）设置颜色：单击“属性工具”工具栏中的“颜色设置”图标按钮，在弹出的“设置颜色”对话框中，选择“BYLAYER”（随层）。

（3）设置线型：单击“属性工具”工具栏中的“线型设置”图标，选择“BYLAYER”（随层）；此时，“属性工具”工具栏的状态是 0层 BYLAYER 。

3．绘制粗实线图形

（1）绘制外轮廓线：选取“绘图工具”工具栏中的图标按钮，单击立即菜单“1:”，选择以长度和宽度方式绘制矩形，将立即菜单设置为：

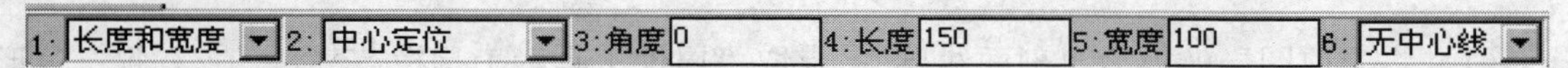

在图纸上适当位置单击鼠标左键，作为矩形的中心定位点，则画出一长“150”、宽“100”的矩形。

（2）绘制平行线：选取“绘图工具”工具栏中的图标按钮，单击立即菜单“2:”，选择为“单向”，依状态提示，用鼠标分别拾取最上和最下直线，然后向图形的中间方向移动光标，在*“输入距离或点（切点）:”*提示下，分别输入偏移量“25”，回车（或单击鼠标右键）后屏幕上将画出图形中靠中间的两条水平粗实线。

4．绘制中心线

（1）将中心线层设置为当前图层：单击“属性工具” 工具栏中图标 0层 右侧向下的箭头，在弹出的图层列表中选择中心线层。

（2）绘制中心线：单击图标按钮，系统将提示*“拾取圆（弧、椭圆）或第一条直线:”*，以左键拾取最上面的水平直线，在系统提示*“拾取另一条直线:”*时，再拾取最下面的水平直线，则画出中心线，如图 4.13 所示。

图 4.13 绘制中心线

注意

如果用户操作已熟练，第 4 步绘制中心线可在第 3 步绘制矩形时选择立即菜单“6：有中心线”一次性完成。

5．绘制图形右下角的矩形及三角形轮廓线

（1）绘制矩形轮廓：选取“绘图工具”工具栏中的图标按钮，将立即菜单设置为：

1: 长度和宽度　2: 中心定位　3:角度 0　4:长度 45　5:宽度 10　6: 无中心线

这时会有一个粉红色的矩形线框出现在绘图区，并随着鼠标移动，状态栏将提示输入*“定位点:”*，将矩形拖到图形下部的线框中，并使两个矩形的右边重合（重合部分颜色将发生变化），单击确认，则矩形绘制完毕。

（2）绘制三角形轮廓：选取“绘图工具” 工具栏中的图标按钮，设置立即菜单为：

角度线　2: X轴夹角　3: 到点　4:角度= 60

选取矩形左上角为一端点，与轴交点为另一端点，画一条斜边，同样方法画另一条斜边

（角度为-60°），结果如图 4.14 所示。

（3）绘制小矩形的中心线：方法同上面的第 4 步。

6．绘制剖面线

（1）将当前图层转换为“剖面线层”：点取“属性工具”工具栏 0层 右侧三角形图标，在图层列表中选取“剖面线层”，则剖面线层为当前层。

（2）添加剖面线：选取“绘图工具”工具栏中的图标按钮，将立即菜单设置为：

1: 拾取点 | 2:比例 5 | 3:角度 45 | 4:间距错开 0

用鼠标左键拾取图中需画剖面线的封闭区域内任意位置，单击鼠标右键确认，则画出剖面线，如图 4.15 所示。

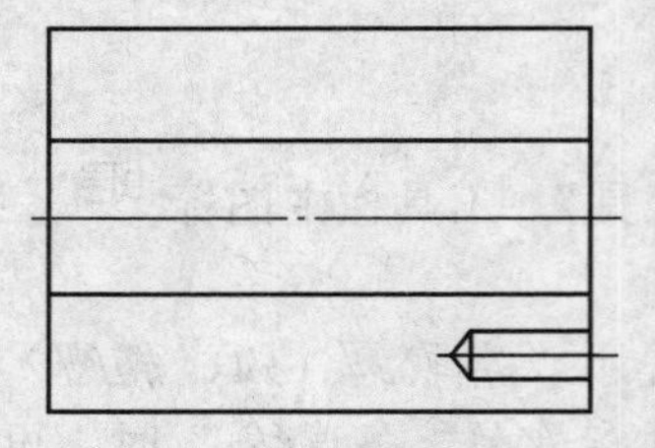

图 4.14　绘制矩形及三角形

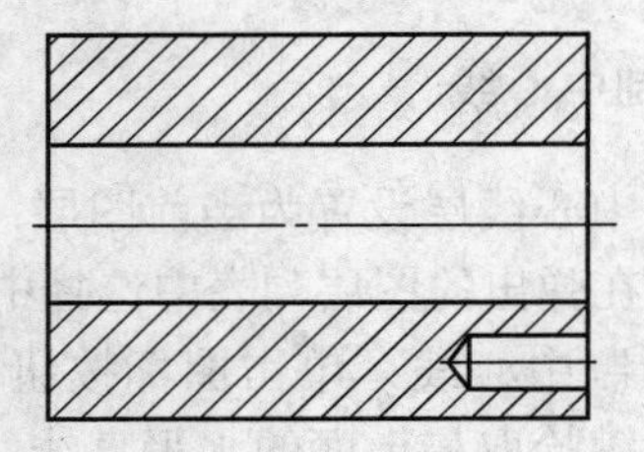

图 4.15　绘制剖面线

如果用户操作已熟练，绘制剖面线时不需要转换图层（步骤（1））即可添加剖面线（步骤（2））。同理，用绘制中心线命令绘制中心线时，也不需要转换图层到中心线层，系统自动默认。

7．绘制双点画线图形

（1）将“双点画线层”设置为当前层：方法同前。

（2）绘制半圆部分：选取“绘图工具”工具栏中的图标按钮，并将立即菜单设置为：

圆心_半径_起终角 | 2:半径= 10 | 3:起始角= 270 | 4:终止角= 90

在轴线上拾取圆心，单击左键确认，则画出左半圆；同理，在轴线上右侧画出右半圆（起、终角分别为 270°和 90°）。

（3）绘制与两圆相切的直线段：选取“绘图工具”工具栏中的图标按钮，将立即菜单设置为：

两点线 | 2: 单个 | 3: 正交 | 4: 点方式

按空格键，弹出图 4.16 所示的工具点菜单，从中选择“切点”选项，然后在左半圆上部切点附近左击作为直线一端点，同样拾取右半圆上部的“切点”作为直线的另一端点，将画出图中上面的一条水平切线，如图 4.17 所示，同样方法画另一切线，从而完成图形的绘制（如图 4.10 所示）。

图 4.16 工具点菜单

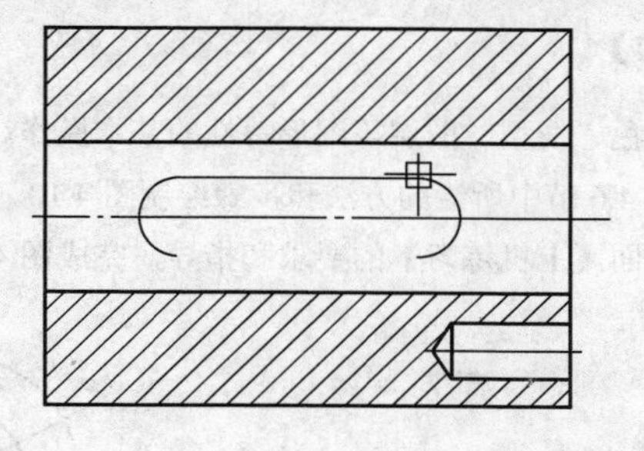

图 4.17 绘制切线

习 题

（1）CAXA 电子图板中图形的特性包括（ ）

① 图层；

② 颜色；

③ 线型；

④ 以上三个。

（2）设置颜色或线型的方法有（ ）

① 选取下拉菜单“格式”—“颜色”或“线型”命令，在弹出的对话框中进行操作；

② 点取“属性工具”工具栏中的相应图标，在弹出的对话框中操作；

③ 在命令行输入“LTYPE”或“COLOR”；

④ 以上均可。

（3）新建图层的方法有（ ）

① 单击“属性工具”工具栏中的图标按钮，在弹出的对话框中进行设置；

② 在“格式”下拉菜单中选取“层控制”菜单项；

③ 在命令行中输入“LAYRE”命令；

④ 以上方法均可。

（4）若将某一图形中已画和将画的虚线颜色均变为红色，怎样实现？（ ）哪种方法最好？（ ）

① 若颜色设置为随层（Bylayer），则可在“层控制”对话框中，改变虚线层的颜色为红色；

② 利用鼠标右键快捷菜单更改已画虚线颜色，并在绘制虚线时，将颜色设置为红色；

③ 利用编辑菜单更改已画虚线的颜色，并在绘制新虚线时，将颜色设置为红色；

④ 以上方法均可。

上机指导与练习

【上机目的】

熟悉并掌握 CAXA 电子图板环境下颜色、线型、图层等图形特性的设置、控制及应用；巩固绘图命令的有关操作。

【上机内容】

（1）熟悉颜色、线型、图层等图形特性的基本操作。

（2）按本章 4.6 节中所给的方法和步骤绘制图 4.10。

（3）根据下面【上机练习】的要求和指导，完成图 4.18 所示“底座”图形的绘制。

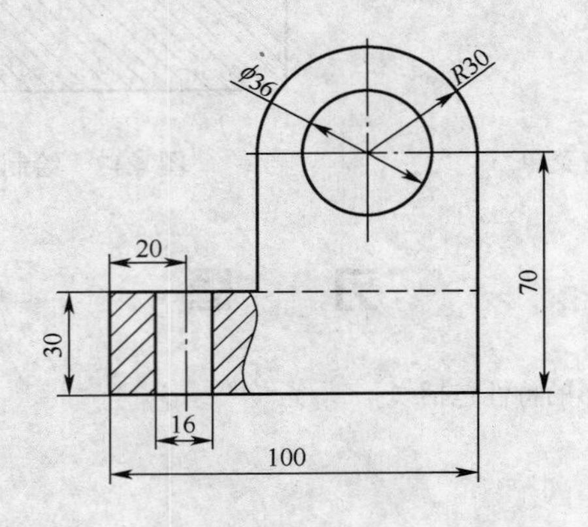

图 4.18　底座

【上机练习】

（1）利用图形特性绘制图 4.18 所示“底座”图形。

提示

这是左端被剖切零件的一个视图。根据绘图先曲后直的原则，按这样的顺序画图：

① 在系统默认的“0 层”上绘制半圆弧，半径为“30”，起始和终止角度为 0° 和 180°；

② 启动画“直线”命令，设置为“两点线-连续-正交-长度”方式，利用“工具点菜单”，以圆弧右端点为直线的第一点，画长“70”向下的直线；接下来，画长“100”方向向左的直线，然后画长“30”向上的直线、长“40”向右的直线，最后画向上长为“40”的直线，使外轮廓封闭；

③ 设置当前层为“中心线层”，画对称中心线；

④ 当前层切换为“0 层”，以“18”为半径画圆；

⑤ 画左端局部剖中的内部结构，画两条竖直的直线；

⑥ 以“中心线层”为当前层，绘制两条竖直的直线间的轴线；

⑦ 以“细实线层”为当前层，用“波浪线命令”绘制局部剖的波浪线；

⑧ 选择“剖面线层”为当前层，画剖面线；

⑨ 以“虚线层”为当前层，画水平虚线。

（2）元素属性的设定及更改。

① 选取“属性工具” 工具栏中的图标按钮，在弹出的“层控制”对话框中将粗实线的颜色变为深蓝色，观看效果，同样，可改变线宽。

② 以鼠标左键选定上面所绘制的某一部分图形，单击右键，在弹出的右键菜单中选择“属性修改”一项，将其颜色更改为其他的颜色，观看效果，体会颜色在表现图形方面的贡献。

第5章 绘图辅助工具

为了能快捷、准确地绘制工程图样，CAXA 电子图板提供了多种绘图辅助工具。例如，可调入或自定义合适的图纸幅面、图框及标题栏等；为了精确、快速地绘图，系统设置了“捕捉点设置”、“用户坐标系”及“三视图导航”等功能，这些绘图辅助工具集中在图 5.1 所示的“幅面”及“工具”下拉菜单和屏幕右下角的屏幕点状态栏中。在后续的各节中将分别详述。

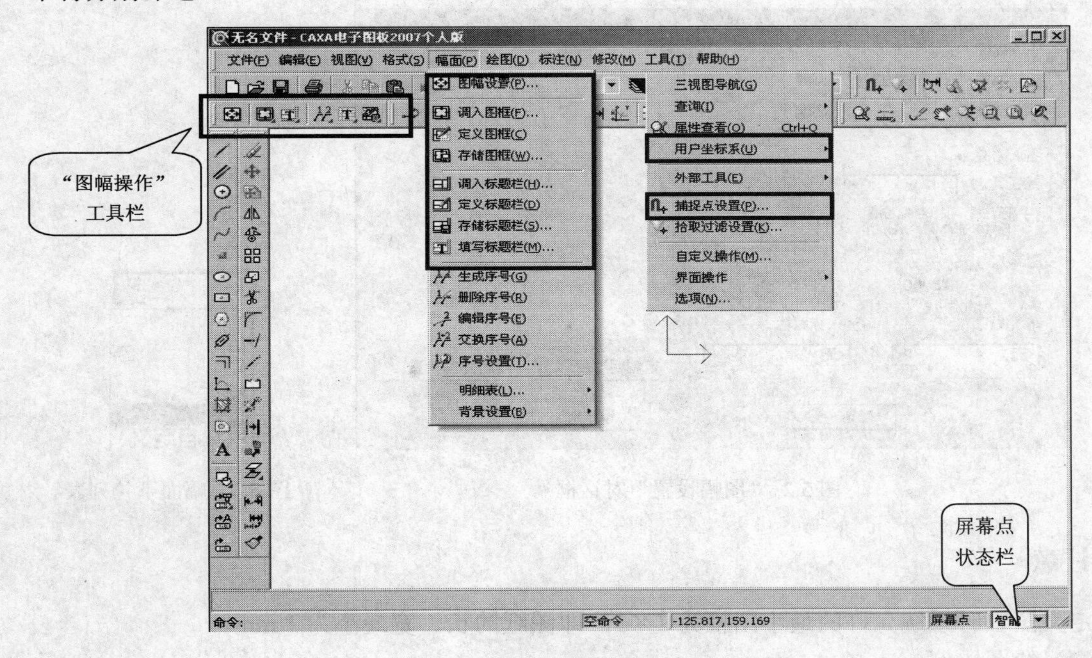

图 5.1 CAXA 绘图辅助工具相关菜单

5.1 幅面

绘制工程图样的第一项工作就是选择一张适当大小的图纸（图幅）并在其上绘制出图形的外框（图框）。国家标准中对机械制图的图纸大小做了统一规定，即图纸大小共分为 5 个规格，分别是 A0,A1,A2,A3,A4。

CAXA 电子图板按照国标的规定，在系统内部设置了上述 5 种标准的图幅，以及相应的图框、标题栏。系统还允许用户根据自己的设计和绘图特点自定义图幅、图框，存成模板文件，供绘图调用。

可以在下拉菜单“幅面”中设置图幅和图框等信息，如图 5.1 所示。

5.1.1　图纸幅面

下拉菜单：“幅面”—“图幅设置”
命令：SETUP

【功能】选择标准图纸幅面或自定义图纸幅面，变更绘图比例或选择图纸放置方向。

【步骤】

选取“图幅设置”菜单选项，系统将弹出“图幅设置”对话框，如图 5.2 所示，在该对话框中可进行图纸幅面、绘图比例及图纸方向的设置。

（1）图纸幅面

单击图 5.2 中“图纸幅面”选择框右边的按钮，则弹出图 5.3 所示的幅面下拉列表，用户可从中选择标准幅面：A0～A4，此时“宽度”和“高度”的数值不能修改；当选择“用户自定义”选项时，可以自行指定图纸的“宽度”和“高度”数值。

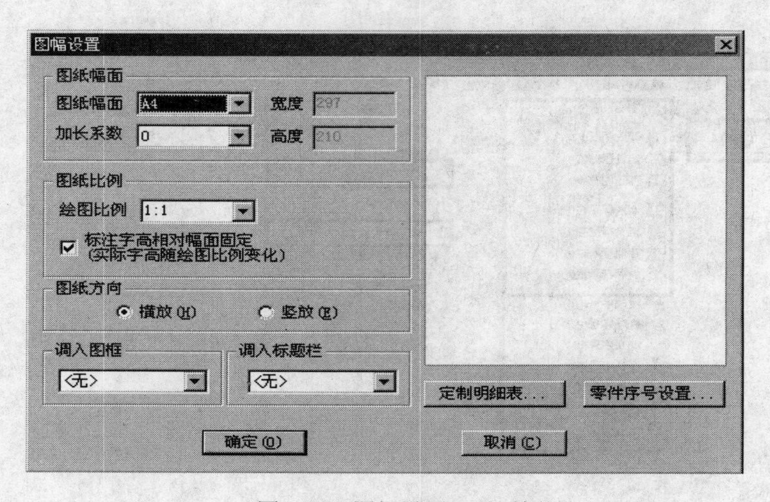

图 5.2 “图幅设置”对话框

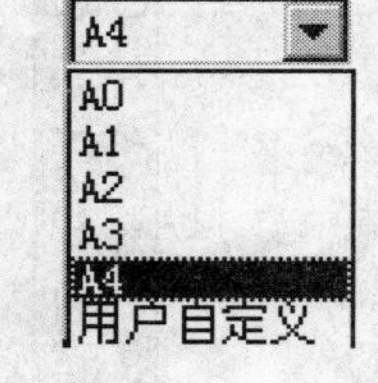

图 5.3　幅面下拉列表

注意

定义图幅时系统允许的最小图幅为 1×1，即图纸的长、宽最小为 1 mm。

（2）绘图比例

“绘图比例”的默认值为 1∶1。若希望更改绘图比例，可用鼠标单击此项右侧的按钮，弹出一下拉列表框，表中的值为国标规定的系列值。用户可从列表中选取标准值，也可以直接激活编辑框，并由键盘直接输入需要的数值。

（3）标注字高相对幅面固定

如果需要标注字高相对幅面固定，即实际字高随绘图比例变化，可选中此复选框。反之，去除复选框中的对钩。

（4）图纸方向

图纸放置方向有“横放”、“竖放”两种方式，被选中者呈黑点显示状态。

（5）调入图框

单击图 5.2 中“调入图框”选项的按钮，弹出一个下拉列表框，列表框中的图框为系统默认图框。选中某一项后，所选的标题栏会自动在预显框中显示出来。

（6）调入标题栏

单击“调入标题栏”选项的▼按钮，弹出一个下拉列表框。选中某一项后，所选标题栏会自动在预显框中显示出来。

（7）定制明细表

单击“定制明细表...”按钮，可进行定制明细表的操作，具体内容在第8章详细讲解。

（8）零件序号设置

单击“零件序号设置”按钮，可进行零件序号的设置。

各项选项设置完成后，单击“确定”按钮，结束操作。

5.1.2　图框设置

CAXA 电子图板的图框尺寸可随图纸幅面大小而做相应调整。比例变化原点为标题栏的插入点。除了在“图幅设置”对话框中对图框进行设置外，也可以通过“调入图框”的方法，进行图框设置。图框设置包括“调入图框”、“定义图框”和“存储图框”。这些命令均在“幅面”下拉菜单的第二栏中。

1．调入图框

下拉菜单：“幅面”—“调入图框” 命令：FRMLOAD

【功能】用于设置图纸大小、图纸放置方向及绘图比例。

【步骤】

启动“调入图框”命令，系统将弹出“读入图框文件”对话框，选中图框文件，单击“确定”按钮，即调入所选取的图框。

2．定义图框

下拉菜单：“幅面”—“定义图框” 命令：FRMDEF

【功能】当系统提供的图框不能满足用户具体需要时，自行定义图框。执行该命令可将屏幕上已绘制出的图框图形定义为图框。

【步骤】

启动“定义图框”命令，系统提示“*拾取元素:*”，在拾取构成图框的元素后单击鼠标右键确认。此时，状态提示为“*基准点:*”（用来定位标题栏），输入基准点后，弹出“选择图框文件的幅面”对话框，如图5.4所示。

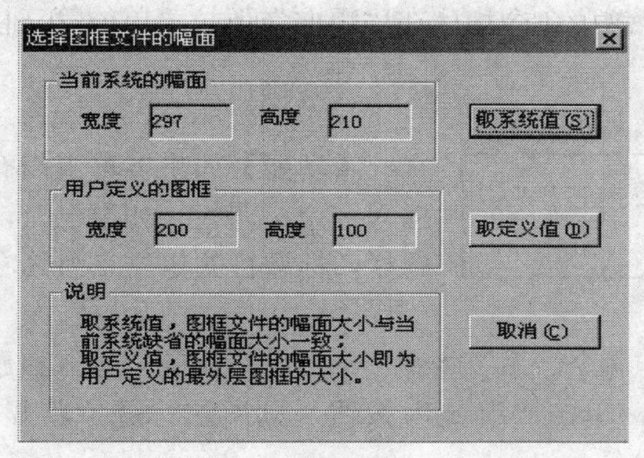

图5.4　“选择图框文件的幅面”对话框

如果选择“取系统值”按钮，则图框保存在开始设定的幅面下的调入图框选项中；如果选择“取定义值”按钮，则图框保存在自定义下的调入图框选项中，此后再次定义则不出现此对话框。

单击“确定”按钮，定义图框的操作结束。

注意

选取的图框中心点要与系统坐标原点重合，否则无法生成图框。

3．存储图框

下拉菜单：“幅面”—“存储图框” 命令：FRMSAVE

【功能】将自定义的图框以图框文件的方式存盘，以供后续的其他绘图调用。图框文件的扩展名为“.FRM”。

【步骤】

启动“存储图框”命令，弹出图 5.5 所示的“存储图框文件”对话框。对话框中列出了已有图框文件名。用户可在对话框下部文件名输入行中，输入文件名，如输入“竖 A4 分区”，然后单击“确定”按钮，系统自动将文件名为“竖 A4 分区. FRM”的图框文件存储在 CAXA\CAXAEB\SUPPORT 目录下。

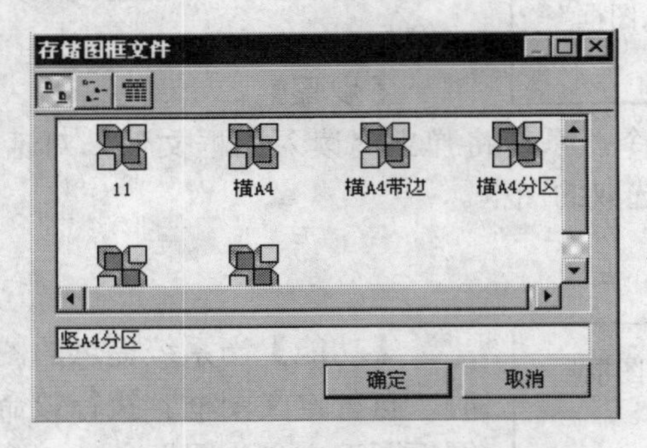

图 5.5 “存储图框文件”对话框

5.1.3 标题栏

用户可由系统设置的标题栏中选择标题栏，也可将自己绘制的标题栏图形定义为标题栏，并以文件形式存储。这些命令均列在“幅面”下拉菜单的第三栏中。

1．调入标题栏

下拉菜单：“幅面”—“调入标题栏” 命令：HEADLOAD

【功能】如果屏幕上没有标题栏，执行该命令可插入一个标题栏，如果已有，则新标题栏将替代原标题栏，标题栏的定位点为其右下角点。

【步骤】

启动“调入标题栏”命令，系统将弹出图 5.6 所示的“读入标题栏文件”对话框，从中可选择所需要的标题栏，单击“确定”按钮，则所选标题栏将显示在图框的标题栏定位点处。

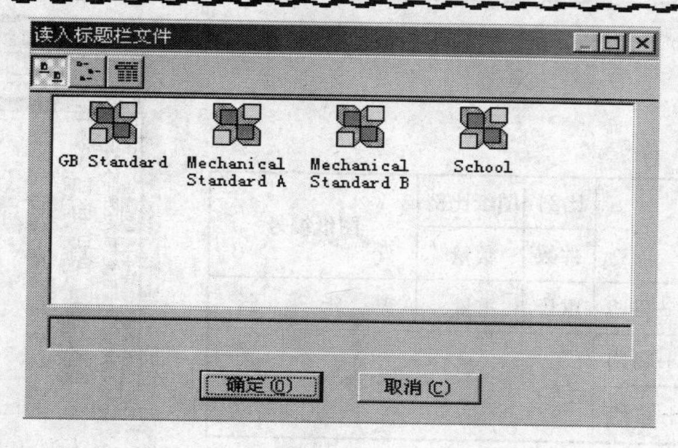

图 5.6 “读入标题栏文件”对话框

2. 定义标题栏

下拉菜单：“幅面”—“定义标题栏”
命令：HEADDEF

【功能】定制符合用户特定要求的标题栏。

【步骤】

先绘制好标题栏图形，然后在此命令下拾取欲组成标题栏的图形元素，右击鼠标即可。

下面以定义图 5.7 所示标题栏为例来看一下具体的操作过程。

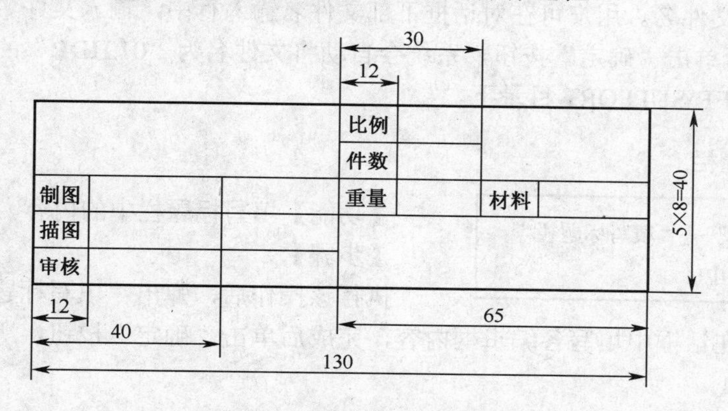

图 5.7 所要定制的标题栏

（1）在屏幕上绘制所要定制的标题栏的图形（也可调入系统预设的标题栏，然后打散或编辑为新的标题栏图形）。

（2）启动“定义标题栏”命令，系统将提示“*请拾取组成标题栏的图形元素:*”，此时拾取已画的标题栏（也可用鼠标拖移矩形框进行选取）。完成后单击鼠标右键确认。

（3）在系统提示“*请拾取标题栏表格的内环点:*”时，用鼠标左键在标题栏表格中的环内单击，系统将高亮显示拾取到的环（如图 5.8 所示），并弹出“定义标题栏表格单元”对话框，如图 5.9 所示。每点一个框（需填写内容的属性），可以在对话框中选择相应的内容，也可以手动填写。

当填写“图纸名称”的栏内时，可在对话框中选取“图纸名称”，依次填写完成。

在填写过程中，某些内容在“表格单元名称”中没有，可以手动填写。

（4）定义完的标题栏可以直接填写，也可以通过存储标题栏功能，将其存为标题栏文件，以备以后使用。

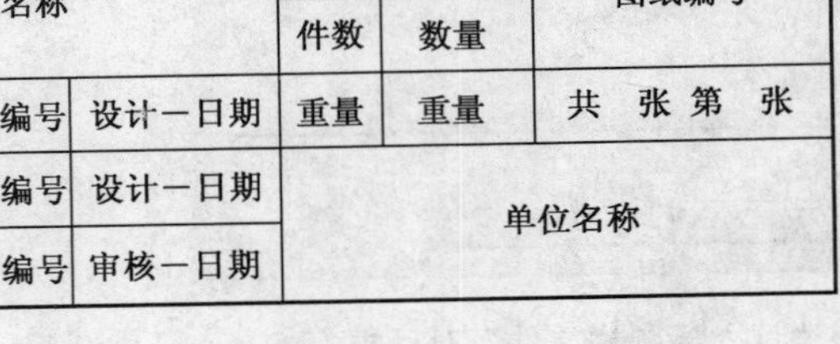

图纸名称			比例	图纸比例	图纸编号
			件数	数量	
制图	设计－人员编号	设计－日期	重量	重量	共 张 第 张
描图	设计－人员编号	设计－日期	单位名称		
审核	审核－人员编号	审核－日期			

图5.8　高亮显示拾取到的环

图5.9　“定义标题栏表格单元”对话框

3．存储标题栏

> 下拉菜单：“幅面”—“存储标题栏”
> 命令：HEADSAVE

【功能】将定义好的标题栏以文件的形式存盘，供后续绘图调用，其扩展名为“.HDR”。

【步骤】

启动“存储标题栏”命令，弹出图5.10所示的“存储标题栏文件”对话框，其中列出了已有标题栏的文件名。用户可在对话框下部文件名输入行中，输入文件名，如在上例中可输入“01”，然后单击“确定”按钮，系统会自动将文件名为“01.HDR”的标题栏文件存储在CAXA\CAXAEB\SUPPORT目录下。

4．填写标题栏

> 下拉菜单：“幅面”—“填写标题栏”
> 命令：HEADERFILL

【功能】填写标题栏中的内容。

【步骤】

执行该操作后，弹出“填写标题栏”对话框，如图5.11所示，在话框中填写各编辑框内容，完成后单击“确定”按钮，所填写的内容将自动添入标题栏中。

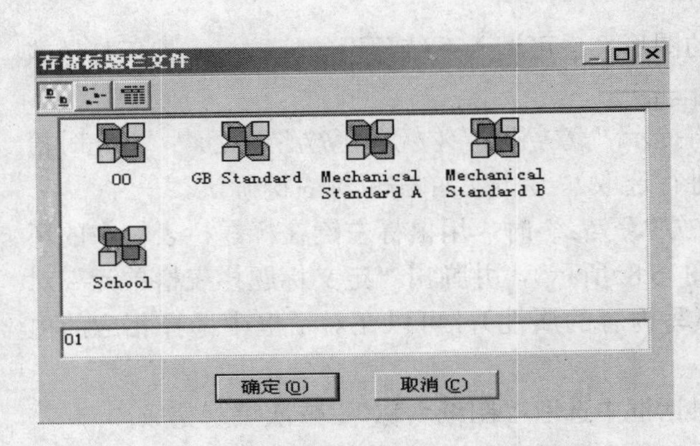

图5.10　“存储标题栏文件”对话框

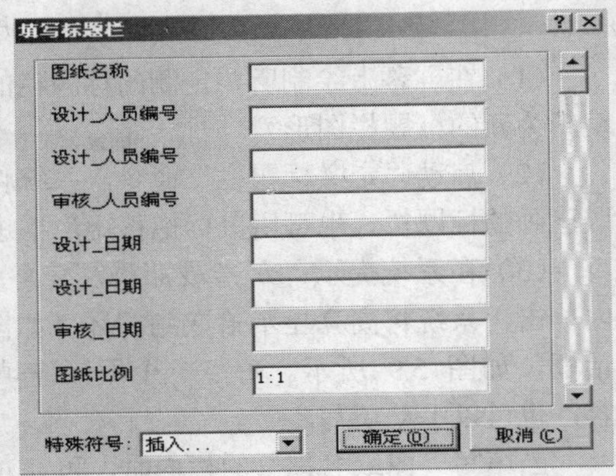

图5.11　“填写标题栏”对话框

5.2　目标捕捉

为了保证绘图准确，并简化计算、绘图过程，CAXA 提供了目标捕捉功能，由此用户可以精确定位图形上的交点、中点、切点等特殊点。

通过图 5.12 所示的“捕捉点设置”对话框和图 5.13 所示的“工具点菜单”，可设置和实现点的捕捉功能。

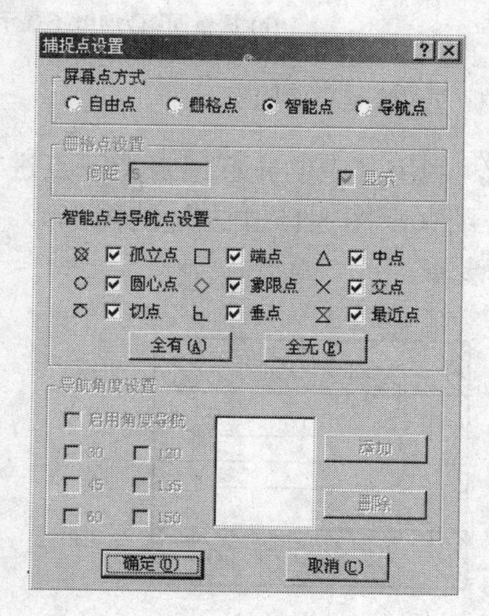

图 5.12 “捕捉点设置”对话框

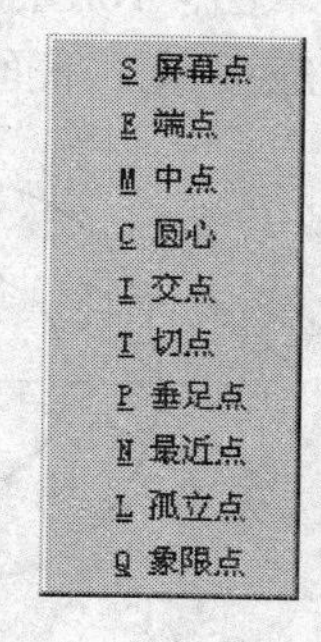

图 5.13　工具点菜单

5.2.1　捕捉点设置

下拉菜单：“工具”—“捕捉点设置”
命令：FOTSET

【功能】设置鼠标在屏幕上点的捕捉方式。

捕捉方式分为四种：“自由点”捕捉、“栅格点”捕捉、“智能点”捕捉和“导航点”捕捉。系统默认的捕捉方式为“智能点”捕捉。

【步骤】

（1）启动“捕捉点设置”命令，屏幕上显示图 5.12 所示的“捕捉点设置”对话框。

（2）欲切换屏幕点的捕捉方式，可从该对话框中的“屏幕点方式”选择框中选取；或激活屏幕右下角的屏幕点设置图标 屏幕点 自由 右侧的黑色三角，在屏幕点捕捉方式列表中选取；此外，也可利用 F6 键切换捕捉方式。

①“自由点”捕捉：点的输入完全由当前光标的实际位置来确定。

②“栅格点”捕捉：光标位置只能落在用户设置的栅格点上，栅格点的间距及栅格点的可见和不可见属性均可由用户设定。

图 5.14 所示为利用栅格点捕捉绘制的同一平面图形。

③“智能点”捕捉：鼠标自动捕捉一些特征点，如圆心、切点、垂足、中点和端点等。

④“导航点”捕捉：系统可通过光标线对若干特征点进行导航，如孤立点、线段端点、线段中点、圆心或圆弧象限点等。

在以上对话框中选取“智能点”，如欲改变点的捕捉设置，则可选取对话框中的相应点。

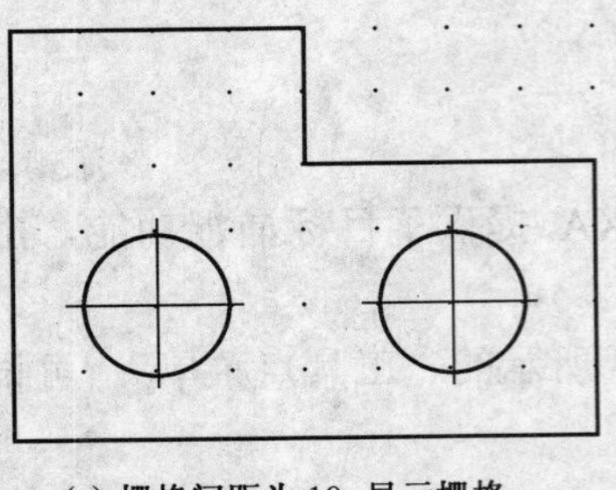

(a) 栅格间距为 10，显示栅格

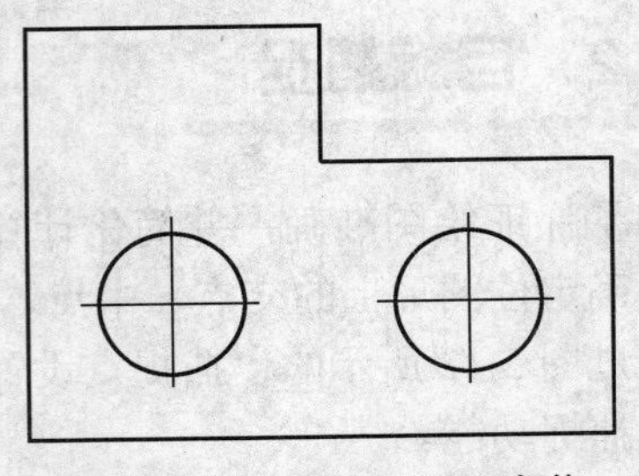

(b) 栅格间距为 10，不显示栅格

图 5.14　用栅格点捕捉方式绘制平面图形

【示例】将屏幕点设置为导航点捕捉功能，利用其中的光标线对特征点进行导航，就可以帮助绘制与第 4 章图 4.10 图形所对应的主视图（即图 5.15 中左边的图形），并保证两视图间“高平齐”的对应关系。下面为具体的操作步骤。

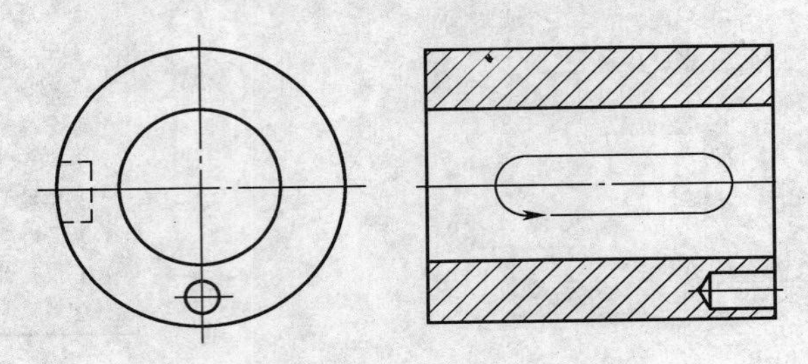

图 5.15　利用导航点捕捉功能绘制主视图

（1）设置屏幕点为导航

在图 4.10 左视图的基础上，将屏幕点捕捉状态设置为导航：单击状态栏中的屏幕点设置图标 屏幕点 自由 右侧的黑色三角，在屏幕点列表中选取“导航”，或利用 F6 键切换捕捉方式。

（2）绘制主视图中的圆

① 根据光标线确定圆心。将“0 层”设置为当前图层；启动画“圆”命令，在状态行提示“*圆心点：*”时，由左视图中圆柱筒的轴线，向左引出光标线，如图 5.16 所示，在合适位置单击鼠标左键确认，即为圆心。

② 由导航光标线画圆。在状态行提示“*输入半径或圆上一点：*”时，由圆心处拖出一圆，使光标线正交（如图 5.17 所示）时，单击左键确认画圆，同理可绘制内圆及柱孔圆。

③ 绘制中心线。将“中心线层”设置为当前图层；单击“绘制工具” 工具栏中的图标按钮，启动画“中心线”命令，在系统提示下，以鼠标左键拾取大圆，画出圆的对称中心线。

（3）绘制键槽在主视图中的投影虚线

① 选择“虚线层”为当前图层。

② 绘制键槽轮廓。启动画“直线”命令，将立即菜单设置为：

两点线 2: 连续 3: 正交 4: 点方式

由键槽在左视图中的上下轮廓线，引出导航线，在与外圆左端的交点处单击左键，确定为直线的第一个端点，然后依次捕捉其余各点，完成键槽轮廓的绘制。

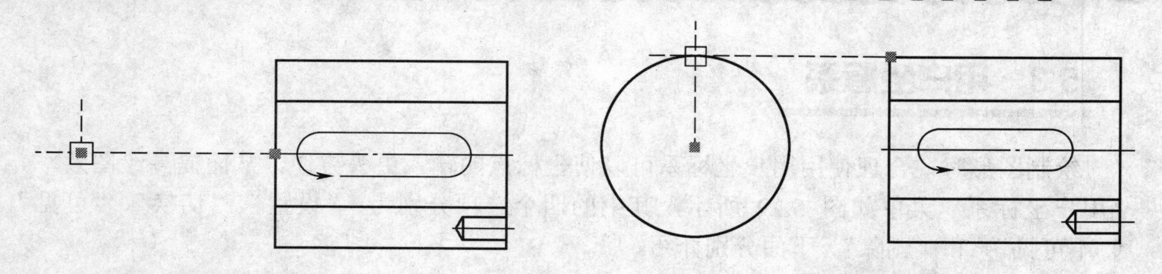

图 5.16　根据导航光标线确定圆心　　图 5.17　由导航光标线画圆

5.2.2　工具点菜单

工具点就是在作图过程中具有几何特征的点，如圆心点、切点、端点等。

所谓工具点捕捉就是使用鼠标捕捉工具点菜单中的某个特征点，在系统要求输入点时，可临时调用点的捕捉功能。即按一下空格键，在弹出的工具点菜单（如图 5.13 所示）中选择。

CAXA 电子图板提供的工具点菜单有以下几个。

- “屏幕点（S）”：屏幕上的任意位置。
- “端点（E）”：曲线或直线的端点。
- “中点（M）”：曲线或直线的中点。
- “圆心（C）”：圆或圆弧的圆心。
- “交点（I）”：两线段的交点。
- “切点（T）”：曲线的切点。
- “垂足点（P）”：曲线的垂足点。
- “最近点（N”）：曲线上距离捕捉光标最近的点。
- “孤立点（L）”：屏幕上已存在的点。
- “象限点（Q）”：圆或圆弧与当前坐标系的交点。

工具点的默认捕捉状态为屏幕点，作图时若拾取了其他的捕捉点方式，在提示区右下角的工具点状态栏中显示出当前工具点捕获的状态。但这种点的捕捉方式只对当前点有效，用完后立即回到“屏幕点”状态。

工具点捕捉方式的改变，也可不用工具点菜单的弹出与拾取，而在点状态提示下，输入相应的键盘字符（如“C”代表圆心、“T”代表切点等）来进行选择。

下例分别利用了上述两种工具点捕捉方法来绘制图 5.18 所示两圆的公切线。具体操作过程如下：

（1）启动画“直线”命令。

（2）捕捉第一切点：在系统提示输入“*第一点（切点，垂足点）:*”时，按空格键，在弹出的工具点菜单中选取“切点”，拾取左圆的上部，捕捉上切点。

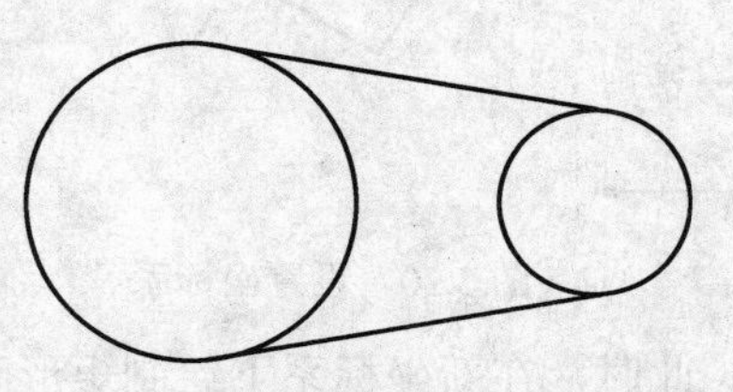

图 5.18　工具点捕捉切点绘制公切线

（3）捕捉第二切点：当系统提示输入“*第二点（切点，垂足点）:*”时，输入“T”，拾取右圆的上部，捕捉到切点，画出一切线。

（4）同理可绘制另一条公切线。

5.3 用户坐标系

绘制图形时，合理使用用户坐标系可以使坐标点的输入更为方便，从而提高绘图效率。“用户坐标系”菜单如图 5.19 所示，其中的四个选项分别为：“设置”、“切换”、“可见”（“不可见”）和“删除”。下面分别介绍。

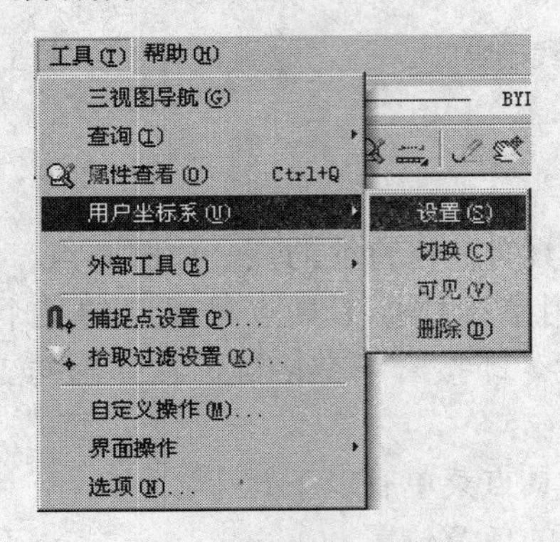

图 5.19 “用户坐标系”菜单

5.3.1 设置坐标系

下拉菜单：“工具”—“用户坐标系”—“设置”
命令：SETUCS

【功能】设置用户坐标系。

【步骤】

（1）选取设置坐标系命令，系统提示“*请指定用户坐标系的原点:*”（可由键盘输入绝对坐标或相对坐标，也可由鼠标直接单击）。

（2）输入新坐标系的旋转角度，系统将提示“*请输入新坐标系旋转角度:*”，输入旋转角度，新坐标系设置完成，并同时设置为当前坐标系。

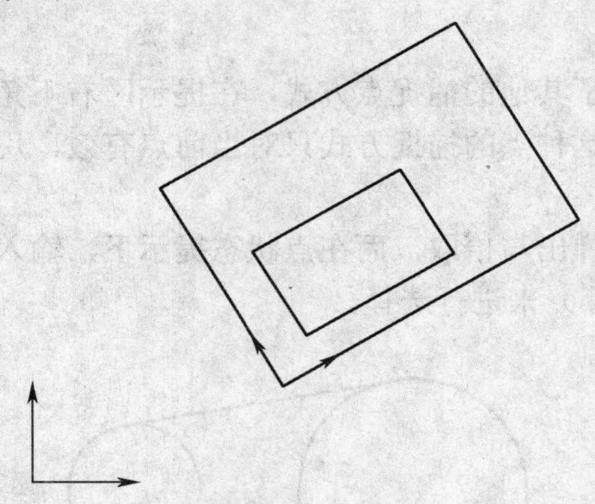

图 5.20 设置坐标系

默认情况下，系统坐标系位于屏幕绘图区的中间，如图 5.20 所示的左下角。但有时直接使用系统坐标系进行绘图并不方便，例如图 5.20 中的两个矩形，在用画直线命令绘制时，就不得不计算出在系统坐标系下其各顶点的直角坐标，因要用到三角函数关系，计算较为麻烦。在这种情况下，更为简单的方法是，如图中所示，在大矩形的左下角点处设置一新的坐标系，坐标轴的方向与矩形边的方向一致。此时，在新坐标系下绘制矩形时，直接输入矩形的长度和宽度即可。

注意

CAXA 电子图版最多允许设置 16 个坐标系。

5.3.2 切换坐标系

下拉菜单："工具"—"用户坐标系"—"切换"
命令：SWITCH

【功能】同时设置多个用户坐标系时，可在不同坐标系间进行切换。

【步骤】

可用快捷键 F5 实现坐标系的切换。在不同的绘图阶段设置不同的坐标系为当前坐标系。当前坐标系和非当前坐标系以颜色相区分，默认情况下，当前坐标系的颜色为紫色，而非当前坐标系的颜色为红色。

如果坐标系为不可见状态，则坐标系切换命令无效。

5.3.3 显示/隐藏坐标系

下拉菜单："工具"—"用户坐标系"—"可见"（"不可见"）
命令：DRAWUCS

【功能】隐藏或显示用户坐标系。

执行该命令后，如果当前坐标系可见，则变为不可见，否则变为可见。

5.3.4 删除坐标系

菜单栏："工具"—"用户坐标系"—"删除"
命令：DELUCS

【功能】删除不需要的用户坐标系。

【步骤】

当拾取删除用户坐标系时，将弹出图 5.21 所示的对话框。单击"确定"按钮，删除当前用户坐标系，否则放弃删除命令。

若坐标系为不可见状态，则坐标系删除命令无效。

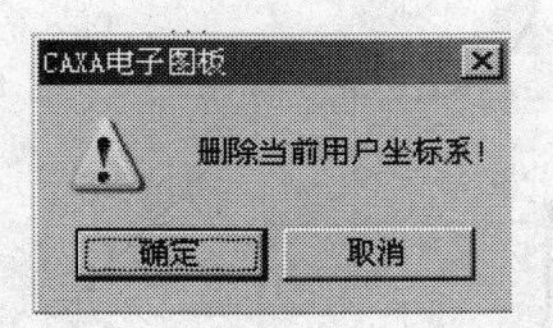

图 5.21 "删除当前用户坐标系"提示对话框

5.4 三视图导航

菜单栏："工具"—"三视图导航"
命令：GUIDE

【功能】方便用户确定投影对应关系，为绘制三视图或多视图提供的一种导航功能。

三视图是机械、建筑等工程图样最基础的表达形式。

【步骤】

（1）启动"三视图导航"命令，系统提示*"第一点："*，在输入第一点的位置后（可利用鼠标直接点取或由键盘输入），系统再提示*"第二点："*，当输入第二点时，屏幕出现一条"45° "或"135° "的黄色导航线，如果此时系统为导航状态，则系统将以此导航线为视图转换线进行三视图导航。

注意

若系统已有导航线，执行该命令将删除导航线，取消"三视图导航"操作。

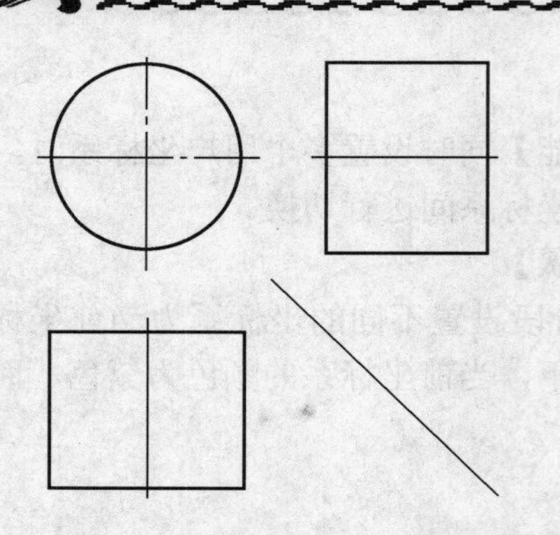

图 5.22　利用三视图导航绘制左视图

（2）再启动“三视图导航”时，系统将提示*“第一点<右键恢复上一次导航线>：”*，单击鼠标右键将恢复上一次导航线；如果输入了第一点，系统将提示*“第二点：”*，即重新设置三视图导航线。

利用 F7 键可实现三视图导航的切换。

【示例】已有圆柱的主、俯视图，即可利用三视图导航绘制出圆柱的左视图（如图 5.22 所示）。下面为具体的操作步骤：

（1）启动“三视图导航”命令，依提示在主视图右下方指定两点，设置三视图导航线。

（2）单击“绘图工具”工具栏中图标按钮，在系统提示输入*“第一角点：”*时，把鼠标拖到图 5.23（a）所示的位置，以主、俯视图对应导航线交点作为第一角点，单击鼠标左键确认；以同样方法捕捉第二角点，如图 5.23（b）所示。

（3）用“中心线”命令绘制轴线（绘制完成的图形如图 5.22 所示）。

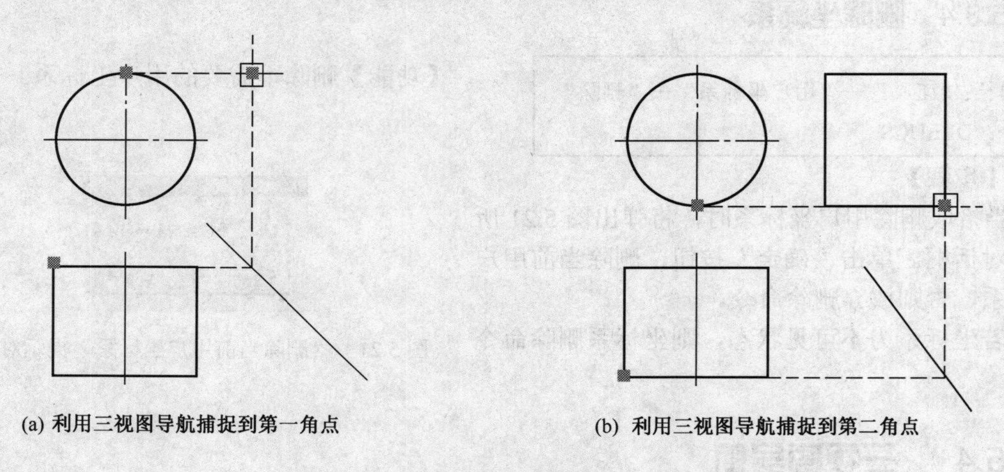

(a) 利用三视图导航捕捉到第一角点　　(b) 利用三视图导航捕捉到第二角点

图 5.23　利用三视图导航线捕捉矩形的两个角点

5.5　系统查询

CAXA 电子图板提供的系统查询功能，可以查询点的坐标、两点间的距离、角度、元素属性、周长、面积、重心、惯性矩，以及系统状态等内容。相关菜单命令如图 5.24 所示。

5.5.1　点坐标

菜单栏：“工具”—“查询”—“点坐标” 命令：ID

【功能】查询各种工具点方式下的坐标，可同时查询多点。

【步骤】

（1）启动查询“点坐标”命令。

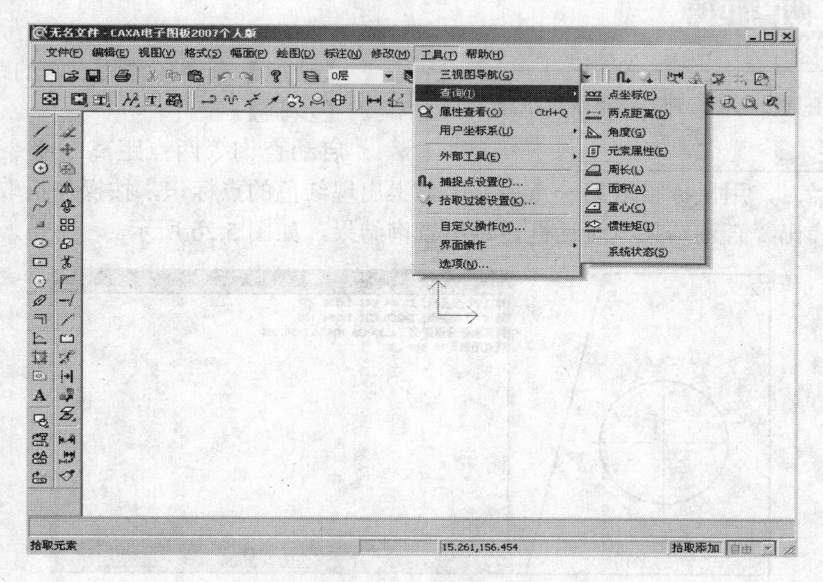

图 5.24　“查询”菜单

（2）按提示要求用鼠标在屏幕上拾取需查询的点，选中后该点呈红色显示，同时在选中点的右上角用阿拉伯数字对取点的顺序进行标记。

（3）用户可以继续拾取其他的点，需查询的点拾取完毕后，单击鼠标右键确认，系统立即弹出“查询结果”对话框，对话框内按拾取的顺序列出所有被查询点的坐标值，如图 5.25 所示。

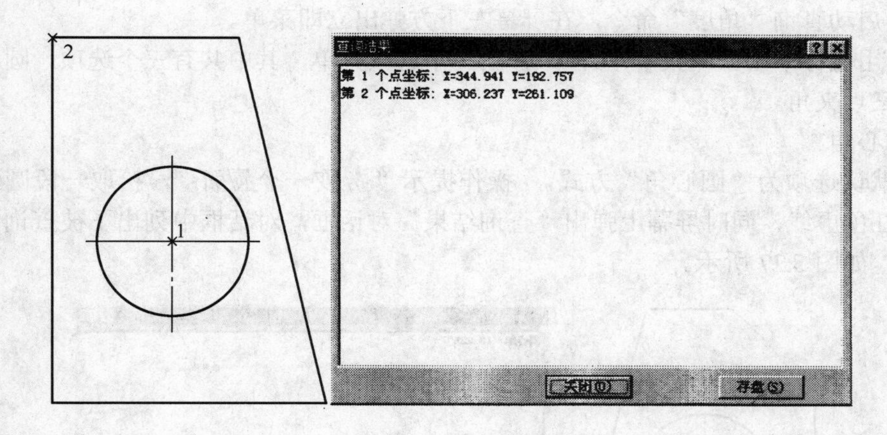

图 5.25　查询点坐标

（4）在对话框中单击“存盘”按钮，可将查询结果存入到文本文件以供参考。

 **注意**

在点的拾取过程中，可充分利用智能点、栅格点、导航点，以及各种工具点等捕捉方式，查询圆心、直线交点、直线与圆弧的切点等特殊位置点。

5.5.2　两点距离

> 菜单栏：“工具”—“查询”—“两点距离”
> 命令：DIST

【功能】查询任意两点间的距离。

【步骤】

启动查询“两点距离”命令。操作提示“*拾取第一点:*”，用鼠标拾取第一点后，屏幕上出现红色的点标识，按操作拾取第二点后，屏幕上立即弹出“查询结果”对话框显示出查询结果，如图 5.26 所示。

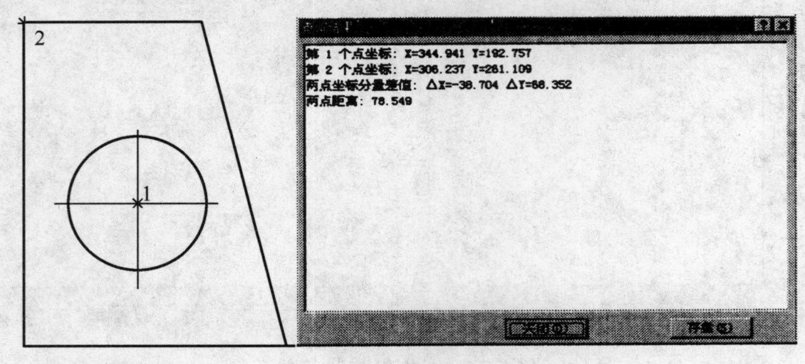

图 5.26　查询两点距离

5.5.3　角度

> 菜单栏：“工具”—“查询”—“角度”
> 命令：ANGLE

【功能】查询圆心角、两直线夹角和三点夹角（单位：度（°））。

【步骤】

（1）启动查询“角度”命令，在屏幕左下方弹出立即菜单。

（2）用鼠标单击立即菜单“1:”，弹出一个选项菜单，其中共有三个选项：圆心角、直线夹角和三点夹角。

① 圆心角

系统默认选项为“圆心角”方式， 操作提示“*拾取一个圆弧:*”，拾取一段圆弧后，该圆弧变成红色虚线，同时屏幕上弹出“查询结果”对话框，对话框中列出了被查询圆弧所对的圆心角，如图 5.27 所示。

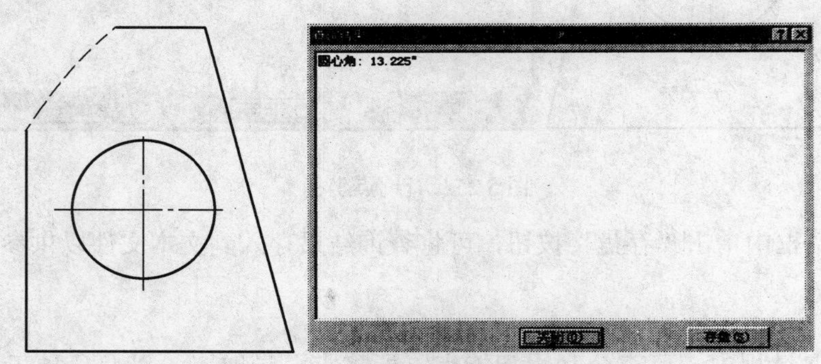

图 5.27　查询圆心角

② 直线夹角

若在选项菜单中选择“直线夹角”方式，操作提示“*拾取第一条直线:*”，拾取完成后，按操作提示拾取第二条直线，屏幕弹出“查询结果”对话框显示出查询结果，如图 5.28 所示。

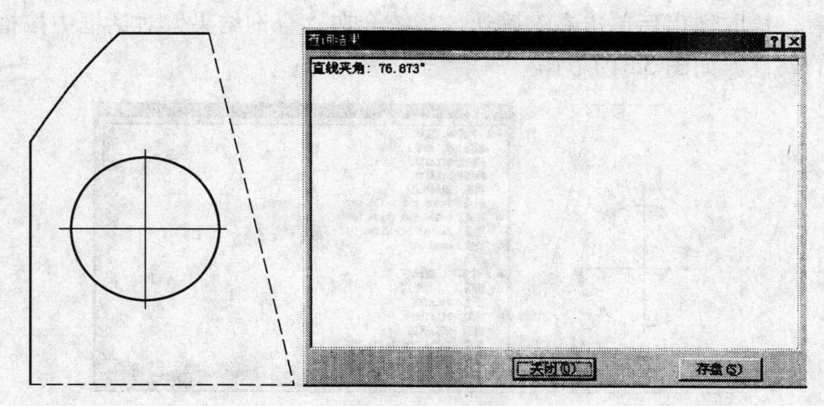

图 5.28　查询直线夹角

注意

系统查询两直线夹角时，夹角的范围为 0°～180°，而且查询结果与拾取直线的位置有关。如图 5.29 所示，若按 A 图示的位置拾取，查询结果为 64.61°；按 B 图示的位置拾取，查询结果为 115.39°。

③ 三点夹角

若在选择菜单中选择“三点夹角”方式，即可查询任意三点的夹角。按操作提示分别拾取夹角的顶点、起始点、终止点后，屏幕上立即弹出“查询结果”对话框显示出查询结果。

注意

这里的夹角是指以顶点与起始点的连线为起始边，逆时针旋转到顶点与终止点连线所构成的角，因此三点选择的不同，其查询结果也会不一样。如图 5.30 所示，以 A 方式选择三点，查询结果是 109.79°；若以 B 方式选择三点，查询结果是 250.21°。

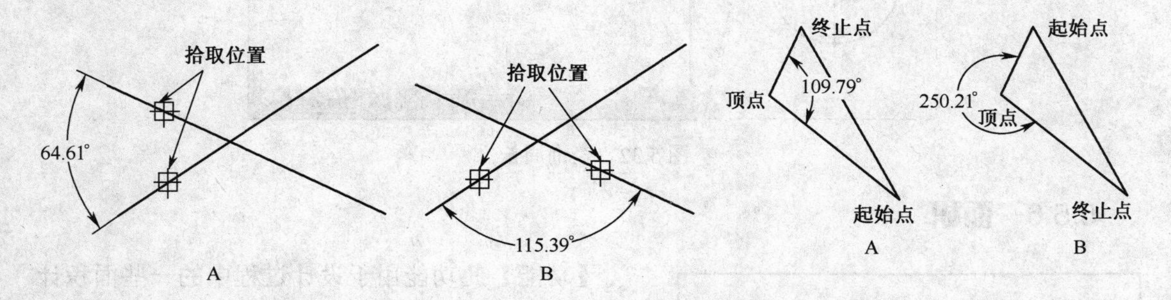

图 5.29　拾取直线位置不同的查询结果　　图 5.30　拾取点的顺序不同的查询结果

5.5.4　元素属性

菜单栏：“工具”—“查询”—“元素属性”
命令：LIST

【功能】CAXA 电子图板允许查询拾取到的图形元素的属性。这些图形元素包括点、直线、圆、圆弧、样条、剖面线、块等。

【步骤】

启动查询“元素属性”命令，屏幕绘图区的下面列出了操作提示。按提示要求拾取要查询的图形元素，拾取结束后单击右键确认，系统会在“查询结果”对话框中按拾取顺序依次列出各元素的属性，如图 5.31 所示。

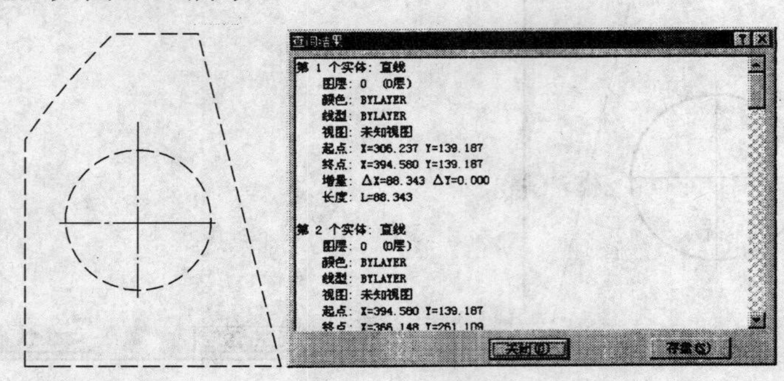

图 5.31　查询元素属性

5.5.5　周长

菜单栏：“工具”—“查询”—“周长”
命令：CIRCUM

【功能】允许用户查询一系列首尾相连的曲线的总长度。这段曲线可以是封闭的，也可以是不封闭的，但必须保证曲线是连续的。

【步骤】

启动查询“周长”命令，按照提示区所给的提示拾取曲线后，屏幕上立即弹出“查询结果”对话框，列出查询到的每一条曲线长度，以及连续曲线的总长度，如图 5.32 所示。

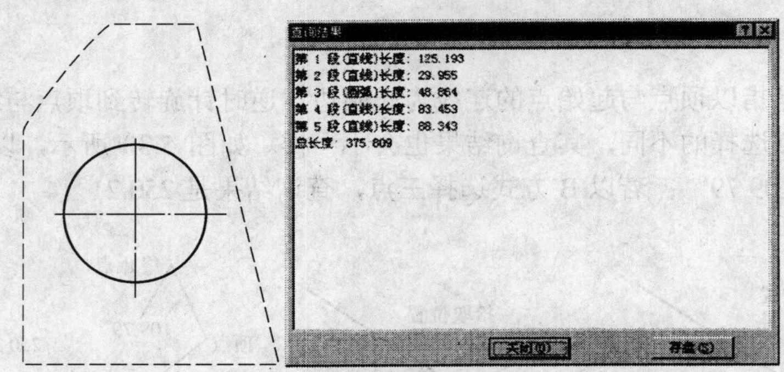

图 5.32　查询周长

5.5.6　面积

菜单栏：“工具”—“查询”—“面积”
命令：AREA

【功能】此功能用于设计过程中的一些面积计算。允许用户对一个封闭区域或多个封闭区域构成的复杂图形的面积进行查询，此区域可以是基本曲线，也可以是高级曲线所形成的封闭区域。

图 5.33　查询面积的立即菜单

【步骤】

（1）启动查询“面积”命令，弹出如图 5.33 所示的立即菜单和操作提示。立即菜单有两个选项，包括“增加面积”和“减少面积”。

（2）切换立即菜单“1:”，其中“增加面积”是指将拾取到的封闭环的面积进行累加；“减少面积”是指从其他面积中减去该封闭环的面积。例如，查询图 5.44 阴影部分的面积，应先在“增加面积”状态下拾取外面大封闭环内一点，再将立即菜单切换为“减小面积”，拾取里面的小圆。

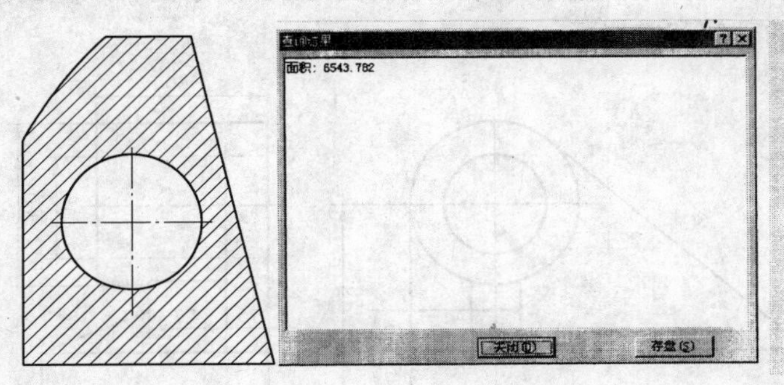

图 5.34　查询面积

（3）按操作提示拾取环内点，拾取要计算面积的封闭环内的点。若拾取成功，该封闭环呈亮红色，单击右键确认后，系统会在弹出的“查询结果”对话框中列出查询到的面积。

 **注意**

系统查询面积时，搜索封闭环的规则与绘制剖面线一样，均是从拾取点向左搜索最小封闭环。

5.5.7　系统状态

> 菜单栏：“工具”—“查询”—“系统状态”
> 命令：STATUS

【功能】允许用户在作图过程中随时查询当前的系统状态。这些状态包括当前颜色、当前线型、图层颜色、图层线型、图号、图纸比例、图纸方向、显示比例、当前坐标系偏移等。

【步骤】

启动“系统状态”查询命令，系统会立即弹出“查询结果”对话框，从中列出系统的状态，如图 5.35 所示。

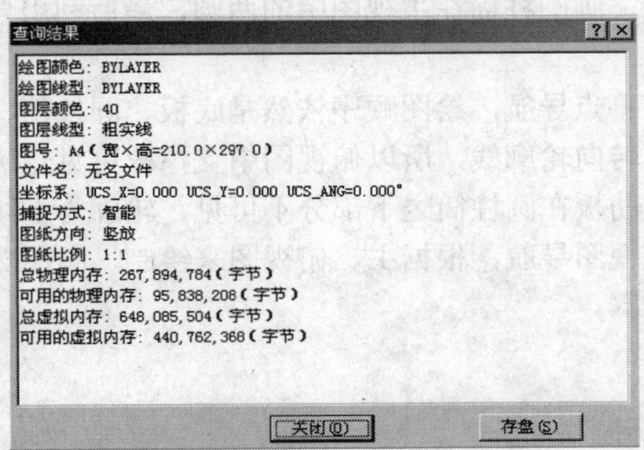

图 5.35　查询系统状态

5.6　应用示例

为了能够完整精确地绘制工程图样，定位特殊点，CAXA 提供了多种绘图辅助命令，下面利用本章所介绍的主要绘图辅助命令来绘制图 5.36 所示的轴承座的三视图，以加深对绘图辅助命令应用的理解和掌握。

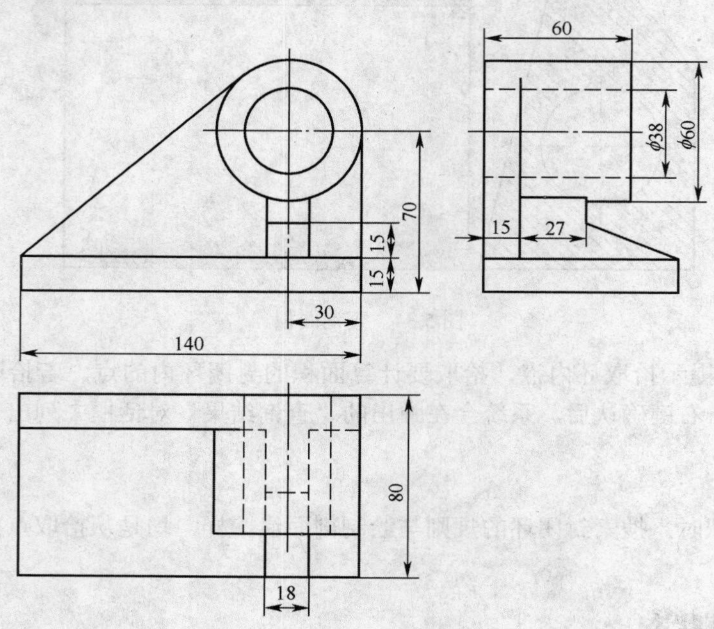

图 5.36　轴承座

【分析】

该图是一个轴承座零件的三视图，根据国家标准规定：左上部为主视图，其右侧为左视图，主视图正下方是俯视图。该轴承座主要由圆柱筒、长方形底板，以及后立支撑板和肋板等部分组成。绘图的过程是，先画出主视图，然后利用导航点、工具点及三视图导航功能绘制另外两个视图。

绘制主视图时，先用画“矩形”命令绘制底板主视图，然后根据圆柱筒与底板的相对位置，确定圆的对称中心线，画圆柱筒在主视图中的两圆，最后利用导航点及工具点捕捉绘制支撑板和肋板。

画俯视图时仍利用屏幕点导航，绘图顺序依然是底板、圆柱筒、支撑板和肋板。由于圆柱筒与肋板相切部分没有转向轮廓线，所以俯视图中支撑板可见轮廓线要画到切点处，且圆柱左端轮廓到支撑板处。肋板在圆柱筒之下部分不可见，轮廓为虚线。

对于左视图，利用三视图导航，根据主、俯视图来绘制，画图顺序不变。

下面为具体的绘图步骤。

【步骤】

1．选取图纸幅面和标题栏

（1）设置图纸幅面为“A3”，“横放”，绘图比例为“1∶1”

选取下拉菜单“幅面”—“图幅设置”命令，弹出“图幅设置”对话框，在图纸幅面列表中选取“A3”，图纸方向为“横放”，绘图比例选取为系统默认的“1∶1”。

（2）调入图框文件“横 A3”

选取下拉菜单“幅面”—“调入图框”命令，在弹出的“读入图框文件”对话框中，选取“HENGA3”，单击“确定”按钮，调入图框。

（3）调入标题栏“机标 B”

选取下拉菜单“幅面”—“调入标题栏”命令，在弹出的“调入标题栏”对话框中选取“Mechanical Standard B”，单击“确定”按钮，将标题栏插入图纸。

（4）填写标题栏

选取下拉菜单“幅面”—“填写标题栏”命令，在“填写标题栏”对话框的编辑框中填写各相关内容（如图 5.37 所示），将得到图 5.38 所示的标题栏。

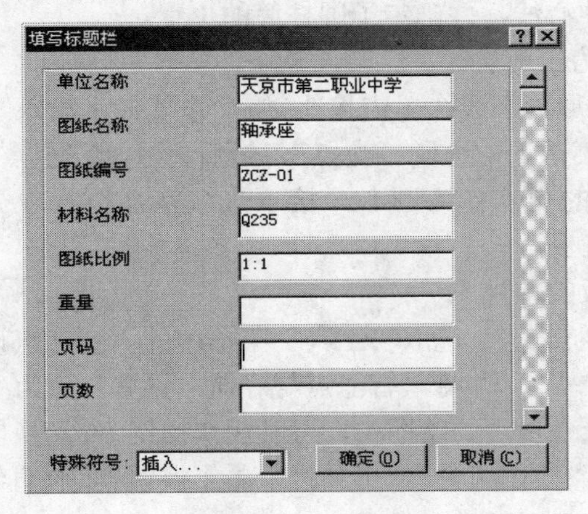

图 5.37　填写标题栏

					轴承座	天京市第二职业中学		
						图样标记	重量	比例
							4	1:1
标记	处数	更改文件号	签字	日期		共　张		第　张
设计		郭娜	2007年2月1日					
					Q235	ZCZ-01		
			日期					

图 5.38　填写完成后的标题栏

2．绘制主视图

（1）画底板的主视图

① 设置图层、颜色和线型：将“0 层”设为当前层，线型和颜色设为随层（BYLAYER），方法见第 4 章。

② 画底板的矩形投影：单击“绘图工具”工具栏中的图标按钮，画长宽分别为“140”和“15”的矩形，将立即菜单设置为：

1:长度和宽度　2:顶边中点　3:角度 0　4:长度 140　5:宽度 15　6:无中心线

屏幕上即出现一粉红色可移动矩形，系统将提示“*定位点:*”，输入顶边中点的坐标（-100,40），单击鼠标右键确认并结束画矩形操作。

（2）绘制圆柱筒的主视图

① 设置“中心线层”为当前图层。

② 绘制圆柱筒和肋板的对称中心线：单击按钮，绘制长度分别为“110”、“70”的点画线，设置立即菜单为：

两点线 | 2: 单个 | 3: 正交 | 4: 长度方式 | 5: 长度= 110

在系统提示下输入第一点坐标“-60,20”，屏幕上将出现一粉红色直线，移动该直线铅垂向上时，单击左键确认，完成一条点画线的绘制。此时，系统将提示输入下一直线的“*第一点:*”，输入“-25,95”，将立即菜单中的“5：长度=”改为“70”，点取水平向左的直线。从而画出圆柱筒的对称中心线，并确定了圆柱筒的位置。

③ 将“0 层”设置为当前层。

④ 绘制圆柱筒的圆形轮廓线：单击按钮，系统提示输入“*圆心点:*”时，按下空格键，在弹出的“工具点菜单”中选取“交点”，然后将鼠标移至点画线交点位置时，单击鼠标左键，则系统将捕捉的交点作为圆心，接下来，在命令行中分别输入圆的半径“30”、“18”，右击鼠标结束画圆操作。

（3）绘制后立支撑板的主视图

① 设置屏幕点为导航状态：选取“工具”菜单中的“捕捉点设置”选项，在图 5.12 所示的对话框中选取“导航点”，并将“智能点与导航点设置”定为“全有”，单击“确定”按钮，结束屏幕点的设置，在以后的绘图中，可利用快捷键 F6 切换屏幕点状态。

② 画铅垂直线：在“绘图工具” 工具栏中单击按钮画直线，设置立即菜单为：

两点线 | 2: 单个 | 3: 正交 | 4: 点方式

系统提示“*第一点:*”时，按空格键，选取“工具点菜单”中的“象限点”选项，然后将鼠标移至外圆的右象限点处，单击鼠标左键，以此作为第一点，这时在屏幕上十字光标与底板右上角点间出现一条导航线，如图 5.39（a）所示，接下来，由导航功能，用鼠标左键单击底板右上角点作为第二点，最后右击鼠标结束画直线命令。

③ 绘制与圆柱筒相切部分：启动画“直线”命令，以“两点线”方式绘制该直线，在系统提示输入“*第一点:*”时，利用导航点捕捉矩形左上角点，然后当需确定“*第二点:*”时，按下空格键，在“工具点菜单”中选取“切点”，接下来，以左键点取外圆切点附近，系统将自动捕捉切点，画出矩形与圆间的切线，如图 5.39（b）所示。

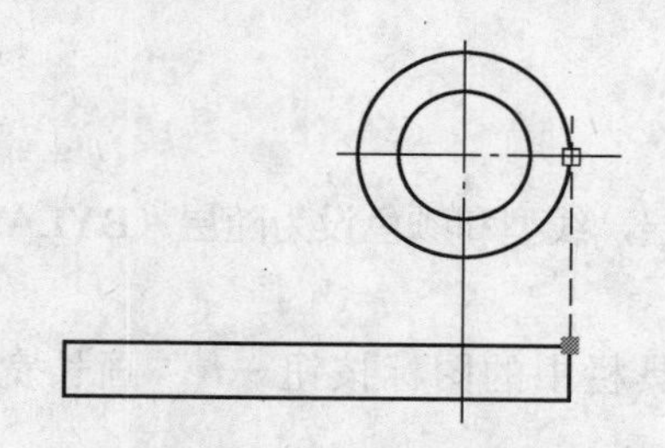

(a) 利用工具点及屏幕点捕捉拾取直线两端点

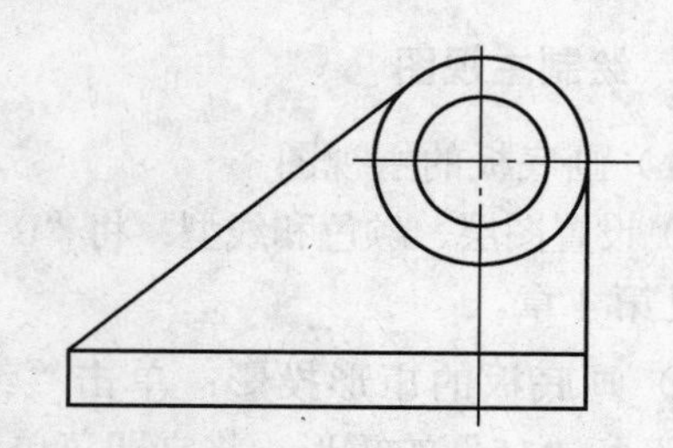

(b) 利用捕捉功能画切线

图 5.39　绘制后立支撑板的正面投影

（4）绘制肋板的主视图

① 画铅垂直线：启动画“直线”命令，以“两点线-单个-正交-点方式”绘制该直线。输入第一点坐标“-69,40”，系统提示输入*“第二点:”*，按下空格键，选取“最近点”选项，在圆柱与肋板交点附近单击左键，系统将捕捉到的圆上点作为第二点，画出直线；以同样方法画出第二条直线，其第一点的坐标是“-51,40”。

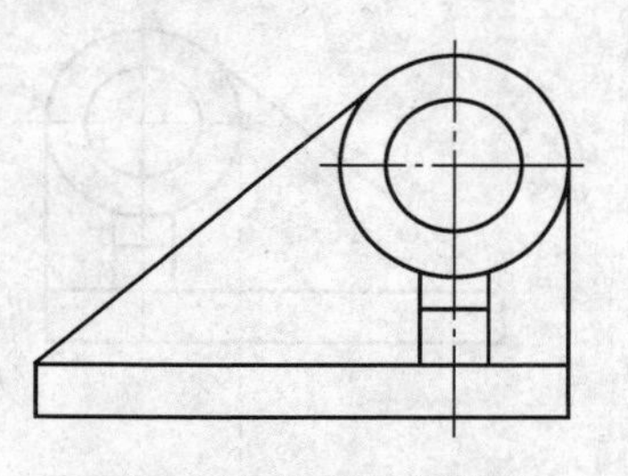

图 5.40　轴承座主视图

② 画水平直线：依然在画“直线”命令下，立即菜单不变，分别输入两端点坐标“-69,55”、“-51,55”。从而结束主视图的绘制，如图 5.40 所示。

3．绘制俯视图

（1）绘制底板的俯视图

单击“绘图工具”工具栏中的图标按钮，启动画“矩形”命令，矩形的长、宽分别为“140”和“80”。将立即菜单设置为：

1: 长度和宽度　2: 顶边中点　3:角度 0　4:长度 140　5:宽度 80　6: 无中心线

定位点的坐标为“-100,-20”。

（2）绘制圆柱筒的俯视图

① 利用导航点绘制可见轮廓：单击按钮，将立即菜单设置为：

两点线　2: 连续　3: 正交　4: 点方式

输入第一点坐标“-30,-80”，当状态栏提示*“第二点:”*时，左移鼠标，使其与主视图中大圆左象限点的导航线正交，单击鼠标左键确认，如图 5.41（a）所示，画出第一条直线。此时，状态栏将提示输入下一条直线的*“第二点:”*，输入坐标“-90,-40”，画出第二条轮廓线。

② 绘制不可见轮廓线：在画“直线”命令状态下，将当前图层设为“虚线层”，把立即菜单中的第二项“连续”切换为“单个”，利用屏幕点导航功能，选取小圆左象限点引出导航线与后端面交点为第一点，与圆柱前端面交点为第二点，画完一条虚线，如图 5.41（b）所示。以同样方法，绘制右边另一条虚线。

③ 画圆柱筒轴线：依然在画“直线”命令状态下，将当前图层设为“中心线层”，由主视图中对称中心线引出的导航线，将俯视图中超出圆柱筒前后轮廓 3～5 mm 处作为直线的两个端点，如图 5.41（c）所示。

（3）绘制支撑板的俯视图

① 绘制支撑板可见轮廓线：在画“直线”命令状态下，将当前层设置为“0 层”。将立即菜单中的第二项改为“单个”，第一点坐标为“-170,-35”，确定另一点时，使其与主视图中支撑板与圆柱筒的切点导航线正交，如图 5.42 所示，画出支撑板在俯视图中可见轮廓线。

② 绘制支撑板不可见轮廓：接上步操作，在画“直线”命令状态下，将“虚线层”设为当前层。点取与主视图中肋板导航线正交的点为虚线的*“第二点:”*，单击鼠标右键结束画连续直线的操作。单击鼠标左键，再次启动画“直线”命令，画另一段虚线。拾取主视图中肋板导航线与上一步中虚线导航线的交点，作为第一点，与俯视图中最右直线的交点为第二点，按鼠标右键结束操作。

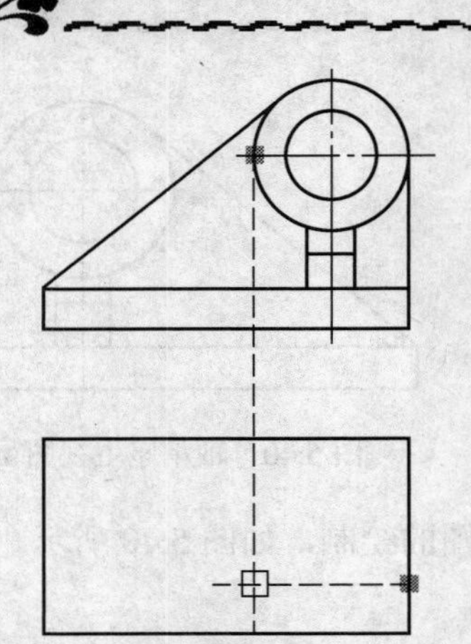
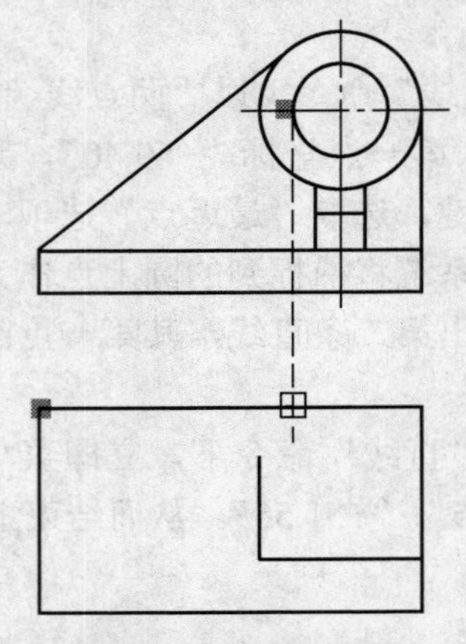
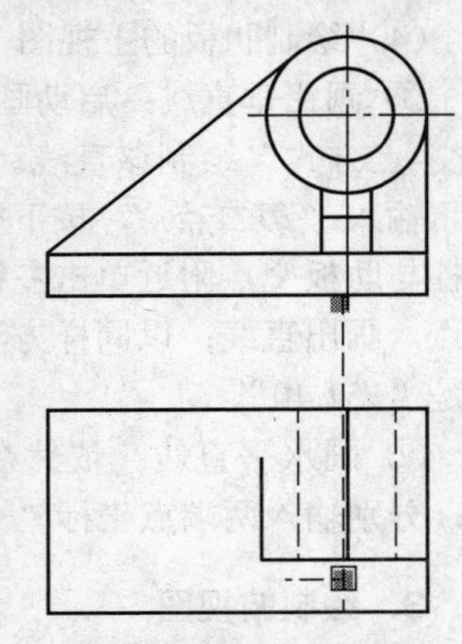

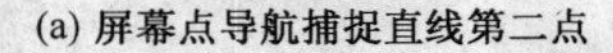

(a) 屏幕点导航捕捉直线第二点　　(b) 屏幕点导航捕捉虚线端点　　(c) 利用屏幕点导航画轴线

图 5.41　绘制圆柱筒的俯视图

（4）绘制肋板的俯视图

① 单击按钮，设置立即菜单为：

两点线	2: 连续	3: 正交	4: 点方式

在提示 *"第一点："* 时，按下空格键，在"工具点菜单"中选取"端点"，然后以鼠标左键单击上步中支撑板第一条虚线的右端，则系统会拾取其端点为直线第一点，在提示"*第二点：*"时，单击与圆柱筒前端面的交点，画出肋板在圆柱筒下的不可见轮廓线。这时，将"0 层"设置为当前层，系统提示输入下一直线的 *"第二点："*，然后以左键单击与俯视图最下边直线的交点，作为第二点，单击鼠标右键结束此次操作。

② 画右侧的虚线和实线：方法同上。

③ 画肋板中的水平虚线：将"虚线层"设置为当前层，重新启动画"直线"命令，将立即菜单设置为：

两点线	2: 单个	3: 正交	4: 点方式

分别输入第一点的坐标"-69,-62"、第二点坐标"-51,-62"，画完直线，同时完成俯视图的绘制（如图 5.43 所示）。

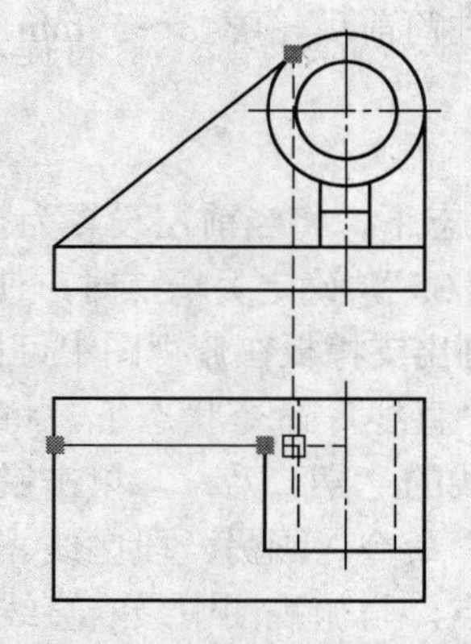

图 5.42　利用屏幕点导航捕捉支撑板与圆筒的切点

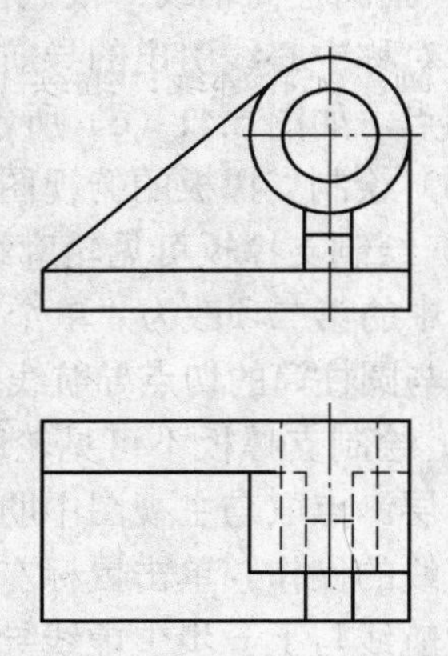

图 5.43　轴承座俯视图

4．利用三视图导航绘制左视图

（1）启动三视图导航

选取“工具”下拉菜单中的“三视图导航”选项，系统提示“*第一点:*”，以鼠标左单击坐标原点，屏幕上将出现一条黄色的 45° 导航线。

（2）绘制底板的左视图

将“0 层”设置为当前层，单击“绘图工具” 工具栏中的图标按钮，以“两角点”方式画矩形，两个角点分别取在相应的导航线交点，如图 5.44（a）、（b）所示。

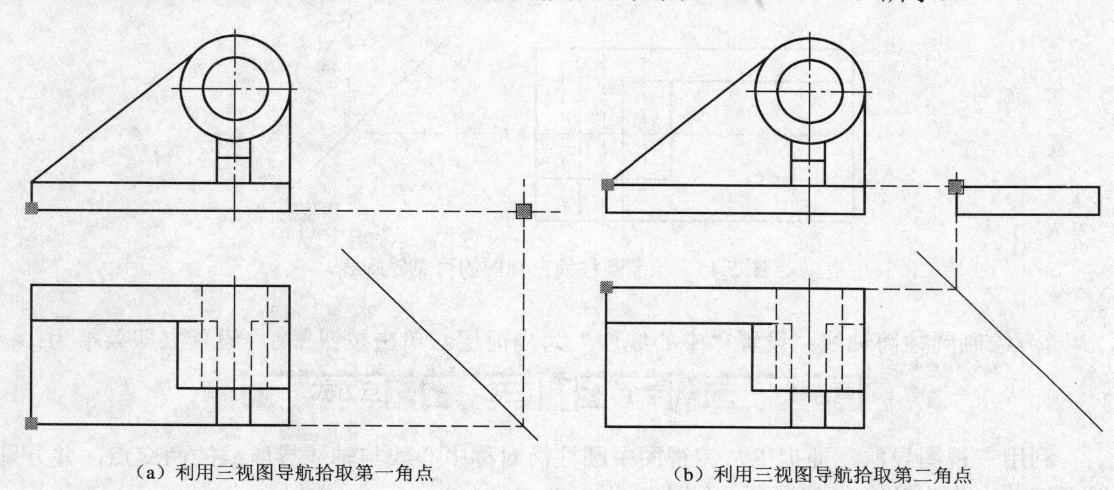

（a）利用三视图导航拾取第一角点　　（b）利用三视图导航拾取第二角点

图 5.44　利用三视图导航画底板的左视图

（3）绘制后端面的左视图

由于底板、支撑板及圆柱筒的后端面靠齐，因此，轴承座后端面的左视图是一条直线。单击按钮，将立即菜单设置为：

1: 两点线　2: 连续　3: 正交　4: 点方式

移动鼠标捕捉上一步中底板的左上角点，单击此点作为直线的第一点，将鼠标向上移动，与主视图中大圆上象限点引出的导航线相交时，单击左键确认为第二点。

（4）绘制圆柱筒的左视图

① 画可见轮廓线：继续上步操作，依然在画“直线”命令下，系统将提示下一条直线的“*第二点:*”，将鼠标向右移动，到俯视图中圆柱筒前表面的三视图导航线处，单击鼠标左键确认为该直线的第二点，从而画出圆柱筒的最上直线。

继续将鼠标向下移动，到与主视图大圆下象限点引出的导航线相交时，单击鼠标左键确认为第二点，画出直线。

同样，在系统提示输入下一直线的“*第二点:*”时，向左移动鼠标，到与俯视图中肋板的水平虚线导航线相交时，单击鼠标左键确认为第二点。

接下来，画向上的一小段直线：将鼠标向上移至主视图中肋板与圆柱筒的交点导航线相交处，如图 5.45 所示，单击鼠标左键确认为该直线的第二点。

最后，画圆柱与肋板的交线，继续水平向左移动鼠标，到俯视图中肋板的前表面导航线处，单击左键确认为直线的第二点，完成画圆柱筒可见轮廓线的操作。

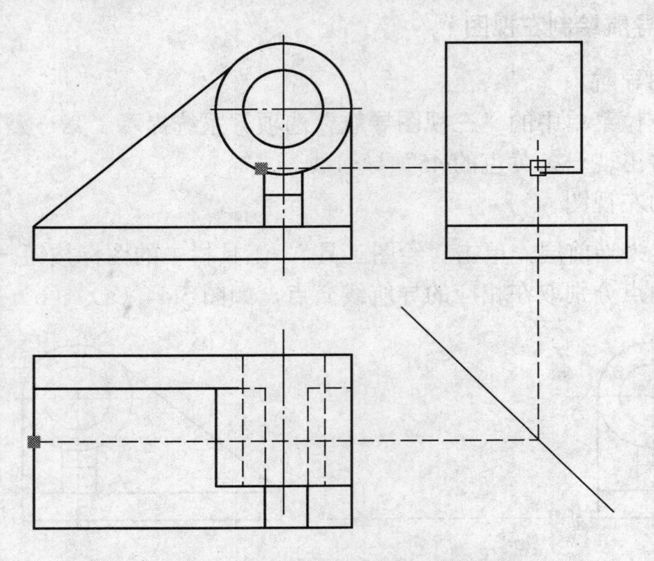

图 5.45　绘制圆柱筒左视图的可见轮廓线

② 绘制圆柱筒轴线：设置“中心线层”为当前层。单击按钮，设置立即菜单为：

两点线　2: 单个　3: 正交　4: 点方式

利用三视图导航，捕捉主、俯视图中圆柱筒对称中心线与轴线导航线的两交点，并分别以左键单击作为轴线左视图的两个端点。

③ 绘制圆柱筒的不可见轮廓线：在上一步的画“直线”命令下，设置当前层为“虚线层”。利用三视图导航功能，画圆柱筒的不可见轮廓线（方法同前），如图 5.46 所示。

（5）绘制支撑板的左视图

在画“直线”命令下，捕捉俯视图中支撑板前表面导航线与主视图中切点导航线的交点为直线的第一点，如图 5.47 所示，然后向下移动鼠标，到与底板的上表面相交时，单击鼠标确认，作为直线的第二点，画出该直线。

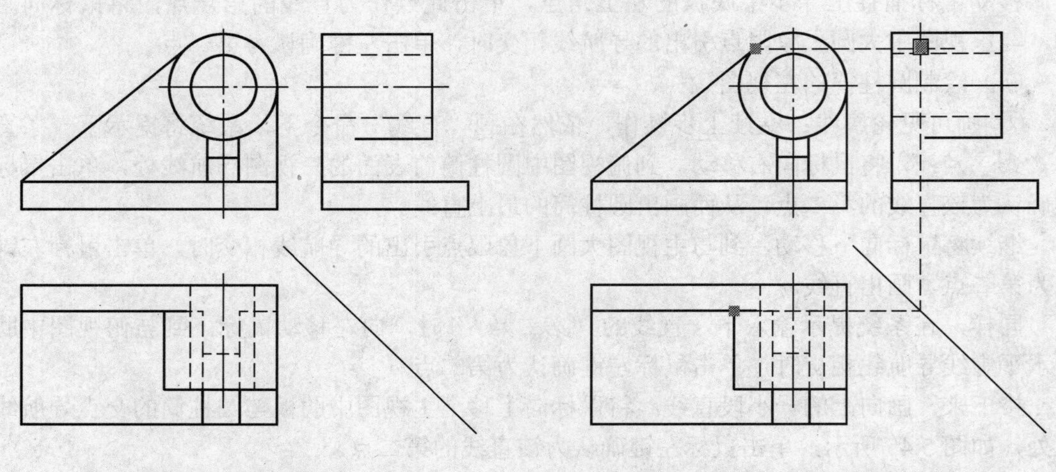

图 5.46　圆柱筒的左视图　　　　图 5.47　捕捉支撑板的一端点

（6）绘制肋板的左视图

仍在画“直线”命令状态下，将立即菜单设置为：

两点线 ▼ 2: 连续 ▼ 3: 正交 ▼ 4: 点方式 ▼

捕捉肋板与圆柱筒的交点为直线的第一点，向下移动鼠标，移至与主视图中肋板水平直线的导航线相交，单击鼠标左键，确定为第二点，画出一条铅垂向下的直线。将立即菜单中的第三项改为“非正交”，捕捉底板的右上角点为第二点，画完肋板的左视图。

至此，完成整个轴承座的绘制，结果如图 5.48 所示。以“轴承座.exb”为文件名保存该图形（注：在后面第 8 章的上机练习中还要用到该图）。

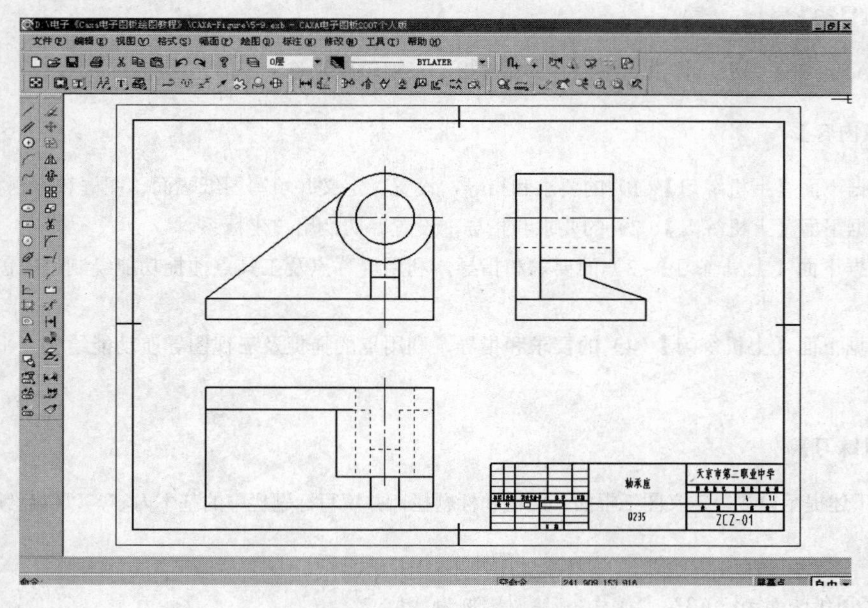

图 5.48　绘制完成的轴承座图形

习　题

1．选择题

（1）CAXA 电子图板可怎样选择图纸幅面？（　　）

① 在“图幅设置”对话框中选取国标规定的幅面；

② 在“图幅设置”对话框中选取“用户自定义”幅面，并在幅面编辑框中输入长度和宽度；

③ 以上两种均可。

（2）设置屏幕点捕捉方式的方法有（　　）

① 选择下拉菜单“工具”—“捕捉点设置”命令，在弹出的对话框中进行；

② 点取状态栏中的屏幕点状态选项；

③ 切换 F6 功能键，转换屏幕点状态；

④ 以上方法均可。

（3）设置三视图导航的方法有（　　）

① 选择下拉菜单“工具”—“三视图导航”选项；

②在命令行中输入“guide”命令；

③ 以上方法均可。

2．当系统提供的标准图纸幅面或标题栏不能满足您的具体需要时可以怎样做？如何做？

3．在什么情况下才使用用户坐标系？有什么好处？

上机指导与练习

【上机目的】

掌握 CAXA 电子图板所提供的图幅、目标捕捉、三视图导航等绘图辅助功能。

【上机内容】

（1）根据下面【上机练习】（1）的要求和指导，设置、定义并填写图纸幅面、图框和标题栏。

（2）根据下面【上机练习】（2）的要求和指导，设置并切换用户坐标系。

（3）根据下面【上机练习】（3）的要求和指导，利用屏幕点及工具点捕捉功能绘制“压盖”的主、俯视图。

（4）根据下面【上机练习】（4）的要求和指导，利用点的捕捉及三视图导航功能绘制“平面立体”的三视图。

【上机练习】

（1）按下述提示设置、定义图纸幅面、图框和标题栏，并填写标题栏中的基本内容，以供后续绘图调用。

提示

① 设置图纸幅面为“A3”，“横放”，绘图比例为“1∶2”；

② 调入图框文件“A3 带横边”；

③ 按本章 5.1.3 节的介绍绘制并定义图 5.7 所示标题栏，然后将该标题栏以校名为文件名存盘，最后将之调入到当前图形中；

④ 填写标题栏中的基本内容（如校名等）。

（2）设置用户坐标系并绘制图 5.20 所示两矩形图形。

提示

① 以（90,30）为新坐标系的坐标原点，并使新坐标绕 X 轴正向旋转 30° 角；

② 在新设的坐标系下用画矩形命令绘图；

③ 删除所设用户坐标系。

（3）利用屏幕点及工具点捕捉功能绘制图 5.49 所示的“压盖”的主、俯视图。

提示

这是一个压盖的主、俯视图，三个轴线铅垂的圆柱筒由两底板以相切关系连接在一起。为保证主俯两视图间“长对正”的对应关系并充分利用屏幕点及工具点捕捉功能，应由投影为圆的俯视图开始绘制，具体步骤如下。

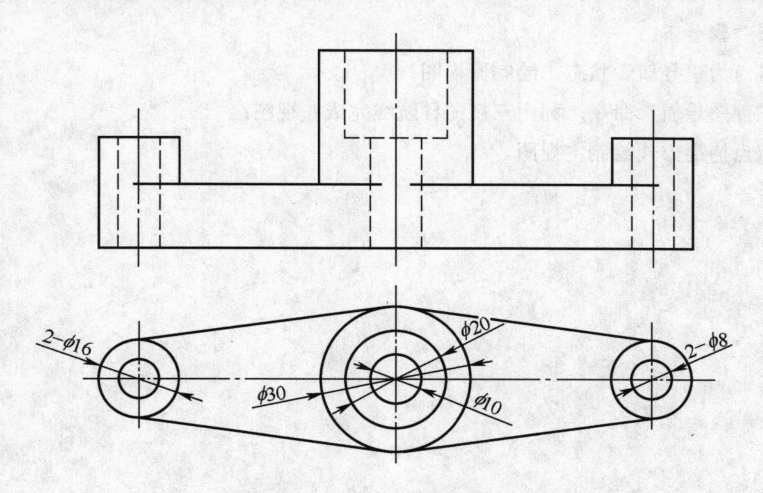

图 5.49　“压盖”的主、俯视图

① 绘制俯视图

- 以（10,10）为圆心分别画半径为“30”,“20”,“10”的三个圆；
- 分别以（−40,10）和（60,10）为圆心画半径为“16”,“8”的两圆；
- 在“点画线层”画对称中心线；
- 利用工具点菜单画切线。

② 绘制主视图（高度尺寸参考所给例图估计即可，不要求十分准确）

- 将屏幕点状态设置为“导航”；
- 在“0 层”，利用屏幕点导航功能绘制三圆柱筒的可见轮廓线；
- 绘制相切部分的主视图；
- 在“点画线层”绘制轴线；
- 在“虚线层”绘制不可见轮廓线。

（4）利用导航点捕捉及三视图导航功能绘制图 5.50 所示“平面立体”的三视图。

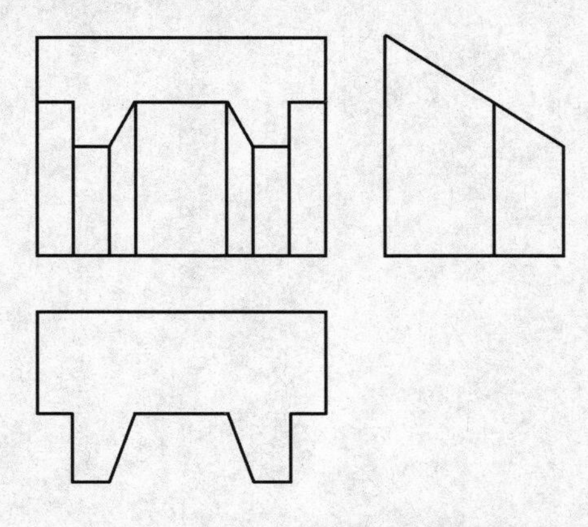

图 5.50　“平面立体”的三视图

提示

① 具体尺寸根据所给例图估计即可，不要求十分准确；

② 应充分利用导航和捕捉功能，以保持三个视图间的投影对应关系；

③ 具体绘图步骤如下。

- 设置屏幕点为“导航”状态，绘制俯视图；
- 启动“三视图导航”命令，利用三视图导航线完成左视图；
- 利用导航点捕捉方式绘制主视图。

第6章 图形的编辑与显示控制

对当前图形进行编辑和修改，是交互式绘图软件不可缺少的基本功能，CAXA 电子图板为用户提供了强大的图形编辑功能，利用它可以帮助用户快速、准确地绘制出各种复杂的图形。绘制较大幅面的图形时，受显示屏幕尺寸的限制，图中的一些细小结构有时较难看清楚，CAXA 电子图板提供的显示控制类命令可令用户轻松自如地对图形从宏观到微观的各种显示进行控制。本章主要介绍三部分内容：

（1）曲线编辑

主要介绍“删除”、“平移”、“复制选择到”、“镜像”、“旋转”、“阵列”、“比例缩放”、“裁剪”、“过渡”、“齐边”、“拉伸”、“打断”、“局部放大”等曲线编辑的常用命令及操作方法。

（2）图形编辑

主要介绍“图形剪切”、“复制”、“粘贴”、“取消操作”、“重复操作”，以及“改变层”、“改变颜色”、“改变线型”等图形编辑的常用命令和操作方法。

（3）显示控制

主要介绍“重画”、“重新生成”、“全部重新生成”、“显示窗口”、“显示平移”、“显示全部”、“显示复原”、“显示比例”、“显示回溯”、“显示向后”、“显示放大”、“显示缩小”、“动态平移”、“动态缩放”、“全屏显示”等显示控制命令。

6.1 曲线编辑

单击下拉菜单“修改”或选择“编辑工具”工具栏，根据作图要求用鼠标单击相应的按钮可以弹出立即菜单和操作提示，具体如图 6.1 所示。

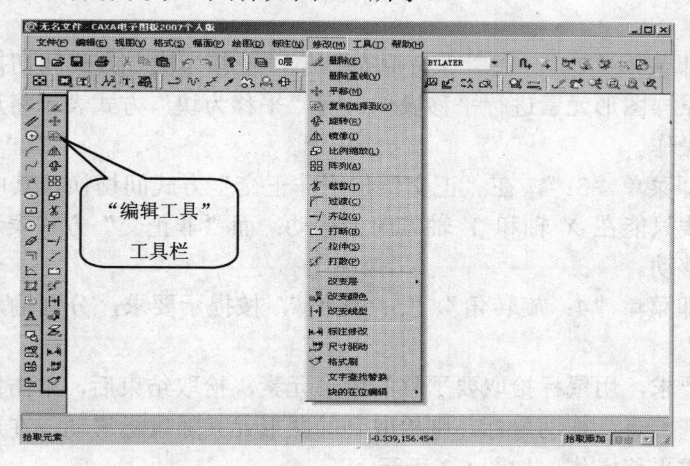

图 6.1 曲线编辑命令及工具栏

6.1.1 删除

下拉菜单："修改"—"删除"
"编辑工具"工具栏：
命令：DEL

启动"删除"命令后，绘图区左下角的状态行弹出"*拾取添加:*"的系统提示。

【功能】对已存在的元素进行删除。

【步骤】

根据系统提示，对元素进行拾取，可以直接拾取，也可以用窗口拾取，还可以按空格键弹出拾取方式菜单，如图 6.2 所示，从中改变拾取方式进行拾取。被拾取的颜色呈红色显示，单击右键或按回车键确认，所选元素即被删除。

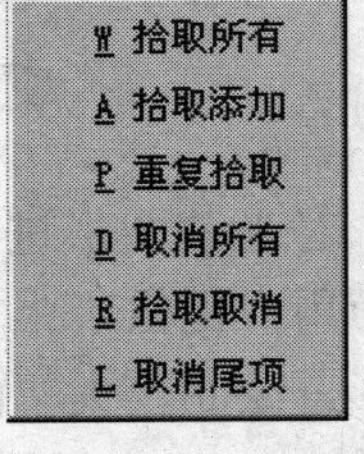

图 6.2　拾取方式菜单

注意

系统只选择符合过滤条件的图形元素执行删除操作。

6.1.2 平移

下拉菜单："修改"—"平移"
"编辑工具"工具栏：
命令：MOVE

启动"平移"命令后，则在绘图区左下角弹出平移操作的立即菜单，CAXA 电子图板提供了两种平移的方式："给定偏移"、"给定两点"。

【功能】对拾取到的元素进行平移。

【步骤】

（1）单击立即菜单"1:"，在"给定偏移"与"给定两点"方式间切换，其中"给定偏移"方式是通过给定偏移量的方式完成图形元素的移动或复制。按操作选取图形元素后，单击右键确认。此时系统会自动给定一个基准点，具体为：直线的基准点在中点处，圆、圆弧、矩形的基准点在中心，而组合图形元素、样条曲线的基准点在该图形元素的包容矩形的中点处。"给定两点"是通过两点的定位方式完成图形元素的移动或复制。按操作拾取图形元素后，系统先后提示"*第一点:*"、"*第二点:*"，输入两点后，即确定了图形元素移动的方向和距离。

（2）单击立即菜单"2:"，在"保持原态"与"平移为块"方式间切换，其中"保持原态"方式表示按原样图形元素进行平移操作，而"平移为块"方式表示将选择的图形元素生成块后进行平移操作。

（3）单击立即菜单"3:"，在"正交"与"非正交"方式间切换，其中"正交"方式表示在平移时，曲线只能在 *X* 轴和 *Y* 轴方向上移动；而"非正交"方式表示在平移时，曲线可以在任意方向移动。

（4）单击立即菜单"4：旋转角"、"5：比例"，按提示要求，分别输入图形元素的旋转角度和缩放系数。

（5）按提示要求，用鼠标拾取要平移的图形元素，拾取结束后，单击鼠标右键确认，系统自动给出一个基准点。拖动鼠标，则拾取到的图形元素随鼠标移动，在适当位置处单击鼠标左键，即可完成平移操作，如图 6.3 所示。

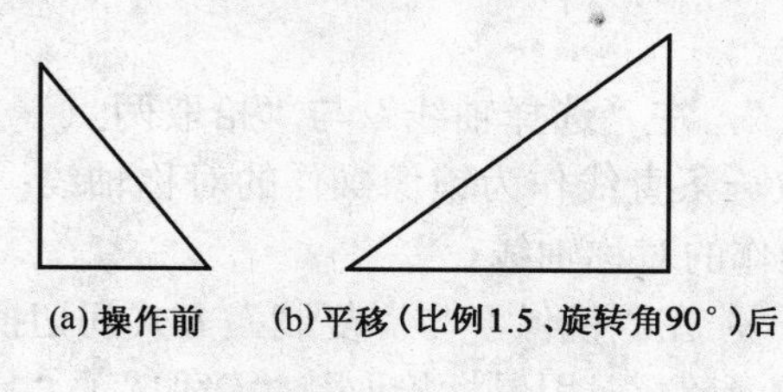

(a) 操作前　(b) 平移（比例1.5、旋转角90°）后

图 6.3　平移操作

除了用上述的方法外，CAXA 电子图板还提供了一种简便的方法实现曲线的平移。首先单击曲线，然后用鼠标拾取靠近曲线中点的位置，移动鼠标或按系统提示用键盘输入定位点，实现曲线的平移。

 **注意**

这种方法只能实现平移，不能实现复制操作。

6.1.3　复制选择到

下拉菜单："修改"—"复制选择到"
"编辑工具"工具栏：
命令：COPY

启动"复制选择到"命令后，则在绘图区左下角弹出复制操作的立即菜单，CAXA 电子图板提供了两种复制的方式："给定偏移"、"给定两点"。

【功能】对拾取到的图形元素进行复制粘贴。

【步骤】

（1）单击立即菜单"1:"、"2:"、"3:"、"4:"、"5:"，意义同前。单击立即菜单"6：份数"，输入复制图形元素的数量。

（2）按提示要求，用鼠标拾取要复制的图形元素，拾取结束后，单击右键结束此命令。系统自动给出一个基准点。拖动鼠标，则拾取到的图形元素随鼠标移动，在适当的位置处单击鼠标左键，完成复制操作，如图 6.4 所示。

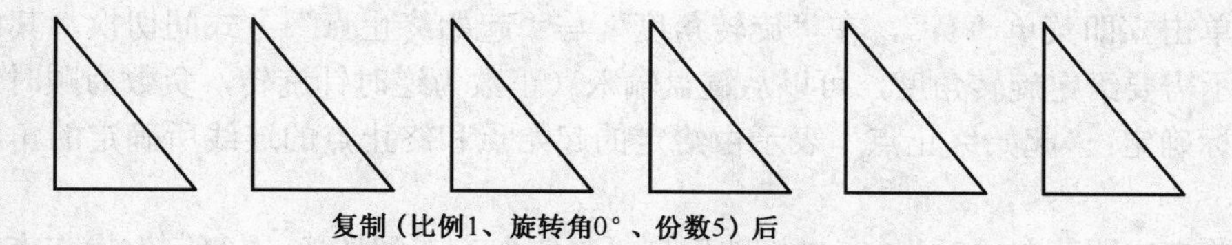

复制（比例1、旋转角0°、份数5）后

图 6.4　复制操作

6.1.4　镜像

下拉菜单："修改"—"镜像"
"编辑工具"工具栏：
命令：MIRROR

启动"镜像"命令后，则在绘图区左下角弹出镜像操作的立即菜单，CAXA 电子图板提供了两种镜像的方式："选择轴线"和"拾取两点"。

【功能】对拾取到的图形元素以某一条直线作为轴线，进行对称镜像或对称复制。

【步骤】

（1）单击立即菜单“1:”，在“选择轴线”与“拾取两点”方式间切换，其中“选择轴线”方式表示要用鼠标拾取一条直线作为镜像操作的对称轴线；“拾取两点”表示将以拾取的两个点的连线作为镜像操作的对称轴线。

（2）单击立即菜单“2:”，在“镜像”与“复制”方式间切换，意义同前。

（3）按提示要求“*拾取元素:*”，用鼠标拾取待“镜像”（“复制”）的图形元素，拾取结束后，单击鼠标右键确认，提示变为“*选择轴线:*”，用鼠标拾取一条直线作为对称轴线，则一个以该轴线为对称轴的新图形显示出来，即完成“镜像”（“复制”）操作，如图 6.5 所示。

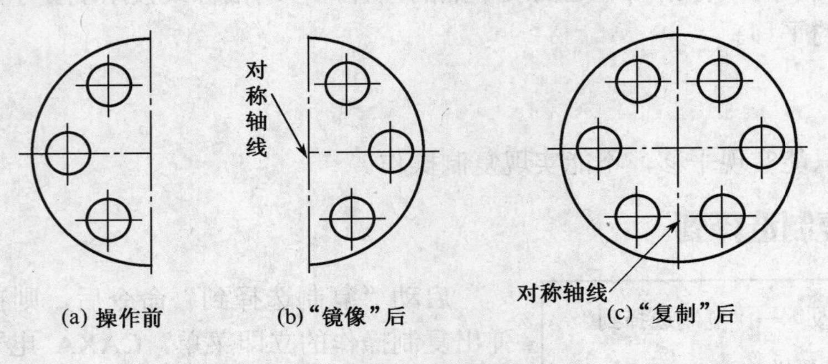

图 6.5 “镜像”（“复制”）操作

6.1.5 旋转

下拉菜单：“修改”—“旋转”
“绘制工具”工具栏：
命令：ROTATE

启动“旋转”命令后，则在绘图区左下角弹出旋转操作的立即菜单，CAXA 电子图板提供了两种旋转的方式：“旋转角度”和“起始终止点”。

【功能】对拾取到的图形元素进行旋转或旋转复制。

【步骤】

（1）单击立即菜单“1:”，在“旋转角度”与“起始终止点”方式间切换，其中“旋转角度”表示需要给定旋转角度，可以从键盘输入（正数为逆时针旋转，负数为顺时针旋转）或移动鼠标确定；“起始终止点”表示由给定的起始点和终止点的连线所确定的角度作为旋转角度。

（2）单击立即菜单“2:”，在“旋转”与“复制”方式间切换，“复制”操作方法与“旋转”操作完全相同，只是“复制”后原图不消失。

（3）单击立即菜单“3:”，在“正交”与“非正交”方式间切换，其中“正交”方式表示在“旋转”、“复制”时，只能沿逆时针方向每次旋转 90° 的倍数，而“非正交”方式可以进行任意角度的旋转。

（4）按提示要求“*拾取元素:*”，用鼠标拾取待“旋转”、“复制”的图形元素，拾取结束后，单击鼠标右键确认，提示变为“*基点:*”，用鼠标指定一个旋转基点，拖动鼠标，则拾取的图形元素随光标的移动而旋转，在适当位置处，单击鼠标左键确认，即可完成“旋转”、“复制”操作，如图 6.6 所示。

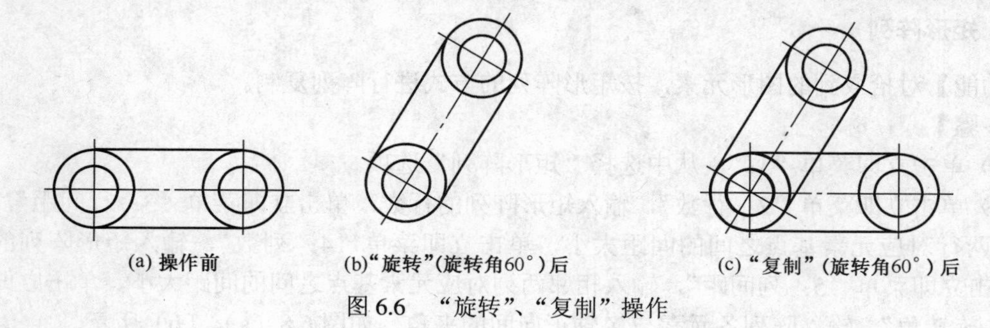

(a) 操作前　(b)“旋转”(旋转角60°)后　(c)“复制”(旋转角60°)后

图 6.6　“旋转”、“复制”操作

6.1.6　阵列

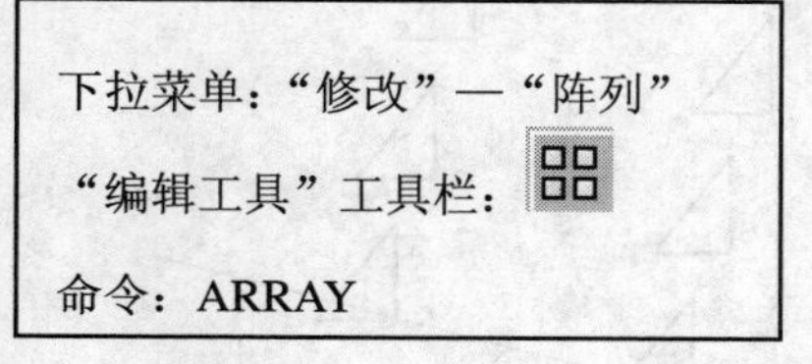

下拉菜单：“修改”—“阵列”

“编辑工具”工具栏：

命令：ARRAY

启动“阵列”命令后，则在绘图区左下角弹出阵列操作的立即菜单，CAXA 电子图板提供了三种阵列的方式：“圆形阵列”、“矩形阵列”和“曲线阵列”。下面分别介绍。

1．圆形阵列

【功能】对拾取到的图形元素以某基点为圆心进行阵列复制。

【步骤】

（1）单击立即菜单“1:”，在其上方弹出一个阵列方式的选项菜单，单击“圆形阵列”选项。

（2）单击立即菜单“2:”，在“旋转”与“不旋转”方式间切换，分别表示在阵列的同时，对图形做旋转或不旋转处理，如图 6.7 所示。

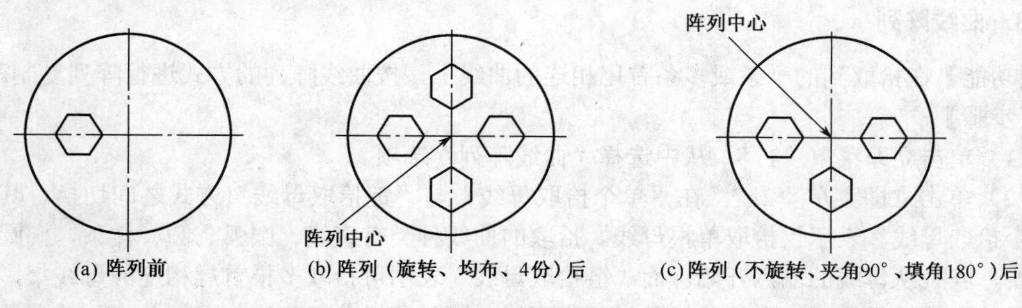

(a) 阵列前　(b) 阵列（旋转、均布、4份）后　(c) 阵列（不旋转、夹角90°、填角180°）后

图 6.7　“圆形阵列”方式

（3）单击立即菜单“3:”，在“均布”与“给定夹角”方式间切换。

（4）如果选择“均布”方式，则单击立即菜单“4：份数”，输入欲阵列复制的份数（包括待阵列的图形元素），按提示要求“*拾取元素:*”，用鼠标拾取待阵列的图形元素，拾取结束后，单击鼠标右键确认，提示变为“*中心点:*”，用键盘输入或鼠标拾取一点作为阵列图形的中心点，则系统自动计算各插入点的位置，将拾取的图形元素均匀排列在一个圆周上，完成阵列操作。

（5）如果选择“给定夹角”方式，则单击立即菜单“4：相邻夹角”，设置两阵列元素之间的夹角，单击立即菜单“5：阵列填角”，设置整个阵列元素分布的角度，按提示要求，用鼠标拾取待阵列的图形元素及阵列图形的中心点，则系统将拾取的图形元素沿逆时针方向，以给定相邻夹角均匀分布在设置的阵列填角内。

2．矩形阵列

【功能】对拾取到的图形元素，按矩形阵列的方式进行阵列复制。

【步骤】

（1）单击立即菜单“1:”，从中选择“矩形阵列”选项。

（2）单击立即菜单“2：行数”，输入矩形阵列的行数，单击立即菜单“3：行间距”，输入相邻两行对应元素基点之间的间距大小，单击立即菜单“4：列数”，输入矩形阵列的列数，单击立即菜单“5：列间距”，输入相邻两列对应元素基点之间的间距大小，单击立即菜单“6：旋转角”，输入阵列各元素与 X 轴正向间的夹角，如图 6.8（a）、（b）所示。

（3）按提示要求“*拾取元素:*”，用鼠标拾取待阵列的图形元素，拾取结束后，单击鼠标右键确认，则完成阵列操作。

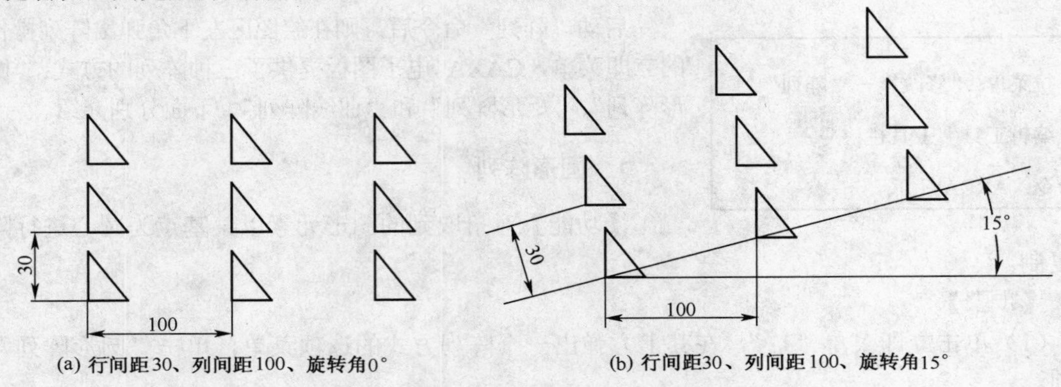

(a) 行间距30、列间距100、旋转角0°　　(b) 行间距30、列间距100、旋转角15°

图 6.8 “矩形阵列”方式

3．曲线阵列

【功能】在拾取到的一条或多条首尾相连的曲线上，按曲线阵列的方式进行阵列复制。

【步骤】

（1）单击立即菜单“1:”，从中选择“曲线阵列”选项。

（2）单击立即菜单“2:”，在“单个拾取母线”与“链拾取母线”方式之间切换。其中“单个拾取母线”表示仅拾取单根母线。拾取的曲线种类有直线、圆弧、圆、样条、椭圆、多义线，阵列从母线的端点开始。而“链拾取母线”表示可拾取多根首尾相连的母线集，也可以只拾取单根母线。拾取的曲线种类仅为直线、圆弧和样条，阵列从鼠标单击到的那根曲线的端点开始。

（3）单击立即菜单“3:”、“4:”，对“旋转”与“不旋转”进行选取，意义同前。

6.1.7 比例缩放

> 下拉菜单：“修改”—“比例缩放”
>
> “编辑工具”工具栏：
>
> 命令：SCALE

启动“比例缩放”命令后，则在绘图区左下角弹出比例缩放操作的立即菜单，CAXA 电子图板提供了两种比例缩放的方式：“移动”、“复制”。

【功能】对拾取到的图形元素按给定的比例进行缩小或放大。

【步骤】

（1）按提示要求*“拾取添加:”*，用鼠标拾取待比例缩放的图形元素，拾取结束后，单击鼠标右键确认。

（2）单击立即菜单“1:”，在“移动”与“复制”方式间切换，其中“移动”方式表示比例缩放后，拾取的图形元素将不再保留；“复制”方式表示比例缩放后，将保留原图形元素，如图 6.9 所示。

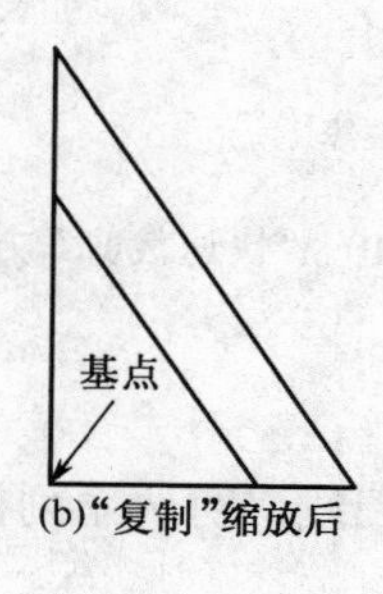

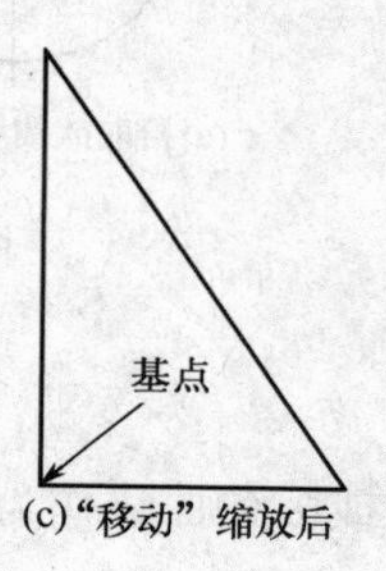

图 6.9　比例缩放

（3）单击立即菜单“2:”，在“尺寸值变化”和“尺寸值不变”方式之间切换，“尺寸值变化”是指缩放后的图形中的尺寸数值，按输入的比例系数进行相应的变化。而“尺寸值不变”是指缩放后图形中的尺寸数值，不随缩放比例系数的变化而变化。

（4）单击立即菜单“3:”，在“比例变化”和“比例不变”方式之间切换，“比例变化”就是缩放后图形中箭头、尺寸数值的大小均按输入的比例系数进行相应变化。“比例不变”反之。

（5）按提示用鼠标拾取一点作为比例缩放的基点，提示又变为*“比例系数:”*，此时，移动鼠标，系统将根据拾取的基点和当前光标点的位置自动计算比例系数，且动态显示比例缩放的结果（也可以从键盘直接输入比例系数），在适当位置处单击鼠标左键，则完成操作。

6.1.8　裁剪

> 下拉菜单：“修改”—“裁剪”
>
> “编辑工具”工具栏：
>
> 命令：TRIM

启动“裁剪”命令后，将在绘图区左下角弹出裁剪操作的立即菜单，CAXA 电子图板提供了 3 种裁剪的方式：“快速裁剪”、“拾取边界”、“批量裁剪”。下面逐一进行介绍。

1. 快速裁剪

【功能】用鼠标直接拾取要裁剪的曲线，系统自动判断裁剪边界，并进行裁剪。

【步骤】

（1）单击立即菜单“1:”，在其上方弹出裁剪方式选项菜单，单击其中的“快速裁剪”选项。

（2）按提示要求*“拾取要裁剪的曲线:”*，用鼠标左键单击要被裁剪掉的线段，则系统根据与该线段相交的曲线自动确定出裁剪边界，并剪切掉所拾取的曲线，如图 6.10 所示。

此命令可以重复使用，单击鼠标右键结束此命令。

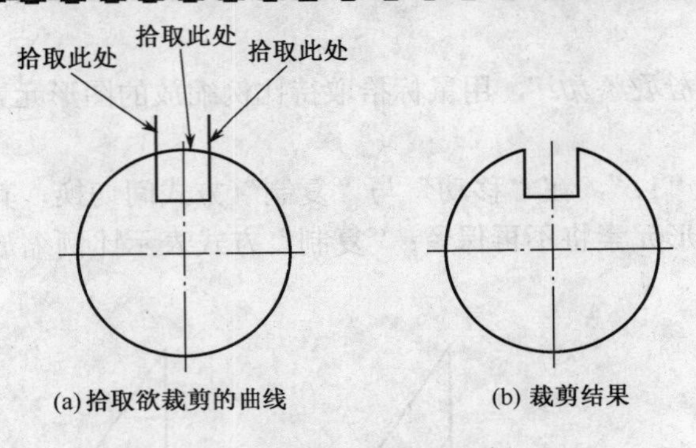

图 6.10 “快速裁剪”方式

2. 拾取边界

【功能】以一条或多条曲线作为剪刀线，对一系列被裁剪的曲线进行裁剪。

【步骤】

（1）单击立即菜单“1:”，从中选择“拾取边界”选项。

（2）按提示要求“*拾取剪刀线:*”，用鼠标拾取一条或多条曲线作为剪刀线，然后单击鼠标右键确认，此时，提示变为“*拾取要裁剪的曲线:*”，用鼠标左键单击要裁剪的曲线（要裁剪的曲线也可以是前面已拾取的剪刀线），则系统根据选定的边界，裁剪掉拾取的曲线段至边界部分，裁剪完成后单击鼠标右键确认。图 6.11 所示为拾取所有直线为“剪刀线”，然后拾取五角星内的各段直线为“要裁剪的曲线”后的裁剪结果。

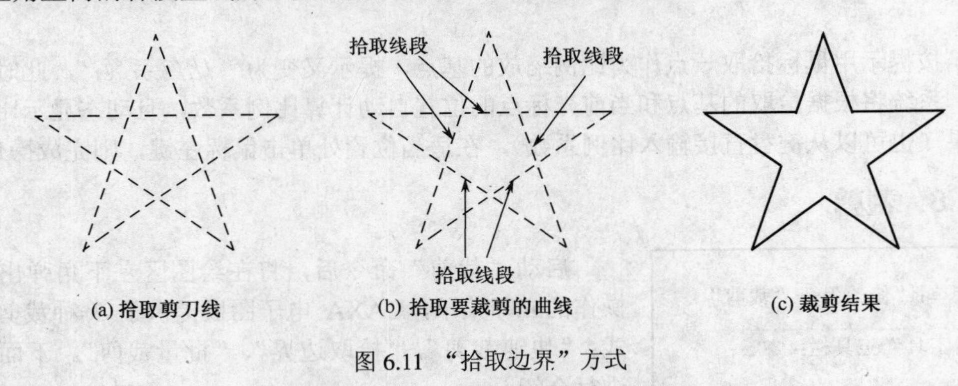

图 6.11 “拾取边界”方式

此命令可以重复使用，单击鼠标右键结束此命令。

“拾取边界”方式可以在选定边界的情况下对一系列曲线进行精确的裁剪，并且与“快速裁剪”相比，省去了计算边界的时间，因此执行速度比较快，这一点在边界复杂的情况下更为明显。

3. 批量裁剪

【功能】以一条曲线作为剪刀链，并根据给定的裁剪方向，对一系列曲线进行裁剪。

【步骤】

（1）单击立即菜单“1:”，从中选择“批量裁剪”选项。

（2）按提示要求，用鼠标拾取一条曲线作为剪刀链后，提示变为“*拾取要裁剪的曲*

线:”，用鼠标左键单击要裁剪的曲线后，单击鼠标右键确认，如图 6.12（a）、（b）所示，此时在拾取的剪刀链上出现一个双向箭头，如图 6.12（c）所示，提示变为“*请选择要裁剪的方向:*”，在双向箭头的任一侧单击鼠标左键确定裁剪方向，则在裁剪方向一侧的拾取曲线被裁剪，而另一侧保留。对于不同的裁剪方向，将获得不同的裁剪结果，如图 6.12（d）、（e）所示。

此命令可以重复使用，单击鼠标右键结束此命令。

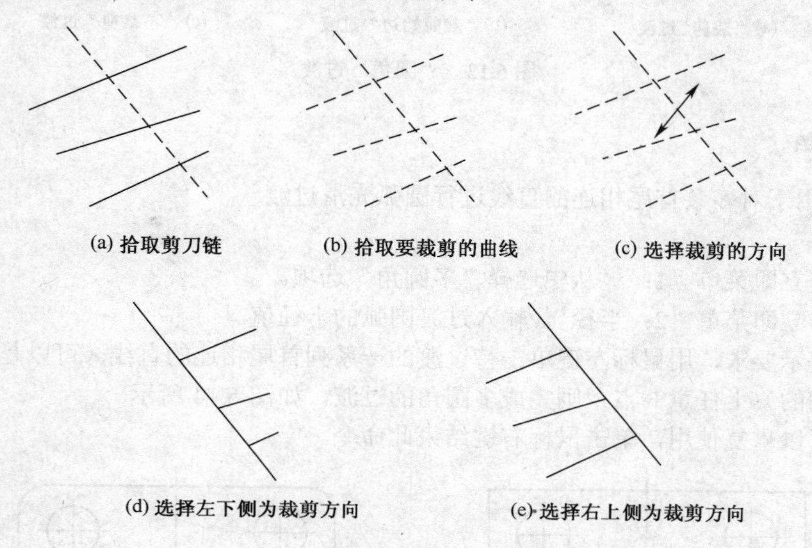

(a) 拾取剪刀链　(b) 拾取要裁剪的曲线　(c) 选择裁剪的方向

(d) 选择左下侧为裁剪方向　(e) 选择右上侧为裁剪方向

图 6.12 “批量裁剪”方式

6.1.9　过渡

下拉菜单：“修改”—“过渡”

“编辑工具”工具栏：

命令：CORNER

启动“过渡”命令后，则在绘图区左下角弹出过渡操作的立即菜单，CAXA 电子图板提供了七种过渡的方式：“圆角”、“多圆角”、“倒角”、“外倒角”、“内倒角”、“多倒角”、“尖角”。下面逐一进行介绍。

1. 圆角

【功能】用于对两曲线（直线、圆弧、圆）进行圆弧光滑过渡。

【步骤】

（1）单击立即菜单“1:”，在其上方弹出一个过渡方式的选项菜单，单击“圆角”选项。

（2）单击立即菜单“2:”，选择“裁剪”、“裁剪始边”或“不裁剪”方式，其中“裁剪”表示过渡操作后，将裁剪掉所有边的多余部分（或者向角的方向延伸）；“裁剪始边”表示只裁剪掉起始边的多余部分（起始边指拾取的第一条曲线）；“不裁剪”表示不进行裁剪，保留原样，如图 6.13 所示。

（3）单击立即菜单“3：半径”，按提示要求“*输入实数:*”，输入过渡圆弧的半径值。

（4）按提示要求，用鼠标分别拾取两条曲线，则拾取的两条曲线之间用圆弧光滑过渡。

此命令可以重复使用，单击鼠标右键结束此命令。

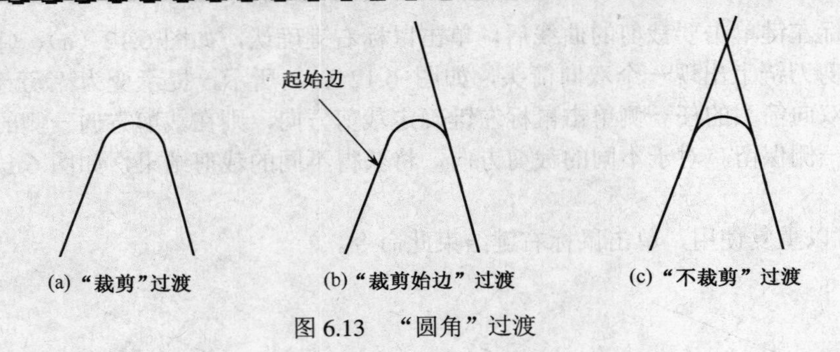

(a)“裁剪”过渡　(b)“裁剪始边”过渡　(c)“不裁剪”过渡

图 6.13　“圆角”过渡

2．多圆角

【功能】用于对多条首尾相连的直线进行圆弧光滑过渡。

【步骤】

（1）单击立即菜单“1:”，从中选择“多圆角”选项。

（2）单击立即菜单“2：半径”，输入过渡圆弧的半径值。

（3）按提示要求，用鼠标左键单击待过渡的一系列首尾相连的直线（可以是封闭的，也可以是不封闭的）上任意一点，则完成多圆角的过渡，如图 6.14 所示。

此命令可以重复使用，单击鼠标右键结束此命令。

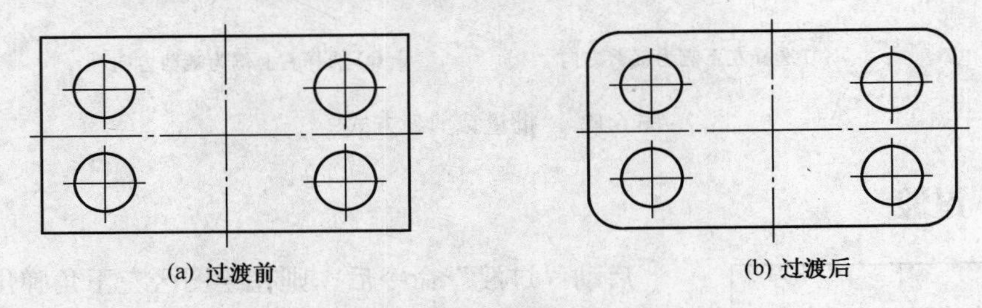

(a) 过渡前　(b) 过渡后

图 6.14“多圆角”过渡

3．倒角

【功能】用于在两直线之间进行直线倒角过渡。

【步骤】

（1）单击立即菜单“1:”，从中选择“倒角”选项。

（2）单击立即菜单“2:”，选择“裁剪”、“裁剪始边”或“不裁剪”方式，意义同前。

（3）单击立即菜单“3：长度”，按提示要求“*输入实数:*”，输入倒角的长度，即从两直线的交点开始，沿所拾取的第一条直线方向的长度。

（4）单击立即菜单“4：倒角”，按提示要求“*输入实数:*”，输入倒角的角度，即倒角线与所拾取的第一条直线的夹角，范围是 0°～180°。

（5）按提示要求，用鼠标分别拾取两条直线后，则拾取的两条直线之间用倒角过渡。

此命令可以重复使用，单击鼠标右键结束此命令。

注意

由于倒角的长度和角度均与拾取的第一条直线有关，因此两条直线的拾取顺序不同，作出的倒角也不同，如图 6.15 所示；如果待做倒角过渡的两条直线没有相交，系统会自动计算出交点的位置，将直线延伸后作出倒角，如图 6.16 所示。

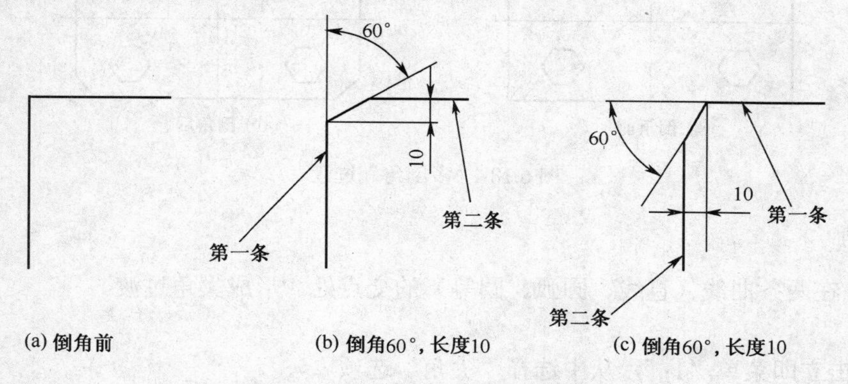

图 6.15　直线的拾取顺序与倒角的关系

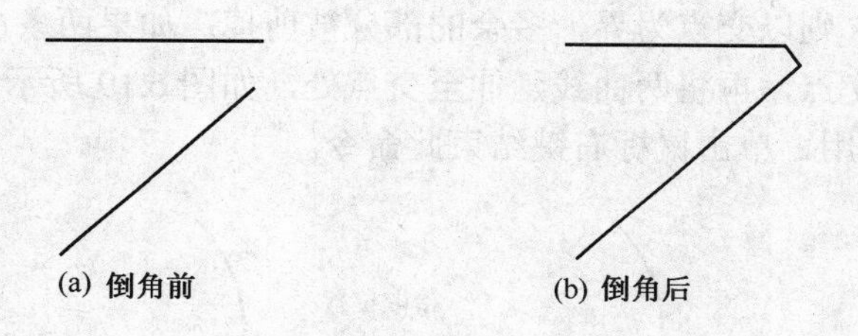

图 6.16　不相交直线的倒角

4．外倒角、内倒角、多倒角

【功能】分别用于绘制三条相互垂直的直线的外倒角、内倒角及对多条首尾相连的直线进行倒角过渡。

【步骤】

（1）单击立即菜单“1:”，从中选择“外倒角”、“内倒角”或“多倒角”选项。

（2）单击立即菜单“2：长度”、“3：倒角”，分别输入倒角的长度和角度。

（3）如果选择的是“外倒角”或“内倒角”，则按提示要求，用鼠标分别拾取待做外倒角或内倒角的三条相互垂直的直线，即可作出外倒角或内倒角，且倒角的结果与直线的拾取顺序无关，如图 6.17 所示；如果选择的是“多倒角”，则按提示要求，用鼠标拾取待过渡的首尾相连的直线（可以是封闭的，也可以是不封闭的）上任意一点，则完成多倒角的过渡，如图 6.18 所示。

此命令可以重复使用，单击鼠标右键结束此命令。

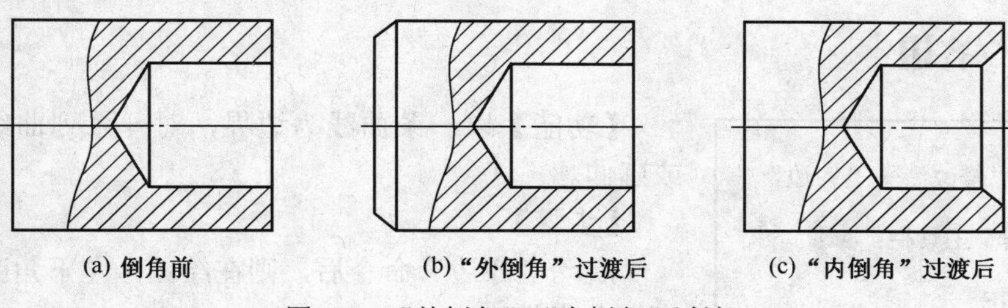

图 6.17　“外倒角”、“内倒角”过渡

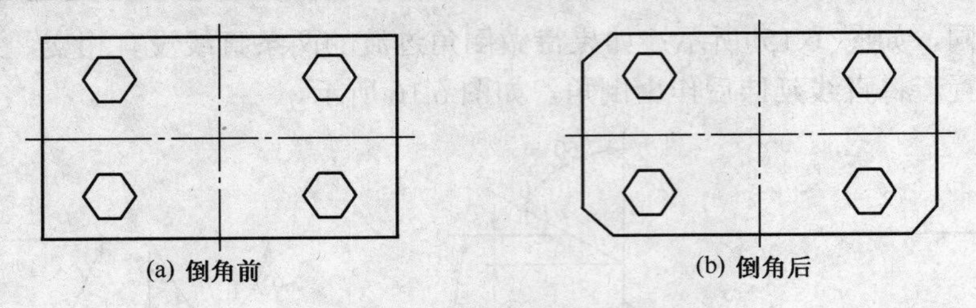

图 6.18 “多倒角”过渡

5．尖角

【功能】在两条曲线（直线、圆弧、圆等）的交点处，形成尖角过渡。

【步骤】

（1）单击立即菜单“1:”，从中选择“尖角”选项。

（2）按提示要求，用鼠标分别拾取待做尖角过渡的两条曲线，即可完成尖角过渡操作。如果两条曲线有交点，则以交点为界，多余的部分被剪掉；如果两条曲线没有交点，则系统首先计算出两曲线的交点，再将两曲线延伸至交点处，如图 6.19 所示。

此命令可以重复使用，单击鼠标右键结束此命令。

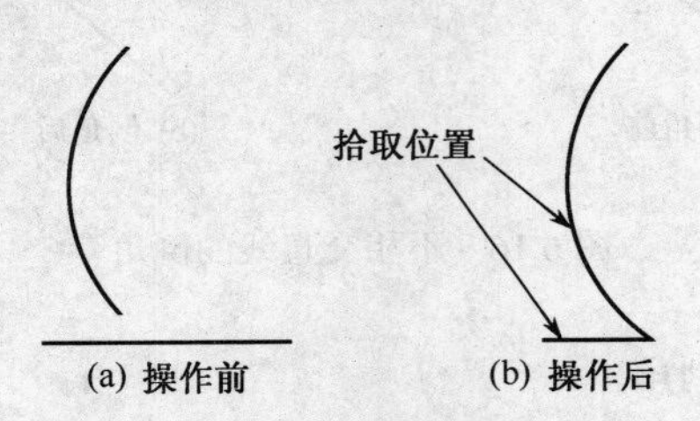

图 6.19 不相交直线的尖角操作

注意

鼠标拾取的位置不同，会产生不同的结果，如图 6.20 所示。

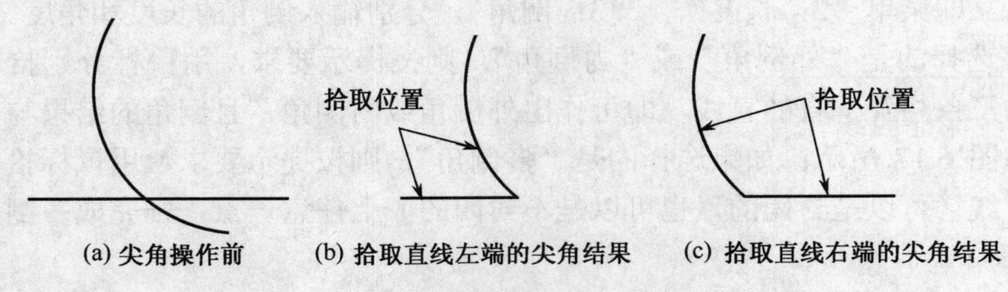

图 6.20 尖角结果随拾取位置的不同而改变

6.1.10 齐边

下拉菜单：“修改”—“齐边”

“编辑工具”工具栏：

命令：EDGE

【功能】以一条曲线为边界，对一系列曲线进行裁剪或延伸。

【步骤】

启动“齐边”命令后，则在绘图区左下角弹出齐边操作的立即菜单。

按提示要求“*拾取剪刀线:*”，用鼠标拾取一条曲线作为边界，提示变为“*拾取要编辑的曲线:*”，用鼠标拾取一系列待齐边的曲线，拾取结束后，单击鼠标右键确认。如果拾取的曲线与边界曲线有交点，则系统将裁剪所拾取的曲线至边界为止，如图 6.21 所示；如果拾取的曲线与边界曲线没有交点，则系统将把曲线按其本身的趋势延伸至边界，如图 6.22 所示。

此命令可以重复使用，单击鼠标右键结束此命令。

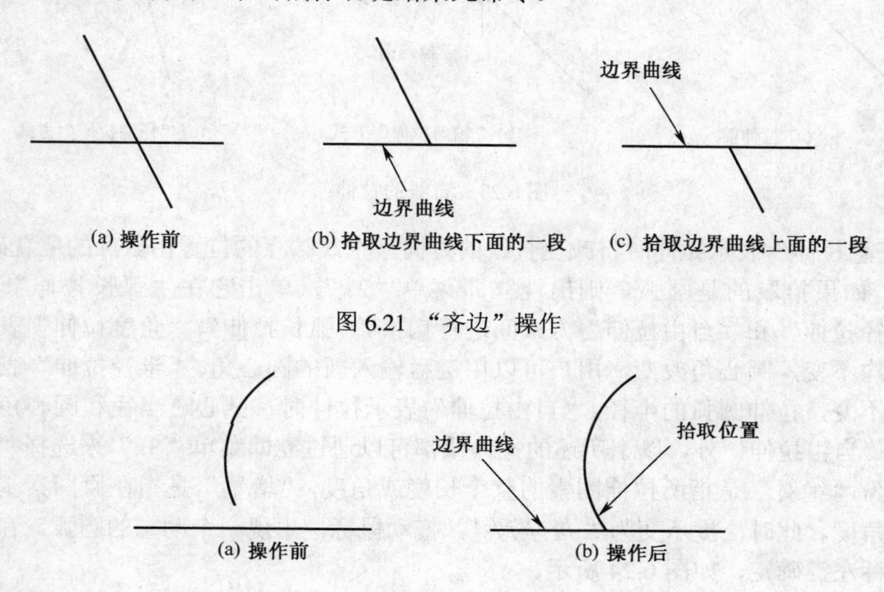

图 6.22　不相交曲线的“齐边”操作

6.1.11　拉伸

下拉菜单：“修改”—“拉伸”

“编辑工具”工具栏：

命令：STRETCH

启动“拉伸”命令后，则在绘图区左下角弹出拉伸操作的立即菜单，CAXA 电子图板提供了两种拉伸的方式：“单个拾取”、“窗口拾取”。下面分别进行介绍。

1. 单个拾取

【功能】在保证曲线（直线、圆、圆弧或样条）原有趋势不变的情况下，对曲线进行拉伸处理。

【步骤】

（1）单击立即菜单“1:”，在其上方弹出一个拉伸方式的选项菜单，单击“单个拾取”选项。

（2）按提示要求“*拾取曲线:*”，用鼠标左键单击一条欲拉伸曲线的一端。如果拾取的是直线，则出现立即菜单“2:”，单击它选择“轴向拉伸”或“任意拉伸”方式，如图 6.23 所示。

“轴向拉伸”表示拉伸时保持直线的方向不变，只改变靠近拾取点的直线端点的位置，如果选择该方式，则出现立即菜单“3:”，单击它在“点方式”与“长度方式”间进行切换，“点方式”表示拖动鼠标，在适当位置处单击鼠标左键确定直线的端点；“长度方式”表示需要输入拉伸的长度。

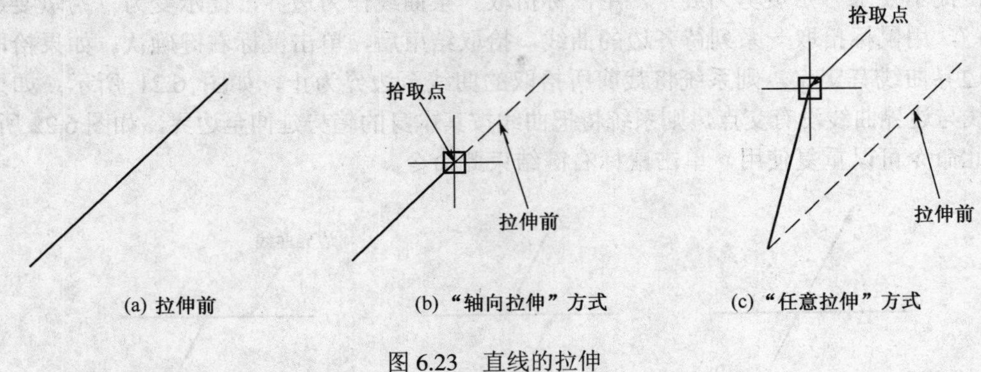

图 6.23　直线的拉伸

“任意拉伸”表示拉伸时将改变直线的方向，直线端点的位置由鼠标的位置确定。

（3）如果拾取的是圆弧，则出现立即菜单“2:”，单击它在“弧长拉伸”、“角度拉伸”、“半径拉伸”和“自由拉伸”方式间进行切换。“弧长拉伸”、“角度拉伸”表示保持圆心和半径均不变，圆心角改变，用户可以用键盘输入新的圆心角。“半径拉伸”表示保持圆弧的圆心不变，拉伸圆弧的半径。“自由拉伸”表示拉伸时，圆心、半径和圆心角都可以变化。除了“自由拉伸”外，以上所述的拉伸量都可以通过立即菜单“3:”来选择“绝对”或者“增量”，“绝对”是指所拉伸图素的整个长度或角度，“增量”是指在原图素基础上增加的长度或角度。此时，提示变为“*拉伸到:*”，拖动鼠标，出现一个动态的圆弧，在适当位置处单击鼠标左键确定，如图 6.24 所示。

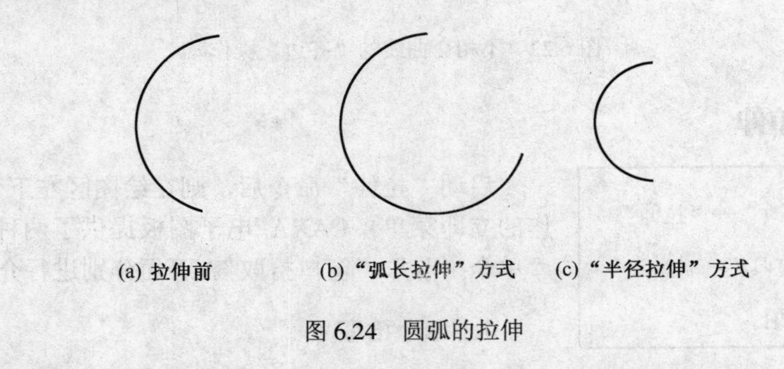

图 6.24　圆弧的拉伸

（4）如果拾取的是圆，拖动鼠标，将出现一个圆心确定而半径不断变化的圆，在适当位置处单击鼠标左键确定，如图 6.25 所示。以此方式可改变圆的半径。

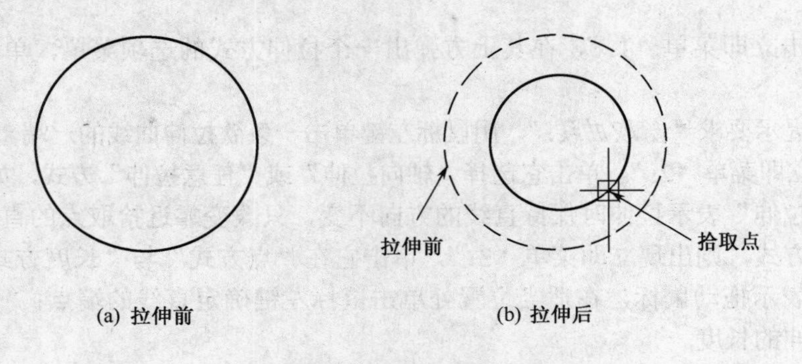

图 6.25　圆的拉伸

（5）如果拾取的是样条，则提示变为“*拾取插值点:*”，用鼠标左键单击一个欲拉伸的插值点，拖动鼠标，在适当位置处单击鼠标左键确定，如图 6.26 所示。

此命令可以重复使用，单击鼠标右键结束此命令。

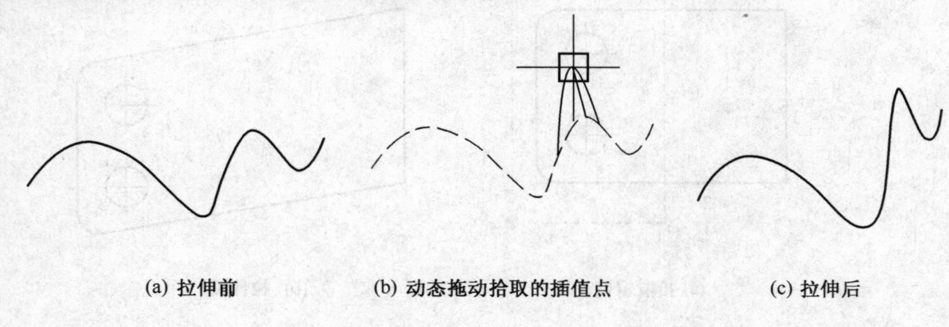

(a) 拉伸前　(b) 动态拖动拾取的插值点　(c) 拉伸后

图 6.26　样条的拉伸

2. 窗口拾取

【功能】设定窗口，将窗口内的图形一起拉伸。

【步骤】

（1）单击立即菜单“1:”，从中选择“窗口拾取”选项。

（2）单击立即菜单“2:”，在“给定偏移”与“给定两点”方式间切换。其中“给定偏移”表示给定相对于基准点的偏移量，该基准点是由系统给定的，具体为：直线的基准点在中点处，圆、圆弧、矩形的基准点在中心，而组合图形元素、样条曲线的基准点在该图形元素的包容矩形的中点处。“给定两点”表示拉伸的长度和方向由给定两点间连线的长度和方向所决定。

（3）单击立即菜单“3:”，在“非正交”、“X 方向正交”和“Y 方向正交”方式间切换，其中“非正交”方式表示曲线可以在任意方向拉伸。“X 方向正交”方式表示曲线只能在 *X* 轴方向拉伸。“Y 方向正交”方式表示曲线只能在 *Y* 轴方向上拉伸。

（4）按提示要求，用鼠标拾取待拉伸曲线组窗口中的一个角点，提示变为“*另一角点:*”，再拖动鼠标拾取另一角点，则一个窗口形成。

注意

窗口的拾取必须从右向左进行，否则不能实现曲线组的全部拾取。

（5）按提示要求，从键盘输入一个位置点，或拖动鼠标到适当的位置，单击鼠标左键确定，则窗口内的曲线组被拉伸，如图 6.27 所示。

此命令可以重复使用，单击鼠标右键结束此命令。

注意

拉伸后，被拾取窗口完全包含的图形元素，其位置改变而形状大小不变，如图 6.27（a）中的两个小圆；被拾取窗口部分包含的图形元素，其位置和形状大小都发生变化，如图 6.27（a）中的直线 1、2；拾取窗口外的图形元素，其位置和形状大小都不变，如图 6.27（a）中的直线 3。

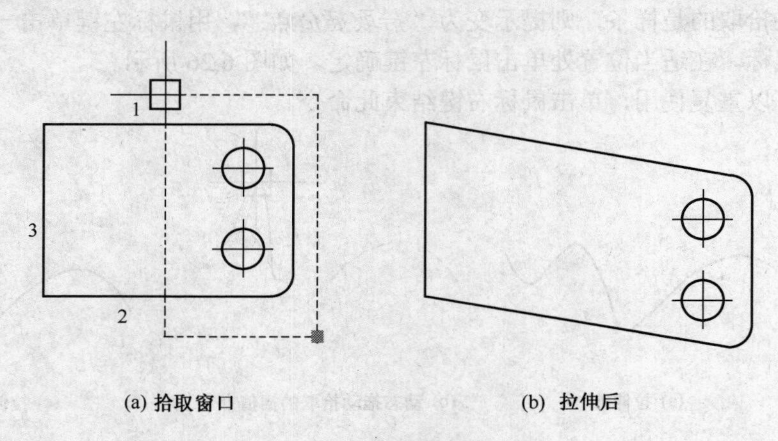

图 6.27 “窗口拾取”拉伸

6.1.12 打断

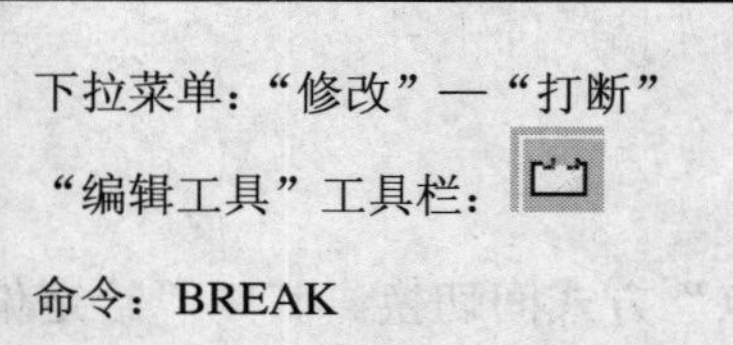

【功能】将一条曲线在指定点处打断成几条独立的曲线。

【步骤】启动“打断”命令，则在绘图区左下角弹出打断操作的立即菜单。

按提示要求“*拾取曲线:*”，用鼠标拾取一条待打断的曲线，提示变为“*拾取打断点:*”，用鼠标拾取打断点（也可以用键盘输入打断点的坐标），则拾取的曲线在打断点处被打断成两段互不相干的曲线。为了作图准确，可以利用智能点、栅格点、导航点，以及工具点菜单来拾取打断点。

为了方便用户灵活使用此功能，CAXA 电子图板允许打断点在曲线外，规则为：如果欲打断的曲线为直线，则系统从拾取的点向直线作垂线，将垂足作为打断点；如果欲打断的曲线为圆弧或圆，则将圆心与拾取点间的连线与圆弧的交点作为打断点，如图 6.28 所示。

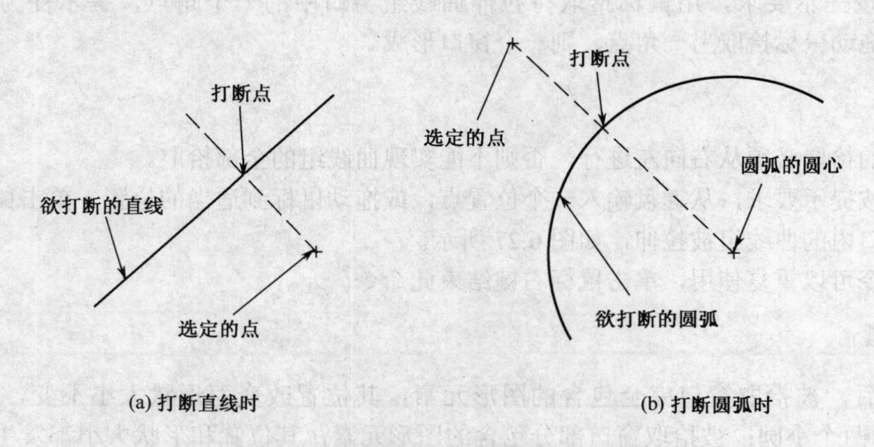

图 6.28 选定点在曲线外时的打断点

6.1.13 局部放大

下拉菜单："绘图"—"局部放大"
"标注工具"工具栏：
命令：ENLARGE

启动"局部"放大命令后，则在绘图区左下角弹出局部放大操作的立即菜单，CAXA 电子图板提供了两种局部放大的方式："圆形边界"和"矩形边界"。下面分别介绍。

1. 圆形边界

【功能】用一个圆形窗口将图形的任意一个局部图形进行放大。

【步骤】

（1）单击立即菜单"1:"，在其上方弹出一个局部放大方式的选项菜单，单击"圆形边界"选项。

（2）单击立即菜单"2：放大倍数"，输入放大的比例。

（3）单击立即菜单"3：符号"，按提示输入该局部视图的名称。

（4）按提示要求"*中心点:*"，用键盘或鼠标拾取一点作为圆形边界的中心点后，提示变为"*输入半径或圆上一点:*"，拖动鼠标，在适当位置处单击鼠标左键确认（或用键盘输入圆形边界的半径值或边界上一点）。此时，出现新的立即菜单"1:"，单击它在"加引线"与"不加引线"方式间切换，分别表示在符号上加引线或不加引线。

（5）按提示要求"*符号插入点:*"，拖动鼠标选择合适的符号文字插入位置，单击鼠标左键确认，则在该位置插入符号文字，如果不需要标注符号文字，则单击鼠标右键。

（6）此时，提示变为"*图形元素插入点:*"，拖动鼠标，出现一个随鼠标的移动动态显示的局部放大图，在适当位置单击鼠标左键确认，则在该位置生成一个局部放大图形。

（7）此时，提示变为"*符号插入点:*"，在适当位置处单击鼠标左键确认，生成局部放大图上方的符号文字，则完成局部放大的操作，如图 6.29 所示。

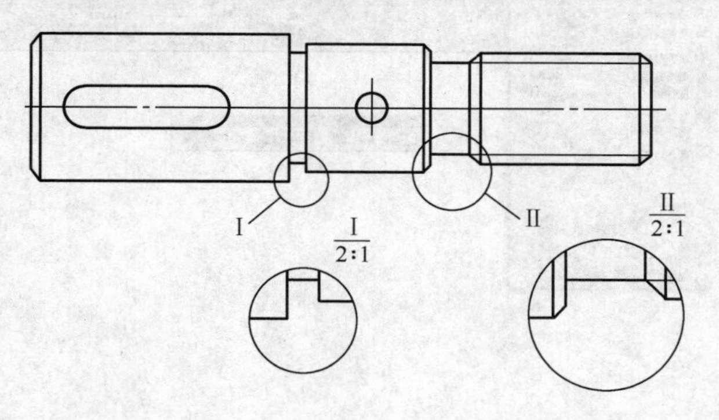

图 6.29 "圆形边界"方式

2. 矩形边界

【功能】用一个矩形窗口将任意一个局部图形进行放大。

【步骤】

（1）单击立即菜单"1:"，切换成"矩形边界"方式。

（2）单击立即菜单"2:"，在"边框可见"与"边框不可见"方式间切换。

（3）单击立即菜单“3：放大倍数”、“4：符号”，分别输入放大的比例和该局部视图的名称。

（4）按提示要求，分别用键盘输入或鼠标拾取矩形边界的两个角点，下面的步骤与“圆形边界”方式的操作相同，如图 6.30 所示。

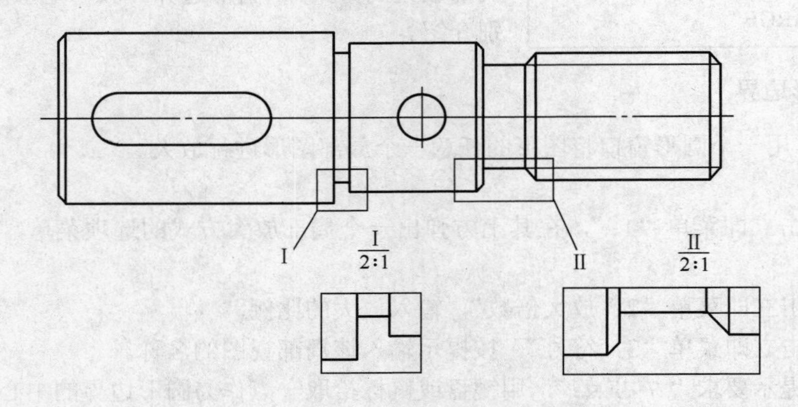

图 6.30 “矩形边界”方式

6.2 图形编辑

CAXA 电子图板中所有的图形编辑命令位于“编辑”下拉菜单和“标准工具”工具栏内，如图 6.31 所示。

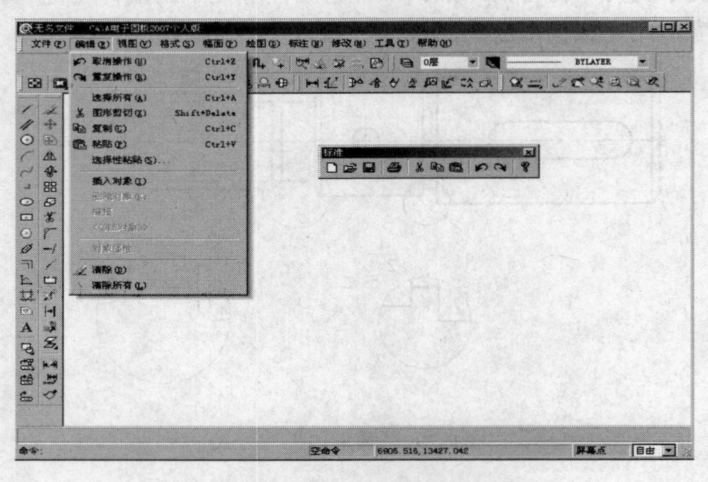

图 6.31 “图形编辑”菜单及工具栏

6.2.1 取消与重复操作

取消与重复操作是相互关联的一对命令，仅对 CAXA 电子图板绘制的图形元素有效而不能对 OLE 对象进行取消和重复操作。下面逐一进行介绍。

1. 取消操作

下拉菜单："编辑"—"取消操作"

"标准工具"工具栏：

命令：UNDO

【功能】用于取消最近一次发生的编辑动作。该命令具有多级回退功能，可以回退至任意一次操作状态。

【步骤】

选择下拉菜单"编辑"，在出现的"图形编辑"下拉菜单中选取"取消操作"选项，或单击"标准工具"工具栏中的"取消操作"按钮，即可执行此命令。

2. 重复操作

下拉菜单："编辑"—"重复操作"

"标准工具"工具栏：

命令：REDO

【功能】它是取消操作的逆过程，用于撤销最近一次的"取消操作"。该命令具有多级重复功能，可以恢复至任意一次取消操作状态。

【步骤】

选择下拉菜单"编辑"，在出现的"图形编辑"下拉菜单中选取"重复操作"选项，或单击"标准工具"工具栏中的"重复操作"按钮，即可执行此命令。

6.2.2　图形剪切、复制与粘贴

图形的剪切、复制与粘贴是一组相互关联的命令。下面分别进行介绍。

1. 图形剪切与复制

下拉菜单："编辑"—"图形剪切"或"复制"

"标准工具"工具栏： 或

【功能】将选中的图形存入到剪贴板中，以供图形粘贴时使用。

【步骤】

（1）选择下拉菜单"编辑"，选择"图形剪切"或"复制"菜单项，或单击"标准工具"工具栏中的"剪切"按钮或"复制"按钮。

（2）用鼠标拾取需要剪切或复制的图形元素，则被选中的图形元素呈红色显示状态，拾取结束后，单击鼠标右键确认。

（3）按提示要求，用键盘输入或鼠标拾取图形的定位基点，则选中的图形元素重新恢复原来的颜色显示（如果选择的是"剪切"，则选中的图形元素消失），并将其保存在剪贴板中。

注意

"图形复制"操作与曲线编辑中的"平移复制"是有区别的，"平移复制"只能在同一个电子图板文件中进行复制，而"图形复制"与"图形粘贴"操作实际上是将选中的图形存入到了 Windows 剪贴板中，它们配合使用，除了可以在不同的电子图板文件中进行复制粘贴外，还可以将选中的图形粘贴到其他支持 OLE 的软件中。

2．粘贴

下拉菜单："编辑"—"粘贴"

"标准工具"工具栏：

命令：PASTE

【功能】将剪贴板中存储的图形粘贴到指定的位置，并可以改变原图形的比例大小和旋转角度。

【步骤】

（1）选择下拉菜单"编辑"，选择"粘贴"选项，或单击"标准工具"工具栏中的"粘贴"按钮，则通过"复制"或"图形剪切"操作所复制到剪贴板中的图形将粘贴到当前图形中。

（2）单击立即菜单"1："，可进行"定点"和"定区域"的切换。根据粘贴图形的需要，可以单击立即菜单"2："选择"保持原态"或"粘贴为块"。

在"定点"方式下，可以在立即菜单"3："和"4："中设置 *X*、*Y* 方向的比例。按操作提示输入定位点后，提示变为"*请输入旋转角度:*"，从键盘输入或动态拖动，确定角度后完成粘贴。如不旋转，可直接单击鼠标右键或按回车键。

若在"定区域"方式下，系统提示"*请拾取需要粘贴图形的区域:*"，此时用鼠标在屏幕上需要粘贴图形的封闭区域内单击左键，系统会根据所要粘贴图形的大小及所选区域的大小，自动给出图形粘贴时的比例，在所选区域内粘贴图形。

6.2.3 清除与清除所有

清除与清除所有都是执行清除图形元素的操作。现分述如下。

1．清除

下拉菜单："编辑"—"清除"

"标准工具"工具栏：

命令：DEL

【功能】清除拾取到的图形元素。

【步骤】

（1）启动"清除"命令。

（2）按提示要求，用鼠标拾取要清除的若干图形元素，则被选中的图形元素呈红色显示状态，拾取结束后，单击鼠标右键确认，则图形元素从当前图形中被清除掉。若想中断命令，可按 Esc 键退出。

2．清除所有

下拉菜单："编辑"—"清除所有"

命令：DELALL

【功能】将所有已打开图层上的符合拾取过滤条件的图形元素全部清除。

【步骤】

（1）启动"清除所有"命令，将弹出一删除警告框，如图 6.32 所示。

（2）如果认为所有打开图层上的图形元素均无用，则单击"确定"按钮，对话框消失，所有图形元素被删除；如果认为删除操作有误，则单击"取消"按钮，对话框消失，图形保持原样不变。

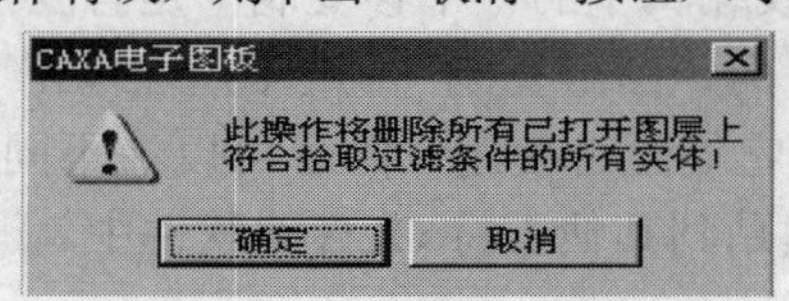

图 6.32 "清除所有"警告框

6.2.4　改变层

下拉菜单："修改"—"改变层"

"编辑工具"工具栏：

命令：MLAYER

【功能】改变拾取到的图形元素所在的图层。

【步骤】

(1) 启动"改变层"命令。

(2) 在"移动"与"复制"方式间切换，其中，"移动"方式表示将改变所选图形的层状态；"复制"方式表示将把所选图形复制到其他层中。

(3) 按提示要求，用鼠标拾取要改变图层的若干图形元素，选取结束后，单击鼠标右键确认，此时，将弹出"层控制"对话框（如图 4.3 所示），在该对话框中，根据需要用鼠标左键单击所需的图层，单击"确定"按钮，则被选取的图形元素，按新选定的图层上的线型和颜色显示出来。

注意

该操作只把选取的图形元素放入选中的图层，而不改变当前的系统状态。

6.2.5　改变颜色

下拉菜单："修改"—"改变颜色"

"编辑工具"工具栏：

命令：MCOLOR

【功能】改变拾取到的图形元素的颜色。

【步骤】

(1) 启动"改变颜色"命令。

(2) 按提示要求，用鼠标拾取要改变颜色的图形元素，选取结束后，单击鼠标右键确认，将弹出"颜色设置"对话框，如图 4.6 所示。

(3) 用鼠标单击所选的颜色，然后单击"确定"按钮，则所选取的图形元素颜色改变为相应的颜色，而未被选取的图形元素颜色不变。此时，当前系统设置的绘图颜色状态并不改变，发生改变的只是鼠标选取的图形元素。

6.2.6　改变线型

下拉菜单："修改"—"改变线型"

"编辑工具"工具栏：

命令：MLTYPE

【功能】改变拾取到的图形元素的线型类型。

【步骤】

(1) 启动"改变线型"命令。

(2) 按提示要求，用鼠标拾取一个或多个要改变线型的图形元素，选取结束后，单击鼠标右键确认，此时，将弹出"设置线型"对话框，如图 4.7 所示。

(3) 在对话框中，用鼠标左键单击要改变的线型类型，然后单击"确定"按钮，则所选取的要改变线型的图形元素，以新的线型显示出来。此时，系统只改变当前选中的图形元素的线型，当前系统的绘图线型不变。

6.2.7　格式刷

下拉菜单：“修改”—“格式刷”

“编辑工具”工具栏：

命令：MATCH

【功能】使所选目标对象依据源对象的属性进行变化。

【步骤】

启动“格式刷”命令，操作提示为“*拾取源对象:*”，拾取完成后，操作提示变成“*拾取目标对象:*”，再拾取目标对象，目标对象即按源对象的属性进行了变化，如图 6.33 所示。可连续拾取目标对象，直至单击右键结束。

6.2.8　鼠标右键操作功能中的图形编辑

CAXA 电子图板提供了面向对象的右键直接操作功能，即可直接对图形元素进行“属性查询”、“属性修改”、“删除”、“平移”、“复制”、“粘贴”、“旋转”、“镜像”、“阵列”、“比例缩放”、“部分存储”、“输出 DWG/DXF”等操作。

1. 曲线编辑

【功能】对拾取到的曲线进行删除、平移、复制、粘贴、旋转、镜像、阵列、比例缩放等操作。

【步骤】

用鼠标左键拾取一个或多个图形元素，选取结束后，单击鼠标右键，则弹出“右键快捷菜单”，如图 6.34 所示，在该菜单中可选取相应的操作，操作方法与结果同前。

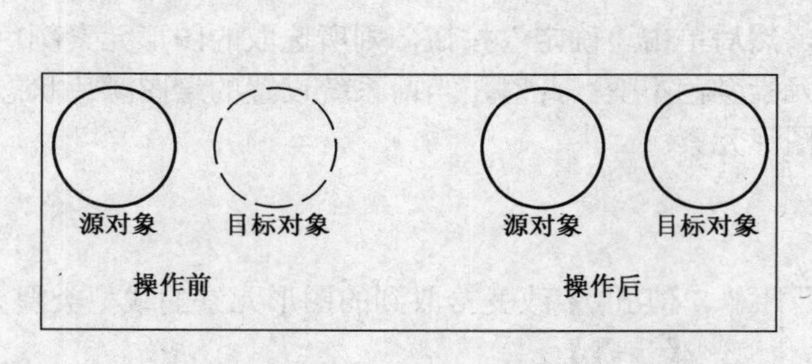

图 6.33　“格式刷”操作实例

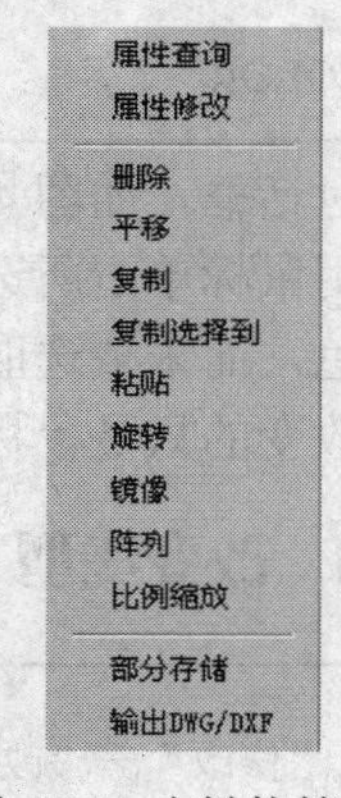

图 6.34　右键快捷菜单

直线 (1)

属性名	属性值
⊟ 当前属性	
层	0层
线型	——— BYL...
颜色	ByLayer
⊟ 几何信息	
⊞ 起点	-30.685, 8...
⊞ 终点	-30.685, -...
长度	96.000

图 6.35 “属性修改”对话框

2. 属性修改

【功能】对选定图形元素的属性进行修改。

【步骤】

用鼠标左键拾取一个或多个图形元素，选取结束后，单击鼠标右键，在弹出的“右键快捷菜单”中选取“属性修改”，则弹出图 6.35 所示的“属性修改”对话框，分别点取“层”、“线型”、“颜色”按钮进行属性修改，将弹出相应的对话框，操作方法同前。

6.3　显示控制

图形的显示控制对绘图操作，尤其是绘制复杂视图和大型图纸时具有非常重要的作用，为了便于绘制和编辑图形，CAXA 电子图板提供了一些控制图形显示的命令。

显示命令与绘制、编辑命令不同，它们只改变图形在屏幕上的显示方式（如允许操作者按期望的位置、比例、范围等条件进行显示），而不能使图形产生实质性的变化，即不改变原图形的实际尺寸，也不影响图形中原有图形元素的相对位置关系。简言之，显示命令的作用只是改变了主观视觉效果，而不会引起图形产生客观的实际变化。

所有的显示控制命令位于“视图”下拉菜单中，在“常用工具”工具栏中包含了主要显示控制命令的图标按钮，如图 6.36 所示。现分述如下。

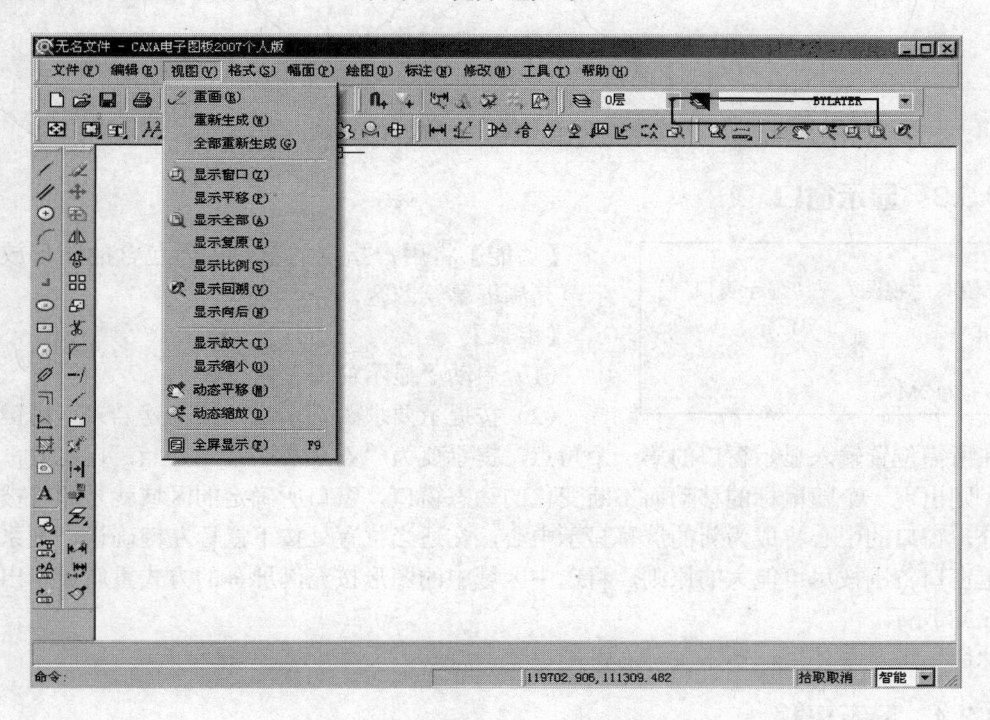

图 6.36 “显示控制”下拉菜单及工具栏

6.3.1　重画

> 下拉菜单：“视图”—“重画”
>
> “常用工具”工具栏：
>
> 命令：REDRAW

【功能】刷新当前屏幕所有图形，以清除“屏幕垃圾”。所谓“屏幕垃圾”是指在绘制和编辑图形时在屏幕上产生的一些擦除痕迹或图形部分残缺，虽然它们不影响输出结果，但却影响屏幕的美观。

【步骤】

启动“重画”命令，即可清除屏幕上的残点。

6.3.2　重新生成与全部重新生成

【功能】与重画相似，“重新生成”是将显示失真的图形进行重新生成的操作，把显示失真的图形按当前窗口的显示状态进行重新生成，如图 6.37 所示。“全部重新生成”是将绘图区内显示失真的图形全部重新生成。

【步骤】

单击主菜单中“视图”下拉菜单中的“重新生成”或“全部重新生成”，按照系统提示进行操作，单击右键结束操作。

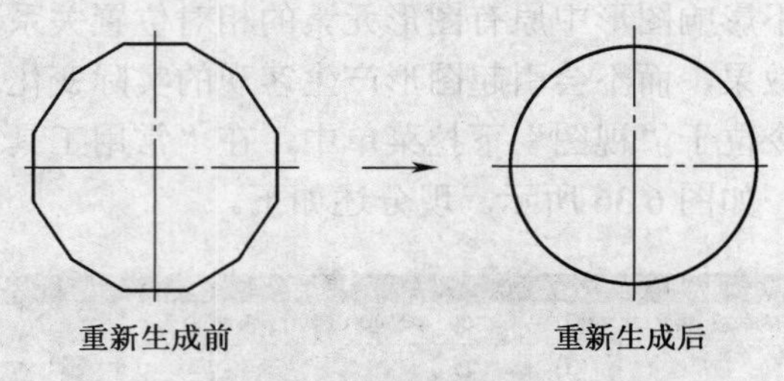

图 6.37　重新生成因放大而失真的圆

6.3.3　显示窗口

> 下拉菜单：“视图”—“显示窗口”
>
> “常用工具”工具栏：
>
> 命令：ZOOM

【功能】将用户指定的窗口内所包含的图形放大显示至充满屏幕绘图区。

【步骤】

（1）启动“显示窗口”命令。

（2）按提示要求“*显示窗口第一角点:*”，用键盘或鼠标在所需位置输入显示窗口的第一个角点，提示变为“*显示窗口第二角点:*”，此时，拖动鼠标，则出现一个随鼠标的移动而不断变化的动态窗口，窗口所确定的区域就是即将被放大的部分，窗口的中心将成为新的屏幕显示中心，在适当位置处按下鼠标左键确认，则系统将把给定窗口范围按尽可能大的原则，将选中区域中的图形按充满屏幕的方式重新显示出来，如图 6.38 所示。

此命令可重复使用，单击鼠标右键结束。

6.3.4　显示平移

> 下拉菜单：“视图”—“显示平移”
>
> 命令：PAN

【功能】平移显示图形。

【步骤】

（1）启动“显示平移”命令。

（2）按提示要求“*屏幕显示中心点:*”，用键盘或鼠标输入一个点，则系统以该点为新的屏幕显示中心点，将图形重新显示出来。

注意

本操作不改变缩放系数，只是将图形做平行移动。

（3）也可以使用上、下、左、右方向键进行显示平移。

此命令可以重复使用，单击鼠标右键结束。

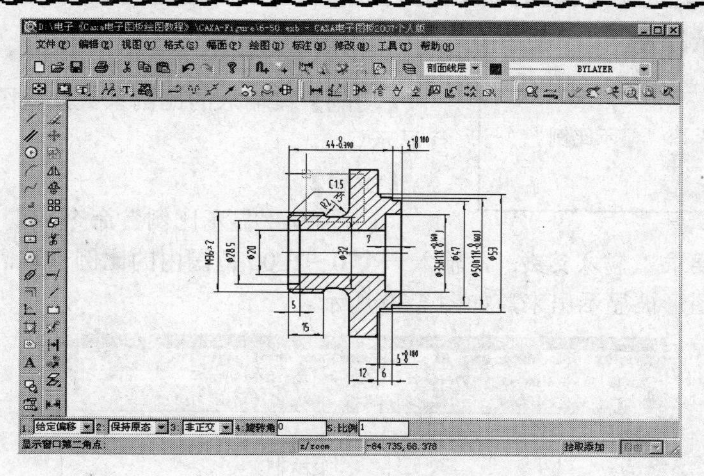

（a）拾取窗口

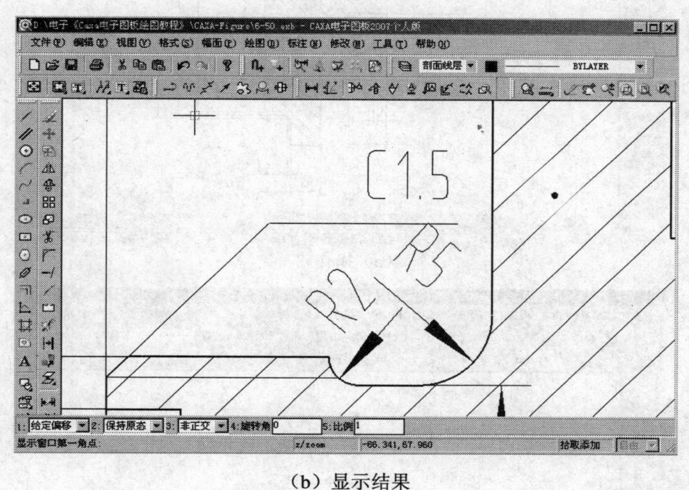

（b）显示结果

图 6.38 “显示窗口”命令

6.3.5　显示全部

> 下拉菜单：“视图”—“显示全部”
>
> “常用工具”工具栏：

【功能】将当前绘制的所有图形全部显示在屏幕绘图区内。

【步骤】

启动“显示全部”命令，则系统将当前所画的全部图形，按尽可能大的原则以充满屏幕的方式重新显示出来。

6.3.6　显示复原

> 下拉菜单：“视图”—“显示复原”
>
> 命令：HOME

【功能】在绘图过程中，根据需要对视图进行各种显示变换，此命令可以恢复到初始显示状态。

【步骤】

启动“显示复原”命令，则系统立即将屏幕显示内容恢复到初始显示状态。

6.3.7 显示比例

> 下拉菜单：“视图”—“显示比例”
>
> 命令：VSCALE

【功能】按输入的比例系数，将图形缩放后重新进行显示。

【步骤】

（1）启动“显示比例”命令。

（2）按提示要求“*输入实数:*”，输入一个0～1000范围内的比例系数，则一个按该比例系数进行缩放的图形被显示出来，如图6.39所示。

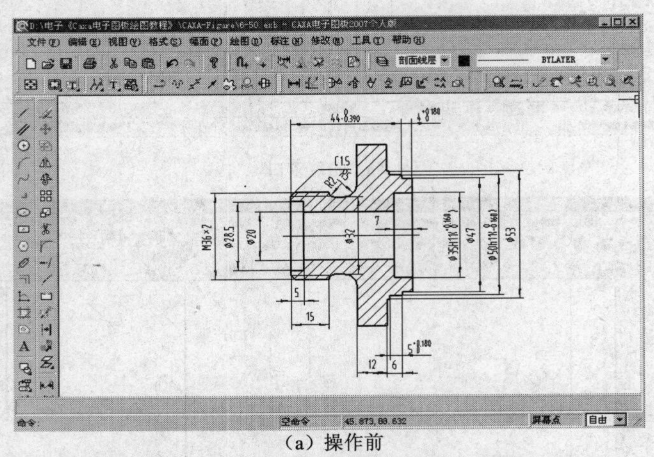

（a）操作前

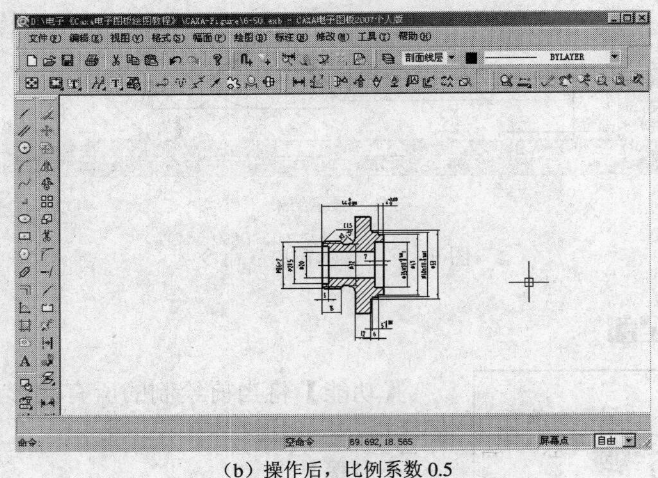

（b）操作后，比例系数0.5

图6.39 “显示比例”命令

6.3.8 显示回溯

> 下拉菜单：“视图”—“显示回溯”
>
> “常用工具”工具栏：
>
> 命令：PREV

【功能】取消当前显示，返回到显示变换前的状态。

【步骤】

启动“显示回溯”命令，则系统将图形按上一次显示状态显示出来。例如，在图6.39（b）所示的显示状态下，进行“显示回溯”操作，则显示状态将变为图6.39（a）所示。

6.3.9　显示向后

下拉菜单："视图"—"显示向后"

命令：NEXT

【功能】该命令可以返回到下一次显示的状态，与"显示回溯"命令配套使用。

【步骤】

启动"显示向后"命令，则系统将图形按下一次显示状态显示出来。

6.3.10　显示放大/缩小

下拉菜单："视图"—"显示放大/缩小"

命令：ZOOMIN/ZOOMOUT

【功能】按固定比例将绘制的图形进行放大或缩小显示。

【步骤】

启动"显示放大"或"显示缩小"命令，则系统将当前图形放大 1.25 倍或缩小至原大的 0.8 显示。

6.3.11　动态平移

下拉菜单："视图"—"动态平移"

"常用工具"工具栏：

命令：DYNSCALE

【功能】使整个图形跟随鼠标动态平移。

【步骤】

启动"动态平移"命令，然后拖动鼠标，则整个图形跟随鼠标的移动而动态平行移动，单击鼠标右键，结束动态平移操作。

6.3.12　动态缩放

下拉菜单："视图"—"动态缩放"

"常用工具"工具栏：

命令：DYNSCALE

【功能】使整个图形跟随鼠标的移动而动态缩放。

【步骤】

启动"动态缩放"命令，然后向上或向下移动鼠标，则整个图形跟随鼠标的移动而动态缩放（鼠标向上移动为放大，向下移动为缩小），单击鼠标右键，结束动态缩放操作。

注意

鼠标的中键和滚轮也可控制图形的显示，中键为平移，滚轮为缩放。

6.3.13　全屏显示

下拉菜单："视图"—"全屏显示"

命令：FULLVIEW（或按键盘中的 F9 键）

【功能】进入全屏显示状态。

【步骤】

启动"全屏显示"命令，则进入全屏显示状态；在全屏显示状态下，单击屏幕左上角的图标按钮，或按键盘上的 F9 键，则又可返回到正常的屏幕状态。

6.4 应用示例

6.4.1 挂轮架

综合利用图形绘制命令及图形编辑命令，绘制图 6.40 所示的挂轮架（不必标注尺寸）。

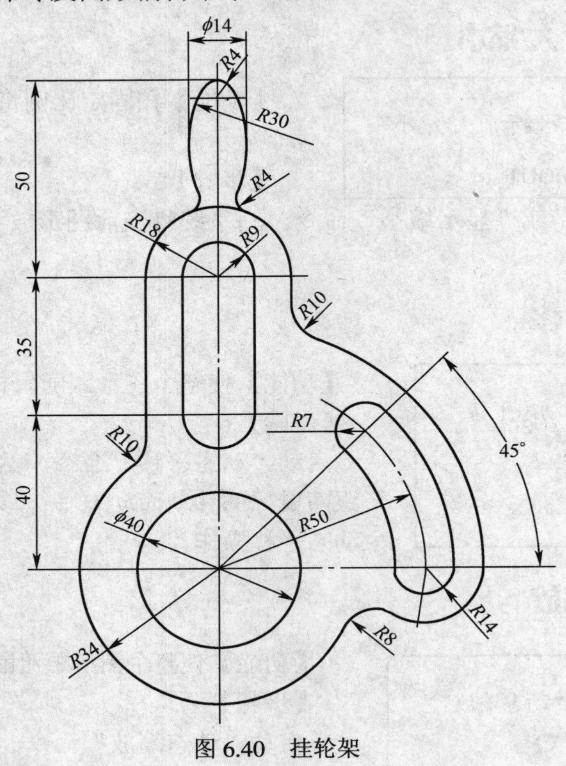

图 6.40 挂轮架

【分析】

该挂轮架图形是由多个相切的圆、圆弧、直线组成的，根据图中所标注的尺寸，有些圆和圆弧的圆心位置已经确定，如圆弧“*R*9”、“*R*18”、“*R*34”、“*R*14”、“*R*50”、“*R*7”和圆“ φ40”等，因此可以用绘制“圆”命令中的“圆心_半径”方式、“圆弧”命令中的“圆心_半径_起终角”方式来画出；该挂轮架的上部是左右对称的，而圆弧“*R*30”与圆弧“*R*4”、圆“ φ14”相切，因此可以用绘制“圆弧”命令中的“两点_半径”方式先画出一半，然后再用“镜像”命令绘制出另一半；而圆弧“*R*10”、“*R*8”、“*R*4”等则可以利用“过渡”命令来绘制。

【步骤】

（1）用绘制“直线”命令画出图中的中心线（细点画线）。

① 用鼠标左键单击“属性工具”工具栏中的“选择当前层”命令图标按钮 0层 ，在出现的图层列表中单击“中心线层”，从而将该层设置为当前图层。

② 单击“直线”命令图标按钮，将出现的立即菜单设置为：

1: 两点线 2: 单个 3: 正交 4: 点方式

用“两点线”方式绘制图中最大的两条相互垂直的中心线；单击立即菜单，将设置改为“角度线”方式：

1: 角度线　2: X轴夹角　3: 到点　4:度=45　5:分=0　6:秒=0

根据提示“*第一点:*”，单击空格键，用工具点菜单中的“交点”项捕捉两条中心线的交点，拖动鼠标在适当位置处单击鼠标左键确定第二点，即可画出图中倾斜的中心线；单击“平行线”命令图标按钮，将立即菜单设置为：

1: 偏移方式　2: 单向

在提示“*拾取直线:*”时，用鼠标左键单击已绘制的水平中心线，分别输入偏移距离“40”、“75”、“121”，即可画出图中其余的所有水平中心线。单击鼠标右键结束操作。

③ 单击“圆弧”命令图标按钮，将立即菜单设置为：

1: 圆心_半径_起终角　2:半径=50　3:起始角=-30　4:终止角=60

拖动鼠标，出现一个随鼠标移动的红色圆弧，在提示“*圆心点:*”时，捕捉中心线的交点作为圆心点（方法同上），即可绘制出中心线的圆弧。单击鼠标右键结束该命令。

绘制完中心线后的图形如图 6.41 所示。

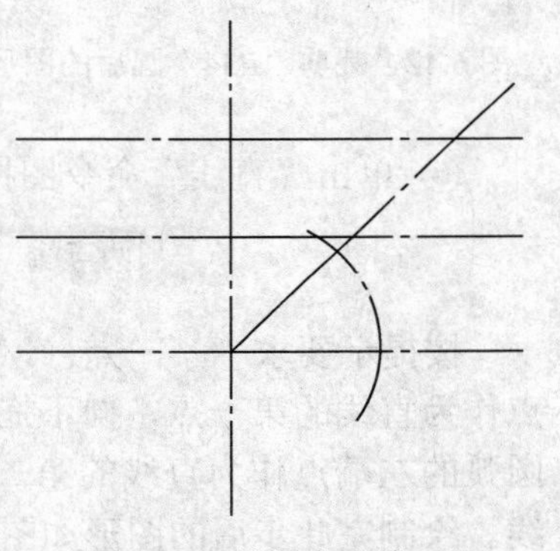

图 6.41　绘制中心线

（2）用绘制“圆”命令、“圆弧”命令、“直线”命令画出挂轮架中部粗实线图形，并用裁剪、过渡命令进行编辑。

① 将当前图层设置为“0 层”。

② 单击“圆”命令图标按钮，将立即菜单设置为：

1: 圆心_半径　2: 半径　3: 无中心线

利用工具点菜单捕捉中心线的交点作为圆心点，分别输入半径值“20”、“34”，单击鼠标右键结束操作。

③ 单击“圆弧”命令图标按钮，将立即菜单设置为：

1: 圆心_半径_起终角　2:半径=18　3:起始角=0　4:终止角=180

捕捉中心线的交点作为圆心点，单击鼠标右键结束操作。

单击“直线”命令图标按钮，将立即菜单设置为：

1: 两点线　2: 单个　3: 正交　4: 点方式

当提示“*第一点:*”时，捕捉“*R*18”圆弧的左端点作为直线的第一点，向下拖动鼠标，在适当位置处单击鼠标左键，确定第二点，同理绘制出右边的直线，单击鼠标右键结束操作。

④ 单击“编辑工具”工具栏中的“过渡”命令图标按钮，将立即菜单设置为：

1: 圆角　2: 裁剪　3:半径= 10

用鼠标左键分别单击所画的直线和“*R*34”的圆，即可绘制出“*R*10”的圆角。

图 6.42　裁剪“*R*34”圆后的图形

单击“裁剪”命令图标按钮，立即菜单设置为 1: 快速裁剪，用鼠标左键单击“*R*34”圆上要裁剪的部分，单击鼠标右键结束操作。裁剪后的图形如图 6.42 所示。

⑤ 单击“圆弧”命令图标按钮，将立即菜单设置为：

1: 圆心_半径_起终角　2:半径= 9　3:起始角= 0　4:终止角= 180

捕捉中心线的交点作为圆心点，画出上部“*R*9”圆弧。将立即菜单中的起始角改为“180”，终止角改为“360”，捕捉中心线的交点作为圆心点，画出下部“*R*9”圆弧。

⑥ 单击“直线”命令图标按钮，将立即菜单设置为：

1: 两点线　2: 单个　3: 正交　4: 点方式

按提示要求“*第一点:*”，捕捉上部 *R*9 圆弧的左端点作为直线的第一点，向下拖动鼠标，捕捉下部“*R*9”圆弧的左端点作为直线的第二点，同理绘制出右边的直线。绘制完此步后的图形如图 6.43 所示。

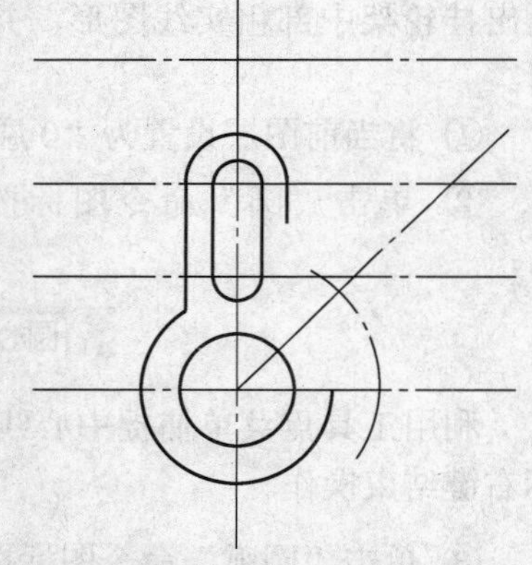
图 6.43　绘制完成挂轮架中部后的图形

（3）用绘制“圆弧”命令、“直线”命令画出挂轮架右部的图形，并用“裁剪”、“过渡”命令进行编辑。

① 单击“圆弧”命令图标按钮，将立即菜单设置为：

1: 圆心_半径_起终角　2:半径= 64　3:起始角= 0　4:终止角= 90

捕捉中心线的交点作为圆心点，画出“*R*64”的圆弧。将终止角改为“45”，分别将半径设置为“43”、“57”，圆心点不变，画出“*R*43”和“*R*57”的圆弧，将立即菜单设置为：

1: 圆心_半径_起终角　2:半径= 7　3:起始角= 45　4:终止角= 225

捕捉倾斜中心线与中心线圆弧的交点作为圆心点，画出“*R*7”的圆弧，将起始角、终止角分别改为“180”、“0”，捕捉水平中心线与中心线圆弧的交点作为圆心点，画出“*R*7”的圆弧。将半径改为“14”，圆心点不变，画出“*R*14”的圆弧，单击鼠标右键结束该命令。绘制完成的图形如图 6.44 所示。

② 单击“过渡”命令图标按钮，将立即菜单设置为：

1: 圆角 | 2: 裁剪 | 3: 半径= 10

用鼠标左键分别单击“*R*18”右边的直线和“*R*64”的圆弧，即可绘制出“*R*10”的圆角。将半径改为“8”，用鼠标左键分别单击“*R*34”的圆弧和“*R*14”的圆弧，即可绘制出“*R*8”的圆角。绘制完此步后的图形如图 6.45 所示。

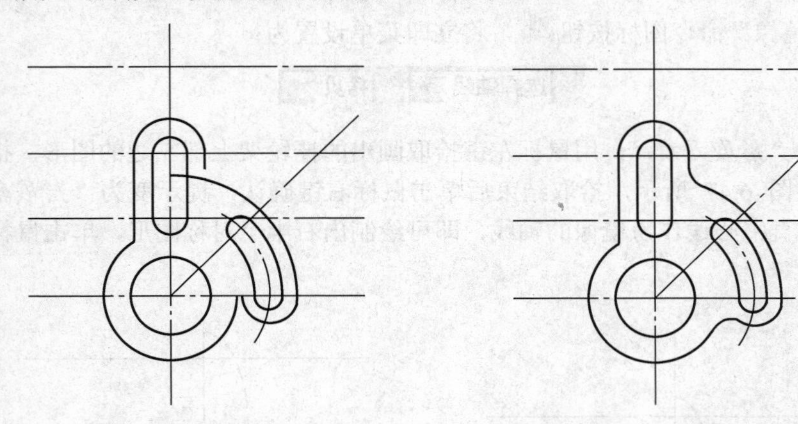

图 6.44　绘制右部圆弧　　图 6.45　绘制完成挂轮架右部后的图形

（4）用绘制“圆弧”命令、“直线”命令和“镜像”命令画出挂轮架上部的图形。

① 单击“圆弧”命令图标按钮，将立即菜单设置为：

1: 圆心_半径_起终角 | 2:半径= 4 | 3:起始角= 90 | 4:终止角= 180

捕捉最上部水平中心线与竖直中心线的交点作为圆心点，即可画出“*R*4”的圆弧，单击鼠标右键结束该命令。

② 单击“平行线”命令图标按钮，将立即菜单设置为：

1: 平行线 | 2: 偏移方式 | 3: 单向

按提示要求“*拾取直线:*”，用鼠标左键单击竖直中心线，将光标移动到所拾取中心线的左侧，输入偏移距离“7”，绘制一条辅助线，单击鼠标右键结束操作。

③ 单击“常用工具”工具栏中的“动态缩放”命令图标按钮，按住鼠标左键向上移动，将图形适当放大，单击“动态平移”命令图标按钮，按住鼠标左键拖动图形，使挂轮架上部位于屏幕的中间，单击鼠标右键结束操作。

④ 单击“圆”命令图标按钮，将立即菜单设置为 1: 两点_半径，根据提示要求，分别捕捉“*R*4”圆弧和辅助线上的切点作为第一点和第二点，输入半径“30”，即可绘制出一个与“*R*4”圆弧和辅助线都相切的半径为“30”的圆。

⑤ 单击“裁剪”命令图标按钮，立即菜单设置为 1: 快速裁剪，用鼠标左键单击“*R*30”圆和 *R*4 圆弧上要裁剪的部分，单击鼠标右键结束操作。

单击“常用工具”工具栏中的“删除”命令图标按钮，根据提示“*拾取元素:*”，用鼠标左键拾取辅助线，单击鼠标右键确认，即可将该直线删除。

进行裁剪、删除后的挂轮架上部图形如图 6.46 所示。

⑥ 单击“过渡”命令图标按钮，将立即菜单设置为：

1: 圆角　2: 裁剪始边　3: 半径= 4

用鼠标左键分别单击“*R*30”的圆弧和“*R*18”的圆弧，即可绘制出“*R*4”的圆角。

⑦ 单击“镜像”命令图标按钮，将立即菜单设置为：

1: 选择轴线　2: 拷贝

按提示要求“*拾取元素:*”，用鼠标左键拾取画出的挂轮架上部左边的图形，拾取的元素显示为红色，如图 6.47 所示，拾取结束后单击鼠标右键确认，提示变为“*拾取轴线:*”，用鼠标左键拾取竖直中心线作为镜像的轴线，即可绘制出右半个对称图形，单击鼠标右键结束该命令。

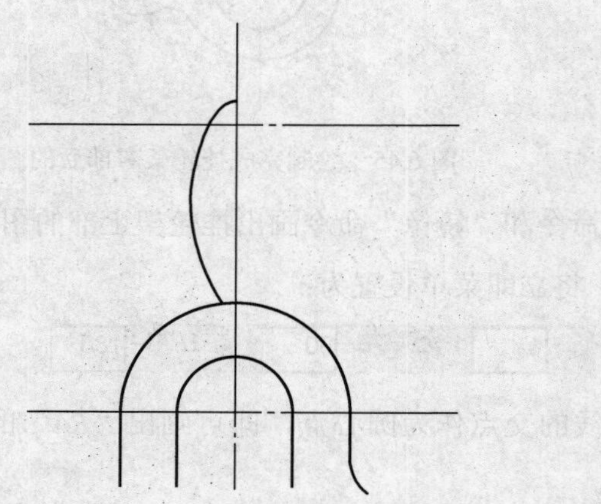

图 6.46　进行裁减、删除后的挂轮架上部图形

图 6.47　拾取镜像元素

⑧ 单击“常用工具”工具栏中的“显示全部”命令图标按钮，则所画的挂轮架全部显示出来。

（5）用曲线编辑命令中的“拉伸”命令，将图形中过长的中心线缩短，整理图形。

单击“编辑工具”工具栏中的“拉伸”命令图标按钮，将立即菜单设置为 1: 单个拾取，按提示要求“*拾取元素:*”，用鼠标左键拾取要缩短或拉伸的中心线，根据提示“*拉伸到:*”，将所拾取的中心线进行适当的调整。整理完成后，单击鼠标左键结束操作。

（6）用文件名“挂轮架.exb”保存该图形（**注：**在第 8 章的练习中还要用到该图）。

6.4.2　端盖

用所学过的命令绘制图 6.48 所示端盖的主、左视图（不必标注尺寸及公差要求）。

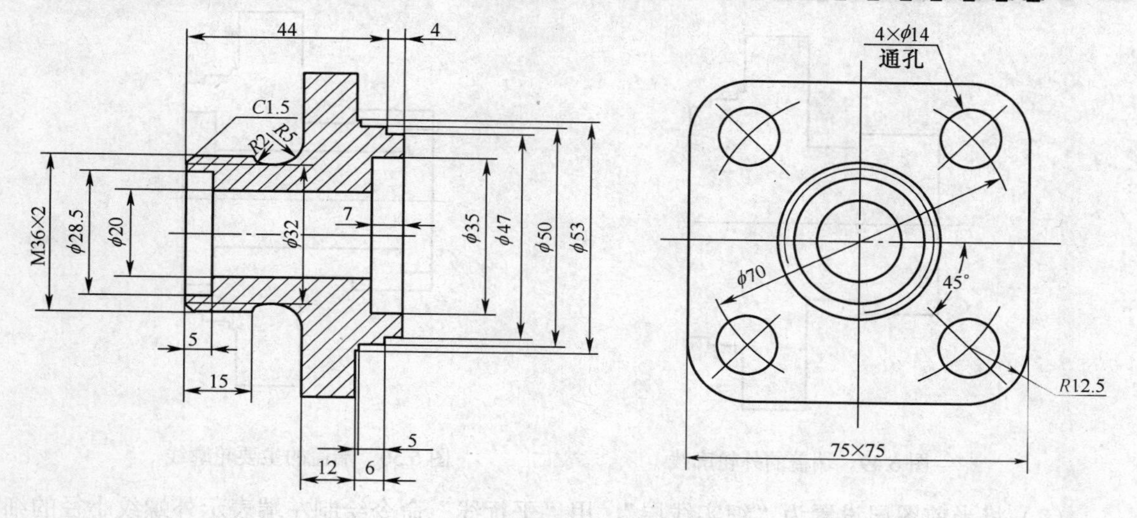

图 6.48　端盖

【分析】

该图形是一个端盖零件的主、左视图，因此可以首先绘制一个视图，然后采用屏幕点导航功能绘制另一个视图。图形中包含了三种线型：粗实线、中心线、细实线（剖面线），因此要在三个图层中绘制。

绘制端盖的主视图时，首先用绘制“孔/轴”命令来画出主要轮廓线，然后再利用“裁剪”命令剪掉多余的线，用“过渡”命令画出倒角和圆角。由于主视图是全剖视图，因此还要用绘制“剖面线”命令绘制剖面线。

绘制端盖的左视图时，可以根据绘制出来的主视图，利用屏幕点导航功能，用绘制“矩形”命令、“圆”命令、“圆弧”命令绘制主要轮廓线，用“过渡”命令绘制圆角。由于左视图中的四个小圆是均匀分布在一个圆周上的，因此可以用“阵列”命令来画出。

【步骤】

（1）用“孔/轴”命令绘制端盖主视图中的主要轮廓线。

① 单击“孔/轴”命令图标按钮，将立即菜单设置为：

1: 轴　2: 直接给出角度　3: 中心线角度 0

输入插入点“-90,0”，分别将起始直径设置为“36”、“32”、“75”、“53”、“50”、“47”，相应轴的长度设置为“15”、“11”、“12”、“1”、“5”、“4”，单击鼠标右键结束该命令。

② 单击“常用工具”工具栏中的“显示窗口”命令图标按钮，用鼠标左键单击所画图形的左上角，拖动鼠标，出现一个不断变化的矩形窗口，在所画图形的右下角单击鼠标左键，即可将所画图形放大显示在屏幕中间。

③ 单击“裁剪”命令图标按钮，用“快速裁剪”方式将图中多余的线剪掉，剪切后的图形如图 6.49 所示。

④ 单击“孔/轴”命令图标按钮，输入插入点“-90,0”，分别将起始直径设置为“28.5”、“20”、“35”，相应轴的长度设置为“5”、“36”、“7”，即可绘制出端盖的内轮廓线，单击鼠标右键结束该命令，绘制完此步后的图形如图 6.50 所示。

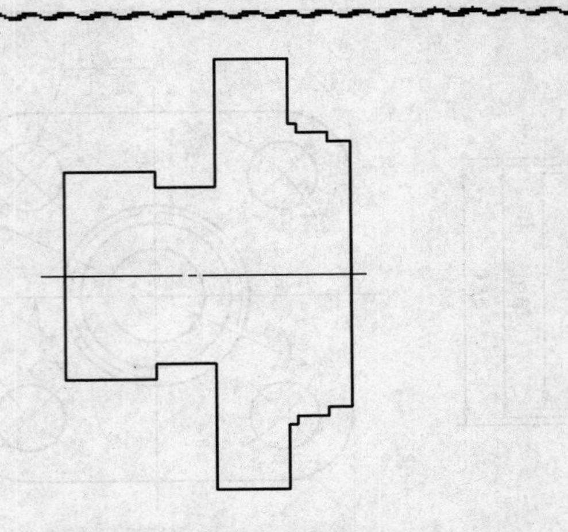

图 6.49　端盖的外轮廓线

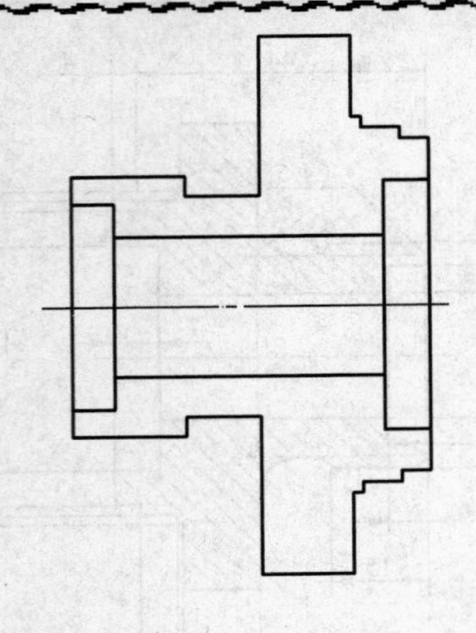

图 6.50　端盖的主要轮廓线

（2）将当前图层设置为“细实线层”，用“平行线”命令绘制左端表示外螺纹小径的细实线。

① 将“细实线层”设置为当前图层。

② 单击“平行线”命令图标按钮，将出现的立即菜单设置为：

1: 偏移方式 2: 单向

用鼠标左键单击左上部的水平直线，并将光标移到所拾取直线的下侧，输入偏移距离“1.2”，按回车键，即可绘制出上部的细实线，单击鼠标右键结束操作。同理绘制出下部与此对称的细实线（也可用镜像命令绘制）。

（3）用“过渡”命令绘制图中的粗实线倒角和圆角。

① 将当前图层设置为“0 层”。

② 单击“过渡”命令图标按钮，将立即菜单设置为：

用鼠标左键分别拾取要倒圆角的两条直线，即可绘制出上下两处“*R5*”的圆角。同理，将立即菜单中的半径改为“2”，可绘制出上下两处“*R*2”的圆角。

③ 从图中可以看出，绘制完“*R*2”的圆角后，在圆角的左边上下各剩了一小段竖直方向的直线，单击“删除”命令图标按钮，用鼠标左键拾取这两条直线，单击鼠标右键即可将其删除。

④ 单击立即菜单“1:”，切换为“倒角”方式，进行如下设置：

方法同上，用鼠标左键分别拾取要倒角的直线，即可绘制出端盖左端的两处倒角。

（4）用绘制“剖面线”命令绘制图中的剖面线。

单击“剖面线”命令图标按钮，将出现的立即菜单设置为：

1: 拾取点 2: 比例 3 3: 角度 45 4: 间距错开 0

用鼠标左键单击要绘制剖面线的区域内任一点，则选中的区域显示为红色，如图 6.51 所示，单击鼠标右键确认，即可完成剖面线的绘制。

（5）根据绘制的主视图，利用屏幕点导航功能，用绘制“矩形”命令、“圆”命令、“圆弧”命令画出左视图的主要轮廓线。

① 单击屏幕右下角状态栏中的“屏幕点设置”命令图标按钮 屏幕点 自由，在弹出的屏幕点状态列表中单击“导航”，即可将屏幕点设置为导航方式。

② 单击“矩形”命令图标按钮，将立即菜单设置为：

1: 长度和宽度　2: 中心定位　3: 角度 0　4: 长度 75　5: 宽度 75　6: 无中心线

即可出现一个随光标移动的矩形和一条导航线，在提示“*定位点:*”时，将导航线与主视图的中心线对齐，在适当位置处单击鼠标左键确定矩形的定位点，如图 6.52 所示。

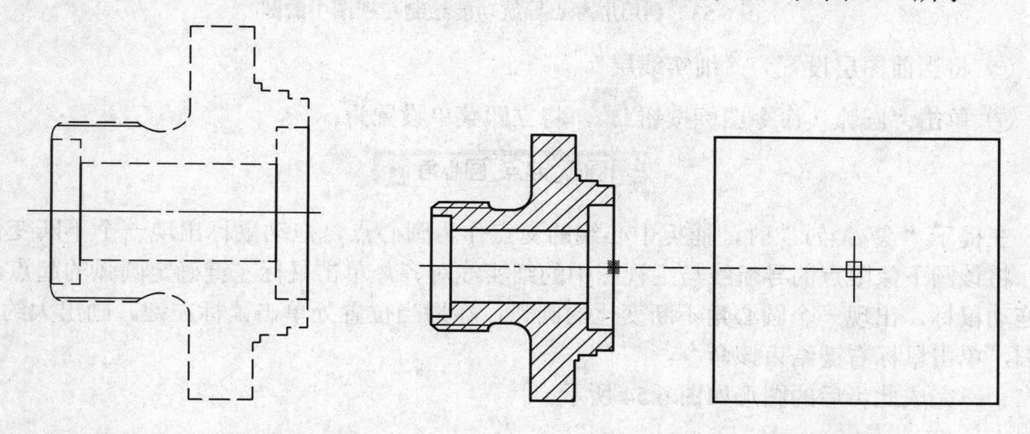

图 6.51　选择绘制剖面线的区域　　图 6.52　利用屏幕点导航功能绘制左视图中的矩形

③ 单击“中心线”命令图标按钮，将出现的立即菜单设置为：

1: 延伸长度 3

按提示要求，用鼠标左键分别拾取所画矩形的上下两条线，则出现一条该矩形的水平中心线，单击鼠标右键确认。同理，用鼠标左键分别拾取所画矩形的左右两条线，绘制该矩形的竖直中心线，单击鼠标右键结束该命令。

④ 单击“过渡”命令图标按钮，将立即菜单设置为：

1: 多圆角　2: 半径= 12.5

用鼠标左键单击已绘制的矩形，即可将该矩形的四个角变为“*R*12.5”的圆角，单击鼠标右键结束该命令。

⑤ 单击“圆”命令图标按钮，将出现的立即菜单设置为：

1: 圆心_半径　2: 半径　3: 无中心线

按提示要求“*圆心点:*”，将光标移到左视图中心线交点附近，捕捉中心线的交点作为圆心点，拖动鼠标出现一个不断变化的圆，将该圆下象限点的导航线与主视图中“M36”的轴径对齐，如图 6.53 所示，单击鼠标左键确认，继续拖动鼠标，绘制下象限点分别与主视图中“ϕ28.5”的孔径和“ϕ20”的孔径对齐的圆，单击鼠标右键结束操作。

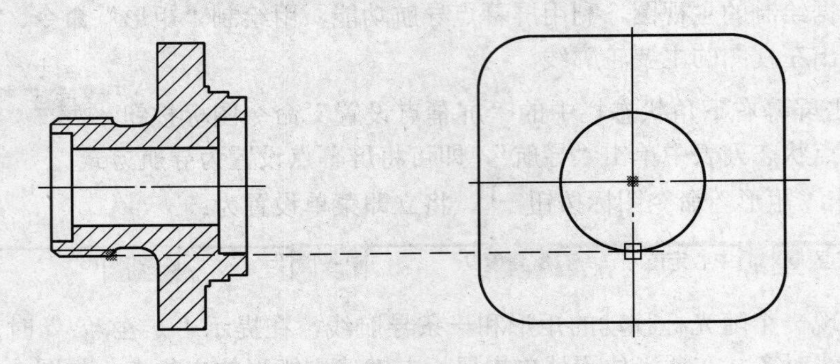

图 6.53　利用屏幕点导航功能绘制左视图中的圆

⑥ 将当前图层设置为“细实线层”。

⑦ 单击“圆弧”命令图标按钮，将立即菜单设置为：

1: 圆心_起点_圆心角

在提示“*圆心点:*”时，捕捉中心线的交点作为圆心点，拖动鼠标出现一个不断变化的圆，将该圆下象限点的导航线与主视图中的细实线对齐，单击鼠标左键确定圆弧的起点，此时拖动鼠标，出现一个圆心角不断变化的圆弧，在适当位置处单击鼠标左键，画出大约 3/4 圈圆，单击鼠标右键结束该命令。

完成此步后的图形如图 6.54 所示。

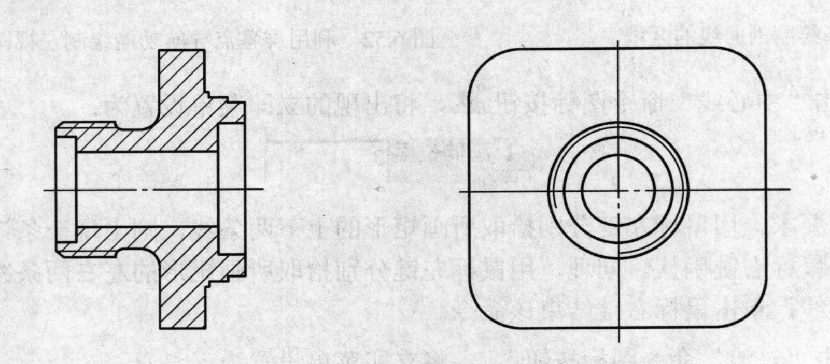

图 6.54　绘制完左视图主要轮廓线的图形

（6）用绘制“直线”命令、“圆”命令、“阵列”命令绘制左视图中的四个小圆。

① 将当前图层设置为“中心线层”。

② 单击“直线”命令图标按钮，将出现的立即菜单设置为：

1: 角度线　2: X轴夹角　3: 到点　4:度=45　5:分=0　6:秒=0

捕捉中心线的交点作为角度线的第一点，拖动鼠标，在适当位置处单击鼠标左键确定第二点，即可绘制出一条倾斜的中心线，单击鼠标右键结束该命令。

③ 单击“圆弧”命令图标按钮，将立即菜单设置为：

1: 圆心_半径_起终角　2:半径=35　3:起始角=0　4:终止角=90

捕捉中心线的交点作为圆心点，单击鼠标左键即可绘制出一段中心线的圆弧，单击鼠标右键结束该命令。

④将当前图层设置为“0 层”。

⑤ 单击“圆”命令图标按钮，将出现的立即菜单设置为：

1: 圆心_半径　2: 半径　3: 无中心线

按提示要求“*圆心点:*”，将光标移到所画的中心线圆弧与倾斜中心线的交点附近，捕捉中心线的交点作为圆心点，输入半径“7”，回车，即可绘制出一个“ $\phi 14$”的小圆。

⑥ 单击“拉伸”命令图标按钮，将立即菜单设置为：

1: 单个拾取

分别拾取中心线圆弧和倾斜的中心线，将它们进行适当调整，缩短长度，如图 6.55 所示。

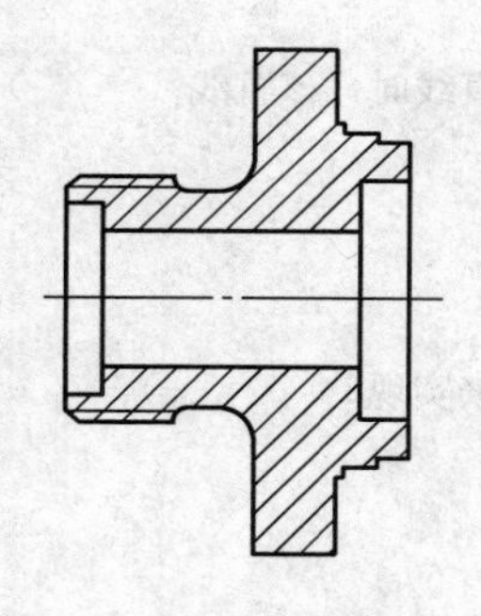
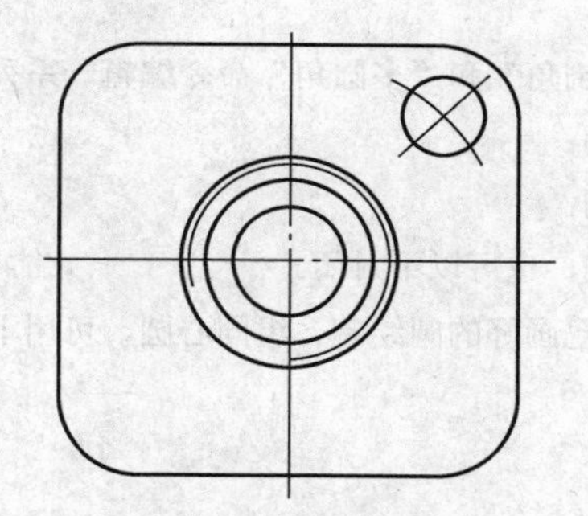

图 6.55　小圆中心线“拉伸”操作后的图形

⑦ 单击“编辑工具”工具栏中的“阵列”命令图标按钮，将立即菜单设置为：

1: 圆形阵列　2: 旋转　3: 均布　4:份数 4

按提示要求“*拾取添加:*”，用窗口方式拾取小圆及其中心线，单击鼠标右键结束拾取，根据提示“*中心点:*”，将光标移到矩形中心线交点附近，捕捉中心线的交点作为圆形阵列的中心点，单击鼠标左键，即可完成小圆的绘制。

最后完成的图形如图 6.56 所示。

（7）用文件名“端盖.exb”保存该图形（**注：**在第 8 章的练习中还要用到该图）。

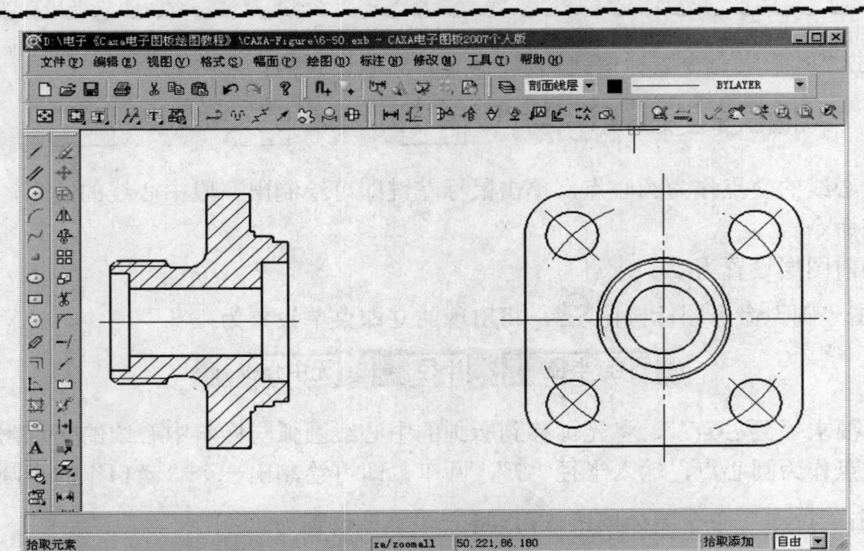

图 6.56 绘制完成的“端盖”图形

习 题

1．选择题

（1）用“多倒角”和“多圆角”命令编辑一系列首尾相连的直线时，该直线（ ）

① 必须封闭；

② 不能封闭；

③ 可以封闭，也可以不封闭。

（2）由一个已画好的圆绘制一组同心圆，可用下述哪个命令来实现？（ ）

①“拉伸”；

②“平移”；

③“等距线”；

④“比例缩放”命令中的“复制”方式。

（3）要使一条直线段断为长度相等的两直线段应用下述哪个命令来实现？（ ）

①“拉伸”；

②“平移”；

③“打断”；

④“镜像”命令中的“复制”方式。

（4）对于同一平面上的两条不平行且无交点的线段，可以通过下述哪个命令一次操作来延长原线段使之相交于一点？（ ）

①“过渡”命令中的“尖角”方式；

②“过渡”命令中的“倒角”方式；

③“拉伸”；

④“齐边”。

（5）对屏幕上显示的图形按原大小在画面上平移用下述哪个命令？（ ）

①“平移”；

②“动态平移”命令；
③“显示平移”命令 ；
④“显示窗口”命令。

2．“倒角”操作与两条直线的拾取顺序有关吗？立即菜单中的“长度”和“倒角”分别指什么？

3．“阵列”操作中，在“圆形阵列”方式下，立即菜单中的“份数”包括用户拾取的图形元素吗？

4．图形“复制”操作与“复制选择到”操作有何区别？

5．要改变拾取图形元素的线型、颜色及图层，可以采用哪几种方法？

上机指导与练习

【上机目的】

掌握 CAXA 电子图板提供的曲线编辑、图形编辑和显示控制命令，能够利用这些编辑功能，合理构造与组织图形，快速、准确地绘制出各种复杂的图形。

【上机内容】

（1）熟悉曲线编辑、图形编辑和显示控制命令的基本操作。
（2）按本章 6.4.1 节中所给方法和步骤完成“挂轮架”图形的绘制。
（3）按本章 6.4.2 节中所给方法和步骤完成“端盖”零件图形的绘制。
（4）按照下面【上机练习】中的要求及指导，完成“扳手”和“轴承座”的绘制。

【上机练习】

（1）用所学过的命令绘制图 6.57 所示的扳手（不必标注尺寸）。

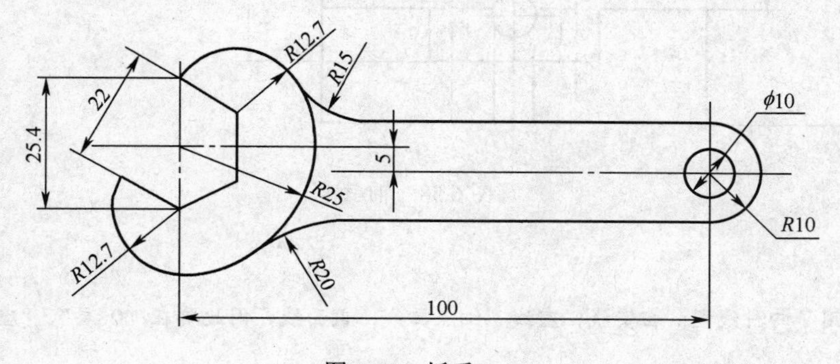

图 6.57　扳手

提示

该图形中有两种线型：中心线和粗实线，因此要在“中心线层”和“0 层”分别绘制。

该扳手的手柄是由相切的圆弧和直线及一个小圆组成的，并且小圆与尾部的圆弧同心，因此，可以首先用绘制“圆”命令绘制“*R*5”和“*R*10”的两个同心圆，用“裁剪”命令剪掉“*R*10”圆的左半个，然后利用捕捉功能，捕捉“*R*10”圆弧的上下象限点，用绘制“直线”命令以正交方式绘制出上下对称的两条直线（当然也可以只绘制出一条直线，然后利用“镜像”命令绘制另一条）。

该扳手的头部是由一个不完整的正六边形和三段相切的圆弧组成的，因此，可以首先用绘制“平行线”命令，画出该正六边形的两条中心线，然后用绘制“正多边形”命令中的“中心定位”方式，捕捉中心线的交点作为中心点，绘制一个正六边形，用绘制“圆”命令，借助工具点菜单，绘制“*R*12.7”、“*R*12.7”、“*R*25”的圆，最后用“裁剪”命令剪掉多余的线段和圆弧。

由于该扳手的手柄与头部之间是用圆弧光滑连接的，因此可以用“过渡”命令中的“圆角”方式绘制出“*R*20”和“*R*15”的圆角。

（2）用所学过的命令绘制图 6.58 所示轴承座的三视图（不必标注尺寸）。

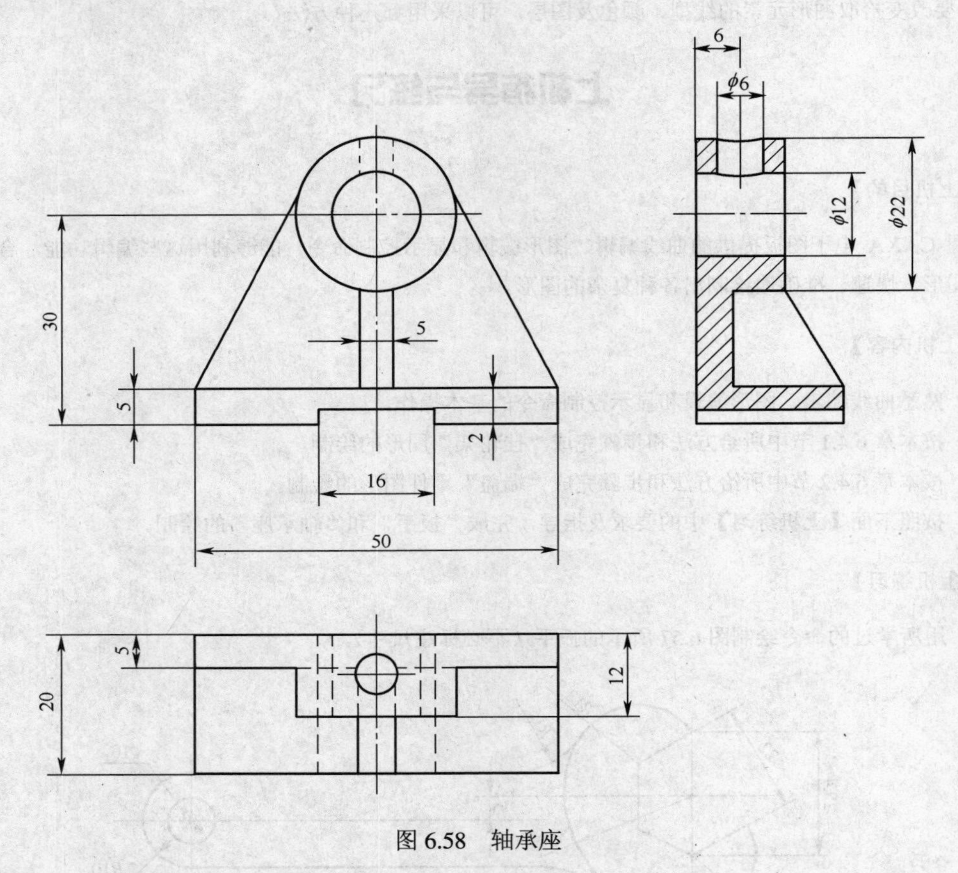

图 6.58　轴承座

提示

该图形中用了四种线型：粗实线、虚线、细点画线、剖面线，因此要在“0 层”、“虚线层”、“中心线层”分别绘制。

该图是一个轴承座的三视图，因此可以首先绘制两个视图，然后利用三视图导航功能绘制第三个视图。

该轴承座的主视图是由矩形、直线、圆组成的，因此，可以用绘制“矩形”命令绘制底部的矩形；用绘制“平行线”命令及“裁剪”命令，画出底部的缺口；用绘制“圆”命令画出上部的两个同心圆；借助工具点菜单，捕捉上部大圆的切点，用绘制“直线”命令及“镜像”命令画出左右的两条直线；用绘制“平行线”命令及“裁剪”命令绘制中间的两条直线。

绘制完主视图后，利用屏幕点导航功能、工具点菜单及图形绘制和曲线编辑命令就可以绘制出俯视图，最后利用三视图导航功能、工具点菜单及图形绘制和曲线编辑命令绘制完成左视图。

第 7 章　图块与图库

块（BLOCK）是由用户定义的子图形，对于在绘图中反复出现的“复合图形”（多个图形对象的组合），不必再花费重复劳动、一遍又一遍地画，而只需将它们定义成一个块，在需要的位置插入它们。还可以给块定义属性，在插入时填写块的非图形可变信息。块有利于用户提高绘图效率，节省存储空间。

CAXA 电子图板为用户提供了多种标准件的参数化图库，用户可以按规格尺寸选用各标准件，也可以输入非标准的尺寸，使标准件和非标准件有机地结合在一起。还提供了包括电气元件、液压气动符号等在内的固定图库，可以满足用户多方面的绘图需求。

图库的基本组成单位称为图符。图符按是否参数化分为参数化图符和固定图符，图符可以由一个视图或多个视图（最多不超过 6 个）组成。图符的每个视图在提取出来时可以定义为块，从而在调用时可以进行块消隐。CAXA 电子图板为用户提供了建立用户自定义的参数化图符或固定图符的工具，使用户可以方便快捷地建立自己的图库，并可对图库进行编辑和管理。此外，对于已经插入图中的参数化图符，还可以通过“驱动图符”功能修改其尺寸规格。

CAXA 电子图板的图库和图块功能，为用户绘制零件图、装配图等工程图样提供了极大的方便。

7.1　图块的概念

块是复合形式的图形实体，是一种应用广泛的图形元素，它有如下特点：

（1）块是由多个图形元素组成的复合型图形实体，由用户定义。块被定义生成后，原来若干相互独立的图形元素形成统一的整体，对它可以进行与其他图形实体相同的操作（如移动、复制、删除等）。

（2）块可以被打散，即构成块的图形元素又成为可独立操作的元素。

（3）利用块可以实现图形的消隐。

（4）利用块可以存储与该块相关联的非图形信息，如块的名称、材料等，这些信息被称为块的属性。

（5）利用块可以实现形位公差、表面粗糙度等技术要求的自动标注。

（6）利用块可以实现图库中各种图符的生成、存储与调用。

CAXA 电子图板中属于块的图素包括图符、尺寸、文字、图框、标题栏和明细表等，对这些图素均可使用除“块生成”外的其他块操作命令。

7.2 块操作

块操作的主要命令位于下拉菜单“绘图”的“块操作”子菜单及“块操作工具”工具栏中，如图 7.1 所示。对于块的主要操作包括“块生成”、“块消隐”、“块属性”、“块属性表”和“块打散”等。下面分别进行介绍。

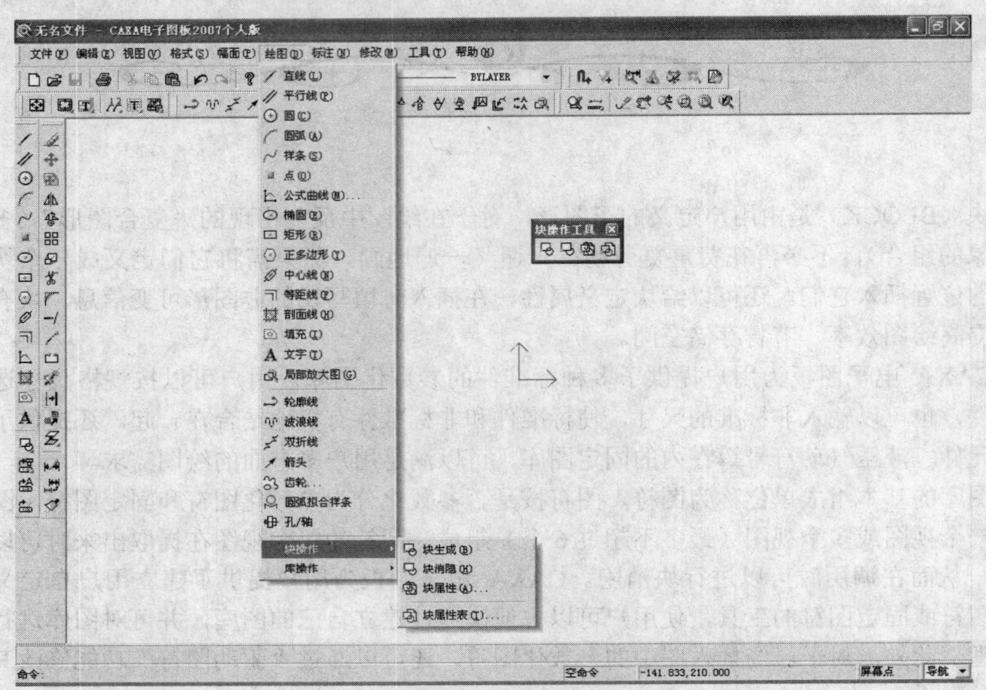

图 7.1 “块操作”命令

7.2.1 块生成

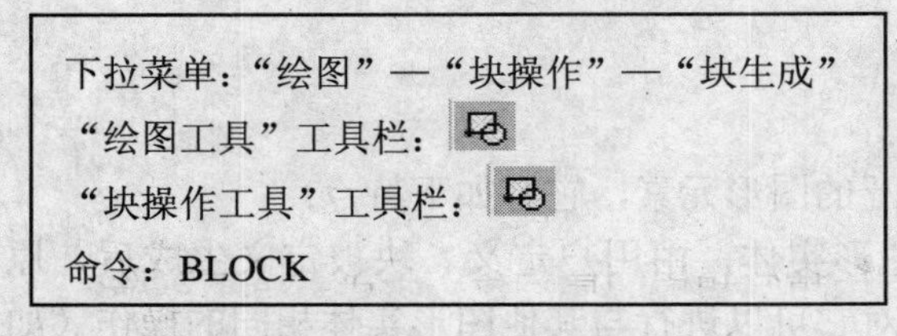

下拉菜单：“绘图”—“块操作”—“块生成”

“绘图工具”工具栏：

“块操作工具”工具栏：

命令：BLOCK

【功能】用于将选中的一组图形元素组合成一个块。

【步骤】

（1）启动“块生成”命令。

（2）按提示要求，用鼠标拾取欲构成块的图形，拾取结束后，单击鼠标右键确认。

（3）按提示要求“*基准点:*”，用鼠标拾取一点作为块的基准点（主要用于块的拖动定位），则一个由拾取的图形构成的块形成。

生成的块位于当前层，对它可实施各种图形编辑操作（如移动、复制、阵列、删除等），块的定义可以嵌套，即一个块可以是构成另一个块的元素。

提示

也可以在命令状态下先拾取多个实体，然后单击鼠标右键，弹出右键快捷菜单，在菜单中选择“块生成”命令，按操作提示输入块的基准点后，同样可以生成块。

7.2.2　块消隐

下拉菜单："绘图"—"块操作"—"块消隐"
"块操作工具"工具栏：
命令：HIDE

【功能】利用具有封闭外轮廓的块图形作为前景图形区，自动擦除该区域内的其他图形，实现二维消隐。对已消隐的区域也可以取消消隐，则被自动擦除的图形又恢复显示。

【步骤】

（1）启动"块消隐"命令。

（2）按提示要求"*请拾取块:*"，用鼠标左键拾取一个块作为前景图形，拾取一个，消隐一个，单击鼠标右键或按Esc键退出命令，如图7.2（b）、（c）所示。

（3）单击立即菜单"1:"，切换成"取消消隐"方式，则按提示要求"*请拾取块:*"，用鼠标左键拾取前面消隐的两个块上任意一点，即可取消消隐，如图7.2（d）所示。

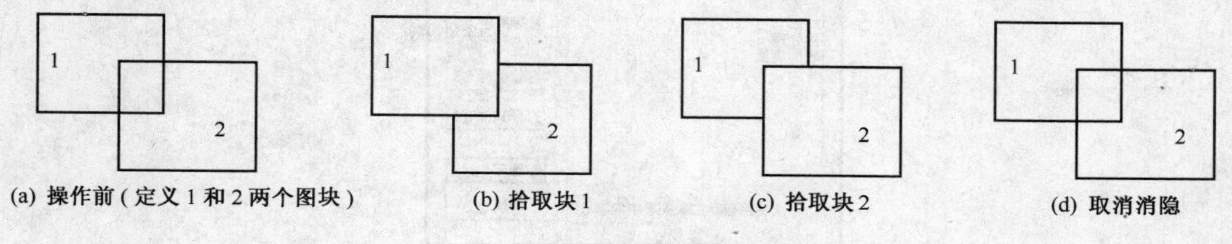

(a) 操作前（定义1和2两个图块）　(b) 拾取块1　(c) 拾取块2　(d) 取消消隐

图7.2　块消隐

7.2.3　块属性

下拉菜单："绘图"—"块操作"—"块属性"
"块操作工具"工具栏：
命令：ATTRIB

【功能】为指定的块添加属性，属性是与块相关联的非图形信息，并与块一起存储。

默认情况下系统提供的块属性包括"代号"、"名称"、"重量"、"体积"、"规格"、"标准"、"材料"、"热处理"、"表面质量"和"备注"。必要时，可用后面介绍的"块属性表"命令对块属性项目进行调整。

【步骤】

（1）启动"块属性"命令。

（2）按提示要求"*请拾取块:*"，用鼠标左键拾取一个要添加属性的块，则弹出图7.3所示的"填写块属性内容"对话框，在该对话框中填写相应的属性值，完成后单击"确定"按钮，则所添加的属性将附着在块上。

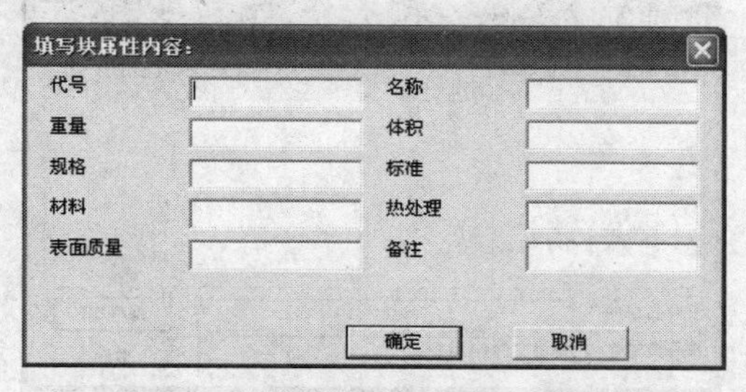

图7.3　"填写块属性内容"对话框

7.2.4 块属性表

下拉菜单：“绘图”—“块操作”—“块属性表”
“块操作工具”工具栏：
命令：ATTTAB

【功能】对当前的属性表进行修改，如“增加属性”、“删除属性”等，修改后的属性可以存储为属性表文件，供以后调用。也可以调用已有的属性表文件，以代替当前的属性表。

【步骤】

（1）启动“块属性表”命令，弹出图7.4所示的“块属性表”对话框。

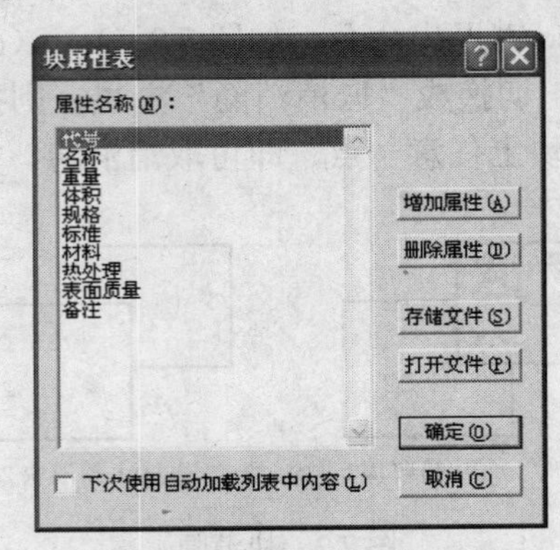

图7.4 “块属性表”对话框

（2）在“属性名称”列表框中，用鼠标双击要修改名称的属性，即可进入属性名的编辑状态，此时，输入新的属性名，则完成属性名的修改。

（3）如果要在某个属性前加入新的属性，则首先用鼠标左键选中该属性，然后单击“增加属性”按钮，即可在属性列表中插入一个名为“新项目”的新属性，然后按上述方法修改属性名。

（4）如果要删除某个属性，则首先用鼠标左键选中该属性，然后单击“删除属性”按钮，即可删除该属性。

（5）若选中对话框下部的“下次使用自动加载列表中内容”复选框，则在下次定义属性时，按此表中所列的属性设置。

（6）如果要存储修改后的块属性表，则可单击“存储文件”按钮，在弹出的图7.5所示的“存储块属性文件”对话框中输入文件名，从而将该属性表以输入的文件名保存。属性文件的扩展名为“.att”。

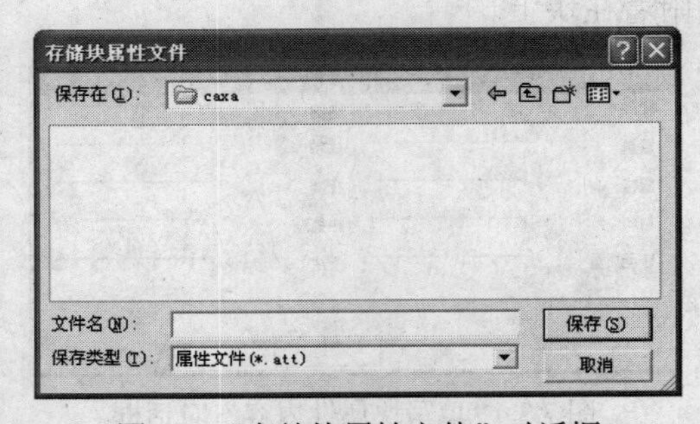

图7.5 “存储块属性文件”对话框

7.2.5　块打散

下拉菜单："修改" —"打散"
"编辑工具"工具栏：
命令：EXPLODE

【功能】它是块生成的逆过程，将块分解成为组成块的各成员图形元素。如果块是逐级嵌套生成的，那么块打散也是逐级打散的，块打散后其各成员彼此独立，并归属于原图层。

【步骤】

（1）启动"块打散"命令。

（2）按提示要求，用鼠标左键拾取欲打散的块，拾取结束后，单击鼠标右键确认，则拾取到的块被打散。此时，如果再用鼠标左键拾取原来组成块的任一图形元素，则只有该图素被选中，而其他图形没有被选中，说明原来的块已经不存在了。

提示

CAXA 电子图板中的尺寸、文字、图框、标题栏、明细表及图库中的图符，都属于块。若要对它们作非整体的编辑操作，也需先将其打散。

7.3　图库

为了提高绘图效率，CAXA 电子图板提供了强大的库操作功能。图库的基本组成单位是图符，CAXA 电子图板将各种标准件和常用图形符号定义为图符。按是否参数化，又将图符分为参数化图符和固定图符。在绘图时，可以直接提取这些图符插入到图中，从而避免不必要的重复劳动。图符可以由一个或多个视图组成，每个视图在提取出来时可以定义为块，在调用时可以进行块消隐。

图库操作命令位于下拉菜单"绘图"下的"库操作"子菜单及"库操作工具"工具栏中，如图 7.6 所示。图库命令的主要操作包括"提取图符"、"定义图符"、"图库管理"、"驱动图符"、"图库转换"、"构件库"、"技术要求库"等，下面分别进行介绍。

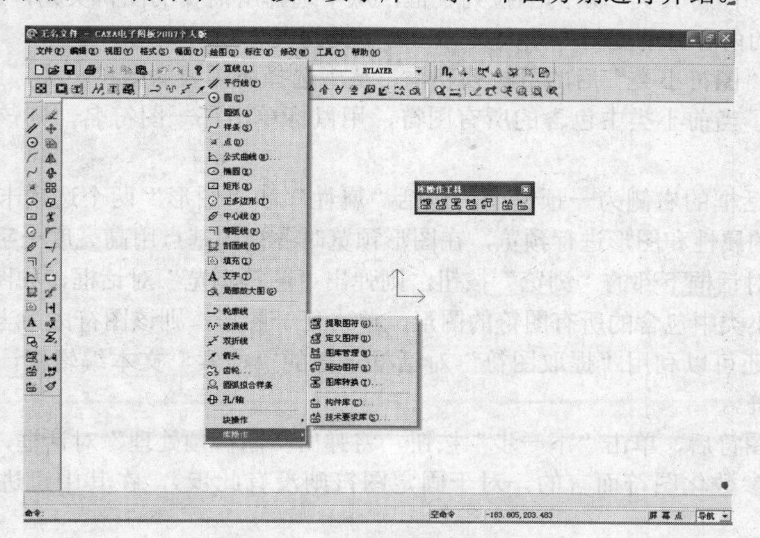

图 7.6　"库操作"命令

7.3.1 提取图符

下拉菜单：“绘图”—“库操作”—“提取图符”

“库操作工具”工具栏：

命令：SYM

【功能】将已有的图符从图库中提取出来，插入到当前图形中。

图符分为两种：固定图符和参数化图符。前者主要针对形状和大小相对固定的一些符号（如液压气动符号、电气符号、农机符号等）；后者主要是指形状相同而尺寸不同的标准件图形（如螺栓、螺钉、螺母、垫圈、键、销、轴承等）。对于参数化图符，除需指定其形状类型外，还必须给出其具体的参数，在 CAXA 电子图板下，这一工作称为“图符预处理”。

【步骤】

（1）启动“提取图符”命令后，弹出图 7.7 所示的“提取图符”对话框。

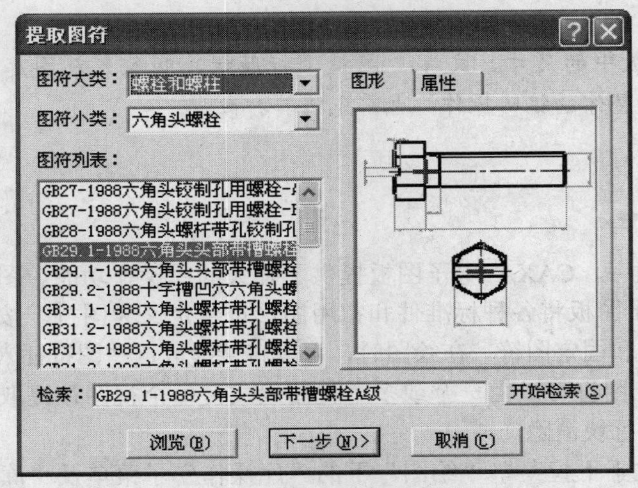

图 7.7　“提取图符”对话框

（2）单击“图符大类”后的下拉列表框，从中选择所需要的图符类别，此时，“图符小类”组合框中的内容自动更新为该大类对应的小类列表。

（3）单击“图符小类”后的下拉列表框，从中选择所需要的图符小类，此时，“图符列表”框中列出了当前小类中包含的所有图符，用鼠标单击任一图符名，则该图符成为当前图符。

（4）在对话框的右侧为一预览框，包括“属性”和“图形”两个选项卡，可对用户选择的当前图符的属性和图形进行预览，在图形预览时各视图基点用高亮度十字标出。

（5）单击对话框下部的“浏览”按钮，则弹出“图符浏览”对话框，如图 7.8 所示，其中列出了当前小类中包含的所有图符的图形，单击任一图形，则该图符成为当前图符。

（6）用户还可以利用“提取图符”对话框下部的“检索”文本编辑框，通过输入图符名称来检索图符。

（7）选定图符后，单击“下一步”按钮，将弹出“图符预处理”对话框，如图 7.9 所示（此处是针对参数化图符而言的，对于固定图符则没有此步），在其中可进行具体的参数设置。

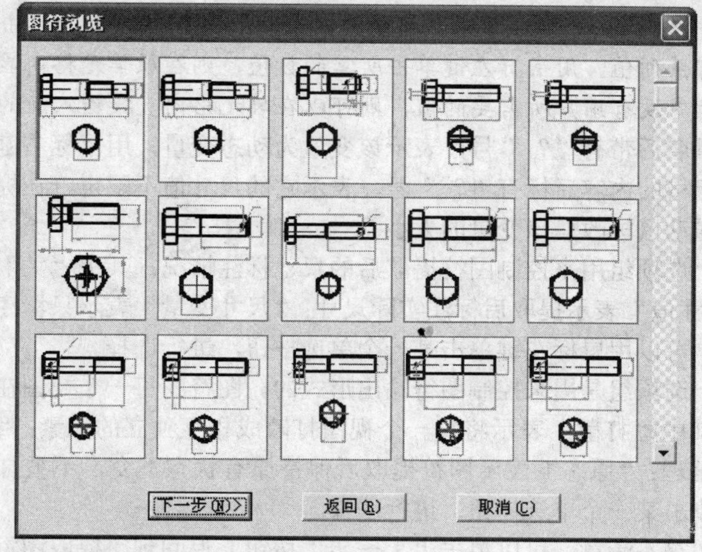

图 7.8　“图符浏览”对话框

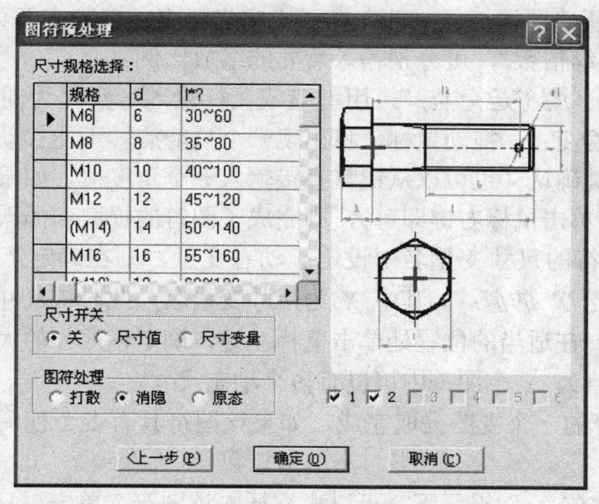

图 7.9　“图符预处理”对话框

对话框的右半部是图符预览区，显示所选图符的视图，下面排列着视图个数的显示控制开关，用鼠标左键单击，即可打开或关闭任意一个视图，被关闭的视图将不被提取出来。

对话框的左半部是图符处理区，包括“尺寸规格选择”区、“尺寸开关”选项组和“图符处理”选项组三部分内容。

“尺寸规格选择”区以电子表格的形式出现，表头为尺寸变量名，在右侧的预览区内可以直观地看到每个尺寸变量名的具体位置和含义（用鼠标右键单击预览区内任意一点，则图形以该点为中心放大显示，可以反复放大；在预览区内同时按下鼠标左右键，则图形恢复到最初的显示大小），用鼠标单击任意单元格，即可对其内容进行修改。

提示

如果尺寸变量名后带有“*”号，表示该变量为系列变量，用鼠标单击它所对应的单元格中的内容（是一个范围），则在该单元格的右端出现一个下拉按钮，单击该按钮，将列出当前范围内的所有系列值，用鼠标左键单击所需的数值，则在原单元格内显示出用户选定的值，如果在列表框中没有用户所需要的值，则可以在单元格内直接输入新的数值。

如果尺寸变量名后带有“？”号，表示该变量为动态变量，用鼠标右键单击它所对应的单元格，则在单元格的内容后标有“？”号，表示它的尺寸值不限定，在提取时可以通过键盘输入新值，或拖动鼠标改变该变量的大小。

“尺寸开关”选项组用来控制图符提取后的尺寸标注情况，其中“关”表示提取后不标注任何尺寸；“尺寸值”表示提取后标注实际尺寸；“尺寸变量”表示只标注尺寸变量名，而不标注实际尺寸。可以用鼠标左键单击某一个单选按钮，进行选择。

“图符处理”选项组是用来控制图符输出形式的。图符的每一个视图在默认情况下都是作为块插入的，其中“打散”表示将每一个视图打散成相互独立的元素；“消隐”表示图符插入后进行消隐处理；“原态”表示图符提取后保持原有状态不变，不被打散，也不消隐。可以用鼠标左键单击某一个单选按钮，进行选择。

如果对所选图符不满意，可以单击“上一步”按钮，返回到“提取图符”对话框，更换提取其他图符。图符设定完成后，单击“确定”按钮，将关闭所有对话框，返回到绘图状态，此时，可以看到所选图符已经“挂”在了十字光标上，单击立即菜单中的“1：横向放缩倍数”、“2：纵向放缩倍数”，可分别输入需要的缩放比例。

（8）按提示要求“*图符定位点:*”，用键盘或鼠标输入一点作为图符的定位点，此时，提示变为“*图符旋转角度:*”，拖动鼠标，将出现一个只能旋转不能移动的动态图符，在适当位置处，单击鼠标左键确认（也可以从键盘直接输入一个角度值，如果接受系统默认的 0°角（即不旋转），直接单击鼠标右键即可），则完成了图符的提取和插入。

（9）如果在该图符的尺寸变量名中设定了动态变量，则在确定了视图的旋转角度后，提示变为“*请拖动确定 X 的值:*”，其中 *X* 为尺寸变量名，此时该尺寸的值随鼠标位置的变化而变化，拖动鼠标，在适当的位置处单击鼠标左键，确定该尺寸的大小（当然，也可以用键盘输入该尺寸的数值）。一个图符中可以有多个动态尺寸。

（10）此时，图符的一个视图提取完成，如果该图符具有多个视图，则可按上述方法提取所有的视图。

（11）在“*图符定位点:*”提示下，可以多次插入该图符，单击鼠标右键结束操作。

7.3.2 定义图符

下拉菜单：“绘图”—“库操作”—“定义图符”
“库操作工具”工具栏：
命令：SYMDEF

图符的定义实际上就是用户根据需要，建立自己的图库的过程。由于不同专业、不同技术背景的用户可能会用到一些电子图板没有提供的图形或符号，为了提高绘图效率，用户可以利用电子图板提供的工具，建立、丰富自己的图库。

图符的定义包括：固定图符的定义和参数化图符的定义两部分内容，下面分别进行介绍。

1. 固定图符的定义

【功能】将一些常用的、不必标注尺寸的固定图符（如电气元件符号、液压元件符号、气动元件符号等）存入图形库中。

【步骤】

下面结合将 3.3.2 节中所绘制的槽轮图形定义为固定图符来介绍固定图符定义的具体操作方法。

（1）首先在绘图区绘制出要定义的图形，图形应尽量按照实际的尺寸比例准确绘制。这里可打开在第 3 章中所绘制完成并保存的图形文件“槽轮.exb”。

（2）启动“定义图符”命令。

（3）按提示要求，输入需定义图符的视图个数（系统默认的视图个数为 1）。此例中，该槽轮的视图个数为 1，输入完成后，按回车键确认。

（4）按提示要求“*请选择第一视图:*”，用鼠标左键拾取第一视图的所有元素（可单个拾取，也可用窗口拾取），单击鼠标右键结束拾取。

（5）根据提示“*请指定视图的基点:*”，用鼠标左键在视图中拾取一点作为基点（也可以用键盘输入），由于基点是图符提取时的定位基准点，因此最好将基点选在视图的关键点或特殊位置点，如中心点、圆心、端点等。此例中，可利用工具点捕捉功能拾取槽轮右端面与中心线的交点作为视图的基点。

（6）如果还有其他的视图，则系统继续提示要求指定第二、第三等视图的元素和基点，方法同前。

（7）完成指定后，将弹出图 7.10 所示的“图符入库”对话框。

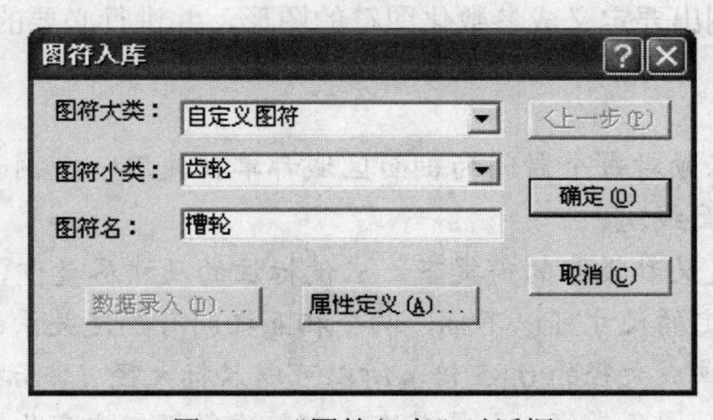

图 7.10 “图符入库”对话框

（8）在该对话框中，用户可以在“图符大类”和“图符小类”列表框中输入新的类名，也可以选择一个已有的类别；在“图符名”编辑框中输入新建图符的名称。例如，可在“图符大类”列表框中输入“自定义图符”，在“图符小类”列表框中输入类名“齿轮”，在“图符名”编辑框中输入图符的名称“槽轮”。

（9）单击“属性定义”按钮，将弹出“属性录入与编辑”对话框，如图 7.11 所示，电子图板提供了 10 个默认属性，用鼠标左键单击某一属性，即可对该属性进行编辑和录入。如果要增加新属性，则直接在表格最后左端选择区有“*”号的行输入即可；如果要在某一属性前增加新属性，则将光标定位在该行，按 Insert 键即可；如果要删除某一属性，则可用鼠标单击该行左端的选择区选中该行，按 Delete 键。

（10）所有项都设置完成后，单击“确定”按钮，即可把新建的图符加到图库中。此时，单击下拉菜单“绘图”中的“库操作”，在弹出的“提取图符”对话框中，单击“图符列表”后的下拉列表框，可以看到定义的“自定义图符”已存在。

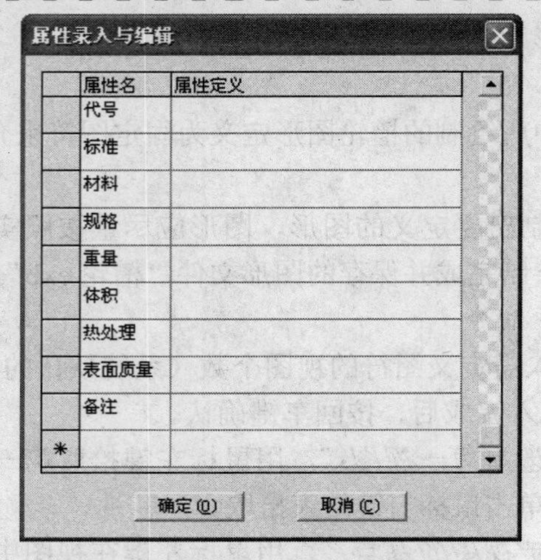

图 7.11 “属性录入与编辑”对话框

2. 参数化图符的定义

【功能】将图符定义成参数化图符后，在提取时可以对图符的尺寸加以控制，因此它比固定图符使用起来更灵活，应用也更广。

【步骤】

（1）在绘图区绘制出要定义成参数化图符的图形，并进行必要的尺寸标注。

 **提示**

① 画剖面线时，必须对每个封闭的剖面区域都单独使用一次剖面线命令，而不能一次画出几个剖面区域的剖面线。

② 在不影响图符定义和提取的前提下，应使标注的尺寸尽量少，以减少应用时数据输入的负担。例如，值固定的尺寸可以不标，两个相互之间有确定关系的尺寸可以只标一个；螺纹小径在制图中通常画成大径的 0.85 倍，所以可以只标大径 d，而把小径定义成 $0.85*d$；图符中不太重要的倒角和圆角半径，如果其在全部标准数据组中变化范围不大，可以绘制成同样的大小并定义成固定值，反之可以归纳出它与某一个已标注尺寸的大致比例关系，将它定义成类似 $0.2*L$ 的形式，也可以不标。

③ 标注尺寸时，尺寸线尽量从图形元素的特征点处引出，以便于系统进行尺寸的定位吸附。

④ 图符绘制应尽量精确，精确作图能在元素定义时得到较强的关联，并避免尺寸线吸附错误。绘制图符时最好从标准给出的数据中取一组作为绘图尺寸，从而使绘出的图形比例比较匀称，自动吸附时也不会出错。

（2）启动“定义图符”命令。

（3）按提示要求，输入需定义图符的视图个数（系统默认的视图个数为 1），输入完成后，按回车键确认。

（4）按提示要求“*请选择第一视图:*”，用鼠标左键拾取第一视图的所有元素（可单个拾取，也可用窗口拾取），单击鼠标右键结束拾取。

（5）根据提示“*请指定视图的基点:*”，用鼠标左键在视图中拾取一点（或输入点的坐标值）作为基点。

提示

由于基点是图符提取时的定位基准点，而且后面步骤中的各元素定义都是以基点为基准来计算的，因此最好将基点选在视图的关键点或特殊位置点，如中心点、圆心、端点等。在指定基点时可以充分利用工具点、智能点、导航点、栅格点等工具来帮助精确定点。如果基点的选择不当，不仅会增加元素定义表达式的复杂程度，而且会使提取时图符的插入定位很不方便。

（6）系统提示“*请为该视图的各个尺寸指定一个变量名:*”，用鼠标左键依次拾取每个尺寸，当一个尺寸被选中时，该尺寸变为高亮状态显示，用户在弹出的编辑框中输入给该尺寸起的名字，尺寸名应与标准中采用的尺寸名或与被普遍接受的习惯相一致，输入完变量名后，按回车键，该尺寸又恢复成原来的颜色。用户可继续选择其他尺寸，也可以再次选中已经指定过变量名的尺寸为其指定新名字。该视图的所有尺寸变量名输入完后，单击鼠标右键确认。

（7）系统继续提示要求指定第二、第三等视图的元素、基点和尺寸变量名，方法同前，分别指定其他视图的元素、基点和尺寸变量名。

（8）所有的视图都处理完毕后，将弹出图 7.12 所示的“元素定义”对话框，从中可对构成图符的每一图形元素与所选定的图符参数相关联。

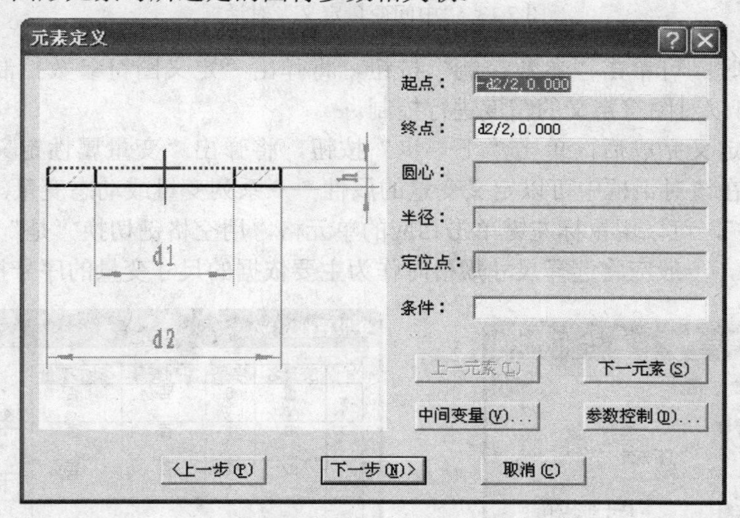

图 7.12　“元素定义”对话框

提示

① 元素定义就是对图符参数化，用尺寸变量逐个表示出每个图形元素的表达式，如直线的起点、终点表达式，圆的圆心、半径的表达式等。单击“上一元素”和“下一元素”按钮，可以查询和修改每个元素的定义表达式，也可以直接用鼠标左键在预览区中拾取。如果对图形不满意或需要修改，可以单击“上一步”按钮返回上一步操作。

② 定义剖面线和填充的定位点时，应选取一个在尺寸取各种不同的值时都能保证总在封闭边界内的点，提取时才能保证在各种尺寸规格下都能生成正确的剖面线和填充。

③ 条件决定着相应的图形元素是否出现在提取的图符中，系统会根据提取图符时指定的尺寸规格决定是否包含该图形元素。条件可以是一个表达式，如“$d>5$”，也可以是两个表达式的组合，如“$d>5$ & $d<36$”（表示 $d>5$ 并且 $d<36$）。

（9）必要时，可单击“中间变量”按钮，弹出图 7.13 所示的“中间变量定义”对话框，从中可把一个使用频率较高或较长的表达式用一个变量来表示，以简化表达式，方便建库，提高提取图符时的计算效率。中间变量可以是尺寸变量和前面已经定义的中间变量的函数，即先定义的中间变量可以出现在后定义的中间变量的表达式中。在该对话框中，左半部分输入中间变量名，右半部分输入表达式，确认后，建库过程中可直接使用这一变量。

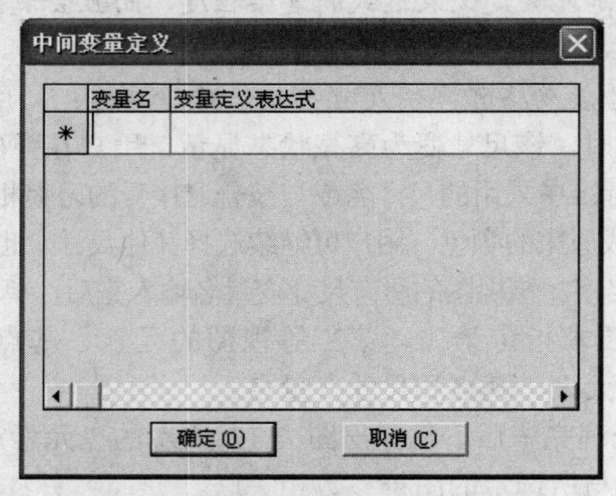

图 7.13 “中间变量定义”对话框

（10）必要时，可单击“参数控制”按钮，将弹出“定义图符参数控制”对话框，如图 7.14 所示，可以对图符定义的精度进行控制。

（11）元素定义完成后，单击“下一步”按钮，将弹出“变量属性定义”对话框，如图 7.15 所示，在该对话框中可以定义变量的属性——系列变量或动态变量。系统默认的变量属性均为“否”，可以用鼠标左键单击相应的单元格，用空格键切换“是”和“否”。变量的序号从 0 开始，一般应将选择尺寸规格时作为主要依据的尺寸变量的序号指定为 0。

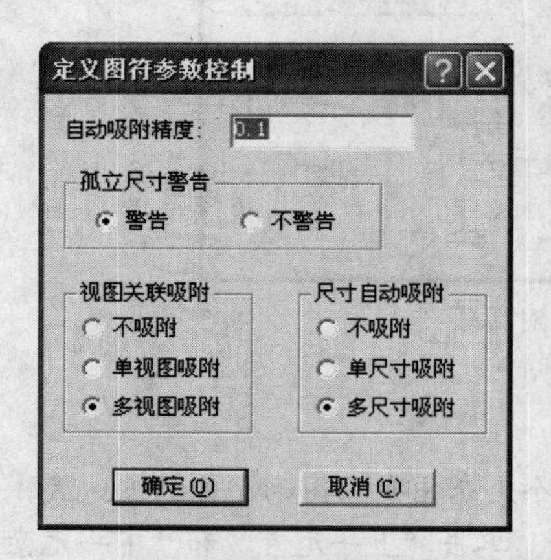

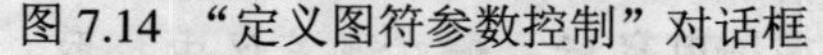

图 7.14 “定义图符参数控制”对话框

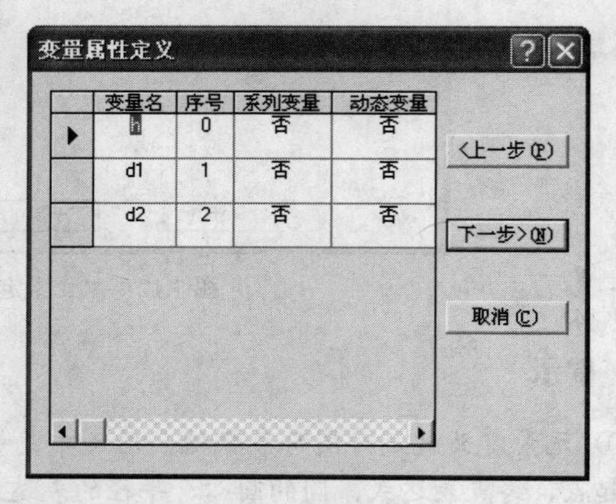

图 7.15 “变量属性定义”对话框

（12）设定完成后单击“下一步”按钮，将弹出图 7.10 所示的“图符入库”对话框，在“图符大类”和“图符小类”列表框中输入新的类名或选择一个已有的图符所属类别；在“图符名”编辑框中输入新建图符的名称。

（13）单击“属性定义”按钮，将弹出图 7.11 所示的“属性录入与编辑”对话框，在其中输入图符的属性（方法同前）。

（14）单击图 7.10 所示的“图符入库”对话框中的“数据录入”按钮，将弹出“标准数据录入与编辑”对话框，如图 7.16 所示，在该对话框中可以输入和编辑数据，尺寸变量按“变量属性定义”对话框中指定的顺序排列。用户可以将录入的数据存储为数据文件，以备后用，也可以从外部数据文件中读取数据，但是读取文件的数据格式应与数据表的格式完全一致。

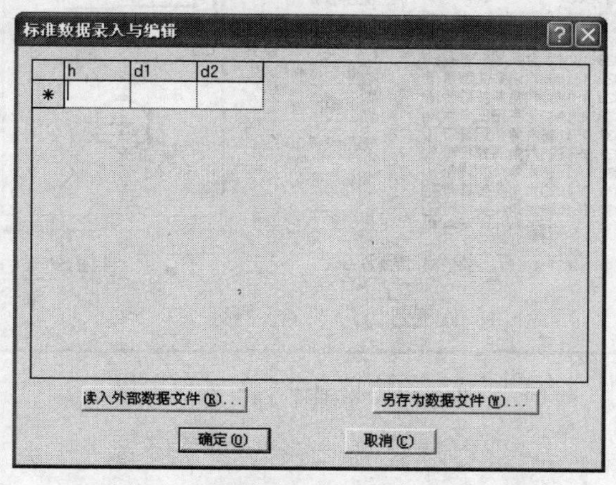

图 7.16　“标准数据录入与编辑”对话框

（15）所有项都设置完成后，单击“确定”按钮，即可把新建的图符添加到图库中。

7.3.3　驱动图符

下拉菜单：“绘图”—“库操作”—“驱动图符”
“库操作工具”工具栏：
命令：SYMDRV

【功能】用于改变已提取、没有被打散图符的尺寸规格、尺寸标注情况和图符输出形式。

【步骤】

（1）启动“驱动图符”命令。

（2）按提示要求，用鼠标左键拾取要变更的图符，此时，弹出图 7.9 所示的“图符预处理”对话框，与提取图符的操作一样，可以对图符的尺寸规格、尺寸开关和图符处理等内容进行修改。

（3）修改完成后，单击“确定”按钮，则原图符被修改后的图符代替，而图符的定位点和旋转角都不改变。

7.3.4　图库管理

下拉菜单：“绘图”—“库操作”—“图库管理”
“库操作工具”工具栏：
命令：SYMMAN

CAXA 电子图板的图库是一个面向用户的开放式图库，用户不但可以提取图符、定义图符，还可以利用系统提供的工具对图库进行管理。

启动“图库管理”命令后，将弹出图 7.17 所示的“图库管理”对话框，该对话框与前面介绍过的“提取图符”对话框非常相似，其中左侧的图符选择、右侧的预览和下部的图符检索的使用方法同前，只是在中间安排了 8 个操作按钮，包含了图库管理的全部功能：“图符编辑”、“数据编辑”、“属性编辑”、“图符排序”、“导出图符”、“并入图符”、“图符改名”、“删除图符”、“压缩图库”。下面分别进行介绍。

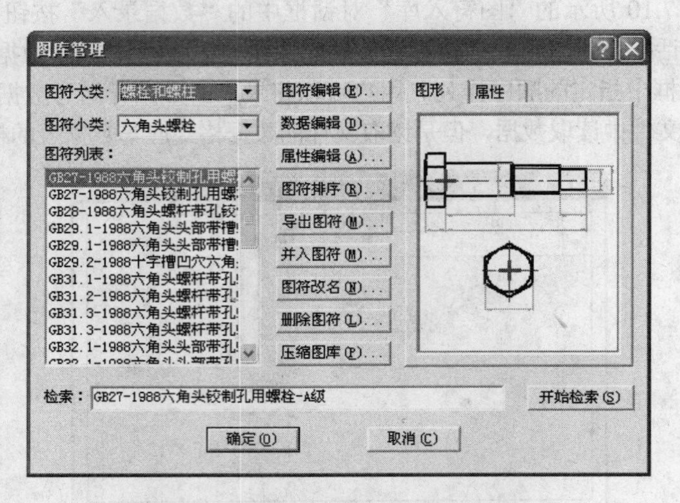

图 7.17 “图库管理”对话框

1. 图符编辑

【功能】用于对图符的再定义，可以对图库中原有的图符进行全面的修改，也可以利用图库中现有的图符进行修改，部分删除、添加或重新组合，定义成相类似的新的图符。

【步骤】

（1）在“图库管理”对话框中选择要进行图符编辑的图符名称，通过右侧的预览窗口可以对图符进行预览，方法与“提取图符”时相同。

（2）单击“图符编辑”按钮，将弹出“图符编辑”下拉菜单，其中包含“进入元素定义”和“进入编辑图形”两个菜单项。如果只是要修改参数化图符中的图形元素的定义或尺寸变量的属性，则选取“进入元素定义”选项，此时，“图库管理”对话框关闭，弹出“元素定义”对话框，如图 7.18 所示，在该对话框中可以对图形元素重新定义，操作方法与参数化图符的定义相同。

（3）如果要对图符的图形、基点、尺寸或尺寸名进行编辑，则选取“进入编辑图形”选项，此时，“图库管理”对话框关闭。由于电子图板要把该图符插入绘图区以供编辑，因此如果当前打开的文件尚未存盘，系统将提示用户保存文件。如果文件已保存，则关闭文件并清除屏幕显示。此时，图符的各个视图显示在绘图区，用户可以对图符进行编辑修改，如添加或删除图线、尺寸等。

（4）编辑修改完成后，可以按前面介绍的定义图符的方法重新定义图符，在图符入库时，如果输入了一个与原来不同的名字，则定义了一个新的图符；如果使用原来的图符类别和名称，则实现了对原来图符的修改。

2. 数据编辑

【功能】对参数化图符原有的数据进行修改、添加和删除。

【步骤】

（1）在“图库管理”对话框中选择要进行数据编辑的图符名称，通过右侧的预览窗口可以对图符进行预览，方法同前。

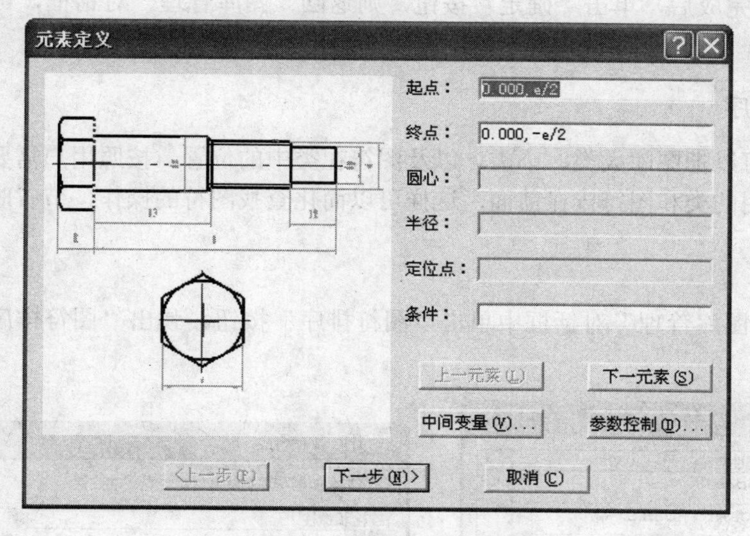

图 7.18 “元素定义”对话框

（2）单击“数据编辑”按钮，弹出“标准数据录入与编辑”对话框，如图 7.19 所示。

标准数据录入与编辑

规格	d	l*?	ds	l3	l2	dp
M6	6	25~65	7	l-12	1.5	4
M8	8	25~80	9	l-15	1.5	5.5
M10	10	30~120	11	l-18	2	7
M12	12	35~180	13	l-22	2	8.5
(M14)	14	40~180	15	l-25	3	10
M16	16	45~200	17	l-28	3	12
(M18)	18	50~200	19	l-30	3	13
M20	20	55~200	21	l-32	4	15
(M22)	22	60~200	23	l-35	4	17
M24	24	65~200	25	l-38	4	18

读入外部数据文件(R)...　另存为数据文件(W)...

确定(O)　取消(C)

图 7.19 “标准数据录入与编辑”对话框

（3）在该对话框中可以对数据进行修改，操作方法同定义图符时的数据录入相同。

（4）修改完成后，单击“确定”按钮，则返回“图库管理”对话框，可以进行其他图库管理操作，全部操作完成后，单击“确定”按钮，则结束图库管理操作。

3．属性编辑

【功能】对图符原有的属性进行修改、添加和删除。

【步骤】

（1）在“图库管理”对话框中选择要进行属性编辑的图符名称，通过右侧的预览窗口可以对图符进行预览，方法同前。

（2）单击“属性编辑”按钮，弹出“属性录入与编辑”对话框，如图 7.20 所示，在该对话框中可以对属性进行修改，操作方法与定义图符时的“属性编辑”操作相同。

（3）修改完成后，单击“确定”按钮，则返回“图库管理”对话框，可以进行其他图库管理操作。

4．图符排序

【功能】可以把图库大类、小类，以及图符在类中的位置，按照用户需要的方式排列，用户可以把常用的类和图符排在前面，这样可以简化查找图符的操作，节省时间，提高绘图效率。

【步骤】

（1）在“图库管理”对话框中单击“图符排序”按钮，弹出“图符排序”对话框，如图 7.21 所示。

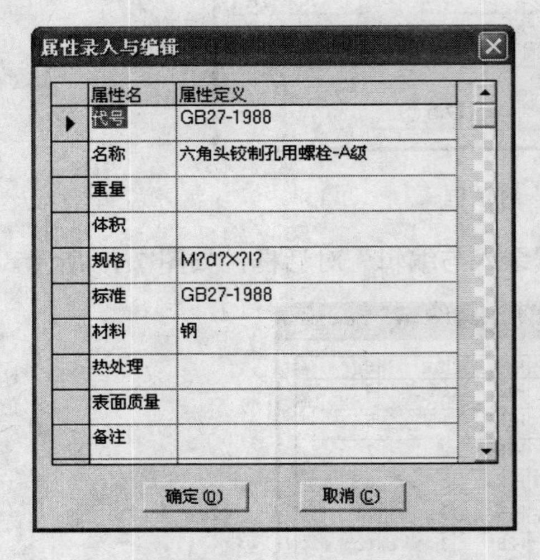

图 7.20 “属性录入与编辑”对话框

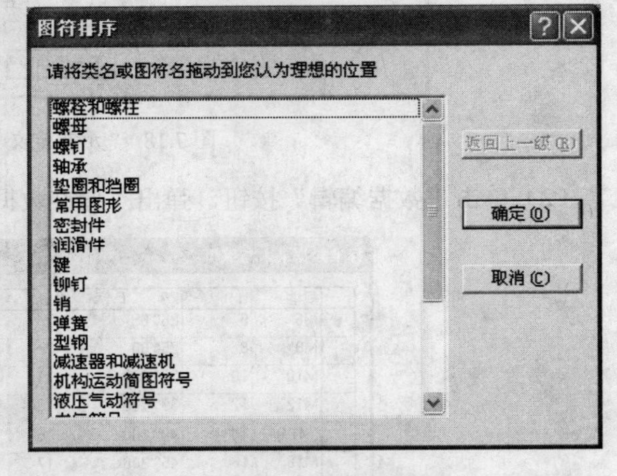

图 7.21 “图符排序”对话框

（2）在列表框中列出了图库的每一个大类，用鼠标左键单击要移动的大类名，然后按住鼠标左键不放，拖动鼠标，可以看到一灰色窄条跟随鼠标移动，它表示移动后到达的新位置，在适当位置处松开鼠标左键，可以看到选中的大类已经移动到了当前位置处。

（3）用鼠标左键双击大类名，则可以显示出该大类中的所有小类，同理，双击小类名，可以显示出该小类中的所有图符，小类和图符的排序方法与大类的排序方法相同。排序完成后，单击“返回上一级”按钮则可层层返回。

（4）所有排序完成后，单击“确定”按钮，则返回到“图库管理”对话框，可以进行其他图库管理操作。

5．导出图符

【功能】将需要导出的图符以“图库索引文件”（*.idx）的方式在系统中进行保存。

【步骤】

（1）在“图库管理”对话框中单击“导出图符”按钮。弹出“导出图符”对话框，如图 7.22 所示。

（2）在图符列表框中列出该类型的所有图符，用户可以选择需要导出的图符。如果全部需要导出，可单击“全选”按钮。

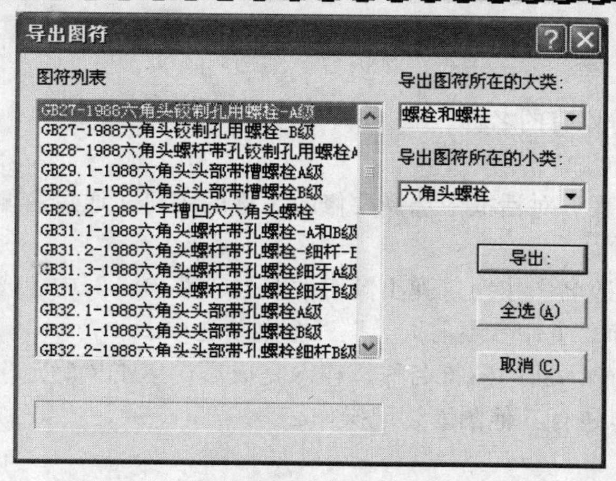

图 7.22　“导出图符”对话框

（3）在选择需要导出的图符后，单击“导出”按钮，在弹出的“另存文件”对话框中，输入要保存的图库索引文件名，单击“保存”按钮，完成图符的导出。

6．并入图符

【功能】将用户在旧版本中自定义的图库转换为当前的图库格式，或将用户在另一台计算机上定义的图库加入到本台计算机的图库中。

【步骤】

（1）在“图库管理”对话框中单击“并入图符”按钮，弹出“打开图库索引文件”对话框，如图 7.23 所示。用户可以从中选择需要转换图库的索引文件。

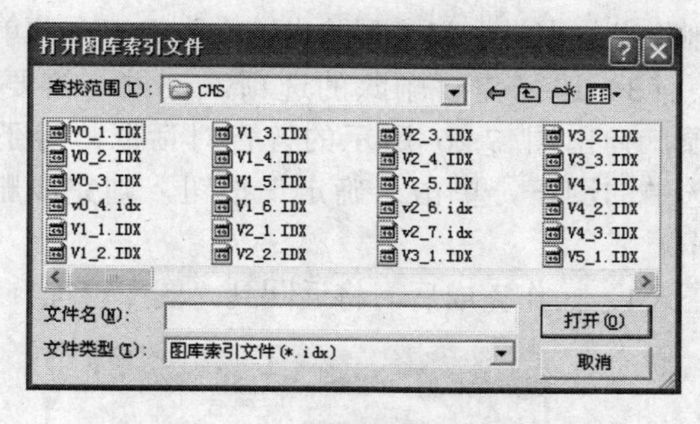

图 7. 23　“打开图库索引文件”对话框

（2）选择需要转换图库的索引文件后，单击“打开”按钮。弹出“并入图符”对话框，如图 7.24 所示。

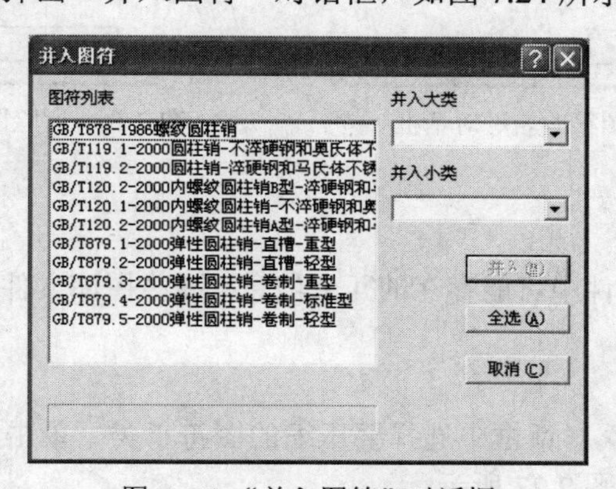

图 7. 24　“并入图符”对话框

（3）在列表框中选择需要转换的图符后，再选择将图符并入的类别，或输入新类名以创建新的类。所有操作完成后，单击“关闭”按钮，返回“图库管理”对话框。

7. 图符改名

【功能】修改图符原有的名称。

【步骤】

（1）在“图库管理”对话框中选择要修改名称的图符，通过右侧的预览窗口可以对图符进行预览，方法同前。

（2）单击“图符改名”按钮，弹出图符改名选项菜单，其中包含“重命名当前图符”、“重命名当前小类”和“重命名当前大类”三个菜单选项。

（4）在编辑框中输入新的图符名称，输入完成后，单击“确定”按钮，则返回到“图库管理”对话框，可以进行其他图库管理操作。

8. 删除图符

【功能】删除图库中无用的图符。

【步骤】

（1）在“图库管理”对话框中选择要删除的图符，通过右侧的预览窗口可以对图符进行预览，方法同前。

（2）单击“删除图符”按钮，弹出删除图符选项菜单，其中包含“删除当前图符”、“删除当前小类”和“删除当前大类”三个菜单选项。

（3）选择需要删除的选项。例如，需要删除当前图符，可选择“删除当前图符”选项，弹出图 7.26 所示的警告对话框，为了避免误操作，系统询问用户是否确定要删除选中的图符，单击“确定”按钮，则完成删除操作；单击“取消”按钮，则取消删除操作。

（4）操作完成后，将返回到“图库管理”对话框，可以进行其他图库管理操作。

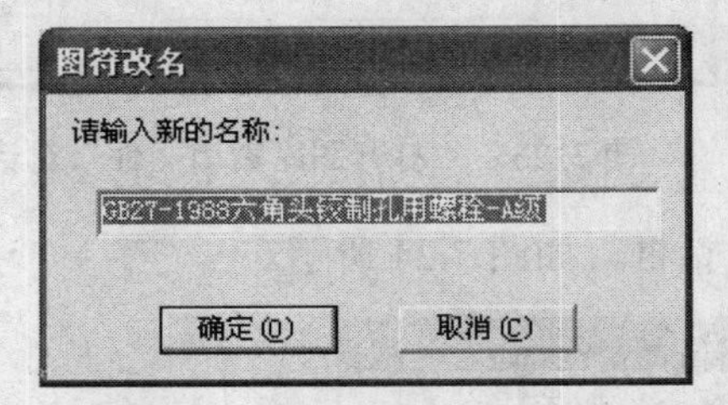

图 7.25 “图符改名”对话框

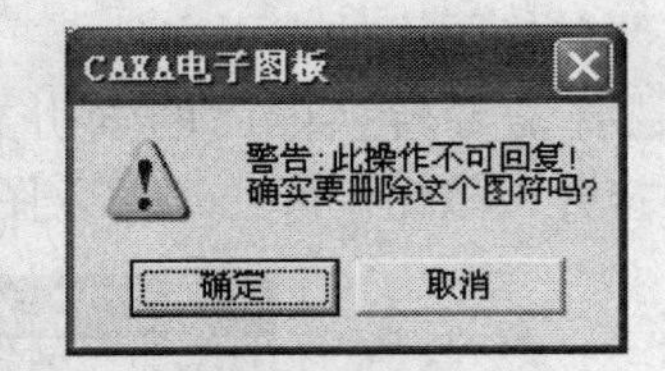

图 7.26 删除图符警告对话框

9. 压缩图库

【功能】清除图库文件中可能存在的冗余信息，减少图库文件占用的硬盘空间，提高读取图符信息的效率。

【步骤】

（1）在“图库管理”对话框中选择要压缩的图符小类，单击“压缩图库”按钮，弹出“压缩图库”对话框，如图 7.27 所示。

（2）单击“开始”按钮，则系统开始进行图库压缩，进程条将显示压缩进度。

（3）压缩完成后，单击“关闭”按钮，将返回到“图库管理”对话框，可以进行其他图库管理操作。

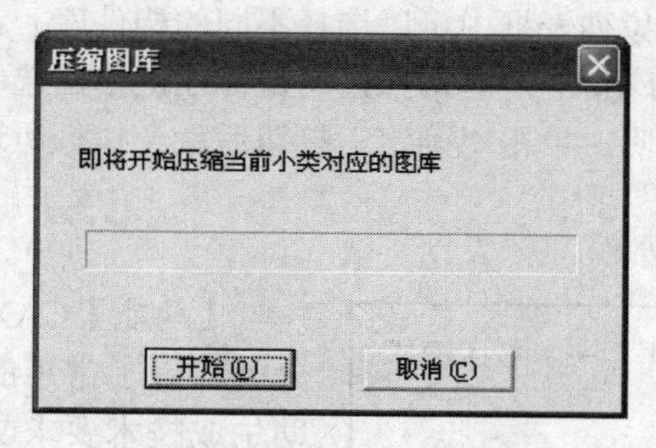

图 7.27 “压缩图库”对话框

7.3.5　构件库

> 下拉菜单：“绘图”—“库操作”—“构件库”
> “绘图工具”工具栏：
> “库操作工具”工具栏：
> 命令：SYMMAN

【功能】构件库是一种二次开发模块的应用形式，它在电子图板启动时自动载入，在电子图板关闭时退出。构件库一般用于不需要对话框进行交互、而只需要立即菜单进行交互的功能。构件库的使用不仅有功能说明等文字说明，还有图片说明，更为形象和直观。

在使用构件库之前，首先应该把编写好的库文件 eba 复制到 EB 安装路径下的构件库目录\Conlib 中，在该目录中已经提供了一个构件库的例子 EbcSample，其中列出了洁角、止锁孔和退刀槽等功能，以及工艺结构的构件，如图 7.28 所示。

【步骤】

默认情况下，启动“构件库”命令后将弹出图 7.28 所示的“构件库”对话框。

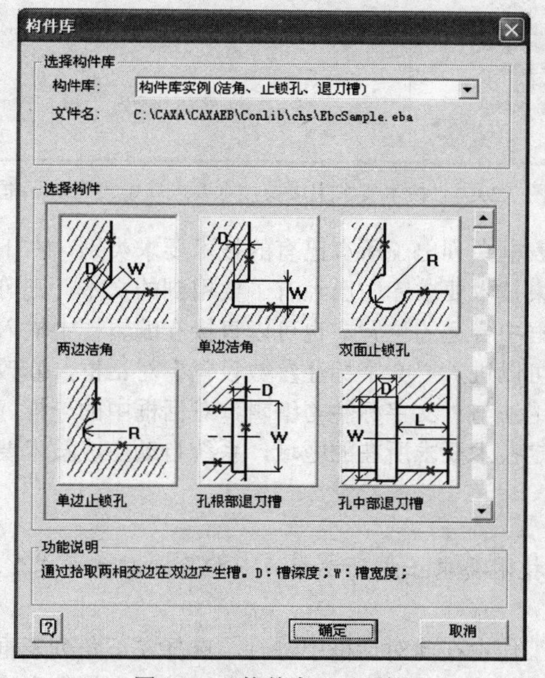

图 7.28 “构件库”对话框

在其中的“构件库”下拉列表框中可以选择不同的构件库，在“选择构件”栏中以图标按钮的形式列出了这个构件库中的所有构件，用鼠标左键单击选中以后，在“功能说明”栏中列出了所选构件的功能说明，单击“确定”按钮后就会执行所选的构件。

7.3.6 技术要求库

下拉菜单：“绘图”—“库操作”—“技术要求库”
“绘图工具”工具栏：
“库操作工具”工具栏：
命令：SYMMAN

【功能】CAXA 电子图板用数据库文件分类记录了常用的技术要求文本项，可以辅助生成技术要求文本插入工程图，也可以对技术要求库的文本进行添加、删除和修改，即进行管理。

【步骤】

启动“技术要求库”命令后，将弹出图 7.29 所示的“技术要求生成及技术要求库管理”对话框。

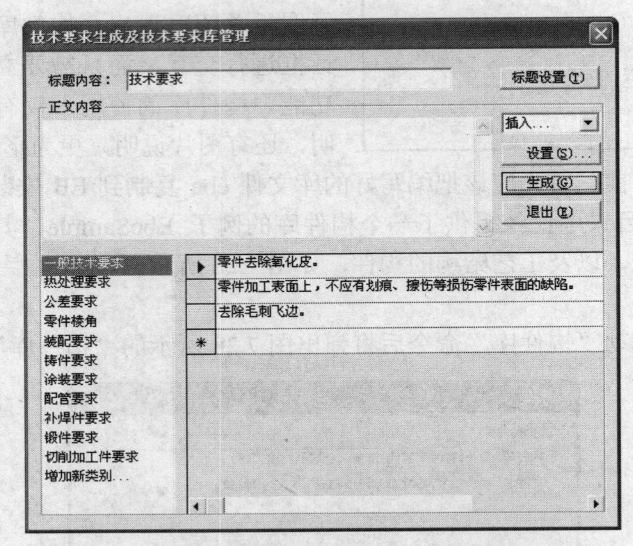

图 7.29　“技术要求生成及技术要求库管理”对话框

在该图左下角的列表框中列出了所有已有的技术要求类别，右下角的表格中列出了当前类别的所有文本项。如果技术要求库中已经有了要用到的文本，则可以用鼠标直接将文本从表格中拖到上面的编辑框中合适的位置，也可以直接在编辑框中输入和编辑文本。

单击“设置”按钮可以进入“文字标注参数设置”对话框，修改技术要求文本要采用的参数。右上角的组合框用法与“文字标注与编辑”对话框中的一样。完成编辑后，单击“生成”按钮，根据提示指定技术要求所在的区域，系统自动生成技术要求。

提示

设置的字型参数是技术要求正文的参数，而标题“技术要求”四个字由标题旁的“设置”按钮进行设置。

技术要求库的管理工作也在此对话框中进行。选择左下角列表框中的不同类别，右下角表格中的内容随之变化。要修改某个文本项的内容，只需直接在表格中修改；要增加新的文本项，可以在表格最后左边有星号的行输入；要删除文本项，则用鼠标单击相应行左边的选择区选中该行，再按 Delete 键删除；要增加一个类别，选择列表框中的最后一项“增加新类别...”，输入新类别的名字，然后在表格中为新类别增加文本项；要删除一个类别，选中该类别，按 Delete 键，在弹出的消息框中选择“是”，则该类别及其中的所有文本项都被从数据库中删除；要修改类别名，用鼠标双击，再进行修改。完成管理工作后，单击“退出”按钮退出对话框。

7.4 应用示例

本节将结合一简单轴系装配图的生成来介绍块的定义、图符的提取及其在装配图绘制中的具体应用方法。具体为：先将第 3 章中示例 1 所绘制的“轴”和示例 2 所绘制的“槽轮”分别定义成块，再用规格为 10×36 的键（GB/T1096—1979 普通平键 A 型）连接该轴和槽轮，然后在右轴端加一个规格为 6 206 的向心轴承（GB/T276—1994 深沟球轴承 60 000 型 02 系列），最后绘制成图 7.30 所示的“轴系”装配图。

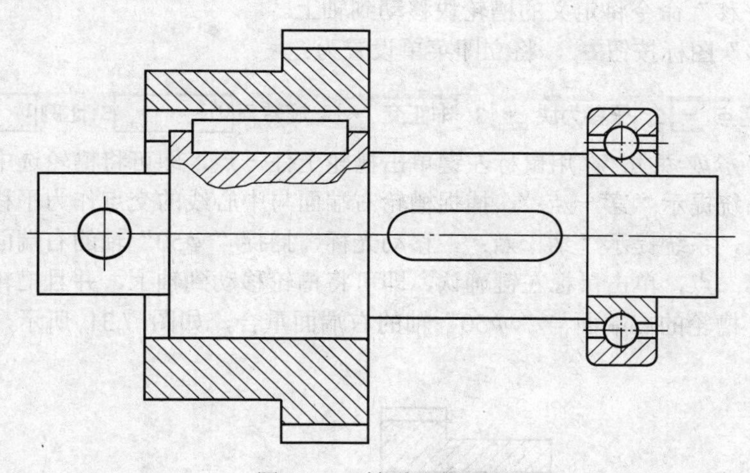

图 7.30 “轴系”装配图

【分析】

首先利用“并入文件”命令（将用户输入的文件名所代表的文件并入到当前的文件中，如果有相同的层，则并入到相同的层中，否则，全部并入到当前层），将前面所绘制的轴和槽轮文件并入到一个文件中，利用“块操作”中的“块生成”命令，分别将轴和槽轮定义成块。

然后利用“平移”命令将定义成块的槽轮平移到轴上。

最后利用“库操作”中的“提取图符”命令，提取 10×36“GB1096—1979 普通平键 A 型”，即可绘制完成装配图。

【步骤】

（1）用“并入文件”命令，将前面第 3 章所绘制并存盘的轴和槽轮文件并入到一个文件中。

① 在 CAXA 电子图板环境下新建一图形文件。单击“标准工具”工具栏中的“新建文件”图标按钮，在弹出的“新建”对话框中，用鼠标左键双击“EB”图标，即可建立一

个新文件。

② 单击主菜单中的“文件”，在弹出的下拉菜单中选取“并入文件”选项，在弹出的“并入文件”对话框中选择在第 3 章绘制并存储的文件“轴.exb”，单击“打开”按钮，在屏幕适当位置处单击鼠标左键，确定定位点，输入旋转角度“0”，即可将轴并入到新建的文件中。

③ 与上相同，将在第 3 章绘制并存储的文件“槽轮.exb”也并入到该新建文件中。

（2）用“块操作”中的“块生成”命令，将该轴和槽轮分别定义成块。

① 单击“绘图工具”工具栏中的“块生成”图标按钮，按提示要求“*拾取元素:*”，用窗口方式选择屏幕上的轴，单击鼠标右键确认，根据提示“*基准点:*”，单击状态栏中的“屏幕点设置”按钮 屏幕点 自由，将屏幕点设置为“智能”方式，将光标移动到该轴左端面与中心线的交点附近，捕捉该交点为基准点，单击鼠标左键确认，即将轴定义成一个块。

② 单击鼠标右键，方法同上，用窗口方式拾取屏幕上的槽轮，将基准点选在槽轮右端面与中心线的交点处，即将槽轮定义成一个块。

（3）用“平移”命令将定义的槽轮块移动到轴上。

单击“平移”图标按钮，将立即菜单设置为：

1: 给定两点 2: 平移为块 3: 非正交 4:旋转角 0 5:比例 1

根据提示“*拾取添加:*”，用鼠标左键单击槽轮上任一点，即可将槽轮选中，单击鼠标右键结束拾取，系统提示“*第一点:*”，捕捉槽轮右端面与中心线的交点作为平移的第一点，单击鼠标左键确认，系统提示“*第二点:*”，移动光标，捕捉“ $\phi 50$”轴的右端面与中心线的交点作为平移的第二点，单击鼠标左键确认，即可将槽轮移动到轴上，并且槽轮的中心线与轴的中心线重合，槽轮的右端面与“ $\phi 50$”轴的右端面重合，如图 7.31 所示，单击鼠标右键结束该命令。

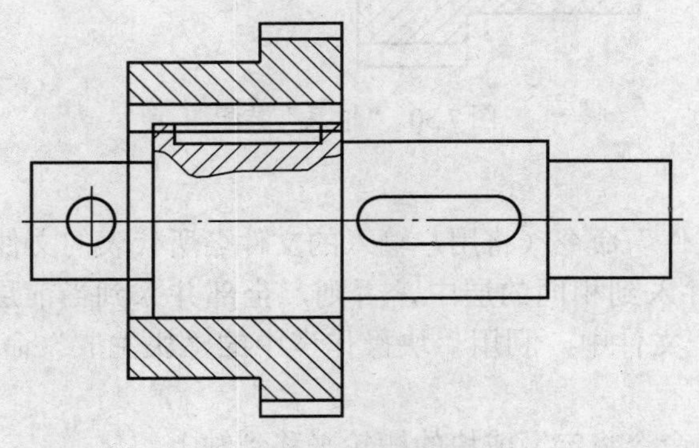

图 7.31 平移后的图形

（4）用“块操作”中的“块消隐”命令，将图中重叠的部分消隐。

选择“绘图”—“块操作”—“块消隐”，将立即菜单设置为 1: 消隐，根据提示“*请拾取块:*”，用鼠标左键单击轴上任一点，将其设置为前景图形元素，则槽轮中与其重叠的部分被消隐，如图 7.32 所示，单击鼠标右键结束该命令。

（5）用“库操作”中的“提取图符”命令，提取规格为 10×36 的普通平键图形，将其插入到槽轮和轴的键槽中。

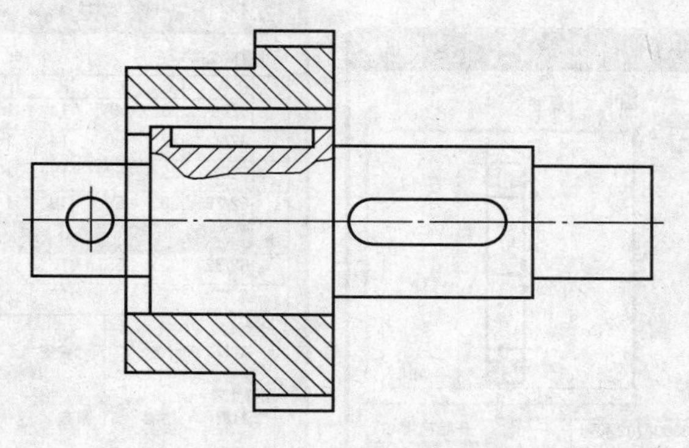

图7.32 “块消隐”后的图形

① 单击“绘图工具”（或“库操作工具”）工具栏中的“提取图符”图标按钮，在弹出的“提取图符”对话框中按图7.33所示进行设置。

② 单击“下一步”按钮，在弹出的“图符预处理”对话框中，选择键宽“b”的值为“10”的项，并将键长“l*？”的值设置为“36”，关闭2、3视图，具体设置如图7.34所示。单击“确定”按钮，将关闭所有的对话框，返回到CAXA主界面。

③ 按提示要求“*图符定位点:*”，捕捉轴上键槽的左下角点作为图符的定位点，单击鼠标左键确认，系统提示“*图符旋转角度:*”，由于不需要旋转，所以单击鼠标右键确认，即可将键的主视图插入到键槽中。

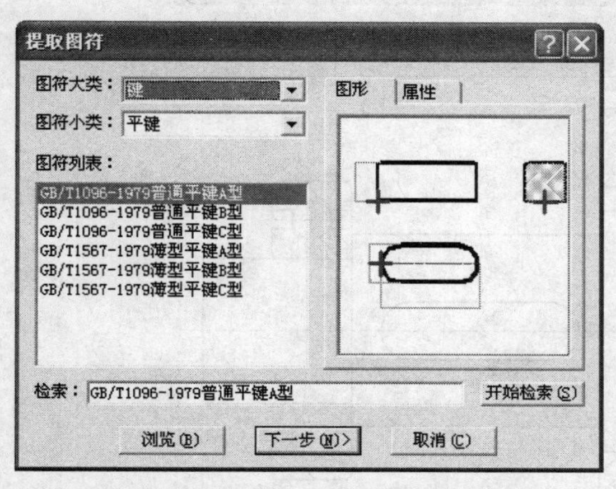

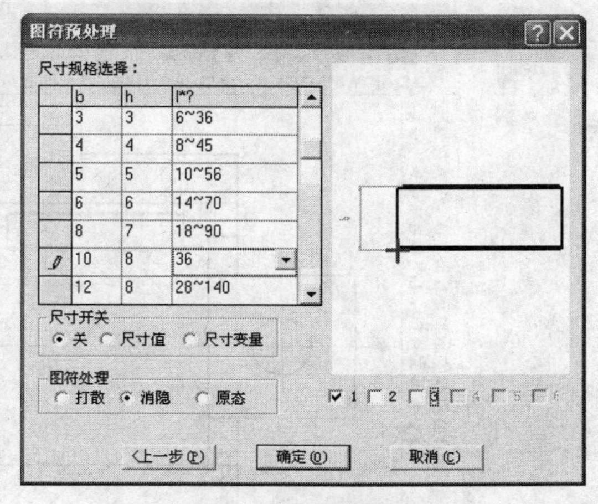

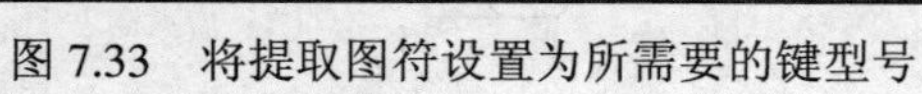

图7.33 将提取图符设置为所需要的键型号

图7.34 键的参数设置

（6）用“库操作”中的“提取图符”命令，提取规格为6 206的深沟球轴承图形，将其插入到右轴端，绘制装配图。

① 继续单击“提取图符”图标按钮，在弹出的“提取图符”对话框中按图7.35所示进行设置。

② 单击“下一步”按钮，在弹出的“图符预处理”对话框中，选择轴承内圈直径“d”值为“30”的项，具体设置如图7.36所示。单击“确定”按钮。

③ 按提示要求“*图符定位点:*”，捕捉轴上右轴肩与轴线的交点作为图符的定位点，单击鼠标左键确认，再单击鼠标右键，即可将轴承插入轴的右轴段上。

④ 用“块操作”中的“块消隐”命令，将轴承图中被遮挡的部分消隐。

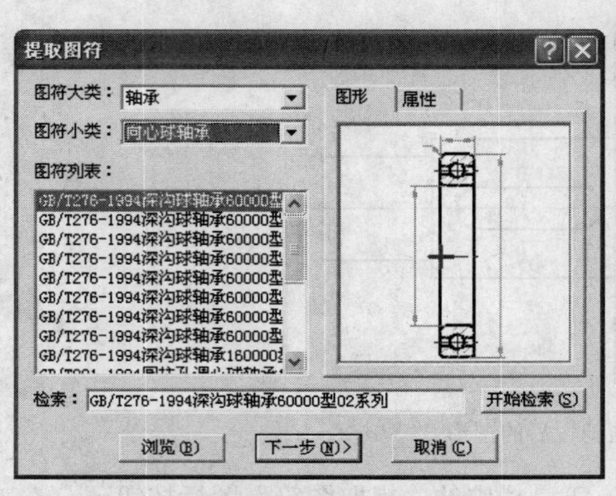

图 7.35 将提取图符设置为所需要的轴承型号

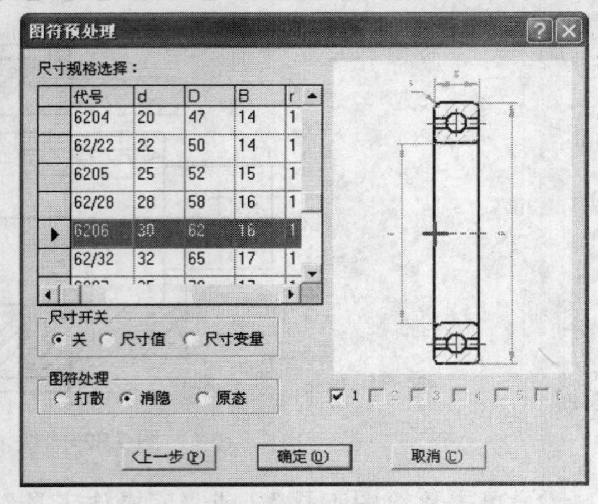

图 7.36 轴承的具体参数设置

选择“绘图”—“块操作”—“块消隐”，将立即菜单设置为 1:消隐 ，根据提示“*请拾取块:*”，用鼠标左键单击轴上任一点，将其设置为前景图形元素，则轴承被消隐；在提示“*请拾取块:*”下继续用鼠标左键单击键上任一点，则键轮廓内的轴被消隐，单击鼠标右键结束该命令。

最后完成的“轴系”装配图如图 7.37 所示。

（7）以“轴系.exb”为文件名存盘（注：在下一章的练习中还要用到该图）。

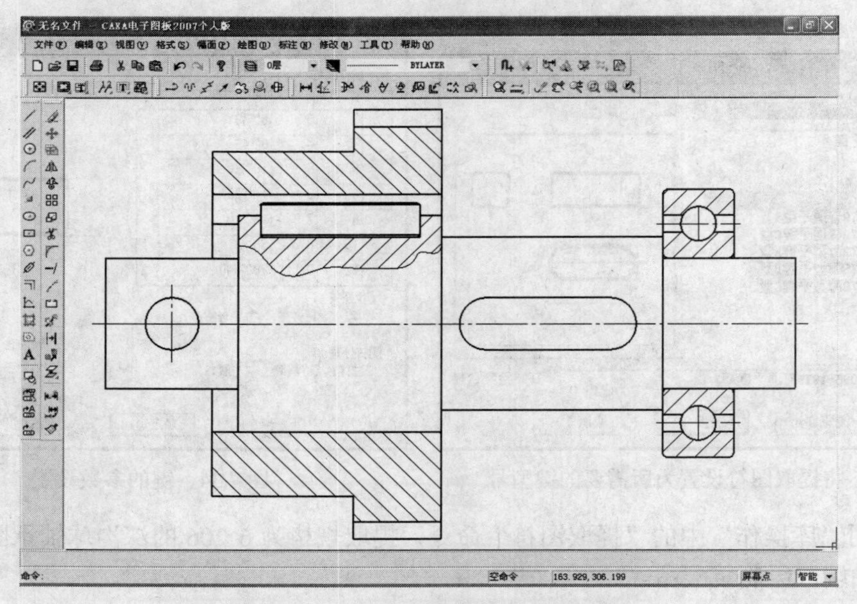

图 7.37 最后完成的“轴系”装配图

习 题

1．选择题

（1）用“块生成”命令生成的块（　　）

① 可以被打散；

② 可以用来实现图形的消隐；

③ 可以存储与图形相关的非图形信息；

④ 只能在定义它的图形文件内调用；

⑤ 既能在定义它的图形文件内调用，也可在其他图形文件内调用。

（2）下列对象中属于块的有（　　　　　）

① 图符；

② 尺寸；

③ 图框；

④ 标题栏；

⑤ 以上全部。

（3）若欲使在一个图形文件内定义的块能够被其他图形文件所调用，可以（　　）

① 先将构成块的图形元素用“文件”下拉菜单中的“部分存储”命令存为一独立的图形文件，然后再将该图形文件用“文件”下拉菜单中的“并入文件”命令调入到欲调用的图形文件中；

② 用“库操作”下的“定义图符”命令将构成图块的图形元素定义为图符，放入图库中，然后在其他图形文件中用“提取图符”命令调用之；

③ 以上均可。

2．参数化图符与固定图符有何区别？各用于哪类图形的定义？

上机指导与练习

【上机目的】

掌握块和图符的定义及其应用方法。

【上机内容】

（1）熟悉块和图符的基本操作。

（2）按照 7.4 节所给方法和步骤，完成“轴系”装配图的绘制。

（3）按照下面【上机练习】中的要求和提示，完成“螺栓连接”装配图的绘制。

【上机练习】

已知上板厚 20 mm，下板厚 30 mm，通孔 ϕ22 mm，上、下两板件用 M20 的六角头螺栓连接起来，请绘制其“螺栓连接”装配图（如图 7.38 所示）。其中，螺纹连接件分别是：规格为 M20×80 的六角头螺栓（GB/T5780—2000 六角头螺栓-C 级）、规格为 20 的平垫圈（GB95—2002 平垫圈-C 级）及规格为 M20 的六角螺母（GB/T6170—2000（1 型六角螺母））。

提示

首先用绘制矩形命令画出上、下两矩形，用绘制剖面线命令绘制剖面线，上下剖面线的角度分别设置为 45、135，并设置间距错开为 8。

然后利用“库操作”中的“提取图符”命令，提取“GB/T 5780－2000 六角头螺栓-C 级”六角头螺栓，在“尺寸规格选择”列表框中的“规格”列表内找到“M20”，再双击对应的螺栓长度列表“l*？”，从中找到“80”，然后单击“确定”按钮；再次利用“库操作”中的“提取图符”命令，提取规格为 20 的平垫圈（GB95—2002 平垫圈-C 级）及规格为 M20 的六角头螺母（GB/T 6170—2000 （1 型六角螺母）），并正确插入到图中，即可绘制完成该装配图。

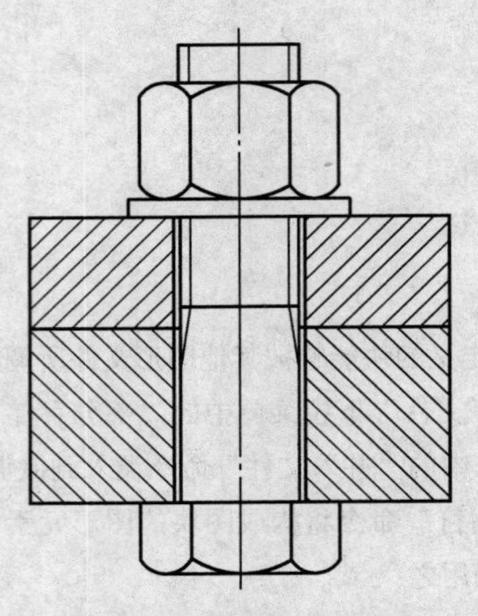

图 7.38 “螺栓连接”装配图

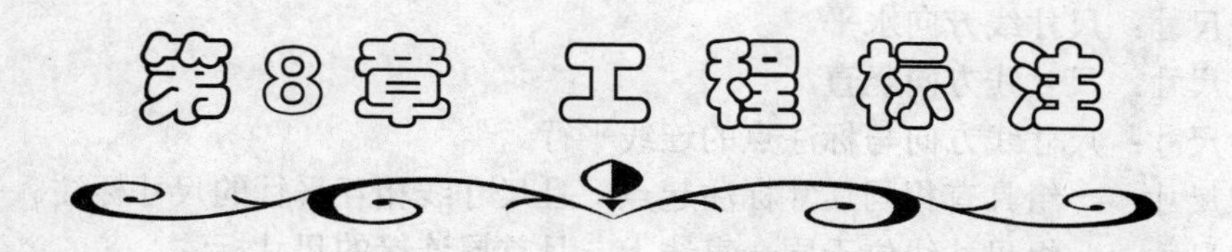

第8章 工程标注

前面各章系统介绍了 CAXA 电子图板下绘制工程图形的主要方法及具体操作，图形只能表达零件或工程的形状和结构，其具体大小还必须通过尺寸标注来确定。CAXA 电子图板依据国家标准的有关规定，提供了对工程图样进行尺寸标注、文字标注和工程符号标注的一整套方法，它是绘制工程图样的重要手段和组成部分。本章将详细介绍 CAXA 电子图板中工程标注的内容和方法。

工程标注的所有命令位于下拉菜单“标注”下，如图 8.1 所示。其中“标注工具”工具栏包含了主要工程标注命令的图标按钮。

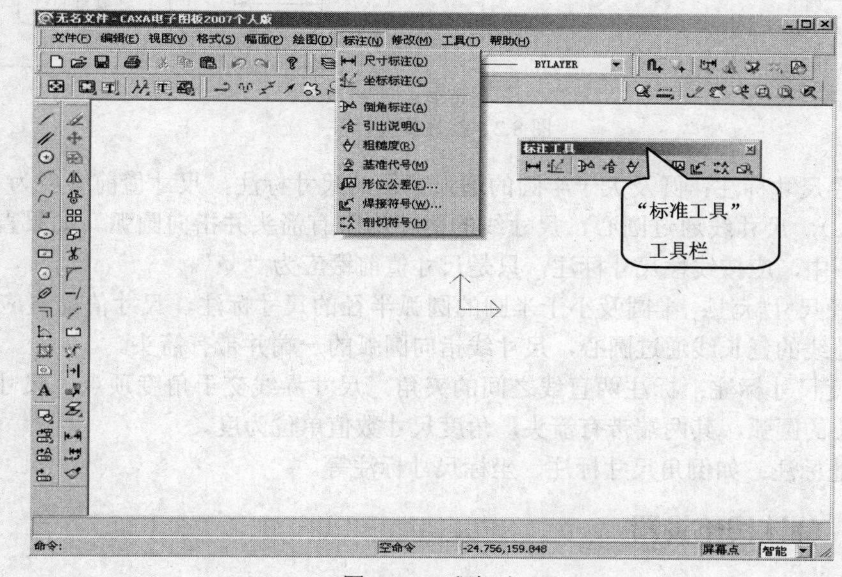

图 8.1　工程标注

若欲对系统提供的工程标注参数进行修改，可单击主菜单中的“格式”菜单，从下拉菜单中选择“文本风格”或“标注风格”，在弹出的相应对话框中进行设置即可。

8.1　尺寸类标注

8.1.1　尺寸标注分类

CAXA 电子图板可以随拾取的图形元素不同，自动按图形元素的类型进行尺寸标注，在工程绘图中，常用的尺寸标注类型有以下几种。

（1）线性尺寸标注，如图 8.2 所示，按标注方式又可分为以下几种。

- 水平尺寸：尺寸线方向水平。
- 竖直尺寸：尺寸线方向竖直。
- 平行尺寸：尺寸线方向与标注点的连线平行。
- 基准尺寸：一组具有相同尺寸标注起点，且尺寸线相互平行的尺寸标注。
- 连续尺寸：一组尺寸线位于同一直线上，且首尾连接的尺寸标注。

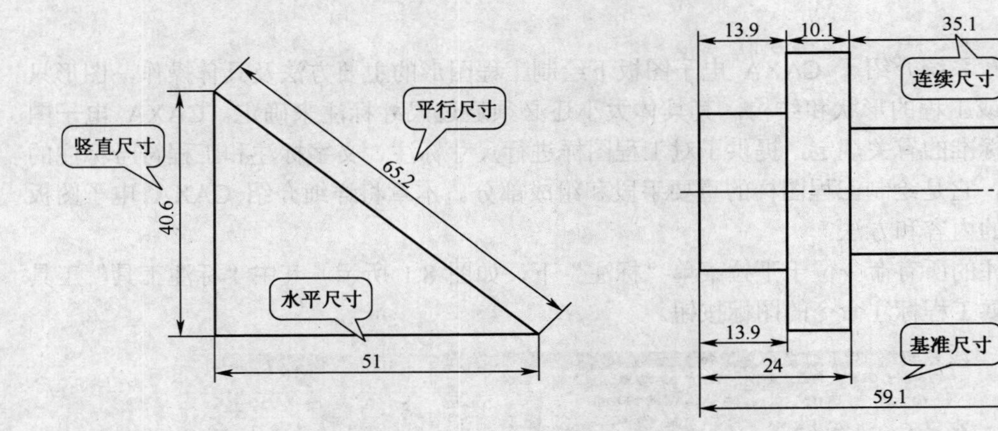

图 8.2　线性尺寸标注

（2）直径尺寸标注：圆及大于半圆的圆弧直径的尺寸标注，尺寸值前缀应为“ *ϕ*”（可以用%c 输入），尺寸线通过圆心，尺寸线的两端均带有箭头并指向圆弧。如果直径尺寸标注在非圆视图中，应按线性尺寸标注，只是尺寸值前缀应为“ *ϕ*”。

（3）半径尺寸标注：半圆及小于半圆的圆弧半径的尺寸标注，尺寸值前缀应为“*R*”，尺寸线或尺寸线的延长线通过圆心，尺寸线指向圆弧的一端并带有箭头。

（4）角度尺寸标注：标注两直线之间的夹角，尺寸界线交于角度顶点，尺寸线是以角度顶点为圆心的圆弧，其两端带有箭头，角度尺寸数值单位为度。

（5）其他标注：如倒角尺寸标注、坐标尺寸标注等。

8.1.2　标注风格设置

> 下拉菜单：“格式”—“标注风格”
> “设置工具”工具栏：
> 命令：DIMPARA

【功能】设置尺寸标注的各项参数。

【步骤】

启动“标注风格”命令后，弹出“标注风格”对话框，如图 8.3 所示。“设为当前”是指将所选的标注风格设置为当前使用风格；“新建”是指建立新的标注风格；“编辑”是指对原有的标注风格进行属性编辑。图中显示为系统默认设置，用户可以重新设定和编辑标注风格。单击“新建”或“编辑”按钮，可以进入如图 8.4 所示的“编辑风格”对话框。

（1）直线和箭头

①“尺寸线”：控制尺寸线的各个参数。

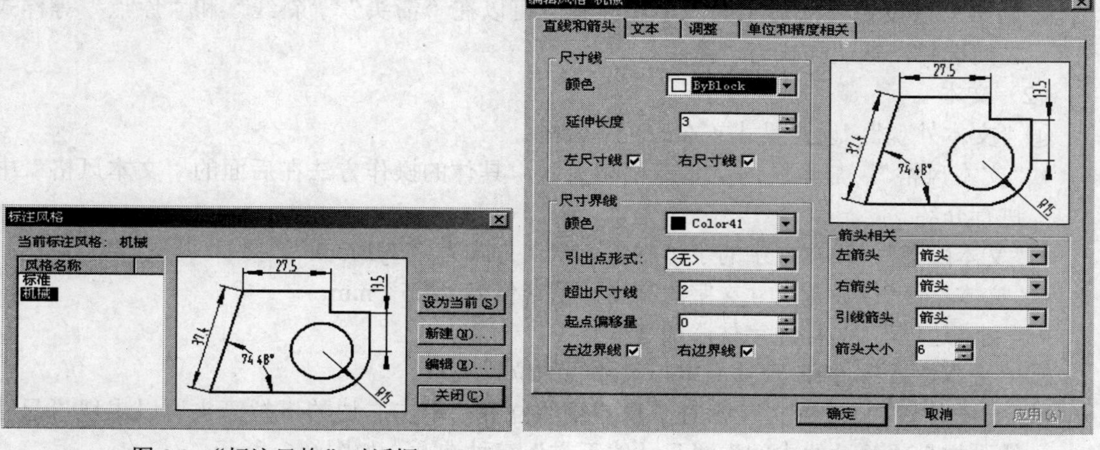

图 8.3 “标注风格”对话框　　　　图 8. 4 “编辑风格”对话框

- “颜色”：设置尺寸线的颜色，默认值为“ByBlock”。
- “延伸长度”：当尺寸线箭头在尺寸界线外侧时，尺寸界线外侧尺寸线的长度。默认值为“6”mm。
- “尺寸线”：分为“左尺寸线”和“右尺寸线”，设置在界限内是否画出左、右尺寸线，默认状态为“开”。

图 8.5 所示为尺寸线参数图例。

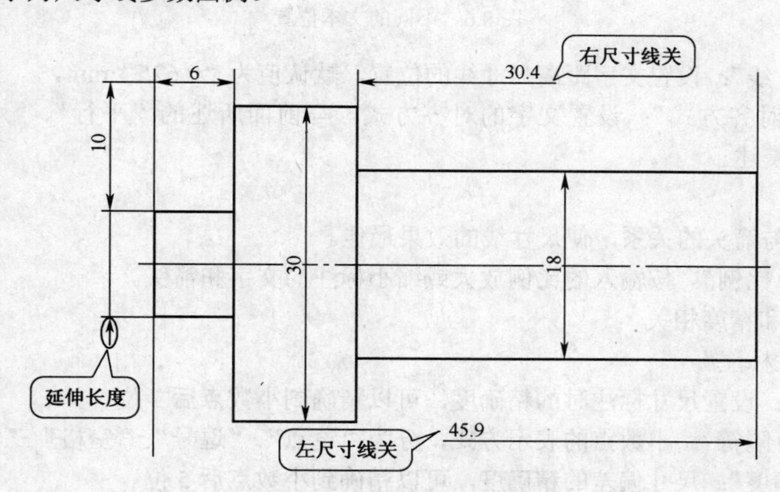

图 8.5　尺寸线参数图例

②“尺寸界线”：控制尺寸界线的参数。

- “颜色”：设置尺寸界线的颜色，默认值为“ByBlock”。
- “引出点形式”：设置尺寸界线引出点的形式，可选为“圆点”，默认值为“无”。
- “超出尺寸线”：设置尺寸界线超过尺寸线终端的距离，默认值为“2”mm。
- “起点偏移量”：设置尺寸界线与所标注元素的间距，默认值为“0”mm。
- “边界线”：分为“左边界线”和“右边界线”，设置左、右边界线的开关，默认值为“开”。

③“箭头相关”：设定尺寸箭头的大小和样式。

- 用户可以设置尺寸箭头的大小和样式。可以在“箭头”、“斜线”和“原点”等样式之间选择，默认样式为“箭头”。

（2）文本

①“文本外观”：设置尺寸文本的文字风格。

- “文本风格”：与系统的文本风格相关联，具体的操作方法在后面的“文本风格”中进行介绍。
- “文本颜色”：设置文字的字体颜色，默认方式为“ByBlock”。
- “文本字高”：设置尺寸文字的高度，默认值为“2.6”mm。
- “文本边框”：为标注字体添加边框。

②“文本位置”：控制尺寸文本与尺寸线的位置关系。

- “文本位置”：设置文字相对于尺寸线的位置，单击右边的下拉箭头可以出现“尺寸线上方”、“尺寸线中间”、“尺寸线下方”三种选项，如图 8.6 所示。

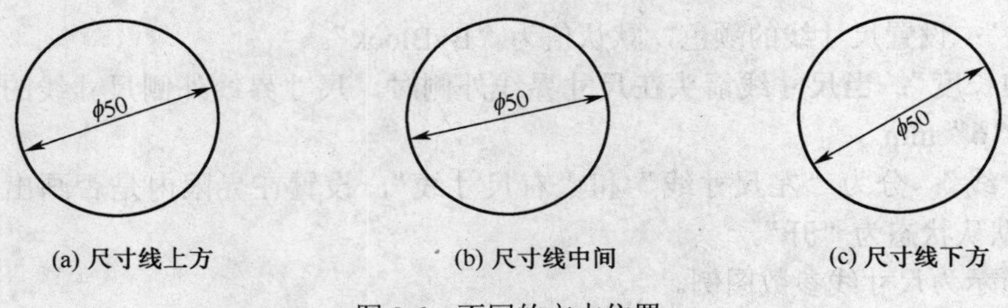

(a) 尺寸线上方　(b) 尺寸线中间　(c) 尺寸线下方

图 8.6　不同的文本位置

- “距尺寸线”：设置文字距离尺寸线的位置，默认值为“0.625”mm。

③“文本对齐方式”：设置文字的对齐方式，与前面所述的“平行”、“水平”意义相同，这里不再赘述。

（3）调整

调整文字与箭头的关系，使尺寸线的效果最佳。

- “标注总比例”：按输入的比例放大或缩小标注的文字和箭头。

（4）单位和精度相关

①“线性标注”

- “精度”：设置尺寸标注时的精确度，可以精确到小数点后 7 位。
- “小数分隔符”：小数点的表示方式，分为“逗点”、“逗号”、“空格”三种。
- “偏差精度”：尺寸偏差的精确度，可以精确到小数点后 5 位。
- “度量比例”：标注尺寸与实际尺寸之比，默认值为“1”。

②“零压缩”

尺寸标注中小数的前后消零。例如，尺寸值为 0.704，精度为 0.00，选中“前缀”，则标注结果为“.70”；选中“后缀”，则标注结果为“0.7”。

③“角度标注”

- “单位制”：角度标注的单位形式。包含“度”、“度分秒”两种形式。
- “精度”：角度标注的精确度，可以精确到小数点后 5 位。

设置完成后，单击“确定”按钮，返回到“标注风格”对话框，单击“设为当前”按钮，即可按所选的标注风格进行尺寸标注。

8.1.3 尺寸标注

> 下拉菜单："标注"—"尺寸标注"
> "标注工具"工具栏：
> 命令：DIM

启动"尺寸标注"命令，则在绘图区左下角弹出尺寸标注的立即菜单，CAXA 电子图板提供了 10 种尺寸标注的方式："基本标注"、"基准标注"、"连续标注"、"三点角度"、"角度连续标注"、"半标注"、"大圆弧标注"、"射线标注"、"锥度标注"、"曲率半径标注"。下面逐一进行介绍。

1. 基本标注

【功能】CAXA 电子图板具有智能尺寸标注功能，系统根据拾取元素的不同类型和不同数目，根据立即菜单的选择，标注水平尺寸、垂直尺寸、平行尺寸、直径尺寸、半径尺寸、角度尺寸等。

【步骤】

（1）单击立即菜单"1:"，在其上方弹出一个尺寸标注方式的选项菜单，选取"基本标注"选项。

（2）按提示要求"*拾取标注元素:*"，用鼠标拾取要标注的元素，根据拾取元素数目的不同，分为单个元素的标注和两个元素的标注。

1）单个元素的标注：根据拾取元素类型的不同，又分为直线的标注、圆的标注、圆弧的标注。

① 直线的标注：按提示要求，拾取要标注的直线，则出现立即菜单 1: 基本标注 2: 文字平行 3: 标注长度 4: 长度 5: 正交 6: 文字居中 7: 尺寸值 56.2 ，单击立即菜单"2:"，在"文字水平"与"文字平行"方式间切换，其中"文字水平"表示尺寸文字水平标注；"文字平行"表示尺寸文字与尺寸线平行。通过选择不同的立即菜单选项，可以标注直线的长度、线性直径和直线与坐标轴的夹角。

- 直线长度的标注：单击立即菜单"4:"，选择"长度"项，单击立即菜单"5:"，在"正交"与"平行"方式间切换，其中"正交"表示标注该直线沿水平方向或铅垂方向的长度；"平行"表示标注该直线的长度。单击立即菜单"7：尺寸值"，编辑框中显示的是默认尺寸值，也可以按提示要求输入要标注的尺寸值，如图 8.7（a）所示。
- 线性直径的标注：单击立即菜单"4:"，选择"直径"，则立即菜单改变为 1: 基本标注 2: 文字平行 3: 标注长度 4: 直径 5: 正交 6: 文字居中 7: 尺寸值 %c50 ，标注方法同前，只是尺寸值前加了前缀"ϕ"，如图 8.7（b）所示。
- 直线与坐标轴夹角的标注：单击立即菜单"3:"，选择"标注角度"项，则立即菜单改变为 1: 基本标注 2: 文字平行 3: 标注角度 4: X 轴夹角 5: 度 6: 计算尺寸值 7: 尺寸值 30%d ，单击立即菜单"4:"，在"X 轴夹角"与"Y 轴夹角"方式间切换，将分别标注直线与 *X* 轴的夹角或与 *Y* 轴的夹角，角度尺寸的顶点为直线靠近拾取点的端点。单击立即菜单"7：尺寸值"，编辑框中显示的是默认尺寸值，也可以按提示要求输入要标注的尺寸值。尺寸线和尺寸文字的位置，可用鼠标拖动确定（当尺寸文字在尺寸界线之内时，将自动居中），如图 8.7（c）所示。

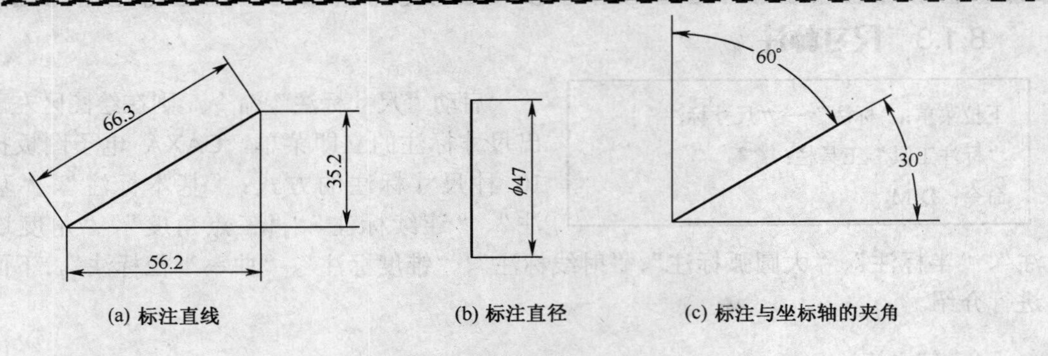

(a) 标注直线　　(b) 标注直径　　(c) 标注与坐标轴的夹角

图 8.7　直线的标注

② 圆的标注：按提示要求，拾取要标注的圆，则出现立即菜单 1: 基本标注 2: 文字水平 3: 直径 4: 文字拖动 5: 尺寸值 %c45，通过选择不同的立即菜单选项，可以标注圆的直径、半径和圆周直径。

- 圆的直径/半径的标注：单击立即菜单“3:”，选择“直径”或“半径”选项，将分别标注圆的直径或半径。单击立即菜单“4:”，在“文字拖动”与“文字居中”方式间切换，其中“文字拖动”表示尺寸文字的标注位置由拖动鼠标确定；“文字居中”表示当尺寸文字在尺寸界线之内时，将自动居中。单击立即菜单“5：尺寸值”，编辑框中显示的是默认尺寸值，也可以按提示要求输入要标注的尺寸值，如图 8.8（a）、（b）所示。
- 圆周直径的标注：单击立即菜单“3：”，选择“圆周直径”，则立即菜单改变为 1: 基本标注 2: 文字平行 3: 圆周直径 4: 正交 5: 尺寸值 %c45，单击立即菜单“4：”，在“正交”与“平行”方式间切换，其中“正交”表示尺寸线与水平轴或铅垂轴平行；当选择“平行”时，出现立即菜单“5：旋转角”，单击它可以设置尺寸线的倾斜角度。

尺寸线和尺寸文字的位置，可用鼠标拖动确定（当尺寸文字在尺寸界线之内时，将自动居中），如图 8.8（c）所示。

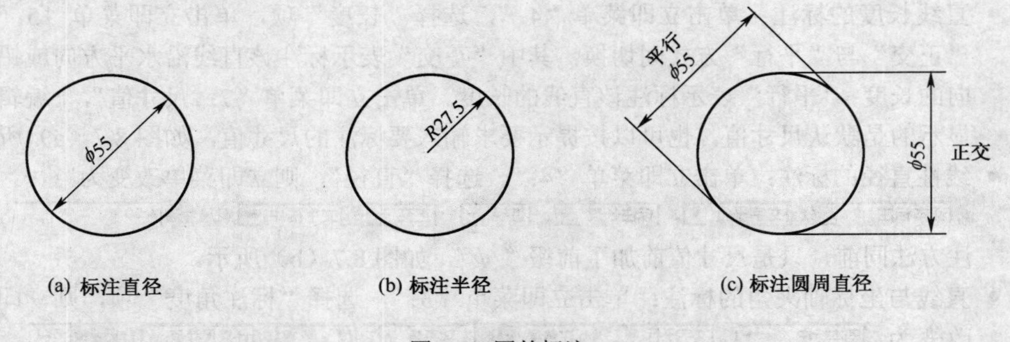

(a) 标注直径　　(b) 标注半径　　(c) 标注圆周直径

图 8.8　圆的标注

③ 圆弧的标注：按提示要求，拾取要标注的圆弧，则出现立即菜单 1: 基本标注 2: 半径 3: 文字平行 4: 文字拖动 5: 计算尺寸值 6: 尺寸值 R30，通过选择不同的立即菜单选项，可以标注圆弧的半径、直径、圆心角、弦长和弧长，如图 8.9 所示。

- 圆弧的半径/直径的标注：单击立即菜单“2:”，选择“半径”或“直径”选项，将分别标注圆弧的半径或直径。
- 圆弧圆心角的标注：单击立即菜单“2:”，选择“圆心角”选项，则立即菜单改变为

1: 基本标注 2: 圆心角 3: 度 4: 计算尺寸值 5: 尺寸值 240%d，单击立即菜单“3:”，在“度分秒”与“度”方式间切换，将分别以度分秒的方式或度的方式标注圆弧的圆心角。

- 圆弧弦长的标注：单击立即菜单“2:”，选择“弦长”选项，则立即菜单改变为 1: 基本标注 2: 弦长 3: 文字平行 4: 计算尺寸值 5: 尺寸值 75。
- 圆弧弧长的标注：与弦长的标注相似，不再赘述。

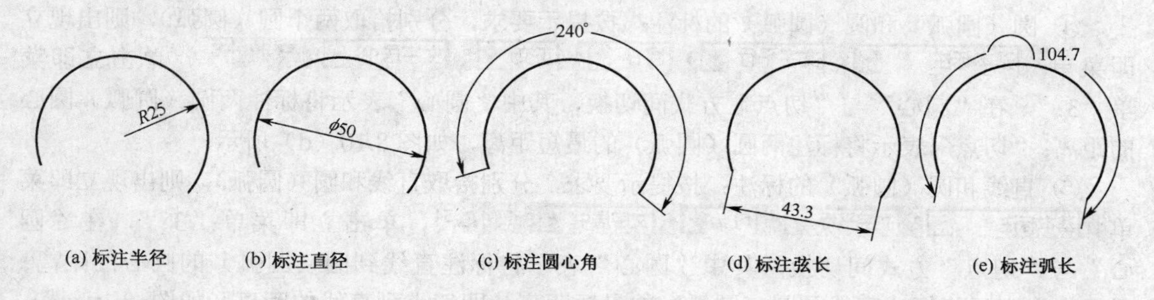

(a) 标注半径 (b) 标注直径 (c) 标注圆心角 (d) 标注弦长 (e) 标注弧长

图 8.9 圆弧的标注

2）两个元素的标注：包括点和点（直线、圆、圆弧）的标注、直线和直线（圆、圆弧）的标注、圆（圆弧）和圆（圆弧）的标注等。

① 点和点的标注：按提示要求，分别拾取点和点（屏幕点、孤立点或各种控制点），则出现立即菜单 1: 基本标注 2: 文字平行 3: 长度 4: 正交 5: 文字居中 6: 尺寸值 41.1，将标注两点之间的距离。单击立即菜单“4:”，在“正交”与“平行”方式间切换，将分别标注两点水平方向、铅垂方向或连线方向的尺寸，尺寸线和尺寸文字的位置，可用鼠标拖动确定（当尺寸文字在尺寸界线之内时，将自动居中），如图 8.10（a）所示。

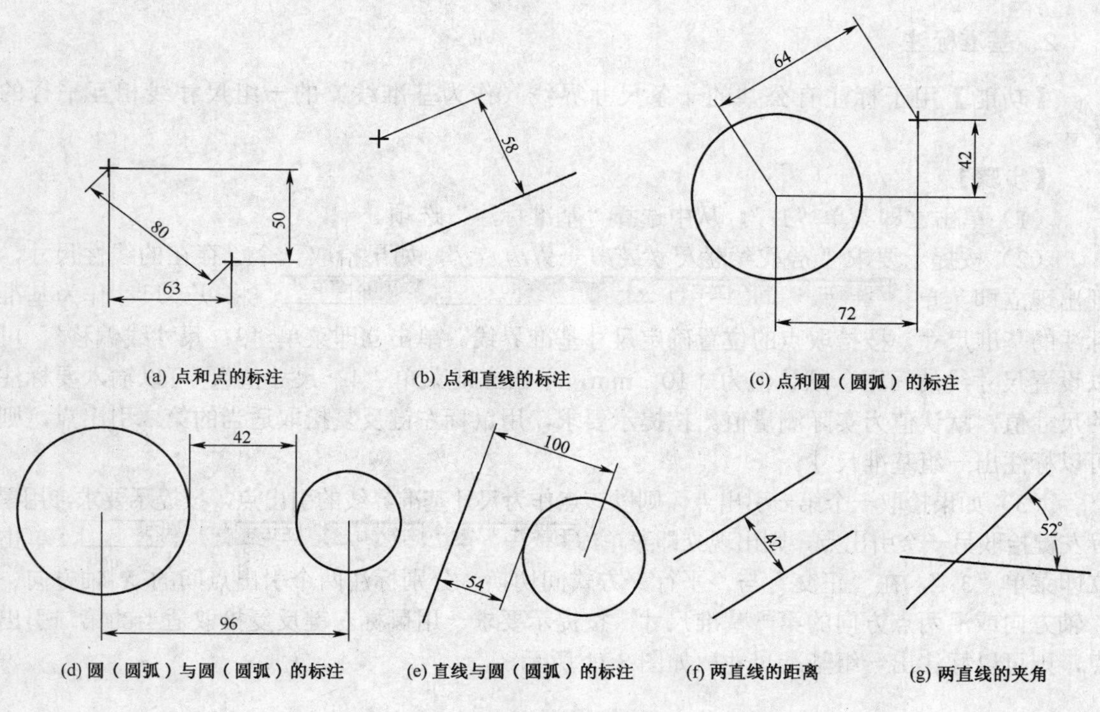

(a) 点和点的标注 (b) 点和直线的标注 (c) 点和圆（圆弧）的标注

(d) 圆（圆弧）与圆（圆弧）的标注 (e) 直线与圆（圆弧）的标注 (f) 两直线的距离 (g) 两直线的夹角

图 8.10 两个元素的标注

② 点和直线的标注：按提示要求，分别拾取点和直线，则出现立即菜单 1: 基本标注 2: 文字平行 3: 文字居中 4: 尺寸值 58 ，将标注点到直线的距离，如图 8.10（b）所示。

③ 点和圆（圆弧）的标注：按提示要求，分别拾取点和圆（圆弧），立即菜单与点和点的标注相同，将标注点到圆（圆弧）的圆心的距离，如图 8.10（c）所示。

④ 圆（圆弧）和圆（圆弧）的标注：按提示要求，分别拾取两个圆（圆弧），则出现立即菜单 1: 基本标注 2: 文字平行 3: 圆心 4: 正交 5: 文字居中 6: 尺寸值 96 ，单击立即菜单“3:”，在“圆心”与“切点”方式间切换，其中“圆心”表示将标注两圆（圆弧）圆心的距离；“切点”表示将标注两圆（圆弧）的最短距离，如图 8.10（d）所示。

⑤ 直线和圆（圆弧）的标注：按提示要求，分别拾取直线和圆（圆弧），则出现立即菜单 1: 基本标注 2: 文字平行 3: 切点 4: 文字居中 5: 尺寸值 54 ，单击立即菜单“3:”，在“圆心”与“切点”方式间切换，其中“圆心”表示将标注直线到圆（圆弧）的圆心的距离；“切点”表示将标注直线到圆（圆弧）的最短距离，即切点到直线的距离，如图 8.10（e）所示。

⑥ 直线和直线的标注：按提示要求，分别拾取两条直线，系统根据两直线的相对位置（平行或不平行），分别标注两直线的距离和夹角。如果两直线平行，则出现立即菜单 1: 基本标注 2: 文字平行 3: 长度 4: 文字居中 5: 尺寸值 42 ，单击立即菜单“3:”，在“长度”与“直径”方式间切换，将分别标注两直线的距离和对应的直径（在尺寸值前自动加前缀“ϕ”），如图 8.10（f）所示。如果两直线不平行，则出现立即菜单 1: 基本标注 2: 度 3: 计算尺寸值 4: 尺寸值 52%d ，将标注两直线间的夹角，如图 8.10（g）所示。

2．基准标注

【功能】用于标注有公共的一条尺寸界线（作为基准线）的一组尺寸线相互平行的尺寸。

【步骤】

（1）单击立即菜单“1:”，从中选择“基准标注”选项。

（2）按提示要求“*拾取线性尺寸或第一引出点:*”，如果拾取一个已存在的线性尺寸，则出现立即菜单 1: 基准标注 2: 文字平行 3: 尺寸线偏移 10 4: 尺寸值 计算值 ，将以该尺寸作为基准标注的基准尺寸，按拾取点的位置确定尺寸基准界线。单击立即菜单“3：尺寸线偏移”，可以设置尺寸线的间距，默认值为“10”mm，单击立即菜单“4：尺寸值”，可以输入要标注的尺寸值，默认值为实际测量值。按提示要求，用鼠标左键反复拾取适当的第二引出点，则可以标注出一组基准尺寸。

（3）如果拾取一个第一引出点，则以该点作为尺寸基准界线的引出点，按提示要求，用鼠标左键拾取另一个引出点，则出现立即菜单 1: 基准标注 2: 文字平行 3: 正交 4: 尺寸值 25 ，单击立即菜单“3:”，在“正交”与“平行”方式间切换，分别标注两个引出点间的 X 轴方向、Y 轴方向或沿两点方向的第一基准尺寸，按提示要求，用鼠标左键反复拾取适当的第二引出点，则可以标注出一组基准尺寸，如图 8.11 所示。

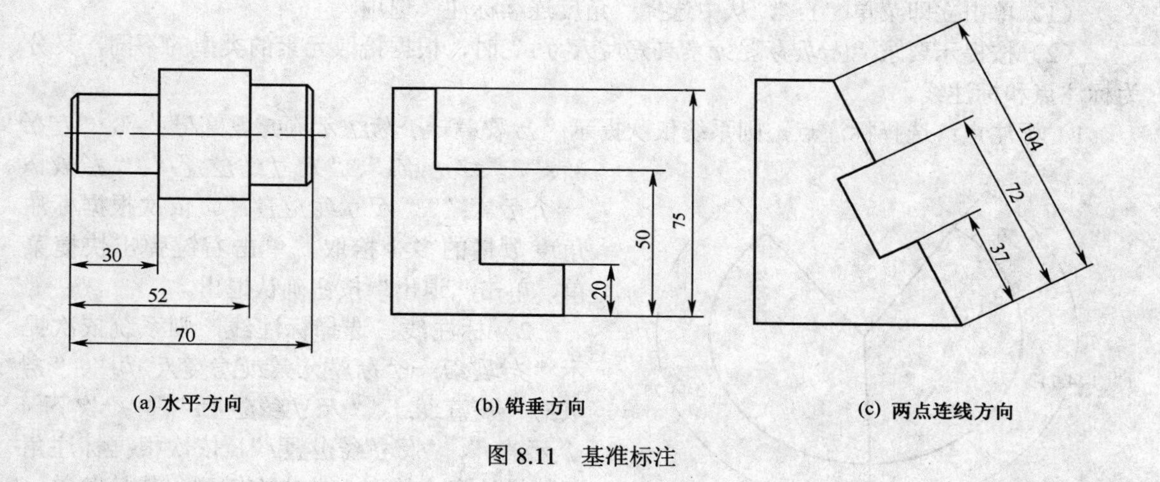

(a) 水平方向　(b) 铅垂方向　(c) 两点连线方向

图 8.11　基准标注

3．连续标注

【功能】以某一个尺寸的尺寸线结束端作为下一个尺寸标注的起始位置的尺寸标注。

【步骤】

（1）单击立即菜单“1:”，从中选择“连续标注”选项。

（2）按提示要求 *“拾取线性尺寸或第一引出点:”*，如果拾取一个已存在的线性尺寸，则出现立即菜单 1:连续标注 2:文字水平 3:尺寸值 计算值，将以该尺寸作为连续尺寸的第一个尺寸，按拾取点的位置确定尺寸基准界线。按提示要求，用鼠标左键反复拾取适当的第二引出点，则可以标注出一组连续尺寸。

（3）如果拾取一个第一引出点，则以该点作为尺寸基准界线的引出点，按提示要求，用鼠标左键拾取另一个引出点，则出现立即菜单 1:连续标注 2:文字水平 3:正交 4:尺寸值 20.6，按提示要求，用鼠标左键反复拾取适当的第二引出点，则可以标注出一组连续尺寸，如图 8.12 所示。

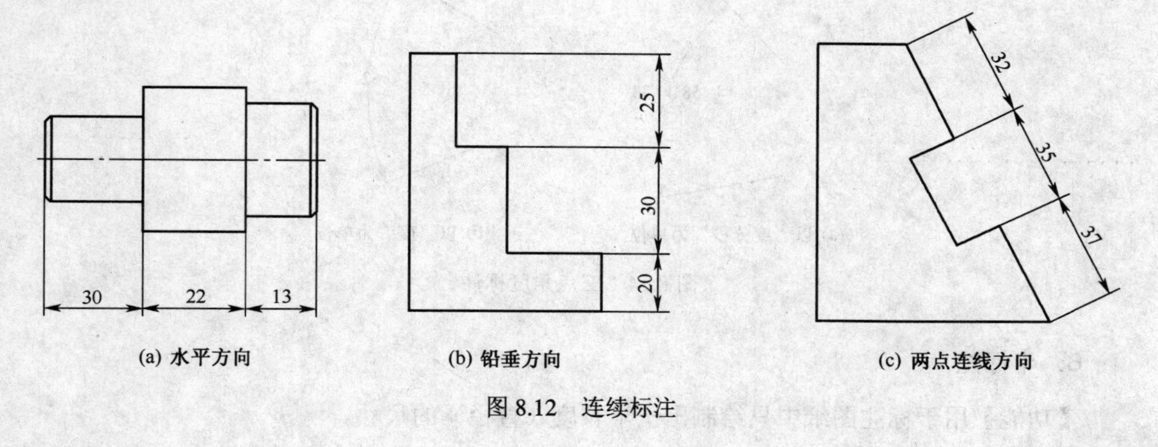

(a) 水平方向　(b) 铅垂方向　(c) 两点连线方向

图 8.12　连续标注

4．角度连续标注

【功能】以某一个角度尺寸结束端作为下一个角度尺寸标注的起始位置的尺寸标注。

【步骤】

（1）单击立即菜单“1:”，从中选择“角度连续标注”选项。

（2）按提示要求“*拾取标注元素或角度尺寸:*”时，根据拾取元素的类型的不同，又分为标注点和标注线。

1）标注点：选择标注点，则系统依次提示“*拾取第一个标注元素或角度尺寸:*”，“*起始点:*”、“*终止点:*”、“*尺寸线位置:*”、“*拾取下一个元素:*”、“*尺寸线位置:*”。依次根据标注角度数量的多少拾取，单击右键弹出快捷菜单，单击“退出”按钮确认退出。

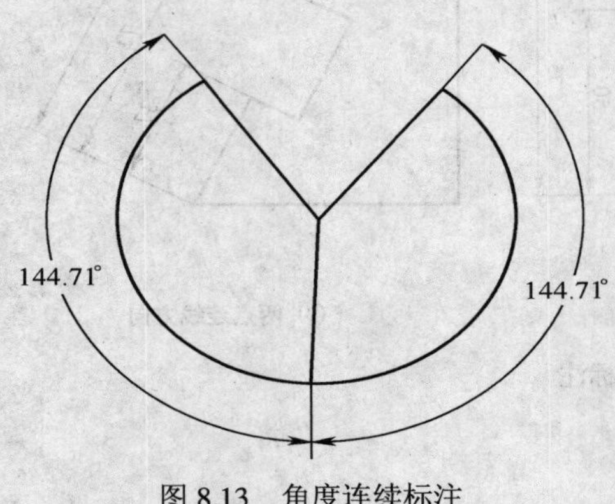

图 8.13　角度连续标注

2）标注线：选择标注线，则系统依次提示“*拾取第一个标注元素或角度尺寸:*”、“*拾取另一条直线:*”、“*尺寸线位置:*”、“*拾取下一个元素:*”、“*尺寸线位置:*”。依次根据标注角度数量的多少拾取，单击右键弹出快捷菜单，单击“退出”按钮确认退出。

标注后如图 8.13 所示。

5．三点角度

【功能】标注不在同一直线上的三个点的夹角。

【步骤】

（1）单击立即菜单“1:”，从中选择“三点角度”选项。

（2）单击立即菜单“2:”，在“度分秒”与“度”方式间切换。

（3）按提示要求，用鼠标左键分别拾取顶点、第一点和第二点，拖动鼠标，在适当位置处单击鼠标左键，确定尺寸线定位点，则系统将标注第一引出点和顶点的连线与第二引出点和顶点的连线之间的夹角，如图 8.14 所示。

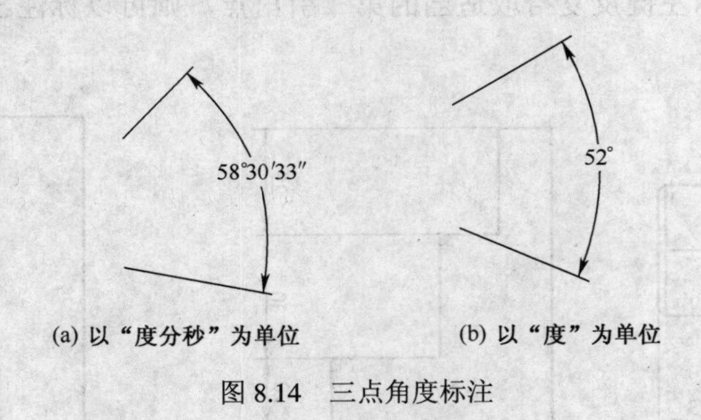

(a) 以“度分秒”为单位　(b) 以“度”为单位

图 8.14　三点角度标注

6．半标注

【功能】用于标注图纸中只绘制出一半长度（直径）的尺寸。

【步骤】

（1）单击立即菜单“1:”，从中选择“半标注”选项。

（2）单击立即菜单“2:”，在“直径”与“长度”方式间切换，将分别进行直径和长度的半标注。

（3）单击立即菜单“3：延伸长度”，输入尺寸线的延伸长度。

（4）按提示要求“*拾取直线或第一点:*”，用鼠标左键拾取一条直线或一个点，如果拾取的是直线，则提示变为“*拾取与第一条直线平行的直线或第二点:*”；如果拾取的是一个点，则提示变为“*拾取直线或第二点:*”，按提示要求，用鼠标左键拾取。

（5）如果两次拾取的都是点，则将第一点到第二点距离的 2 倍作为尺寸值；如果拾取的是点和直线，则将点到直线的垂直距离的 2 倍作为尺寸值；如果拾取的是两条平行线，则将两直线间距离的 2 倍作为尺寸值。

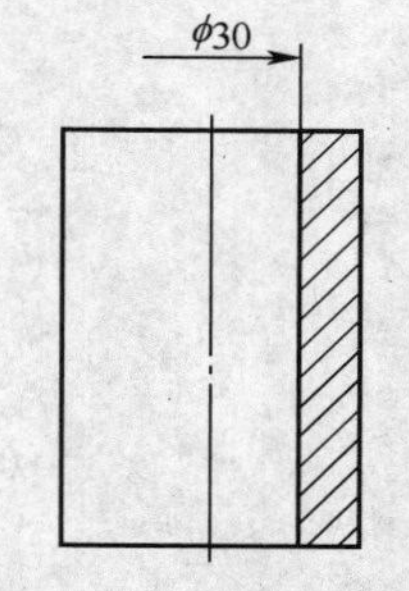

图 8.15　直径的半标注

**注意**

半标注的尺寸界线引出点总是从第二次拾取的元素上引出，尺寸线箭头指向尺寸界线，如图 8.15 所示。

7. 大圆弧标注

【功能】用于标注大圆弧的半径。

【步骤】

（1）单击立即菜单“1:”，从中选择“大圆弧标注”选项。

（2）按提示要求，用鼠标左键拾取要标注尺寸的大圆弧，则出现立即菜单 1: 大圆弧标注 2: 尺寸值 R38 ，单击立即菜单“2：尺寸值”，可以输入要标注的尺寸值。

（3）按提示要求，用鼠标左键分别拾取第一、第二引出点和定位点，则完成所拾取大圆弧的标注，如图 8.16 所示。

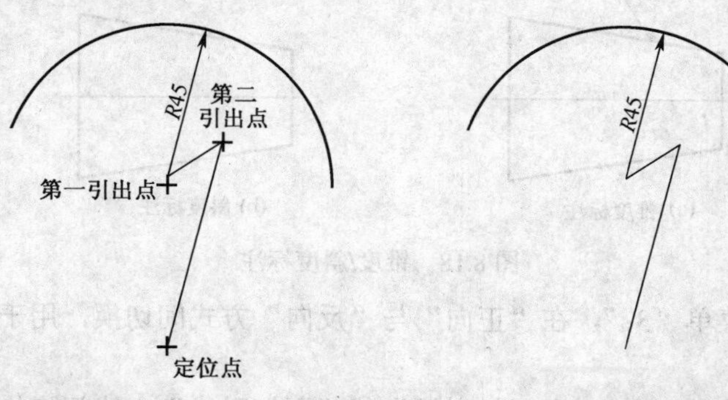

(a) 拾取第一、第二引出点及定位点　　(b) 标注完成后

图 8.16　大圆弧标注

8. 射线标注

【功能】用于进行射线方式的尺寸标注。

【步骤】

（1）单击立即菜单“1:”，从中选择“射线标注”选项。

（2）按提示要求，用鼠标左键分别拾取第一点和第二点，则出现立即菜单

1: 射线标注 2: 文字居中 3: 尺寸值 73 ，单击立即菜单“3：尺寸值”，可以输入要标注的尺寸值，默认值为第一点到第二点的距离。

（3）按提示要求“*定位点:*”，拖动鼠标，在适当位置处单击鼠标左键，指定尺寸文字的位置，则完成射线标注，如图 8.17 所示。

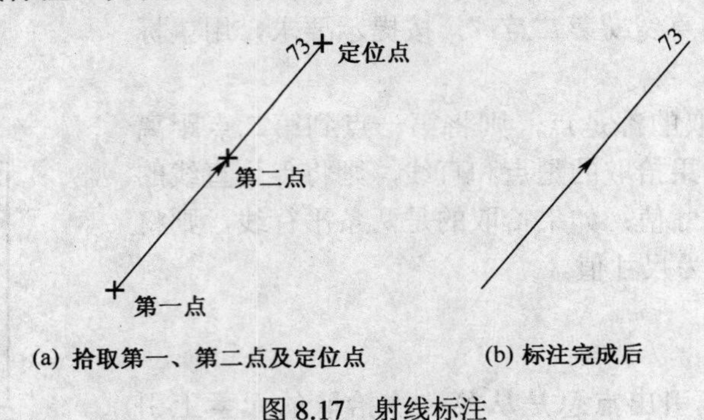

(a) 拾取第一、第二点及定位点　　(b) 标注完成后

图 8.17　射线标注

9．锥度/斜度标注

【功能】用于标注锥度和斜度。

【步骤】

（1）单击立即菜单“1:”，从中选择“锥度标注”选项。

（2）单击立即菜单“2:”，在“锥度”与“斜度”方式间切换，将分别进行锥度和斜度的标注。斜度表示为被标注直线的高度差与直线长度的比值；锥度是斜度的 2 倍，如图 8.18 所示。

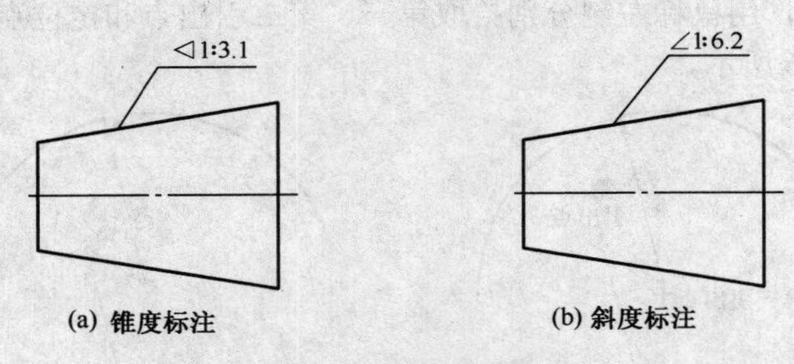

(a) 锥度标注　　(b) 斜度标注

图 8.18　锥度/斜度标注

（3）单击立即菜单“3:”，在“正向”与“反向”方式间切换，用于调整锥度或斜度符号的方向。

（4）单击立即菜单“4:”，在“加引线”与“不加引线”方式间切换，用于控制是否加引线（如图 8.18 所示均为加引线的标注）。

（5）按提示要求“*拾取轴线:*”，用鼠标左键拾取一条轴线，则提示变为“*拾取直线:*”，用鼠标拾取一条要标注锥度或斜度的直线，提示变为“*定位点:*”，拖动鼠标，在适当位置处单击鼠标左键，指定尺寸文字的位置，则完成锥度或斜度的标注。

此命令可以重复使用，单击鼠标右键结束。

10．曲率半径标注

【功能】用于标注样条曲线的曲率半径。

【步骤】

（1）单击立即菜单“1:”，从中选择“曲率半径标注”选项。

（2）单击立即菜单“2:”，在“文字平行”与“文字水平”方式间切换，意义同前。

（3）单击立即菜单“3:”，在“文字居中”与“文字拖动”方式间切换，意义同前。

（4）按提示要求，用鼠标左键拾取要标注曲率半径的样条曲线，则提示变为“*尺寸线位置:*”，此时，拖动鼠标，在适当位置处单击鼠标左键，指定尺寸文字的位置，则完成曲率半径的标注。

8.1.4　公差与配合的标注

【功能】用于对零件图和装配图进行公差与配合的标注。

【步骤】

CAXA 电子图板提供了两种标注公差与配合的方法。

（1）方法 1：在执行“尺寸标注”命令的过程中，当操作提示“*拾取另一个标注元素或指定尺寸线位置:*”时，单击鼠标右键，弹出“尺寸标注属性设置”对话框，如图 8.19 所示。

下面介绍各编辑框和组合框的含义及操作。

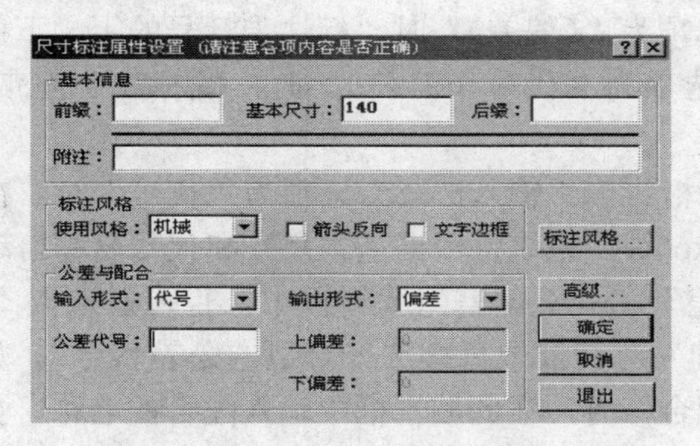

图 8.19　“尺寸标注属性设置”对话框

①“前缀”编辑框：输入尺寸数值前的符号。如表示直径的“%c”，表示个数的“6-”。

②“基本尺寸”编辑框：默认为实际测量值，用户可以输入数值。

③“后缀”编辑框：输入尺寸数值后的符号。如表示均布的“EQS”，在此编辑框中输入字符“EQS”即可。

④“附注”编辑框：填写对尺寸的说明或其他注释。

⑤“输入形式”组合框：该下拉列表框中有三种选项，分别为“代号”、“偏差”和“配合”，用它控制公差的输入形式。

- 当“输入形式”选项为“代号”时，在“公差代号”编辑框中输入公差代号，系统将根据基本尺寸和代号名称自动查询上下偏差，并将查询结果显示在“上偏差”和“下偏差”编辑框中。
- 当“输入形式”选项为“偏差”时，用户直接在“上偏差”和“下偏差”编辑框中输入偏差值。
- 当“输入形式”选项为“配合”时，此时“尺寸标注属性设置”对话框的形式如图 8.20 所示。可以对尺寸选择合适的“配合制”和“配合方式”，并在“孔、轴公差带”下拉列表框中选择合适的公差带代号，然后单击“确定”按钮，此时，不管“输出形式”是什么，输出时均按代号标注。

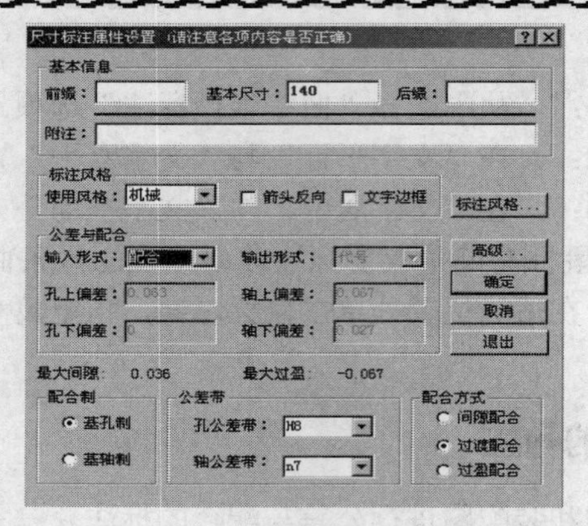

图 8.20 “尺寸标注属性设置”对话框

⑥“输出形式”组合框：输出形式有四种选项，分别为“代号”、“偏差”、“（偏差）”和“代号（偏差）”，用它控制公差的输入形式（“输入形式”为“配合”时除外）。

- 当“输出形式”选项为“代号”时，标注公差带代号。
- 当“输出形式”选项为“偏差”时，标注上、下偏差。
- 当“输出形式”选项为“(偏差)”时，标注带括号的上、下偏差。
- 当“输出形式”选项为“代号（偏差）”时，既标注公差带代号，又标注带括号的上、下偏差。

⑦“公差代号”编辑框：当“输入形式”选项为“代号”时，在此编辑框中输入公差带代号名称，如 H7、h6、k6 等，系统将根据基本尺寸和代号名称自动查表，并将查到的上、下偏差值显示在“上偏差”和“下偏差”编辑框中，也可以选取“高级”选项，在弹出的“公差与配合可视化查询”对话框中直接选择合适的公差代号 ，如图 8.21（a）所示；当“输入形式”选项为“配合”时，在此编辑框中输入配合的名称，如 H6/h6、H7/k6、H7/s6 等，系统输入时将按所输入的配合进行标注，也可以选取“高级”选项，在弹出的“公差与配合可视化查询”对话框中直接选择合适的公差代号；当“输入形式”为“偏差”时，则此编辑框为灰色，不可填写，直接在上、下偏差处输入，如图 8.21（b）所示。

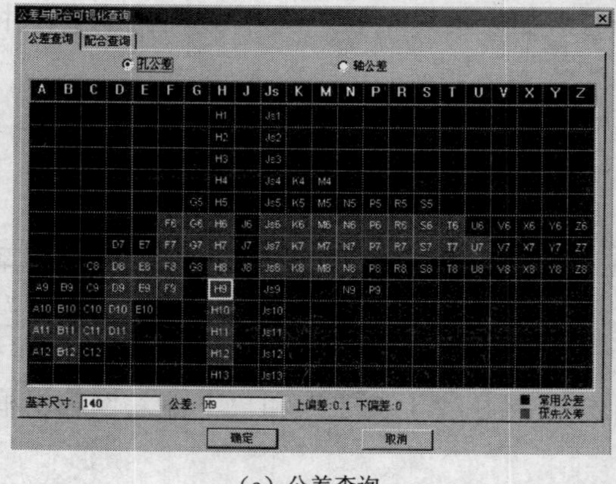

（a）公差查询

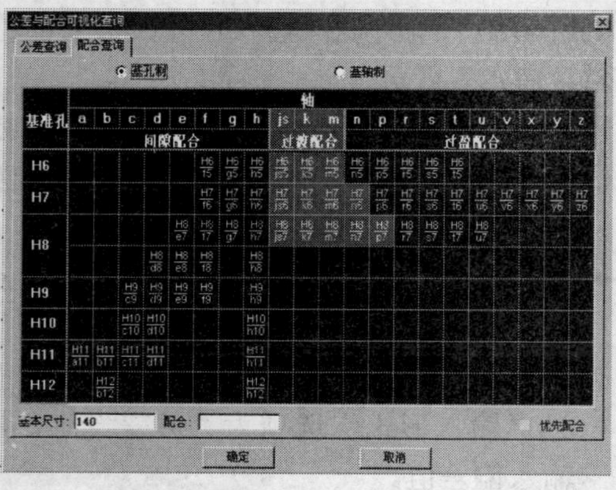

（b）配合查询

图 8.21 “公差与配合可视化查询”对话框

⑧“上、下偏差”编辑框：如“输入形式”为“代号”时，在此编辑框中显示系统查询到的上、下偏差值，也可以在此对话框中输入上、下偏差值。

（2）方法 2：在尺寸标注或尺寸编辑过程中，当立即菜单中出现“7：尺寸值 XX”项时，单击该立即菜单，在输入框中输入包含公差带代号或极限偏差的尺寸值，尺寸公差可以用特殊字符的输入来实现（具体输入方法见表 2.1）。

尺寸公差标注举例如下。

① 只标注公差代号：例如，50K6、ϕ50K6，则应输入 50K6、%c50K6。

② 只标注上、下偏差：例如，$\phi 80^{+0.2}_{-0.1}$ 应输入%c80%+0.2%-0.1%b；$\phi 50^{\ 0}_{-0.390}$ 应输入%c50%-0.390%b；$\phi 50^{+0.160}_{\ 0}$ 应输入%c50%+0.160%b。

③ 标注（偏差）：例如，$\phi 50\left(^{+0.160}_{\ 0}\right)$ 应输入%c50（%+0.160%b）。

④ 同时标注公差代号及上、下偏差：50G6$\left(^{+0.160}_{\ 0}\right)$ 应输入%c50G6（%+0.160%b）。

⑤ 标注配合：例如，$\phi 50\frac{H7}{h6}$ 应输入%c50%&H7%/h6%b。

8.1.5 坐标标注

下拉菜单：“标注”—“坐标标注”
“标注工具”工具栏：
命令：DIMCO

【功能】用于标注坐标原点、选定点或圆心（孔位）的坐标值尺寸。

【步骤】

（1）启动“坐标标注”命令。出现如下立即菜单

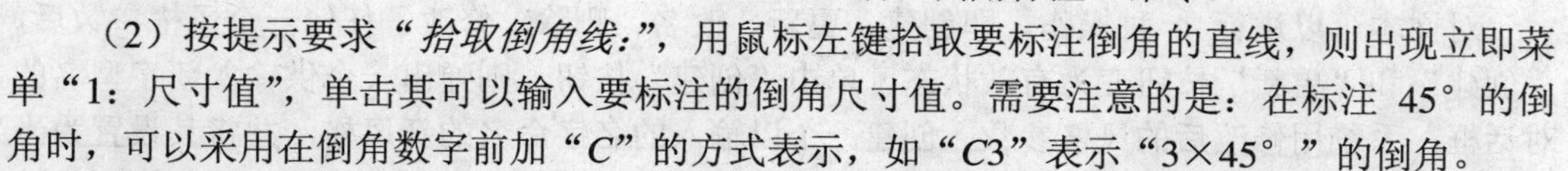

，单击立即菜单“1:”，弹出坐标标注选项菜单，如图 8.22 所示。

坐标标注的操作过程和前面介绍的“基本标注”相似，读者可通过实际操作自行了解，这里不再赘述。

原点标注
快速标注
自由标注
对齐标注
孔位标注
引出标注
自动列表
1: 原点标注

图 8.22 坐标标注选项菜单

8.1.6 倒角标注

下拉菜单：“标注”—“倒角标注”
“标注工具”工具栏：
命令：DIMCH

【功能】用于进行倒角尺寸的标注。

【步骤】

（1）启动“倒角标注”命令。

（2）按提示要求“*拾取倒角线:*”，用鼠标左键拾取要标注倒角的直线，则出现立即菜单“1：尺寸值”，单击其可以输入要标注的倒角尺寸值。需要注意的是：在标注 45°的倒角时，可以采用在倒角数字前加“*C*”的方式表示，如“*C*3”表示“3×45°”的倒角。

（3）按提示要求“*尺寸线位置:*”，拖动鼠标，在适当位置处按下鼠标左键，指定尺寸文字的位置，则完成倒角标注，如图 8.23 所示。

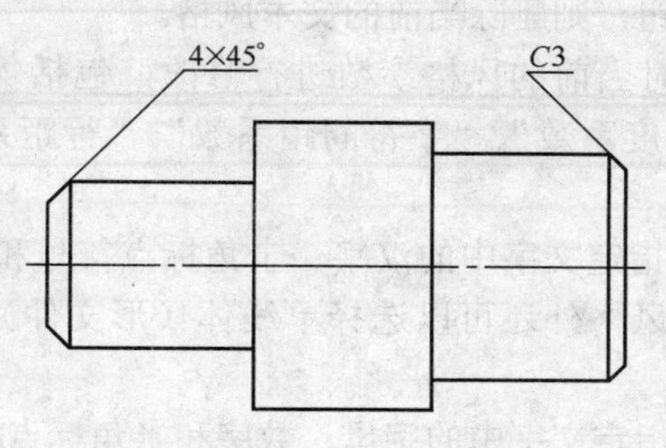

图 8.23 倒角的标注

8.2 文字类标注

8.2.1 文字风格设置

下拉菜单：“格式” —“文本风格”
“设置工具”工具栏：
命令：TEXTPARA

【功能】设置文字标注的各项参数。

【步骤】

启动“文本风格”命令后，弹出“文本风格”对话框，如图 8.24 所示。其中包括 “当前风格”、“风格参数”两项内容，对话框中的内容是系统的默认配置，当需要改变文字参数时，可以在对话框中重新设置和编辑文本风格。

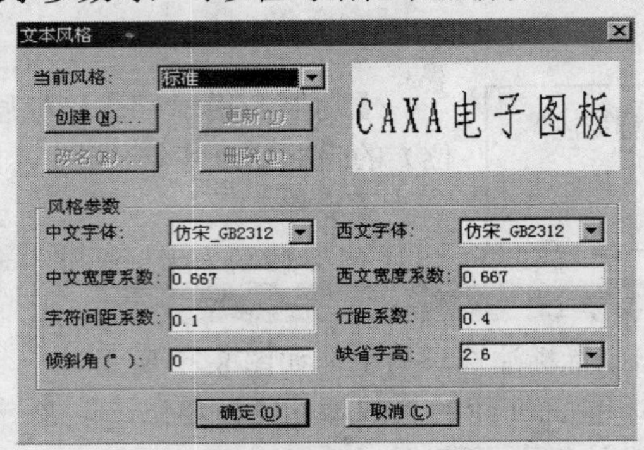

图 8.24 “文本风格”对话框

（1）当前风格：单击“当前风格”组合框，在下拉选项菜单中列出了所有已定义的风格，系统还预定义了一个叫做“UsertxtStyle1”的默认文本风格，该默认文本风格不能被删除或改名，但可以进行编辑。通过在这个下拉组合框中选择不同项，可以切换当前风格。随着当前风格的变化，对话框下部列出的风格参数也相应地变化为当前风格所对应的参数，预显框中的显示也随之变化。

对文本可以进行 4 种操作，即创建、更新、改名、删除。修改了任何一个风格参数后，“创建”和“更新”按钮变为有效状态。单击“创建”按钮，则弹出一个供输入新字型名的对话框，系统用修改后的风格参数，创建一个以输入的名字命名的新风格，并将其设置为当前风格；单击“更新”按钮，系统则将当前风格的参数更新为修改后的值。当前风格不是默认文本风格时，“改名”和“删除”按钮有效。单击“改名”按钮，可以为当前风格起一个新的名字；单击“删除”按钮，则删除当前的文本风格。

（2）风格参数：可以对当前的风格参数进行修改，包括“中文字体”、“西文字体”、“中文宽度系数”、“西文宽度系数”、“字符间距系数”、“行距系数”、“倾斜角”、“缺省字高”等，各选项功能如下。

①“中文字体”：用于指定文字中的汉字、全角标点符号和“ φ”、“o”采用的字体。除了 Windows 自带的文字风格外还可以选择单线体（形文件）风格，工程图样一般选用“仿宋体”。

②“西文字体”：用于指定文字中的字母、数字和半角标点符号所用的字体，同样可以选择单线体（形文件），工程图样一般选用“国标（形文件）”。

③“中、西文宽度系数”：当宽度系数为 1 时，文字的长宽比例与 TrueType 字体文件中描述的字型保持一致；当为其他值时，文字宽度为相应的倍数。长仿宋体字体的宽度系数是 0.667。

④“字符间距系数”：同一行（列）中两个相邻字符的间距与设定字高的比值。

⑤“行距系数”：横写时，两个相邻行的间距与设定字高的比值。

⑥“倾斜角”：横写时为一行文字的延伸方向与坐标系的 X 轴正方向按逆时针测量的夹角；竖写时为一列文字的延伸方向与坐标系的 Y 轴负方向按逆时针测量的夹角。向右倾斜为正，向左为负。工程图样中一般采用倾斜字，其倾斜角为 15° 。

⑦“缺省字高”：指文字中正常字符的高度。

单击“确定”按钮，系统提示“当前字型设置已经改变，保存当前设置吗？”单击“是”，对当前设置进行保存，这时电子图板中该风格的标注已经随着设置的保存进行了关联变化；单击“否”，不保存当前设置。

8.2.2 文字标注

下拉菜单：“绘图”—“文字” “绘图工具”工具栏：A 命令：TEXT

【功能】用于在图纸上填写各种技术说明，包括技术要求等。

【步骤】

（1）启动“文字标注”命令。

（2）单击立即菜单“1:”，在“指定两点”、“搜索边界”与“拾取曲线”方式间切换。“指定两点”方式需要用鼠标指定标注文字的矩形区域的第一角点和第二角点；“搜索边界”方式需要用鼠标指定边界内一点和边界间距系数。“拾取曲线”方式需要先拾取曲线和方向，再拾取起点和终点。系统将根据指定的区域结合对齐方式决定文字的位置。

（3）按提示要求，指定标注文字的区域后，弹出“文字标注与编辑”对话框，如图 8.25 所示。在编辑框中输入要标注的文字，编辑框下面显示出当前的文字参数设置。

（4）如果要输入特殊符号，则单击对话框中的“插入...”按钮，将弹出插入特殊符号的下拉列表，如图 8.26 所示，用鼠标左键单击要输入的特殊符号，即可将其输入到编辑框中。

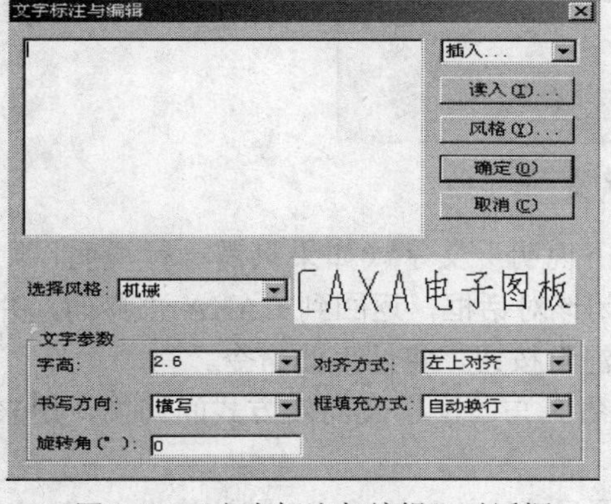

图 8.25 “文字标注与编辑”对话框

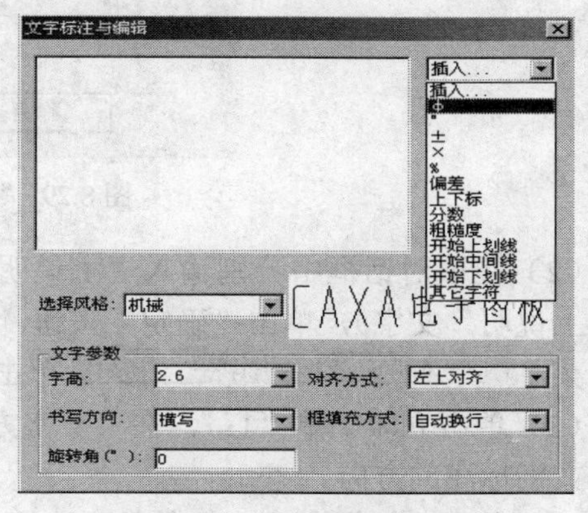

图 8.26 插入特殊符号的下拉列表

（5）如果要标注的文字已经存在文件中，则可单击对话框中的“读入”按钮，在弹出的图 8.27 所示的“指定要读入的文件”对话框中，选定要读入的文本文件，则文件中的内容将读入到编辑框中。

（6）单击对话框中的“风格”按钮，将弹出图 8.28 所示的“文本风格”设置对话框，在该对话框中可以进行文字标注参数（如字体、字高、对齐方式等）的设置。

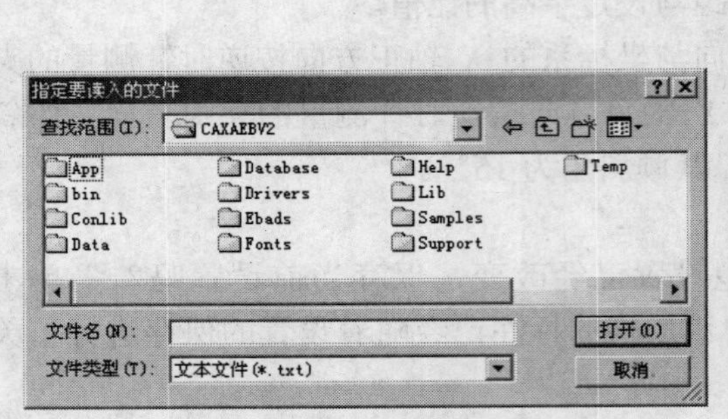

图 8.27 “指定要读入的文件”对话框

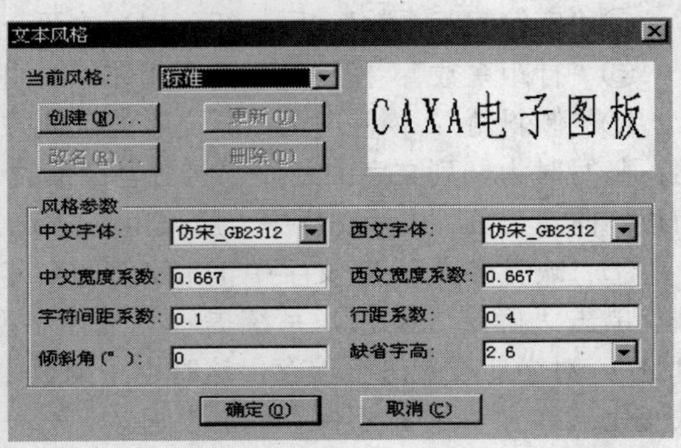

图 8.28 “文本风格”设置对话框

（7）在完成标注文字的输入及设置后，单击“确定”按钮，则完成文字标注；单击“取消”按钮，则取消操作。

8.2.3 引出说明

【功能】由文字和引出线组成，用于标注引出注释。

【步骤】

下拉菜单：“标注”—“引出说明” “标注工具”工具栏： 命令：LDTEXT

（1）启动“引出说明”命令，弹出“引出说明”对话框，如图 8.29 所示。

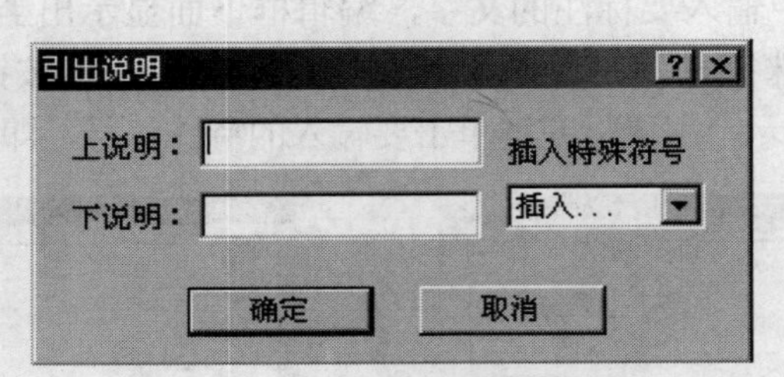

图 8.29 “引出说明”对话框

（2）在该对话框中分别输入“上说明”、“下说明”文字（如果只需一行说明，则只输入“上说明”文字），单击“确定”按钮，将关闭该对话框，返回到 CAXA 主界面，并出现立即菜单 1: 文字方向缺省 2:延伸长度 3 。单击“取消”按钮，将结束此命令。

（3）单击立即菜单“1:”，在“文字方向缺省”与“文字反向”方式间切换，用来控制引出文字标注的方向。

（4）单击立即菜单“2：延伸长度”，可以设置尺寸线的延伸长度，默认值为“3”mm。

（5）按提示要求，用键盘或鼠标分别输入第一点和第二点，即可完成引出说明，如图 8.30 所示。

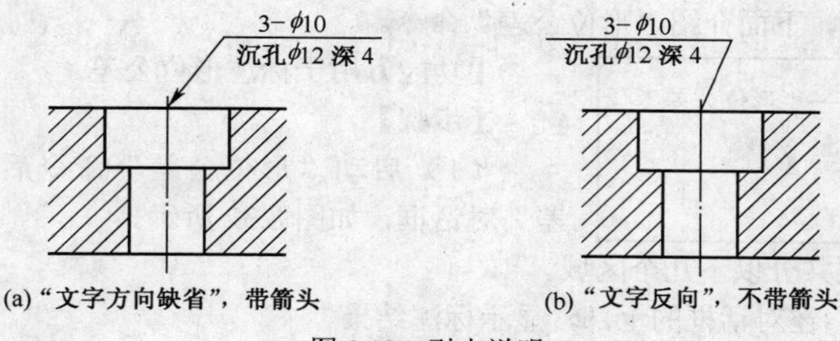

(a)“文字方向缺省”，带箭头　(b)“文字反向”，不带箭头

图 8.30 引出说明

8.3 工程符号类标注

8.3.1 基准代号

【功能】用于标注形位公差中的基准代号。

下拉菜单：“标注”—“基准代号”

“标注工具”工具栏：

命令：DATUM

【步骤】

（1）启动“基准代号”命令。

（2）单击立即菜单“1:”，进行“基准标注”和“基准目标”的切换。零件图上常见的基准代号一般通过“基准标注”即可实现。

（3）按提示要求“*拾取定位点或直线或圆弧:*”，用鼠标左键拾取不同的元素，将进行不同的基准代号标注。

① 如果拾取的是定位点，则提示变为“*输入角度或由屏幕上确定:（-360，360）*”，拖动鼠标，在适当位置处单击鼠标左键，或从键盘上输入旋转角，即可完成基准代号的标注，如图 8.31（a）所示。

② 如果拾取的是直线或圆弧，则提示变为“*拖动确定标注位置:*”，拖动鼠标，在适当位置处单击鼠标左键，即可完成基准代号的标注，如图 8.31（b）、（c）所示。

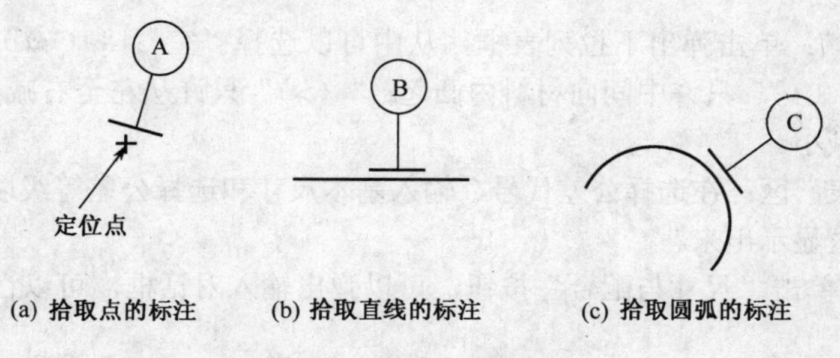

(a) 拾取点的标注　(b) 拾取直线的标注　(c) 拾取圆弧的标注

图 8.31 基准代号的标注

8.3.2 形位公差

工程标注中的公差标注包括尺寸公差标注，以及形状和位置公差标注。在 CAXA 电子图板环境下，尺寸公差标注是通过尺寸数值输入时带有特殊符号或标注时通过右键操作来实现的。形位公差的标注则是通过“基准代号”和“形位公差”来实现的，上面已经介绍了

“基准代号”命令，下面介绍“形位公差”命令。

> 下拉菜单：“标注”—“形位公差”
> “标注工具”工具栏：
> 命令：FCS

【功能】用于标注形位公差。

【步骤】

（1）启动“形位公差”命令后，弹出“形位公差”对话框，如图 8.32 所示。

（2）该对话框共分以下几个区域。

①“预显区”：在对话框的上部，显示标注结果。

②“公差代号”选择区：列出了所有形位公差代号的图标按钮，用鼠标左键单击某一按钮，即可在预显区内显示结果。

③“公差数值”选择填写区：它包括以下几项。

- “公差数值”：选择直径符号“ϕ”或符号“S”的输出。
- “数值输入框”：用于输入形位公差数值，如图 8.32 所示的“0.025”。
- “相关原则”：单击弹出下拉列表框，从中可以选择“空”；“（P）”延伸公差带；“（M）”最大实体原则；“（E）”包容原则；“（L）”最小实体原则；“（F）”非刚性零件的自由状态。

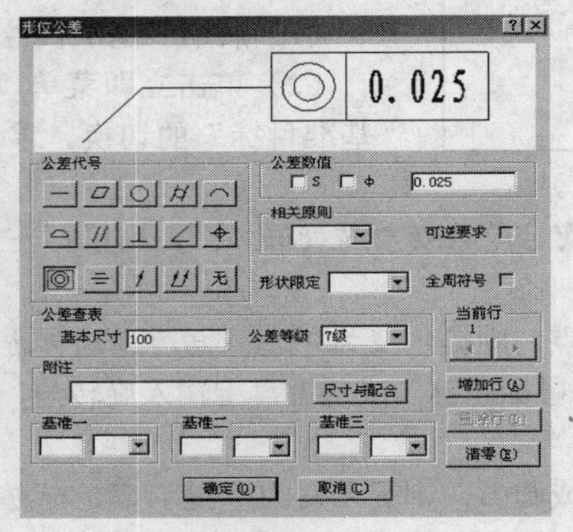

图 8.32　“形位公差”对话框

- “形状限定”：单击弹出下拉列表框，从中可以选择“空”；“（-）”只许中间向材料内凹下；“（+）”只许中间向材料内凸起；“（>）”只许从左至右减小；“（<）”只许从右至左减小。

④“公差查表”区：在选择公差代号、输入基本尺寸和选择公差等级以后，自动给出公差值，并在预显区显示出来。

⑤“附注”：单击“尺寸与配合”按钮，可以弹出输入对话框，可以在形位公差处增加公差的附注。

⑥“基准代号”区：在对话框的下部，包括“基准一”、“基准二”、“基准三”，可以分别输入基准代号和选择相应的符号。

⑦“行”管理区：它包括“当前行”、“增加行”、“删除行”。

- “当前行”：用来指示当前行的行号，单击右边的按钮可以切换当前行。
- “增加行”：单击该按钮可以增加一个新行，新行的标注方法与第一行的标注相同。
- “删除行”：单击该按钮将删除当前行，系统将自动重新调整整个形位公差的标注。

（3）在该对话框中选择输入要标注的形位公差后，单击“确定”按钮，将关闭对话框，返回到 CAXA 主界面，并出现立即菜单 1: 水平标注，单击立即菜单“1:”，在“水平标注”和“垂直标注”方式间切换，用来控制形位公差标注的方向。

（4）按提示要求，拾取要标注形位公差的元素，提示变为“*引线转折点:*”，用键盘或鼠标输入引线的转折点，拖动鼠标，在适当位置处单击鼠标左键，即可完成形位公差的标注，如图 8.33 所示。

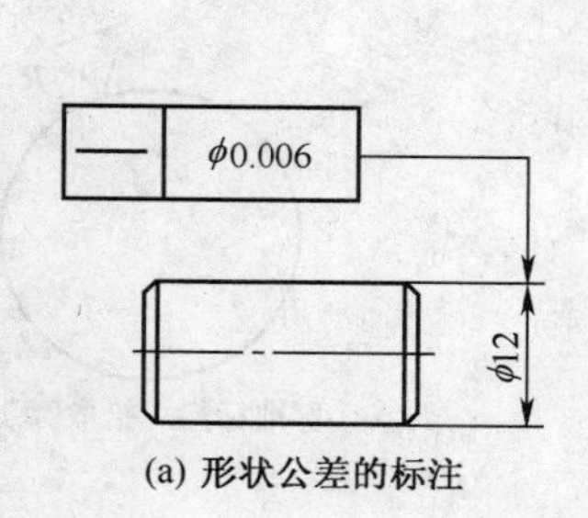

(a) 形状公差的标注

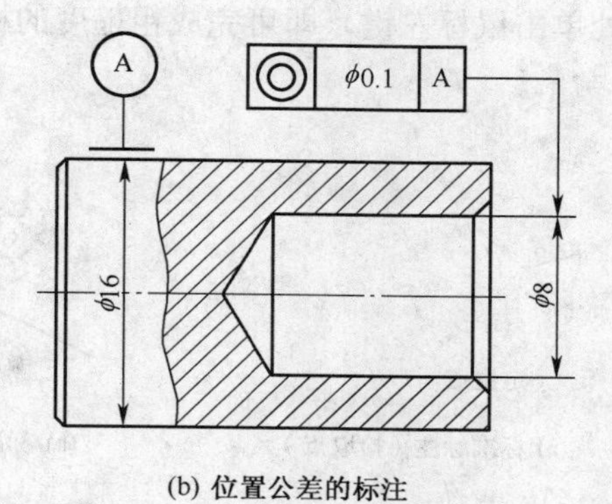

(b) 位置公差的标注

图 8.33 形位公差的标注

8.3.3 表面粗糙度

> 下拉菜单：“标注”—“粗糙度”
> “标注工具”工具栏：
> 命令：ROUGH

【功能】用于标注表面粗糙度要求。

【步骤】

（1）启动“粗糙度”命令，出现立即菜单 1: 简单标注 2: 默认方式 3: 去除材料 4: 数值: 1.6。

（2）单击立即菜单“1:”，在“简单标注”与“标准标注”方式间切换，将进行不同的表面粗糙度的标注。

① 选择“简单标注”方式，则只标注表面处理方法和粗糙度的数值。

- 立即菜单“2:”：切换“默认方式”和“引出方式”。
- 立即菜单“3:”：用来选择表面粗糙度的符号，即“去除材料”、“不去除材料”、“基本符号”。
- 立即菜单“4:”：表面粗糙度参数的数值显示窗口，可重新编辑修改。

② 选择“标准标注”方式，则立即菜单变为 1: 标准标注 2: 默认方式，并弹出“表面粗糙度”对话框，如图 8.34 所示，该对话框中包含了粗糙度的各种标注：“基本符号”、“纹理方向”、“上限值”、“下限值”，以及“说明”等，选择输入完成后，可以在预显框中看到标注结果，然后单击“确定”按钮，则关闭该对话框，并返回到 CAXA 主界面。

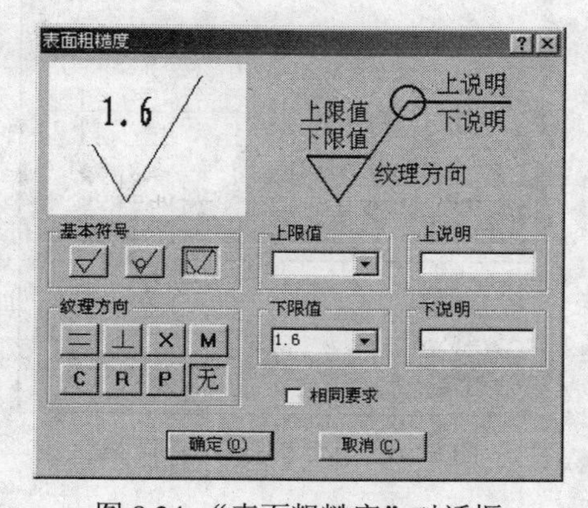

图 8.34 “表面粗糙度”对话框

（3）按提示要求“*拾取定位点或直线或圆弧:*”，用鼠标左键拾取不同的元素，将进行不同的表面粗糙度标注。

① 如果拾取的是定位点，则提示变为“*输入角度或由屏幕上确定:*”，拖动鼠标，在适当位置处单击鼠标左键，或从键盘上输入旋转角，即可完成粗糙度的标注，如图 8.35（a）所示。

② 如果拾取的是直线或圆弧，则提示变为“*拖动确定标注位置:*”，拖动鼠标，在适当位置处单击鼠标左键，即可完成粗糙度的标注，如图 8.35（b）、（c）所示。

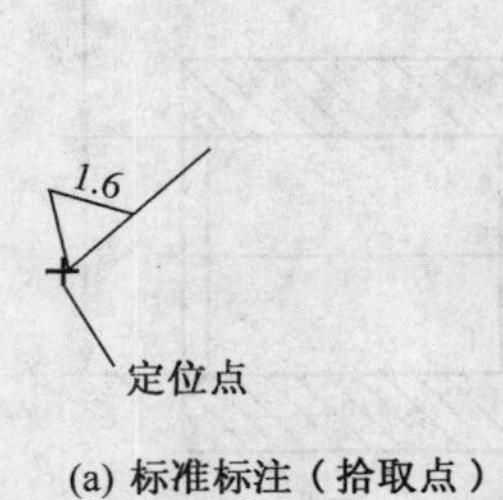

(a) 标准标注（拾取点）

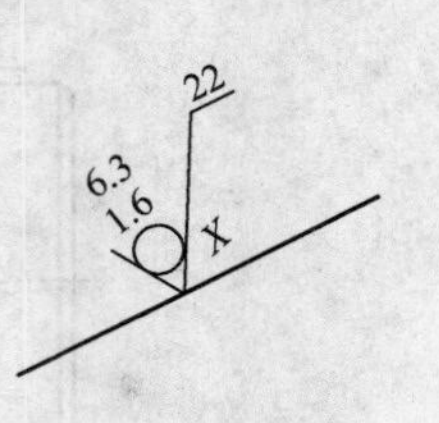

(b) 标准标注（拾取直线）

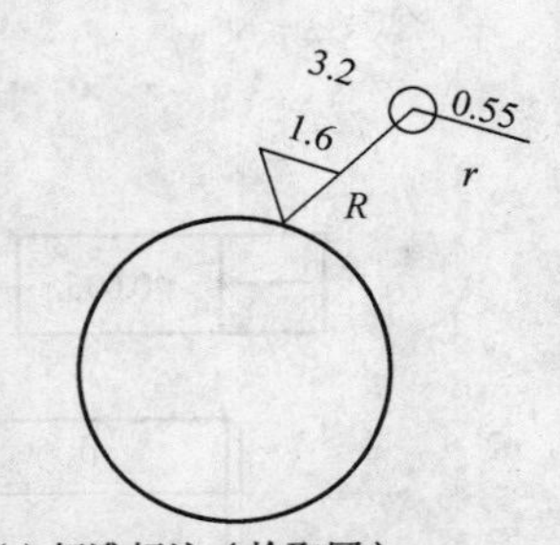

(c) 标准标注（拾取圆）

图 8.35 粗糙度的标注

8.3.4 焊接符号

下拉菜单：“标注”—“焊接符号”
“标注工具”工具栏：
命令：WELD

【功能】用于标注焊接符号。

【步骤】

（1）启动“焊接符号”命令，弹出“焊接符号”对话框，如图 8.36 所示。

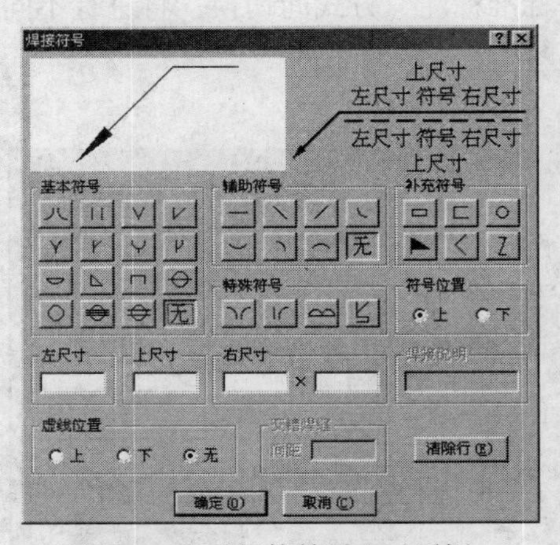

图 8.36 “焊接符号”对话框

（2）该对话框的上部是预显框（左）和单行参数示意图（右）；第二行是“基本符号”、“辅助符号”、“补充符号”、“特殊符号”选择按钮及“符号位置”选项组（用来控制当前参数对应基准线以上的部分还是以下的部分）；第三行是各个位置的尺寸值（“左尺寸”、“上尺寸”、“右尺寸”），以及“焊接说明”；对话框的底部包括“虚线位置”选项组和“交错焊缝”文本框；单击“清除行”按钮，可以将当前参数行清零。

（3）在该对话框中设置所需标注的各种选项后，单击“确定”按钮，将关闭该对话框，并返回到 CAXA 主界面。

（4）按提示要求“*拾取定位点或直线或圆弧:*”，用鼠标左键拾取不同的元素，提示变为“*引线转折点*”，用键盘或鼠标输入引线的转折点，拖动鼠标，在适当位置处单击鼠标左键，即可完成焊接符号的标注，如图 8.37 所示。

8.3.5　剖切符号

下拉菜单："标注"—"剖切符号"
"标注工具"工具栏：
命令：HATCHPOS

【功能】标注剖视图或剖面的剖切位置。

【步骤】

（1）启动"剖切符号"命令。

（2）单击立即菜单"1：剖面名称"，可以输入要标注的剖视图或剖面的名称。

（3）单击立即菜单"2："，进行"非正交"与"正交"的切换。选择"非正交"方式可画出任意方向的剖切轨迹线；选择"正交"方式可画出水平或竖直方向的剖切轨迹线。

（4）按提示要求"*画剖切轨迹（画线）：*"，拖动鼠标，单击鼠标左键，以两点方式画出剖切轨迹线，当绘制完成后，单击鼠标右键结束画线状态，此时在剖切轨迹线的终点处，显示出沿最后一段剖切轨迹线法线方向的双向箭头标识，提示变为"*请拾取所需的方向：*"，在双向箭头的一侧单击鼠标左键（单击鼠标右键，将取消箭头），确定箭头的方向。

（5）按提示要求"*指定剖面名称标注点：*"，拖动鼠标，在需要标注名称的位置处单击鼠标左键，即可将设置的名称标注在该位置，所有名称标注完成后，单击鼠标右键结束，如图 8.38 所示。

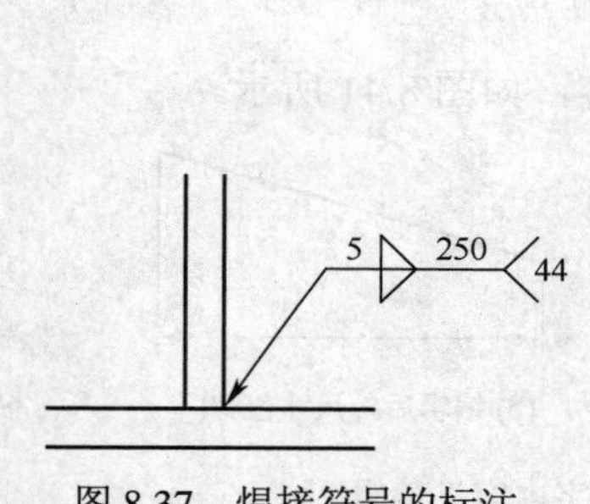

图 8.37　焊接符号的标注

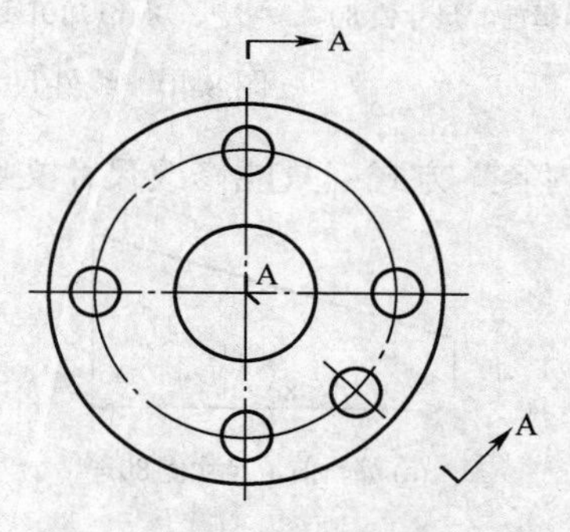

图 8.38　标注剖切符号

8.4　标注修改

下拉菜单："修改"—"标注修改"
"编辑工具"工具栏：
命令：DIMEDIT

【功能】对所有工程标注（包括尺寸、符号和文字）的尺寸进行编辑和修改。

【步骤】

（1）启动"标注修改"命令。

（2）按提示要求"*拾取要编辑的尺寸、文字或工程标注：*"，拾取一个工程标注，系统将根据拾取元素的类型，出现不同的立即菜单。

① 当拾取的是线性尺寸时，出现立即菜单 1: 尺寸线位置 2: 文字平行 3: 文字居中 4: 界线角度 90 5: 尺寸值 70，单击立即菜单"1："，在"尺寸线位置"、"文字位置"、"文字内容"和"箭头形状"方式间切换，将进行不同的标注编辑。

- "尺寸线位置"方式：可以修改尺寸线的位置、文字的方向、尺寸界线的角度及尺寸值。其中"界线角度"是指尺寸界线与 X 轴正向间的夹角。修改后，按提示要求

“*新位置:*”，拖动鼠标，在适当位置处单击鼠标左键，确定尺寸线的位置，即可完成“尺寸线位置”的标注编辑，如图 8.39 所示。

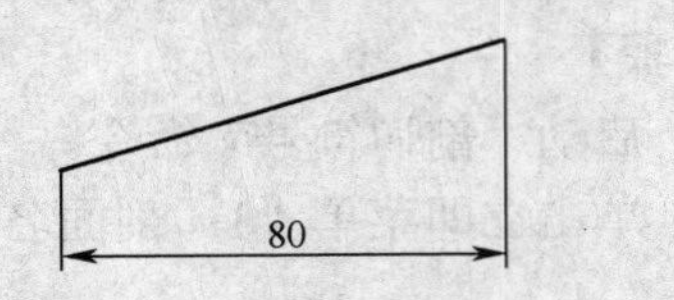

(a) 编辑前，界线角度 90°，尺寸值 80

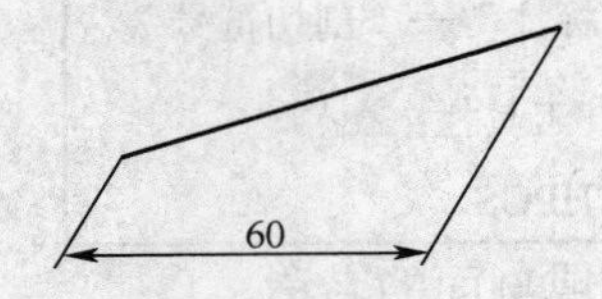

(b) 编辑后，界线角度 60°，尺寸值 60

图 8.39　线性尺寸的“尺寸线位置”编辑

- “文字位置”方式：只能修改尺寸文字的定位点、角度和尺寸值，尺寸线及尺寸界线不变，如图 8.40 所示。

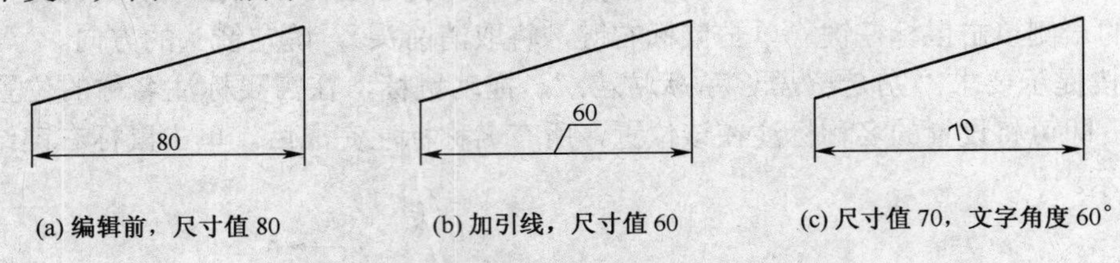

(a) 编辑前，尺寸值 80　(b) 加引线，尺寸值 60　(c) 尺寸值 70，文字角度 60°

图 8.40　线性尺寸的“文字位置”编辑

- “文字内容”方式：只能修改尺寸文字的内容，如图 8.41 所示。

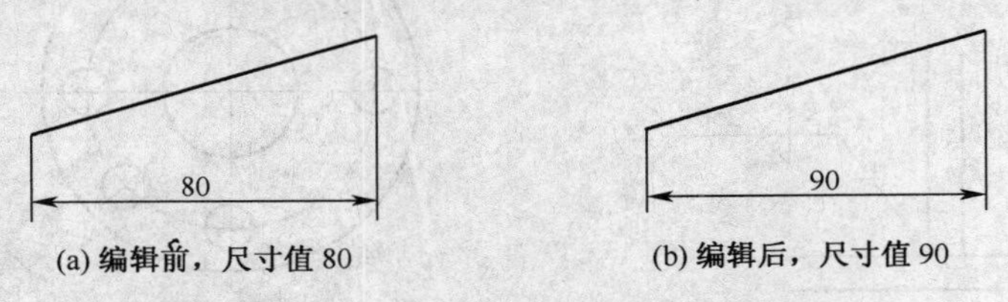

(a) 编辑前，尺寸值 80　(b) 编辑后，尺寸值 90

图 8.41　线性尺寸的“文字内容”编辑

- “箭头形状”方式：修改左箭头和右箭头的形状，如图 8.42 所示。

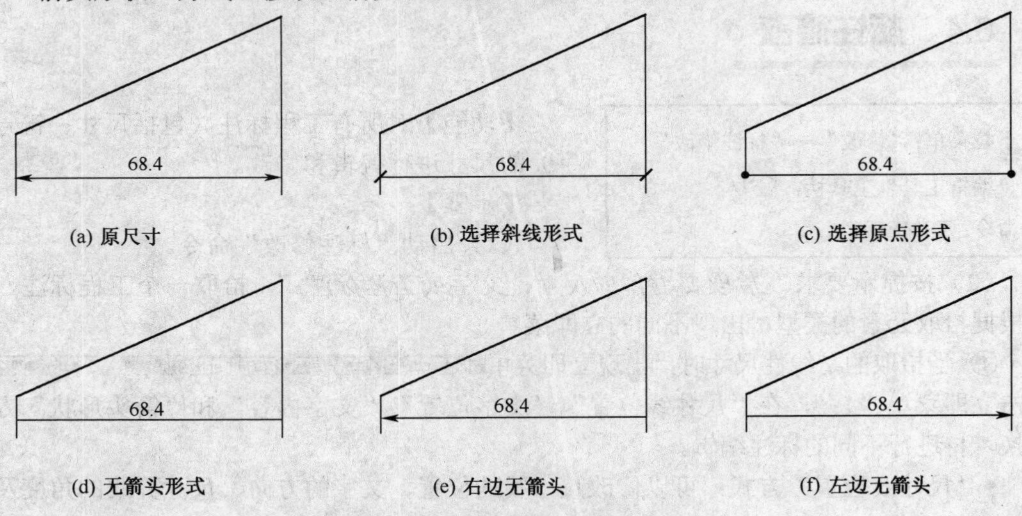

(a) 原尺寸　(b) 选择斜线形式　(c) 选择原点形式

(d) 无箭头形式　(e) 右边无箭头　(f) 左边无箭头

图 8.42　线性尺寸的“箭头形状”编辑

② 如果拾取的是直径或半径尺寸，则出现立即菜单 1: 尺寸线位置 2: 文字平行 3: 文字居中 4: 尺寸值 %c60，可进行不同的标注编辑。

- “尺寸线位置”方式：可以修改尺寸线的位置、文字的方向、位置及尺寸值，如图 8.43 所示。

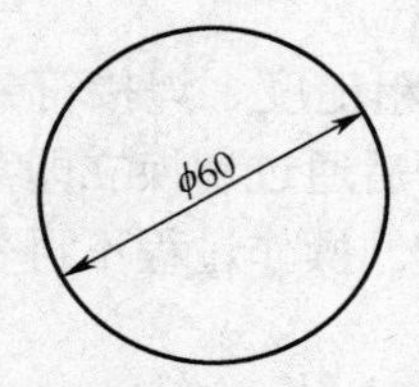

(a) 编辑前，尺寸值 60

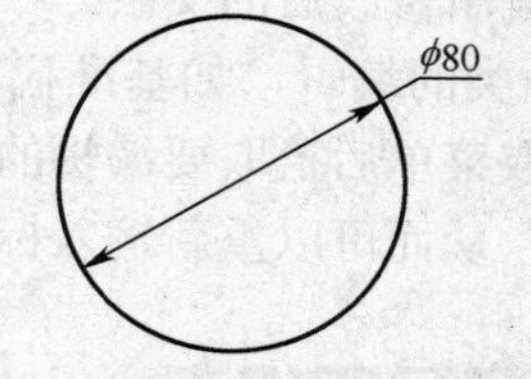

(b) 编辑后，文字水平，尺寸值 80

图 8.43 直径尺寸的“尺寸线位置”编辑

- “文字位置”方式：可以修改文字的角度及尺寸值，如图 8.44 所示。

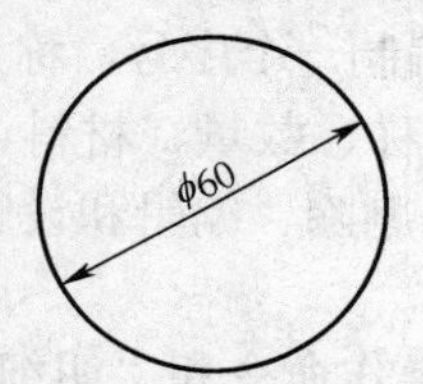

(a) 编辑前，尺寸值 60

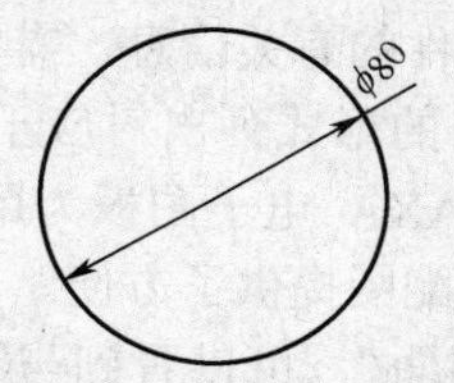

(b) 编辑后，文字角度 60°，尺寸值 80

图 8.44 直径尺寸的“文字位置”编辑

③ 如果拾取的是角度尺寸，则出现立即菜单 1: 尺寸线位置 2: 尺寸值 30%d，可进行不同的标注编辑。

- “尺寸线位置”方式：可以修改尺寸线的位置、文字的方向及尺寸值，如图 8.45 所示。

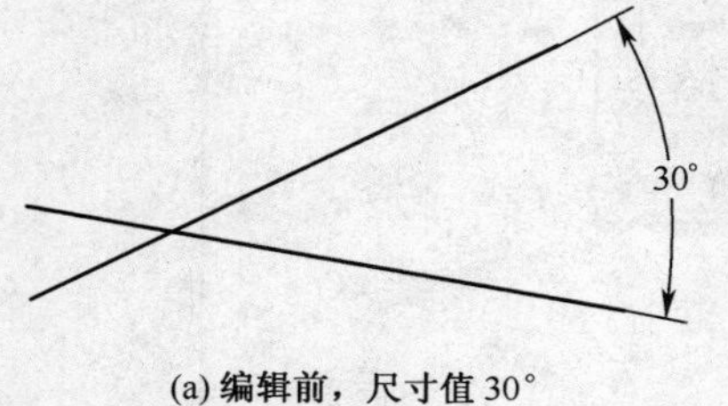

(a) 编辑前，尺寸值 30°

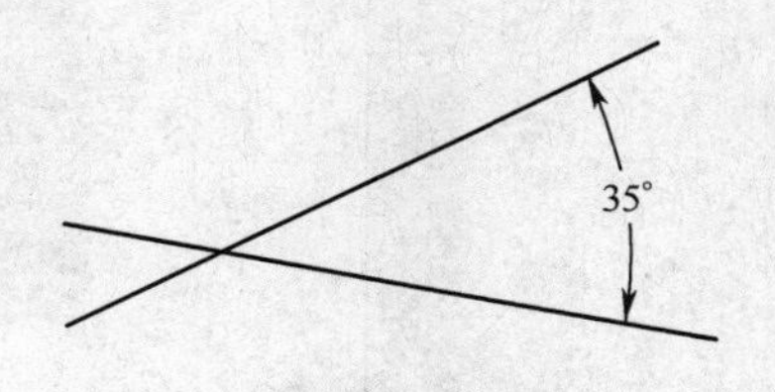

(b) 编辑后，尺寸值 35°

图 8.45 角度尺寸的“尺寸线位置”编辑

- “文字位置”方式：可以选择是否加引线，修改文字的位置及尺寸值，如图 8.46 所示。

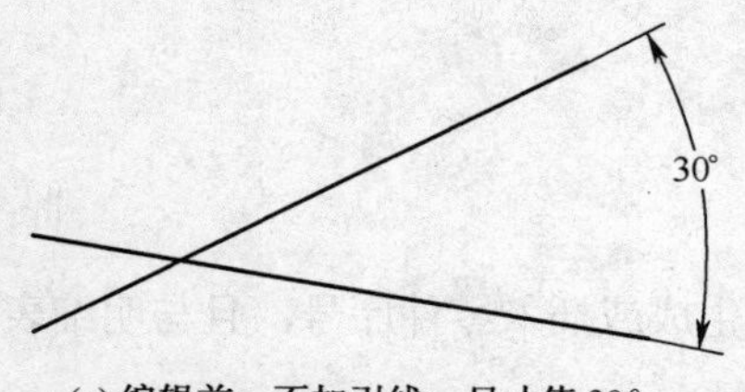

(a) 编辑前，不加引线，尺寸值 30°

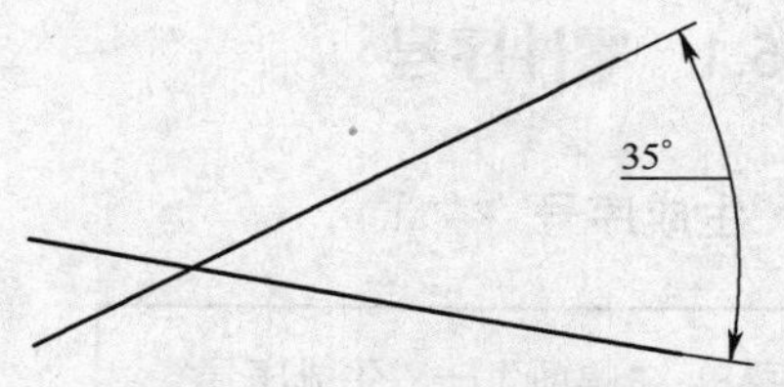

(b) 编辑后，加引线，尺寸值 35°

图 8.46 角度尺寸的“文字位置”编辑

此外，应用该命令还可以对已标注的工程符号（如基准代号、粗糙度、形位公差、焊接符号等）进行编辑和修改。

④ 如果拾取的是文字，则弹出“文字标注与编辑”对话框，如图 8.26 所示。在该对话框中可以对所拾取的文字进行编辑修改，方法同“文字标注”，单击“确定”按钮结束编辑，系统将重新生成编辑修改后的文字。

⑤ 对于工程符号类的编辑，如基准代号、表面粗糙度、焊接符号等，如同尺寸编辑和文字编辑，也是在选取菜单后拾取要编辑的对象，而后通过切换立即菜单分别对标注对象的位置和内容进行编辑，从而可以重新输入标注的内容。操作过程不再赘述。

8.5 零件序号及明细表

机械工程图样主要有两类——零件图和装配图。表达单个零件的图样称为零件图。表达机器或部件装配关系、工作原理等内容的图样称为装配图。在装配图中，为了表达各零件在装配图上的位置及零件的有关信息，需要为每一种零件编制一个序号，称为零件序号；而在标题栏的上方以表格的形式列出对应于每一种零件的名称、数量、材料、国标号等详细信息，称为明细表。CAXA 电子图板为用户提供了生成、删除、编辑和设置零件序号及明细表的功能，为绘制装配图提供了方便。

单击主菜单“幅面”，可以看到与零件序号相关的操作命令和“明细表”，单击“明细表”，会弹出操作“明细表”的子菜单，如图 8.47 所示。下面分别进行介绍。

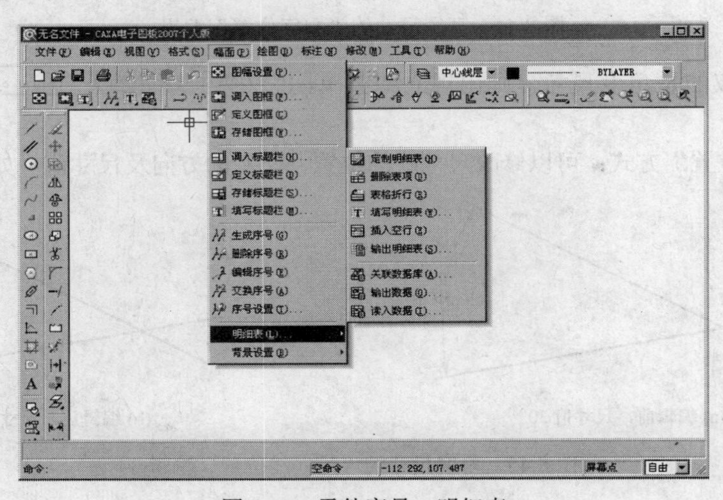

图 8.47 零件序号、明细表

8.5.1 零件序号

1. 生成序号

> 下拉菜单：“幅面”—“生成序号”
> 命令：PTNO

【功能】生成或插入零件序号，且与明细表联动。

【步骤】

（1）启动“生成序号”命令，则出现立即菜单

1:序号=1 2:数量1 3:水平 4:由内至外 5:生成明细表 6:不填写 。其各选项功能如下。

① 立即菜单“1：序号=”：为零件序号值。可以输入要标注的零件序号值，数值前可以加前缀，如果前缀当中第一位为符号“@”，则标注的零件序号为加圈的形式，系统默认初值为 1。如图 8.48（a）所示，系统将根据当前零件序号值来确定进行生成零件序号或插入零件序号操作。

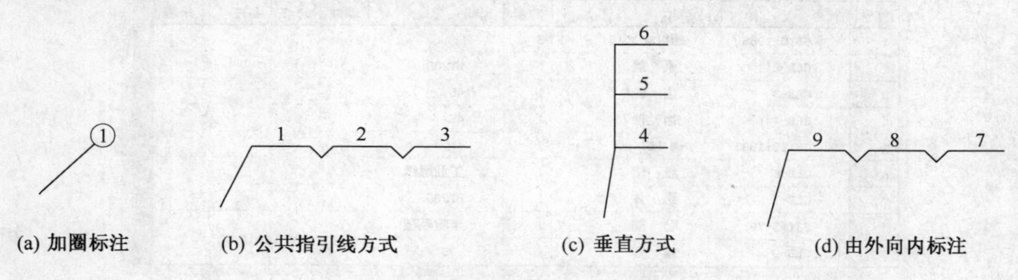

(a) 加圈标注 (b) 公共指引线方式 (c) 垂直方式 (d) 由外向内标注

图 8.48 零件序号的各种标注形式

- 生成零件序号：系统根据当前序号自动生成下次标注的序号值，如果输入的序号值只有前缀而没有数字值，则系统根据当前序号情况生成新序号，新序号值为当前相同前缀的最大序号值加 1。
- 插入零件序号：如果输入的序号值小于当前相同前缀的最大序号值，大于等于当前相同前缀的最小序号值，则弹出图 8.49 所示的“注意”对话框，如果单击“插入”按钮，则系统将生成新的序号，在此序号后的其他相同前缀的序号依次顺延，并重新排列相关的明细表；如果单击“取重号”按钮，则生成与已有序号重复的序号；如果单击“自动调整”按钮，则生成当前所有序号中的最大值；如果单击“取消”按钮，则输入的序号无效，需重新生成序号。

图 8.49 “注意”对话框

② 立即菜单“2：数量”：一次输入要标注的序号数目，默认值为 1。如果份数大于 1，则采用公共指引线的形式表示，如图 8.48（b）所示。

③ 立即菜单“3:”：在“水平”与“垂直”方式间切换，将分别按水平和垂直方式排列零件的序号，如图 8.48（b）、（c）所示。

④ 立即菜单“4:”：在“由内至外”与“由外至内”方式间切换，用来控制零件序号的标注方向，如图 8.48（d）所示。

⑤ 立即菜单“5:”：在“生成明细表”与“不生成明细表”方式间切换，用来控制在生成零件序号的同时，是否生成明细表。

⑥ 立即菜单“6:”：在“填写”与“不填写”方式间切换，当生成明细表时，用来控制是否填写明细表。

（2）按提示要求“*引出点:*”，用键盘或鼠标输入零件序号指引线的引出点，提示变为“*转折点:*”，拖动鼠标，在适当位置处单击鼠标左键，确定指引线转折点的位置，即可标注出输入的零件序号值。

（3）如果立即菜单“6:”选择的是“填写”方式，则弹出图 8.50 所示的“填写明细表”对话框，在该对话框中可以填写明细表中的各项内容。

填写明细表

明细表: 查找(F) 替换(R) 计算总计(重)项(I) 插入... 自动填写标题栏总重(A)

不显示明细表(H) 确定(O) 取消(C)

序号	代号	名称	数量	材料	单件	总计	备注	来源
1	GB70-1985	螺钉M6×16	6					
2	CLB-2	泵 盖	1	HT200				
3	CLB-3	齿 轮	1	45				
4	CLB-4	齿轮轴	1	45				
5	GB119-1986	销 D5×20	2					
6	CLB-6	纸 垫	1	工业用纸				
7	CLB-7	泵 体	1	HT200				
8	FJ145-79	毡 圈	1	半粗毛毡				
9	CLB-9	螺 塞	1	35				

图 8.50 “填写明细表”对话框

注意

如果零件是从图库中提取的标准件或含属性的块，则系统将自动填写明细表，而无须通过“填写明细表”对话框；如果拾取的标准件或含属性的块被打散，在序号标注时系统将无法识别，不能自动填写明细表。

（4）重复输入引出点和转折点，可以生成一系列的零件序号，单击鼠标右键结束操作。

2．删除序号

下拉菜单：“幅面”—“删除序号”
命令：PTNODEL

【功能】用于将已有的序号中不需要的序号删除，同时删除明细表中的相应表项。

【步骤】

（1）启动“删除序号”命令。

（2）按提示要求“*拾取零件序号:*”，用鼠标左键拾取要删除的序号，则该序号被删除。如果所要删除的序号有重名的序号，则只删除所拾取的序号；如果所要删除的序号为中间的序号，为了保持序号的连续性，系统自动将该项以后的序号值顺序减 1，同时删除明细表中的相应表项。

注意

对于采用公共指引线的一组序号，可以删除整体，也可以只删除其中某一个序号，这取决于拾取位置。用鼠标拾取指引线，则删除同一指引线下的所有序号。若拾取其他位置，只删除排在后面的序号。

3．编辑序号

下拉菜单：“幅面”—“编辑序号”
命令：PTNOEDIT

【功能】用于修改已有序号的位置，不能修改序号值。

【步骤】

（1）启动“编辑序号”命令。

（2）按提示要求“*拾取零件序号:*”，用鼠标左键拾取要编辑的零件序号，系统根据拾取位置的不同，分别进行编辑引出点和转折点的操作。

如果拾取的是序号的指引线，则将编辑引出点及引出线的位置，按提示要求“*引出点:*”，拖动鼠标，在适当位置处单击鼠标左键，确定引出点的位置，即可完成编辑引出点的操作，如图 8.51（b）所示；如果拾取的是序号值，则将编辑转折点及序号的位置，按提示要求“*转折点:*”，拖动鼠标，在适当位置处单击鼠标左键，确定转折点的位置，即可完成编辑转折点的操作，如图 8.51（c）所示。

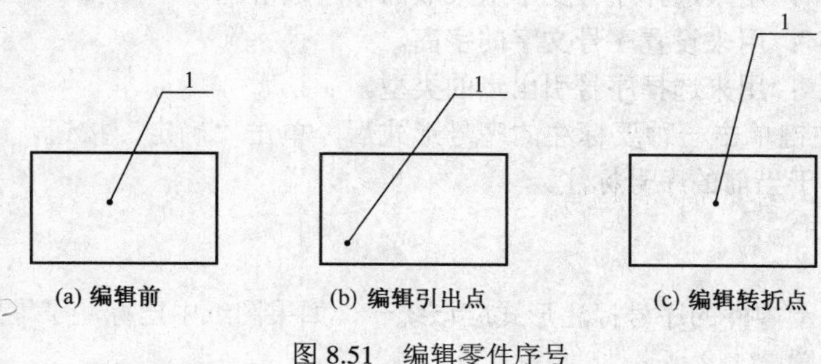

(a) 编辑前　(b) 编辑引出点　(c) 编辑转折点

图 8.51　编辑零件序号

4. 交换序号

下拉菜单：“幅面”—“交换序号”
命令：PTNOSWAP

【功能】交换序号的位置，并根据需要交换明细表的内容。

【步骤】

（1）启动“交换序号”命令，则出现立即菜单 1: 交换明细表内容 ，系统提示“*请拾取零件序号:*”，用鼠标点取要交换的序号 1，系统提示“*请拾取第二个序号:*”，再用鼠标点取要交换的序号 2，则序号 1 与序号 2 实现了交换。若单击选择立即菜单“1:”为“不交换明细表内容”，则序号更换后，相应的明细表内容不交换。

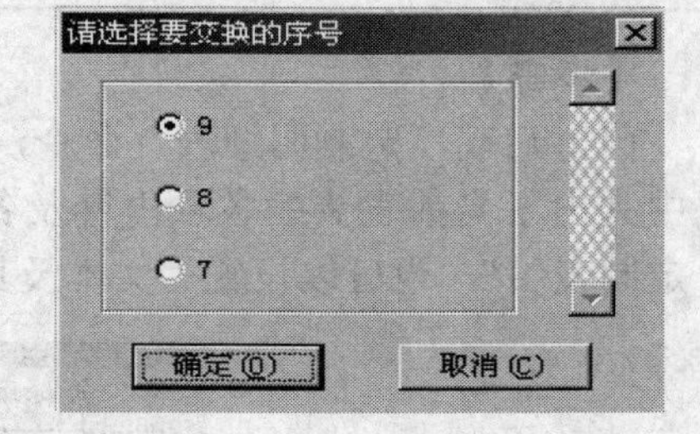

图 8.52　交换连续标注序号对话框

如果要交换的序号为连续标注，按照上面的操作，选择要交换的连续标注，这时弹出如图 8.52 所示的对话框。单击选择要交换的序号，实现交换。单击“确定”按钮退出。

5. 序号设置

下拉菜单：“幅面”—“序号设置”
命令：PARTNOSET

【功能】用于选择序号的标注形式。

【步骤】

（1）启动“序号设置”命令，将弹出图 8.53 所示的“序号设置”对话框，在该对话框中列出了序号的两种标注形式。

① 第 1 种：序号标注在水平线上或圆圈内，字体比图中尺寸的字体大一号。

② 第 2 种：序号直接标注在指引线端部，字体比图中尺寸的字体大两号。

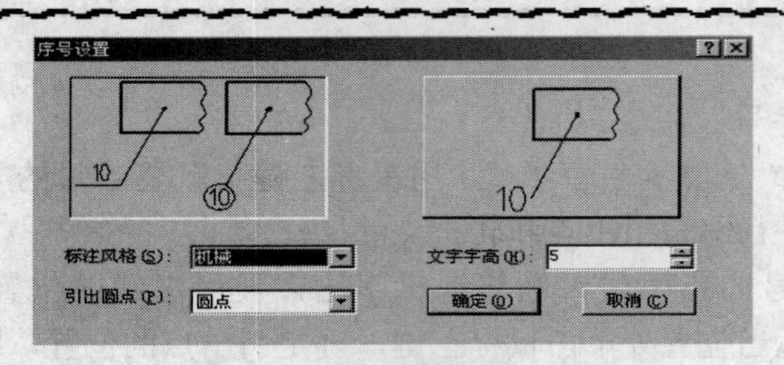

图 8.53 “序号设置”对话框

对话框下部有三个列表框：

- “标注风格”：用来选择序号文字所采取的标注风格。
- “文字字高”：用来设置序号文字的字高。
- “引出圆点”：用来选择序号引出点的类型。

（2）用鼠标左键单击一种要标注的序号形式后，单击“确定”按钮，即可将所选择的序号标注形式应用于当前的序号标注。

注意

在同一张图纸上零件的序号标注形式应该统一，如果图纸中已标注了零件序号，就不能修改零件序号的设置。

8.5.2 明细表

1. 定制明细表

下拉菜单：“幅面”—“明细表”—“定制明细表” 命令：TBLDEF

【功能】按需要增加、删除及修改明细表中的表头内容，并可调入或存储表头文件。

【步骤】

（1）启动“定制明细表”命令，弹出图 8.54 所示的“定制明细表”对话框，在该对话框中列出了当前表头的各项内容及各功能按钮，用户通过对各项内容进行操作，可以实现“定制表头”，也可以设置“文本及其他”等选项的风格。

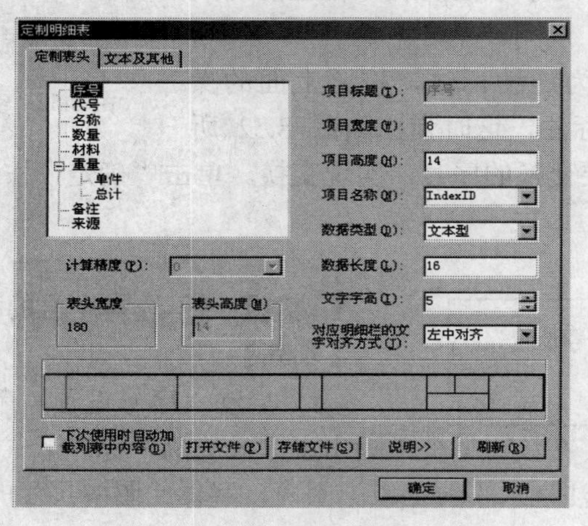

图 8.54 “定制明细表”对话框

注意

如果当前图纸上已经存在明细表，则修改的表头不起作用。

1）“定制表头”：增删及修改表头内容及格式。

① 对话框左边的表项名称列表框中，列出了当前明细表的所有表项及其内容，在该窗口中单击鼠标右键，弹出右键菜单，如图8.55所示，其包括4项功能。

- “增加项目”：在当前光标所在位置的表项下面加入一个名为“新项目”的表项，并可以修改新增表项的名称。需要注意的是，明细表中表项的数目不能超过10个。
- “添加子项”：在当前光标所在位置的表项处加入一个名为“新项目”的子项，并可以修改新增子项的名称。
- “删除项目”：删除当前光标所在位置的表项。
- “编辑项目”：修改当前光标所在位置的表项名称。

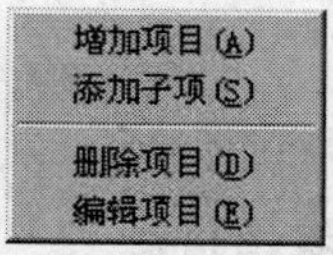

增加项目(A)
添加子项(S)
删除项目(D)
编辑项目(E)

图8.55 右键菜单

② 对话框右边为表项内容的编辑框，用鼠标左键单击某项，可以修改其内容。

- “项目标题”：显示当前光标所在位置的表项名称。
- “项目宽度”：显示在明细表表头中当前光标所在位置的表项宽度。
- “项目高度”：显示在明细表表头中当前光标所在位置的表项高度。
- “项目名称”：显示数据输出到数据库中的域名。如果数据库文件不支持中文域名，则该编辑框中为英文名称。
- “数据类型”：当前光标所在位置的表项所对应的数据类型。
- “数据长度”：当表项的数据类型为字符型时，可以在该编辑框中输入字符的长度。
- “文字字高”：调整明细表表头文字的大小。
- “文字对齐方式”：调整明细表表头文字的对齐方式。

③ 单击对话框下部的“打开文件”按钮，弹出“打开表头文件”对话框，可以将已经存在的表头文件调入到系统中供使用。

④ 单击对话框下部的“存储文件”按钮，弹出“存储表头文件”对话框，可以将编辑完成的表项内容存储为表头文件，供以后使用。

2）“文本及其他”：定制、修改文本及其他选项的风格。

- “明细表文本外观”：用来选择明细表的文本风格和调整明细表文字的大小。
- “表头文本外观”：用来选择表头的文本风格和设置表头中文字的对齐方式。
- “明细栏高度”：用来调整明细栏的高度。
- “文字左对齐时的间歇系数”：文字在左对齐时与明细表左边框的距离。
- “四个颜色列表框”：用来设置文本、表头线框、明细栏横线和明细栏竖线的颜色。

2．删除表项

下拉菜单：“幅面—“明细表”—“删除表项”
命令：TBLDEL

【功能】删除明细表中某一个表项。

【步骤】

（1）启动“删除表项”命令。

（2）按提示要求“*拾取表项:*”，用鼠标左键单击要删除表项的零件序号，则将删除该零件序号及其所对应的所有表项内容，同时该零件序号后的所有序号将自动重新排列。

注意

如果拾取的是明细表的表头，则将弹出图 8.56 所示的“注意”对话框，单击“是”按钮，将删除整个明细表；单击“否”按钮，取消操作。

图 8.56 “注意”对话框

3. 表格折行

下拉菜单：“幅面”—“明细表”—“表格折行” 命令：TBLBRK

【功能】将已存在的明细表表格在指定位置处向左或向右转移，转移时，表格及表项内容一起转移。

【步骤】

（1）启动“表格折行”命令，出现立即菜单 1: 左折 。

（2）单击立即菜单“1:”，在“左折”、“右折”和“设置折行点”方式间切换，分别表示将表格向左、向右和向指定点转移。

（3）按提示要求“*请拾取表项:*”，用鼠标左键单击要折行的零件序号，则该零件序号及其以上的所有序号和其表项内容全部转移到左侧或右侧。若选择立即菜单“1:”中的“设置折行点”方式，操作提示变为“*请输入折点:*”，此时，用鼠标点取屏幕上一点即实现表格的转移。

4. 填写明细表

下拉菜单：“幅面”—“明细表”—“填写明细表” 命令：TBLEDIT

【功能】在明细表中填写对应于某一零件序号的各项内容，并自动定位。

【步骤】

（1）启动“填写明细表”命令。

（2）系统弹出“填写明细表”对话框，如图 8.50 所示，双击要填写表项的内容，即可进行填写或修改，完成后单击“确定”按钮，所填表项内容将自动添加到明细表中，重复上述操作，可以填写或修改一系列明细表表项内容，单击鼠标右键结束操作。

5. 插入空行

下拉菜单：“幅面”—“明细表”—“插入空行” 命令：TBLNEW

【功能】在明细表中插入一个空行。

【步骤】

启动“插入空行”命令，系统立即将一个空白行插入到已有明细表的最上一行。

6. 输出明细表

下拉菜单：“幅面”—“明细表—“输出明细表” 命令：TABLEEXPORT

【功能】将明细表作为装配图的续页单独输出。

【步骤】

（1）启动“输出明细表”命令，弹出图 8.57 所示的“输出明细表设置”对话框。

（2）在对话框中对输出的明细表进行设置后，单击“输出”按钮，在弹出的“输出明细表”对话框中，给明细表选择路径、取名保存即可，如图 8.58 所示。

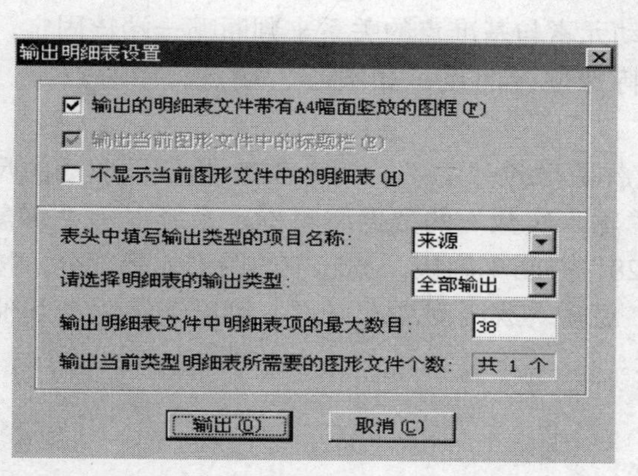

图 8.57　“输出明细表设置”对话框

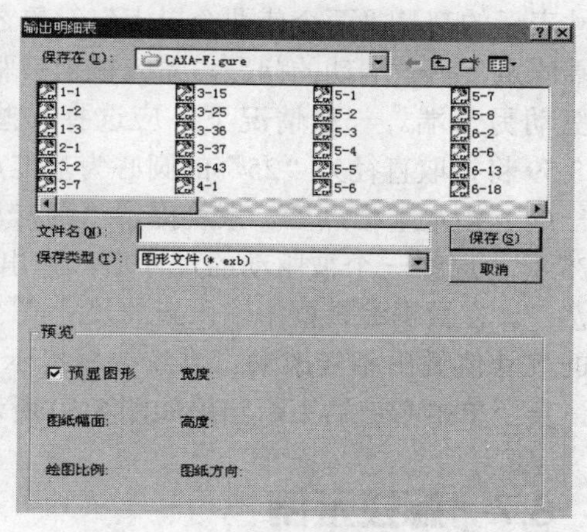

图 8.58　“输出明细表”对话框

8.6　尺寸驱动

> 下拉菜单：“修改”—“尺寸驱动”
> “编辑工具”工具栏：
> 命令：DRIVE

【功能】“尺寸驱动”是系统提供的一套局部参数化功能，即通过对标注尺寸的改动，相关图形元素及尺寸也实现其相应修改。但元素间的拓扑关系保持不变，如相切、连接等。系统还可以自动处理过约束和欠约束的图形。利用此功能，可以在画完图以后再对尺寸进行规整、修改，从而提高绘图速度，对已有图纸的修改也变得更加简单、容易。例如，图 8.59 所示为原图，图 8.60 所示为两圆中心距“35.8”通过尺寸驱动后改变为“28”。

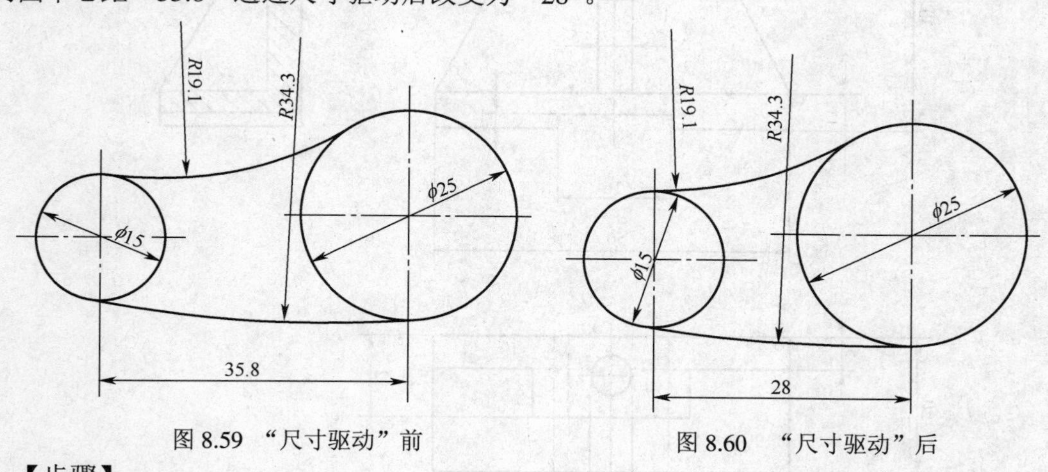

图 8.59 “尺寸驱动”前　　图 8.60　“尺寸驱动”后

【步骤】

（1）启动“尺寸驱动”命令。

（2）根据系统提示拾取驱动对象，即用户想要修改的部分，操作者在按操作提示拾取元素时，既要拾取图形元素，还要拾取与该图形相关的尺寸。一般来说，选中的图形元素如果没有必要的尺寸标注，系统将会根据连接、正交、相切等一般的默认准则判断图形元素间的约束关系。如图 8.59 将拾取整个图形和尺寸为驱动对象。

（3）拾取驱动对象后，单击右键确认，系统提示“*请给出图形的基准点:*”。由于任一尺寸表示的都是“两个或两个以上”对象之间的相关约束关系，如果驱动该尺寸，必然存在一端固定，另一端动的问题。系统根据被驱动元素与基准点的关系来判断哪一端该固定，从而驱动另一端。一般情况下，应选择一些特殊位置的点，如圆心、端点、中心点等。如图 8.59 将拾取直径为“25”的圆心为基准点。

（4）指定基准点后，系统提示“*请拾取欲驱动的尺寸:*”。如图 8.59 拾取欲驱动的尺寸“35.8”，选择一个被驱动的尺寸后，弹出“输入实数”的数据编辑框，系统提示“*请输入新值:*”。在数据编辑框中输入新的尺寸值“28”并回车确认，被选中的图形元素部分，按照新的尺寸值做出相应改动。系统接着提示“*请输入欲改动的尺寸:*”，可以连续驱动其他尺寸，直至单击右键结束，结果如图 8.60 所示。

8.7 标注示例

8.7.1 轴承座的尺寸标注

用本章所学的工程标注命令为第 6 章所绘制的轴承座标注尺寸，如图 8.61 所示。

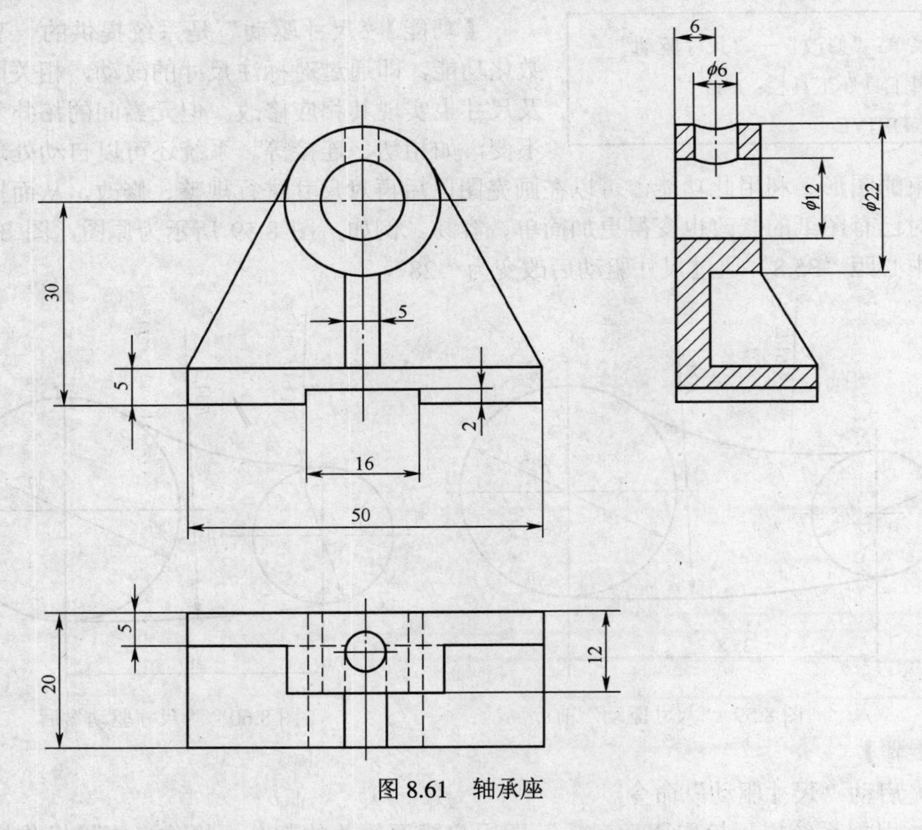

图 8.61 轴承座

【分析】

该轴承座的尺寸标注中，均为线性尺寸，因此使用 CAXA 电子图板中的“尺寸标注”命令的不同方式就可以进行全图的标注。

（1）用“基本标注”方式标注主视图中的“50”、“5”、“2”、“16”，俯视图中的“12”，左视图中的“6”、“ϕ6”、“ϕ12”、“ϕ22”；

（2）用“基准标注”方式标注主视图中的基准尺寸“5”和“30”，以及俯视图中的“5”和“20”。

【步骤】

（1）根据图形的大小及图形的复杂程度，适当设置标注参数，使图形清晰美观。

单击主菜单“格式”中的“标注风格”选项，弹出“标注风格”对话框，如图 8.62 所示。单击“编辑”按钮，在弹出的“编辑风格”对话框中，设置“箭头大小”为 4，设置“文字字高”为“6”。

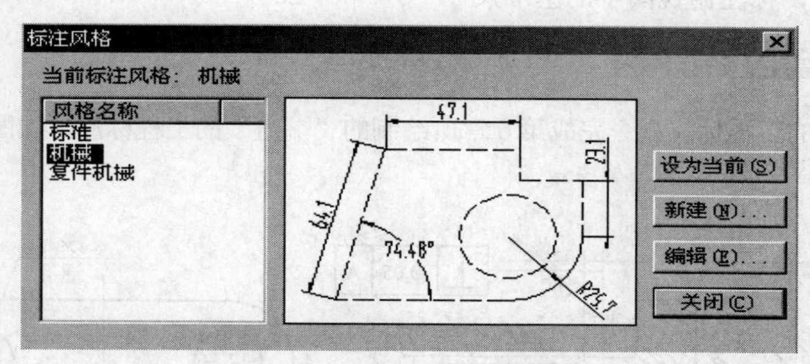

图 8.62 “标注风格”对话框

（2）用“尺寸标注”命令中的“基本标注”方式标注图中的尺寸。

① 单击“标注工具”工具栏中的“尺寸标注”按钮，将立即菜单设置为：

1: 基本标注

根据提示要求“*拾取标注元素或点取第一点:*”，用鼠标左键单击拾取主视图中底板的左边轮廓线，将出现的立即菜单设置为：

1: 基本标注 2: 文字平行 3: 标注长度 4: 长度 5: 正交 6: 文字居中 7: 尺寸值 5

，根据提示，用鼠标左键单击拾取底板右边轮廓线，将出现的立即菜单设置为：

1: 基本标注 2: 文字平行 3: 长度 4: 文字居中 5: 尺寸值 50

根据提示“*尺寸线位置:*”，拖动鼠标，在适当位置处单击鼠标左键，即可标注完成底板长度尺寸“50”。

② 根据提示“*拾取标注元素或点取第一点:*”，方法同上，分别标注主视图中的尺寸“5”、“2”、“16”，俯视图中的尺寸“12”，左视图中的尺寸“6”。

③ 根据提示“*拾取标注元素或点取第一点:*”，分别用鼠标左键单击拾取左视图中“ϕ12”孔的上、下轮廓线，将出现的立即菜单设置为：

1: 基本标注 2: 文字平行 3: 长度 4: 文字居中 5: 尺寸值 12

单击“5：尺寸值”，在弹出的尺寸数值编辑框中输入“%c12”。根据提示“*尺寸线位置:*”，拖动鼠标，在适当位置处单击鼠标左键，即可标注完成孔的直径尺寸“ϕ12”。

④ 根据提示“*拾取标注元素:*”，方法同上，分别标注左视图中的尺寸“ϕ6”、“ϕ22”。

（3）用“尺寸标注”命令中的“基准标注”方式标注图中的其余尺寸。

① 单击立即菜单，将其设置为：

1: 基准标注

根据提示“*拾取线性尺寸或第一引出点:*”，利用工具点菜单分别捕捉主视图底板的左下角点和左上角点，则出现的立即菜单设置为：

1: 基准标注 2: 文字平行 3: 正交 4:尺寸值 5

根据提示“*尺寸线位置:*”，拖动鼠标，在适当位置处单击鼠标左键，即可标注完成底板高度尺寸“5”，将出现的立即菜单设置为：

1: 基准标注 2: 文字平行 3:尺寸线偏移 10 4:尺寸值 计算值

根据提示要求“*第二引出点:*”，利用工具点菜单捕捉上部两同心圆的水平中心线的端点，即可标注完成轴承孔轴线的高度尺寸“30”，按下 Esc 键结束该命令。

②方法同上，标注俯视图中的基准尺寸“5”和“20”。

8.7.2 端盖的工程标注

用本章所学的工程标注命令完成第 6 章所绘制的“端盖”的工程标注，如图 8.63 所示。

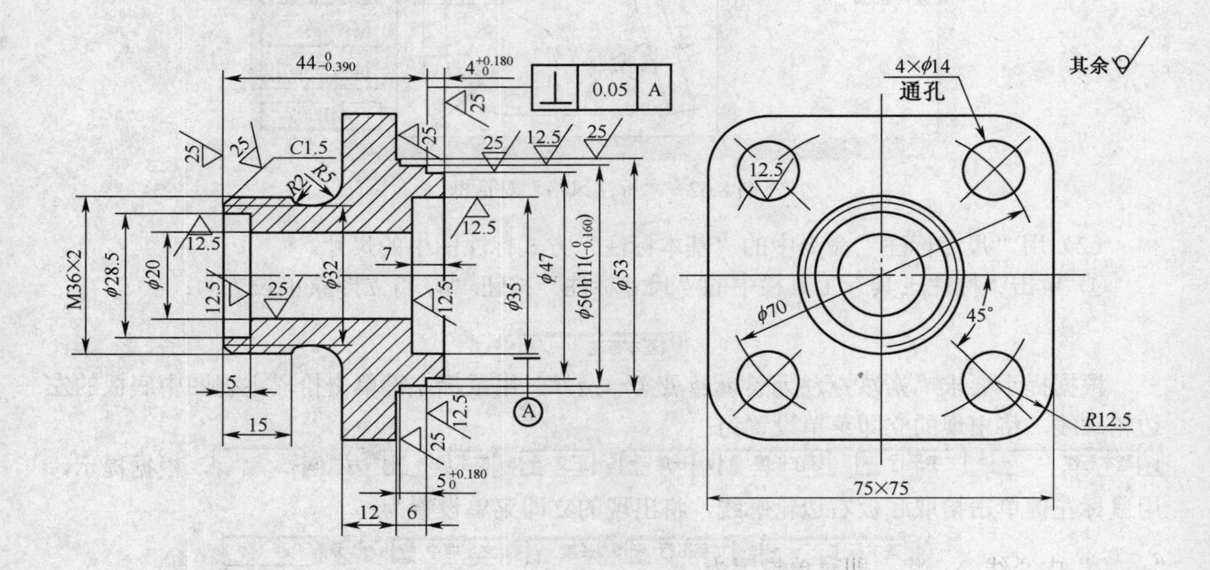

图 8.63 端盖

【分析】

该端盖的工程标注中，包括线性尺寸、角度尺寸、倒角、尺寸公差、形位公差、表面粗糙度等内容，可采用相应的标注命令进行标注。

（1）用“尺寸标注”命令中的“基本标注”方式标注“ φ20”、“ φ53”、“ φ47”、“ φ70”、“*R*12.5”、“75×75”、“7”等，用“三点角度”方式标注左视图中的角度 45°，用“基准标注”方式标注基准尺寸“5”、“15”，用“连续标注”方式标注连续尺寸“12”、“6”、“$44^{0}_{-0.390}$”、“$4^{+0.180}_{0}$”。图中尺寸公差的标注，可以在输入尺寸值时输入。

（2）用“引出说明”标注左视图中的“ φ14”通孔。

（3）用“倒角标注命令”标注倒角，如主视图中的“C1.5”。

（4）用“形位公差”命令标注形位公差，如主视图中的“0.05”。

（5）用“基准代号”命令标注基准代号，如主视图中的基准代号“A”。

（6）用“粗糙度”命令标注表面粗糙度，如“25”、“12.5”等。

（7）用“文字标注”命令标注图中右上角的文字“其余”。

【步骤】

（1）打开文件“端盖.exb”。

（2）方法同前，设置合适的标注参数。

（3）用“尺寸标注”命令中的“基本标注”方式标注图中轴和孔的直径、螺纹尺寸、长度方向的线性尺寸、圆角的半径、圆的直径。

① 单击“标注工具”工具栏中的“尺寸标注”按钮，将立即菜单设置为：

1: 基本标注

根据提示要求“*拾取标注元素或点取第一点：*”，用鼠标左键单击拾取主视图中“ϕ28.5”孔的上、下轮廓线，将出现的立即菜单设置为：

1: 基本标注 2: 文字平行 3: 长度 4: 文字居中 5: 尺寸值 28.5

单击“5：尺寸值”，在弹出的尺寸数值编辑框中输入“%c28.5”，根据提示“*尺寸线位置：*”，拖动鼠标，在适当位置处单击鼠标左键，即可标注完成孔的直径尺寸“ϕ28.5”。

② 根据提示“*拾取标注元素：*”，方法同上，分别标注主视图中的尺寸“ϕ20”、“ϕ53”、“ϕ47”、“ϕ32”。

③ 根据提示“*拾取标注元素：*”，分别用鼠标左键单击拾取主视图中左端螺纹“M36×2”的上、下轮廓线，则出现立即菜单：

1: 基本标注 2: 文字平行 3: 长度 4: 文字居中 5: 尺寸值 36

单击立即菜单“5：尺寸值”，输入字符串“M36×2”，单击按钮或按回车键，即可将尺寸值设置为“M36×2”，根据提示“*尺寸线位置：*”，拖动鼠标，在适当位置处单击鼠标左键。

④ 根据提示“*拾取标注元素或点取第一点：*”，方法同上，标注主视图中的尺寸“ϕ35H11（$^{+0.160}_{0}$）”，将尺寸值设置为%c35H11（%+0.160%b）；标注尺寸“ϕ50h11（$^{0}_{-0.160}$）”，将尺寸值设置为%c50h11（%b%-0.160）；后续操作同上。

⑤ 根据提示“*拾取标注元素或点取第一点：*”，用鼠标左键单击拾取左视图中的“ϕ70”中心线圆，将立即菜单设置为：

1: 基本标注 2: 直径 3: 文字平行 4: 文字拖动 5: 计算尺寸值 6: 尺寸值 %c70

拖动鼠标，在适当位置处单击鼠标左键，指定尺寸线的位置，即可标注完成中心线圆的直径“ϕ70”。

⑥ 根据提示“*拾取标注元素或点取第一点：*”，用鼠标左键单击拾取左视图中的“R12.5”圆弧，将立即菜单设置为：

1: 基本标注 2: 半径 3: 文字水平 4: 文字拖动 5: 计算尺寸值 6: 尺寸值 R12.5

拖动鼠标，在适当位置处单击鼠标左键，指定尺寸线的位置，即可标注完成拾取圆弧的半径“R12.5”。同理，标注完成主视图中的圆角半径“R 2”、“R 5”。

⑦ 根据提示“*拾取标注元素或点取第一点：*”，用鼠标左键单击拾取主视图中

“Φ35H11（$^{+0.160}_{0}$）”孔的左、右轮廓线，将出现的立即菜单设置为：

1: 基本标注 ▼ 2: 文字平行 ▼ 3: 长度 ▼ 4: 文字居中 ▼ 5: 尺寸值 7

根据提示，拖动鼠标，在适当位置处单击鼠标左键，即可标注完成孔的长度尺寸“7”。

⑧ 根据提示“*拾取标注元素或点取第一点:*”，方法同上，标注主视图中的尺寸“12”、“5”；标注尺寸“44$^{0}_{-0.390}$”，将尺寸值设置为“44%b%-0.390”；标注尺寸“5$^{+0.180}_{0}$”,将尺寸值设置为“5%+0.180%b”；标注左视图中的尺寸“75×75”，将尺寸值设置为“75×75”。

（4）用尺寸标注命令中的“三点角度”方式标注左视图中的角度尺寸“45°”。

① 单击立即菜单，将其设置为：

1: 三点角度 ▼ 2: 度 ▼

根据提示，利用工具点菜单分别捕捉左视图中矩形中心线的交点作为顶点，捕捉水平中心线的端点作为第一点，捕捉倾斜中心线的端点作为第二点。

② 根据提示“*尺寸线位置:*”，拖动鼠标，在适当位置处单击鼠标左键，即可完成角度的标注。

（5）用尺寸标注命令中的“基准标注”方式标注主视图中的基准尺寸“15”。单击立即菜单，将其设置为：

1: 基准标注 ▼

根据提示“*拾取线性尺寸或第一引出点:*”，用鼠标左键单击拾取主视图中已标的长度尺寸“5”的左尺寸线，根据提示“*第二引出点:*”，利用工具点菜单捕捉左端螺纹的右下角点，将出现的立即菜单设置为：

1: 基准标注 ▼ 2: 文字平行 ▼ 3: 尺寸线偏移 10 4: 尺寸值 计算值

即可标注完成基准尺寸“15”，按下 Esc 键结束该命令。

（6）用尺寸标注命令中的“连续标注”方式标注主视图中的连续尺寸“6”、“4$^{+0.180}_{0}$”。

① 单击立即菜单，将其设置为：

1: 连续标注 ▼

根据提示“*拾取线性尺寸或第一引出点:*”，用鼠标左键单击拾取已标长度尺寸“12”的右尺寸线，根据提示“*拾取另一个引出点:*”，利用工具点菜单捕捉“ϕ50h11（$^{0}_{-0.160}$）”轴的右下角点，将出现的立即菜单设置为：

1: 连续标注 ▼ 2: 文字平行 ▼ 3: 正交 ▼ 4: 尺寸值 6

即可标注完成连续尺寸“6”，按下 Esc 键结束该命令。

② 方法同上，用鼠标左键单击拾取已标长度尺寸“44$^{0}_{-0.390}$”的右尺寸线，利用工具点菜单捕捉主视图中右端线的上角点作为第二引出点，并将尺寸值设置为“4%+0.180%b”，即可完成连续尺寸“4$^{+0.180}_{0}$”的标注，按下 Esc 键结束该命令。

（7）用引出说明命令标注左视图中“4× ϕ14”通孔的尺寸。

① 单击“引出说明”按钮，将弹出的“引出说明”对话框按图 8.64 所示进行设置，单击“确定”按钮。

② 将出现的立即菜单设置为：

1: 文字方向缺省 ▼ 2: 延伸长度 3

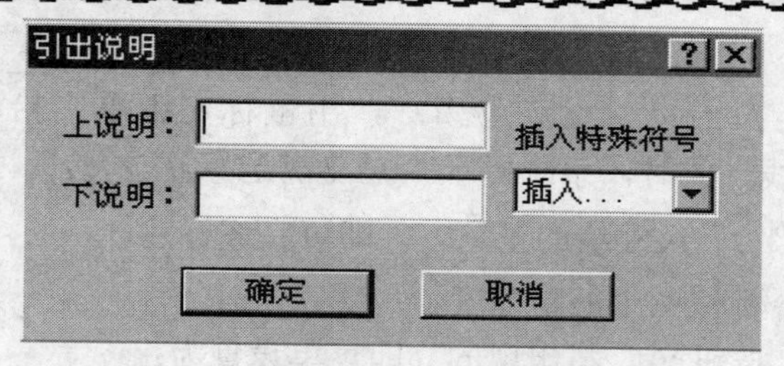

图 8.64　设置“引出说明”对话框

根据提示“*第一点:*”，利用工具点菜单捕捉要标注的小圆上一点，拖动鼠标，在适当位置处单击鼠标左键，确定第二点，即可完成标注。

（8）用倒角标注命令标注主视图中的倒角“C1.5”。

① 单击“倒角标注”按钮，根据提示“*拾取倒角线:*”，用鼠标左键单击拾取左上角的倒角线，单击立即菜单“1：尺寸值”，将其设置为：“C1.5”。

② 根据提示“*尺寸线位置:*”，拖动鼠标，在适当位置处单击鼠标左键，确定尺寸线的位置，即可完成标注。

（9）用形位公差命令标注主视图中的形位公差，用基准代号命令标注基准代号“A”。

① 单击“形位公差”按钮，将弹出的“形位公差”对话框按图 8.65 所示进行设置，单击“确定”按钮。

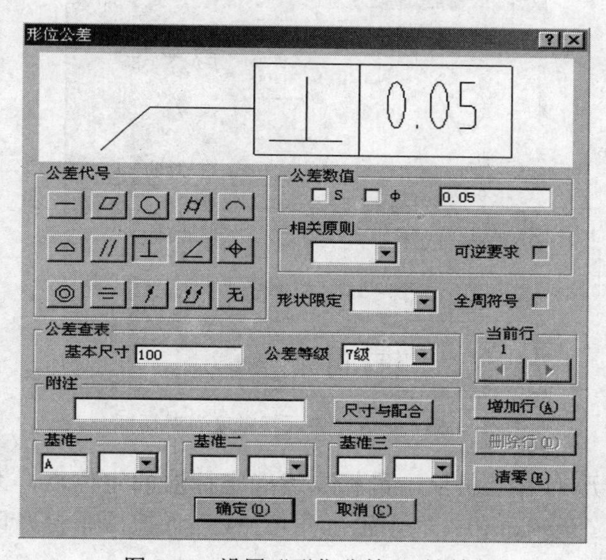

图 8.65　设置“形位公差”对话框

② 将出现的立即菜单设置为：

1: 水平标注

根据提示“*拾取定位点或直线或圆弧:*”，用鼠标左键单击拾取线性尺寸“$44^{\ 0}_{-0.390}$”的右尺寸线，此时，系统提示“*引线转折点:*”，拖动鼠标，在适当位置处单击鼠标左键，确定引线转折点，继续拖动鼠标，在适当位置处单击鼠标左键，确定标注的定位点，即可完成标注。

③ 单击“基准代号”按钮，将出现的立即菜单设置为：

1: 基准标注　2: 给定基准　3: 默认方式　4: 基准名称: A

根据提示“*拾取定位点或直线或圆弧:*”，用鼠标左键单击拾取直径尺寸“ϕ35H11（$^{+0.160}_{0}$）”的下尺寸界线，此时，系统提示“*拖动确定标注位置:*”，拖动鼠标，将基准代号标注在“ϕ35H11（$^{+0.160}_{0}$）”尺寸线的正下方，即可完成标注。

（10）用粗糙度命令标注图中的粗糙度。

① 单击“粗糙度”按钮，将出现的立即菜单设置为：

1: 简单标注　2: 默认方式　3: 去除材料　4: 数值: 25

根据提示“*拾取定位点或直线或圆弧:*”，用鼠标左键单击拾取主视图右端“ϕ47”的上尺寸界线，拖动鼠标，在适当位置处单击鼠标左键，确定标注位置，即可标注完成该粗糙度。

② 系统继续提示“*拾取定位点或直线或圆弧:*”，方法同上，分别完成剩余相同粗糙度的标注。

③ 将粗糙度数值设置为 12.5，方法同上，标注剩余的粗糙度。

④ 标注右上角的粗糙度符号“∀”。单击立即菜单，将其设置为：

1: 标准标注

将弹出的“表面粗糙度”对话框按图 8.66 所示进行设置，单击“确定”按钮。

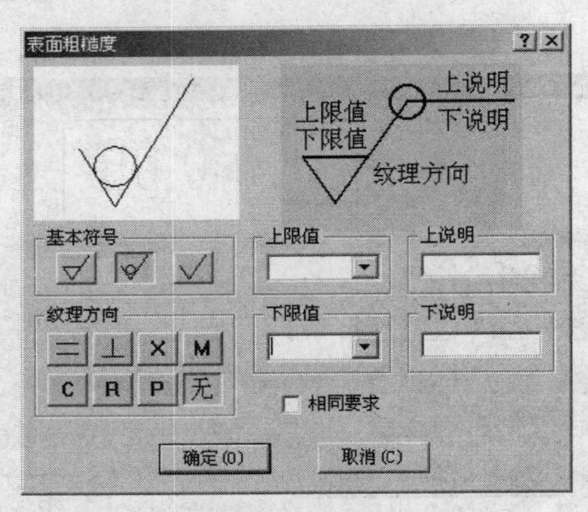

图 8.66　设置“表面粗糙度”对话框

根据提示，在图形的右上角单击鼠标左键确定标注的定位点，系统提示“*输入角度或 由屏幕上确定: (-360,360):*”，输入角度“0”，按回车键，即可标注完成该粗糙度要求。

（11）用文字标注命令标注图形右上角粗糙度符号“∀”前面的文字“其余”。

① 单击“文字标注”按钮 **A**，将出现的立即菜单设置为：

1: 指定两点

按提示要求，在图形右上角单击鼠标左键，确定标注文字矩形区域的左上角点，拖动鼠标，在适当位置处单击鼠标左键，确定标注文字矩形区域的右下角点。

② 在弹出的“文字标注与编辑”对话框中输入“其余”，单击“风格”按钮，将弹出的“文本风格”对话框按图 8.67 进行设置，单击“确定”按钮，即可标注完成文字。

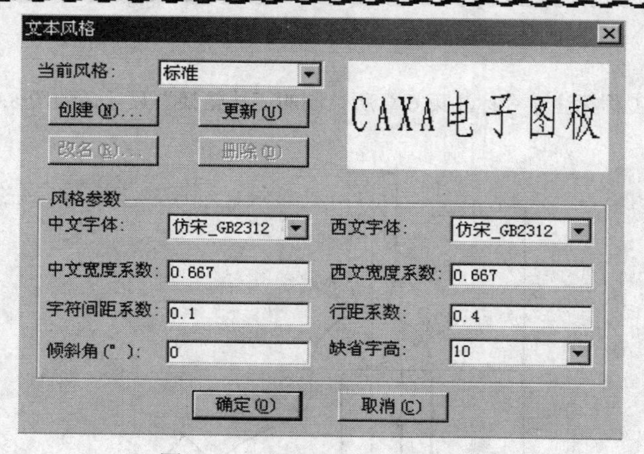

图 8.67 “文本风格”对话框

习 题

（1）尺寸公差的标注可以采用（ ）

① 在尺寸标注时单击鼠标右键，在弹出的“尺寸标注公差与配合查询”对话框中输入公差代号或上下偏差数值；

② 在尺寸标注立即菜单内的“尺寸值”文本框内的尺寸数值后面输入分别以百分号（%）引导的上下偏差数值，如标注“$80^{+0.2}_{-0.1}$”即可输入“80%+0.2%-0.1”；

③ 以上均可。

（2）下述关于修改尺寸、文字等标注的正确操作有（ ）

① 若欲修改尺寸标注的位置或尺寸（文字）数值，可以采用单击图标按钮等方式启动“标注风格”命令；

② 若欲修改尺寸标注文字及箭头的大小，可以采用单击图标按钮等方式启动“标注风格”命令，在弹出的“标注风格”对话框中修改设置；

③ 拾取欲修改的尺寸，然后右击鼠标，在弹出的快捷菜单中选择某一操作。

上机指导与练习

【上机目的】

掌握 CAXA 电子图板提供的工程标注命令及标注编辑命令的使用方法，能够对绘制的图形进行工程标注及对所标注的尺寸进行编辑修改。

【上机内容】

（1）熟悉本章所介绍的工程标注命令及标注编辑命令的功能及操作。

（2）按本章 8.7.1 节中所给方法和步骤完成“轴承座”的尺寸标注。

（3）按本章 8.7.2 节中所给方法和步骤完成“端盖”的工程标注。

（4）按照下面【上机练习】中的要求和指导，完成“挂轮架”和“轴承座”的尺寸标注；为“轴系”装配图及“螺栓连接”装配图配制图框、标题栏，编制零件序号和明细表。

【上机练习】

（1）用本章所学的工程标注命令标注第 6 章所绘制的“挂轮架”尺寸，如图 8.68 所示。

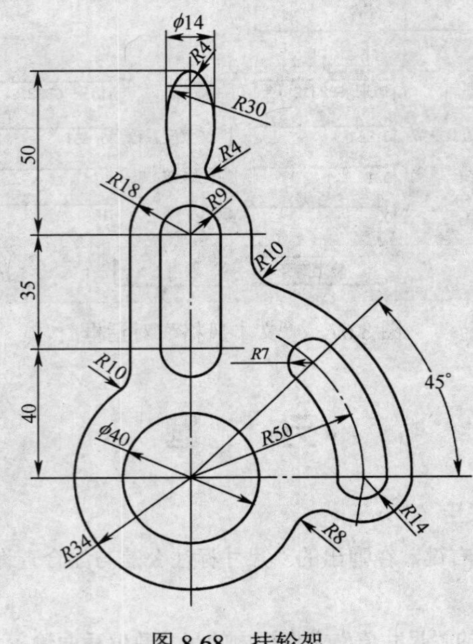

图 8.68 挂轮架

提示

该挂轮架的图形中只有一种线性尺寸，因此可以采用尺寸标注命令中不同的方式就可以进行标注。

① 用“连续标注”方式标注图中的连续尺寸“40”、“35”、“50”；

② 用“基本标注”方式标注图中圆弧的半径和圆的直径尺寸，如“ϕ14”、“*R*34”、“*R*18”、“*R*9”、“*R*30”等；

③ 用“三点角度”方式标注图中的角度尺寸“45°”。

（2）用本章所学的标注命令为第 5 章所绘制的“轴承座”进行工程标注，如图 8.69 所示。

提示

该轴承座的三视图中，只有一种线性尺寸，因此采用尺寸标注命令中不同的方式就可以进行标注。

① 用“基本标注”方式标注“ϕ36”、“ϕ60”、“60”、“18”、“80”；

② 用“连续标注”方式标注主视图中的连续尺寸“15”和“15”、左视图中的连续尺寸“15”和“27”；

③ 用“基准标注”方式标注主视图中的基准尺寸“140”和“30”，并以标注的尺寸“15”为基准标注基准尺寸“70”。

④ 用“标注修改”命令下的立即菜单为“70”及“ϕ36”尺寸增加尺寸公差。

⑤ 用“粗糙度”命令标注图中的 3 处粗糙度要求；

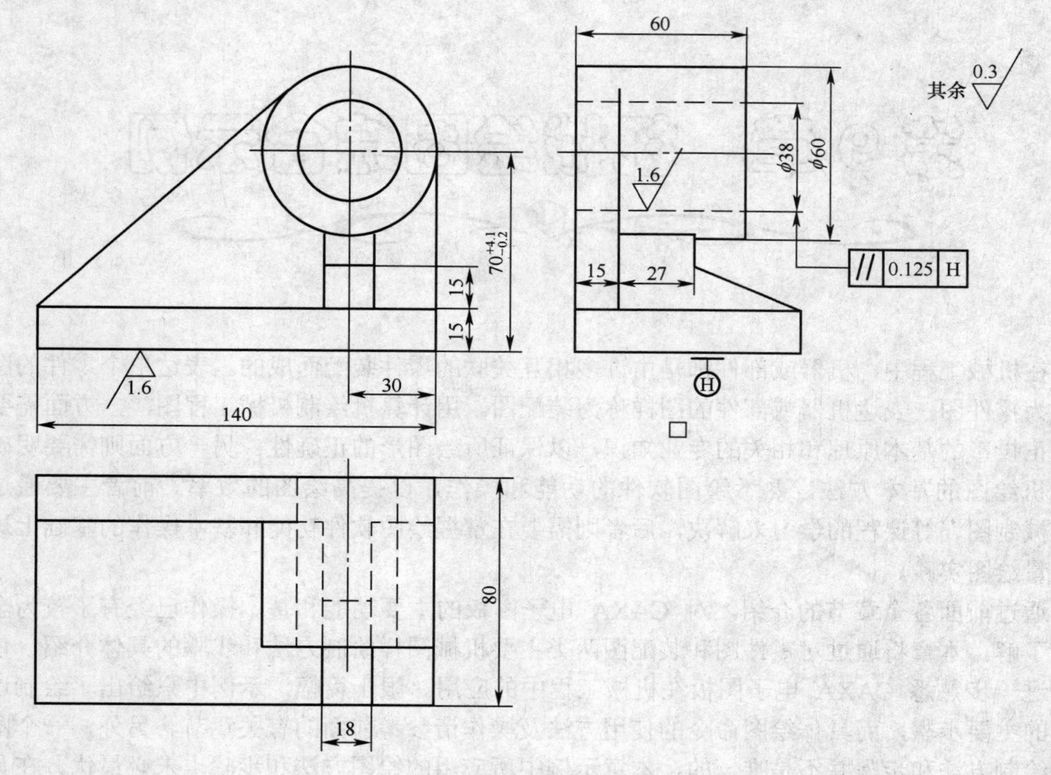

图 8.69　轴承座

⑥ 用"文字标注"命令书写"其余"两字。

⑦ 用"基准代号"命令标注基准代号"H"。

⑧ 用"形位公差"命令标注图中的平行度公差要求。

（3）为第 7 章中所绘制的"轴系"装配图及"螺栓连接"装配图配制图框、标题栏，编制零件序号和明细表。

第 9 章　机械绘图综合示例

在机械工程中，机器或部件都是由许多相互关联的零件装配而成的。表达单个零件的图样称为零件图，表达机器或部件的图样称为装配图。用计算机绘制机械工程图，一方面需要掌握正投影的基本原理和相关的专业知识，以保证所绘图形的正确性；另一方面则需要明确计算机绘图的基本方法，熟悉绘图软件的功能和操作，以提高绘图的效率。前者主要通过“机械制图”等课程的学习来解决，后者则需要在掌握绘图软件功能和基本操作的基础上进行大量绘图实践。

通过前面各个章节的介绍，对 CAXA 电子图板的主要功能和基本操作已经有了较为全面的了解。本章将通过对零件图和装配图两类主要机械图样绘制方法和步骤的具体介绍，使读者进一步熟悉 CAXA 电子图板在机械工程中的应用。限于篇幅，示例中只给出了绘制过程中的主要步骤，而具体绘图命令的使用方法及操作请参考前面的有关章节。另外，一个图形的绘制方法和步骤并不是唯一的，本章示例中所应用的绘图方法和步骤也未必最优，在具体绘制时，也可以采用与此不同的其他绘图方法和步骤。

9.1　概述

9.1.1　绘图的一般步骤

（1）分析图形。画图前首先要看懂并分析所画图样，例如，根据视图数量、图形复杂程度和大小尺寸，选择大小合适的图纸幅面和绘图比例；按照图中所出现的图线种类和内容类型拟定要设置的图层数；根据图形特点分析确定作图的方法和顺序、图块和图符的应用等。

（2）设置环境。启动 CAXA 电子图板，据上面的分析对 CAXA 电子图板进行系统设置，这些设置包括层、线型、颜色的设置；文本风格、标注风格的设置；屏幕点和拾取的设置等。如无特殊要求，一般可采用系统的默认设置。

（3）设定图纸。设置图幅、比例，调入图框、标题栏等。

（4）绘制图形。综合利用各种绘图命令和修改命令，按各视图的投影关系绘制图形。

（5）工程标注。标注图样中的尺寸和技术要求、装配图中的零件序号等。

（6）填写标题栏和明细表。

（7）检查、存盘。检查并确认无误后将所绘图样命名存盘。

9.1.2　绘图的注意事项

用 CAXA 电子图板绘制工程图时需注意下述问题。

（1）充分利用图“层”区分不同的线型或工程对象。图形只能绘制在当前层上，因此要注意根据线型或所绘工程对象及时变换当前层。此外利用当前层的“关闭”和“打开”，也有助于提高绘图的效率和方便图形的管理。

（2）绘图和编辑过程中，为观察清楚、定位准确，应随时对屏幕显示进行缩放、平移。

（3）充分利用“捕捉”和“导航”功能保证作图的准确性。如利用“导航”可方便地保持三视图间的“长对正、高平齐、宽相等”关系。但当不需要捕捉、导航时，应及时关闭。

（4）利用已有的图形进行变换和复制，可以事半功倍，显著提高绘图效率。画图时要善于使用“平移”、“镜像”等变换命令，以简化作图。

（5）多修少画。便于修改是计算机绘图的一个显著特点，当图面布置不当时，可随时通过“平移”进行调整；若图幅或比例设置不合适，在绘图的任何时候都可重新设置；线型画错了，可以通过属性修改予以改正；对图线长短，图形的形状、位置、尺寸、文字、工程标注的位置、内容等，都能方便地进行修改。绘图时要充分利用电子图板的编辑功能。一般来说，在原有图形的基础上进行修改，比删除重画效率要高。

（6）及时存盘。新建一个“无名文件”后，应及时赋名存盘；在绘图过程中，也要养成经常存盘的习惯，以防因意外原因造成所画图形的丢失。万一未存盘而退出系统，可在 CAXA\CAXAEB\temp 目录下打开临时文件 temp0000.exp，或许可以挽回一些损失。

9.2　零件图绘制示例

9.2.1　零件图概述

1．零件图的内容

零件图是反映设计者意图及生产部门组织生产的重要技术文件。因此，它不仅应将零件的材料、内/外结构形状和大小表达清楚，而且还要对零件的加工、检验、测量提供必要的技术要求。一张完整的零件图包含四方面的内容：

（1）一组视图。包括视图、剖视图、断面图、局部放大图等，用以完整、清晰地表达出零件的内/外形状和结构。

（2）完整的尺寸。零件图中应正确、完整、清晰、合理地标注出用以确定零件各部分结构形状和相对位置、制造零件所需的全部尺寸。

（3）技术要求。用以说明零件在制造和检验时应达到的技术要求，如表面粗糙度、尺寸公差、形状和位置公差，以及表面处理和材料热处理等。

（4）标题栏。位于零件图的右下角，用以填写零件的名称、材料、比例、数量、图号，以及设计、制图、校核人员签名等。

2．零件的分类及特点

工程实际中的零件千姿百态、各种各样，但按其结构和应用的不同都可归结为 4 大类型：轴套类零件、盘盖类零件、叉架类零件和箱壳类零件。现就这 4 类零件的特点及绘图方法分述如下。

（1）轴套类零件

在零件结构上，轴类和套筒类零件通常由若干段直径不同的圆柱体组成（称为阶梯轴），为了联结齿轮、皮带轮等零件，在轴上常有键槽、销孔和固定螺钉的凹坑等结构。在图形表达上，通常采用一个主视图和若干断面图或局部视图来表示，主视图应将轴线按水平位置放置。在绘图方法上，常采用“圆”命令、“轴/孔”命令、“局部放大”命令和“镜像”命令。

轴套类零件的工程图一般较为简单，具体绘图示例请参见第 3 章 3.3.1 节“轴的主视图”的绘制，此处不再赘述。

（2）盘盖类零件

在零件结构上，盘盖类零件一般由在同一轴线上的不同直径的圆柱面（也可能有少量非圆柱面）组成，其厚度相对于直径来说比较小，即呈盘状，零件上常有一些孔、槽、肋和轮辐等均布或对称结构。在图形表达上，主视图一般采用全剖视或旋转剖视，轴线按水平位置放置。在绘图方法上，常采用“圆”命令、“轴/孔”命令和“剖面线”命令，对于盘盖上的孔、槽、肋和轮辐等均布或对称结构，一般先绘制出一个图形，然后再用“阵列”或“镜像”命令画出全部。

盘盖类零件的工程图一般也较为简单，具体绘图示例请参见第 3 章 3.3.2 节“槽轮的剖视图”的绘制，此处不再赘述。

（3）叉架类零件

在零件结构上，叉架类零件的形状比较复杂，通常由支撑轴的轴孔、用以固定在其他零件上的底板，以及起加强、支承作用的肋板和支承板组成。

在图形表达上，叉架类零件一般用两个以上的视图来表达，主视图一般按工作位置放置，并采用剖视的方法，主要表达该零件的形状和结构特征。除主视图外还需要采用其他视图及断面图、局部视图等表达方法，以表达轴孔等的内部结构、底板形状和肋板断面等。在绘图方法上，用到的绘图和编辑命令较多，熟练使用导航功能，在一定程度上会提高绘图速度，简化绘图过程。

叉架类零件的工程图一般较为复杂，在 9.2.2 节中将详细介绍一个叉架类零件的具体绘制过程。

（4）箱壳类零件

在零件结构上，箱壳类零件是组成机器或部件的主要零件，其形状较为复杂。其主要功能是用来容纳、支承和固定其他零件。箱体上常有薄壁围成的不同形状的空腔，有轴承孔、凸台、肋板、底板、安装孔、螺孔等结构。

在图形表达上，箱壳类零件一般至少用三个视图来表达，主视图一般按工作位置放置，常与其在装配图中的位置相同，并采用全剖视，重点表达其内部结构；根据结构特点，其他视图一般采用剖视、断面图来表达内部形状，并采用局部视图和斜视图等表达零件外形。在绘图方法上，用到的绘图和编辑命令较多，熟练使用导航功能，在一定程度上会提高绘图速度，简化绘图过程。

箱壳类零件的工程图一般较为复杂，在 9.2.3 节中将详细介绍一个箱壳类零件的具体绘制过程。

9.2.2　叉架类零件绘图示例

本节将以图 9.1 所示的“踏脚座”零件图的绘制为例，介绍叉架类零件的绘图方法和步骤。

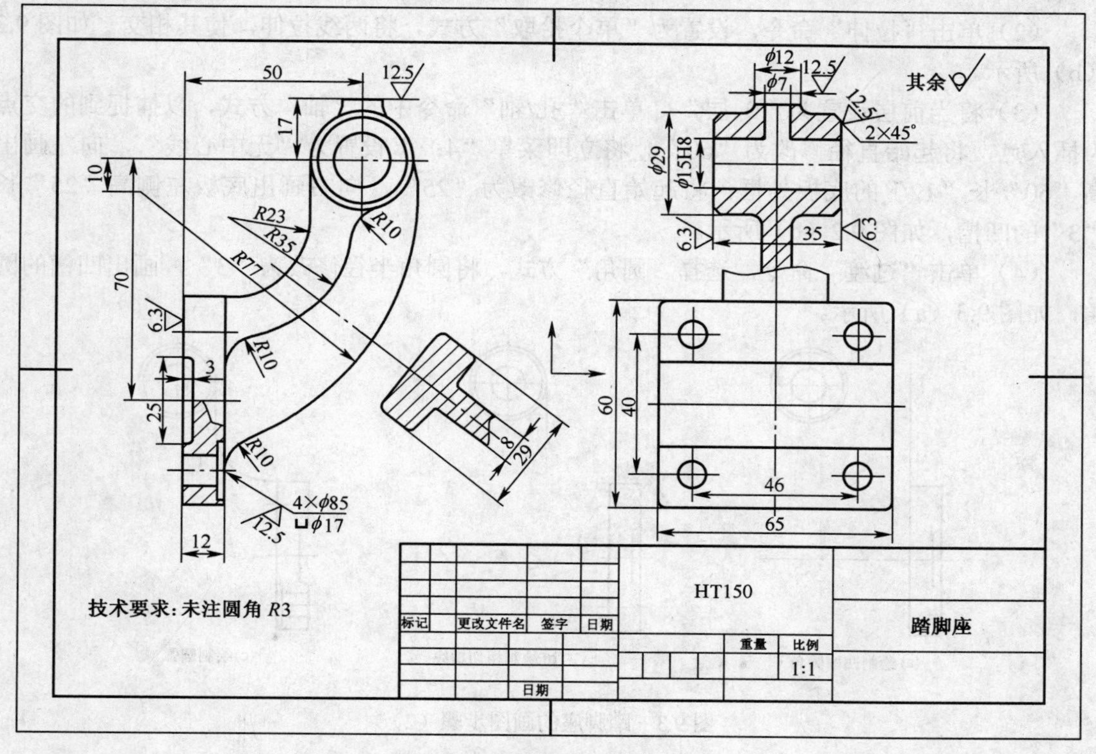

图 9.1　“踏脚座”零件图

1．设置零件图环境

根据零件大小、比例及复杂程度选择并设置图纸幅面、调入图框及标题栏。

选择下拉菜单“幅面”—“图幅设置”，在弹出的“图幅设置”对话框中，选择“图纸幅面”为“A4”、“绘图比例”为“1：1”、“图纸方向”为“横放”、“调入图框”为“HENG A4”、“调入标题栏”为“GB Standard”。

2．画主视图

（1）单击绘制“圆”命令，分别在“0 层”画直径为“15”、“25”的圆，将立即菜单“3：”切换为“有中心线”，绘制直径为“29”的圆；单击绘制“平行线”命令，在圆左侧画距竖直中心线为“38”的平行线；将当前图层设置为“中心线层”。重复“平行线”命令，在圆下方画距水平中心线“70”的平行线，如图 9.2（a）所示。

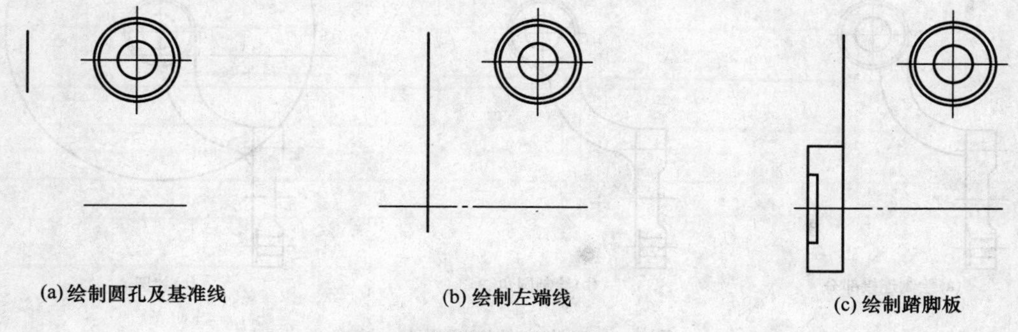

图 9.2　踏脚座的画图步骤（1）

（2）单击“拉伸”命令，设置为“单个拾取”方式，将两线拉伸，使其相交，如图9.2（b）所示。

（3）将当前层设置为“0 层”，单击“孔/轴”命令中的“轴”方式，以捕捉到的交点为插入点，将起始直径修改为“60”，将立即菜单“4：”设置为“无中心线”，向左画出高“60”长“12”的底板外框；将起始直径修改为“25”，向右画出底板左侧高“25”长“3”的凹槽，如图9.2（c）所示。

（4）单击“过渡”命令，选择“圆角”方式，将圆角半径修改为“3”，画出凹槽的圆角，如图9.3（a）所示。

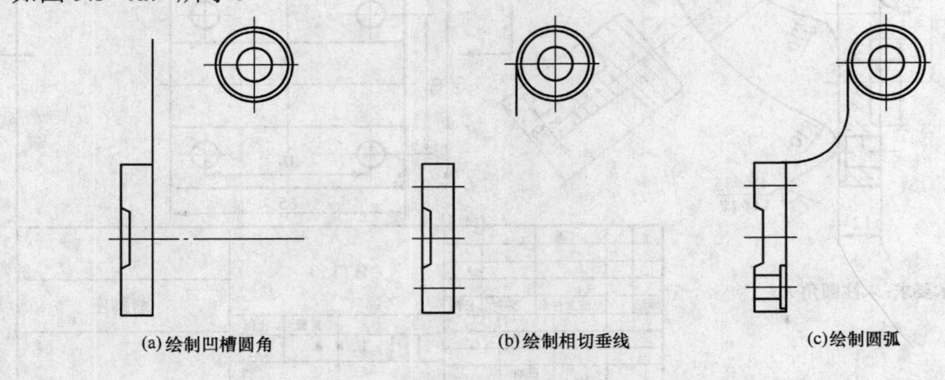

图9.3 踏脚座的画图步骤（2）

（5）用“删除”、“拉伸”命令整理图形后，单击绘制“直线”命令，用“两点线-单个-正交-点方式”，以捕捉“相交”点的方式从“ϕ29”圆的左侧象限点开始，向下画出一条垂直线。单击绘制“平行线”命令，设置为“偏移方式-双向”方式，将当前层设置为中心线层，拾取底板对称线，输入“20”，画出安装孔的轴线，如图9.3（b）所示。

（6）将当前层设置为“0 层”，单击绘制“孔/轴”命令，用“孔”方式绘制锪平孔；单击绘制“直线”命令，用“两点线-单个-正交-点方式”方式，补画出锪平孔投影。单击“过渡”命令，选择“圆角”，将圆角半径修改为“23”，画出“*R*23”圆弧，如图9.3（c）所示。

（7）单击绘制“等距线”命令，选择“单个拾取-指定距离-单向”方式，并将距离修改为“12”，拾取“*R*23”的圆弧，画出“*R*35”的圆弧，如图9.4（a）所示。

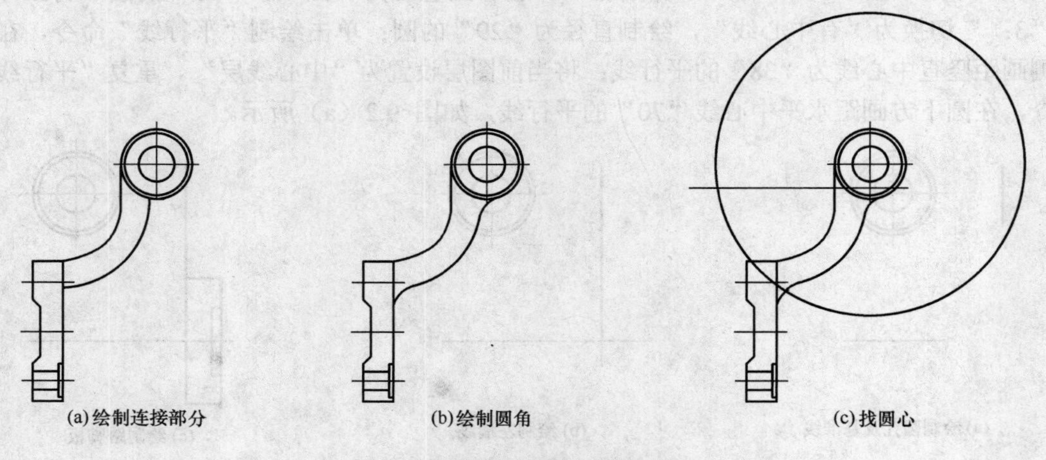

图9.4 踏脚座的画图步骤（3）

（8）单击“过渡”命令，选择“圆角-裁剪始边”方式，对“*R*35”的圆弧进行“过渡”操作，画出两个“*R*10”的圆弧，如图 9.4（b）所示。

（9）要画出“*R*77”的连接圆弧，必须先确定其圆心位置。由图可知，“*R*77”圆弧和“ ϕ29”圆相内切，“*R*77”圆弧的水平中心线与“ ϕ29”圆的水平中心线距离为“10”。故可用下列方法确定“*R*77”弧的圆心位置。

① 以“ ϕ29”圆心为圆心，以（77−14.5=62.5）为半径画圆；

② 作与“ ϕ29”圆的水平中心线距离为“10”的平行线；

③ 将等距线拉伸，与“*R*62.5”圆相交，交点即为“*R*77”弧的圆心，如图 9.4（c）所示。

（10）画出“*R*77”的圆，“裁剪”并“删除”多余图线；单击“过渡”命令，选择“圆角-裁剪始边”方式，画出下部“*R*10”的圆弧，如图 9.5（a）所示。

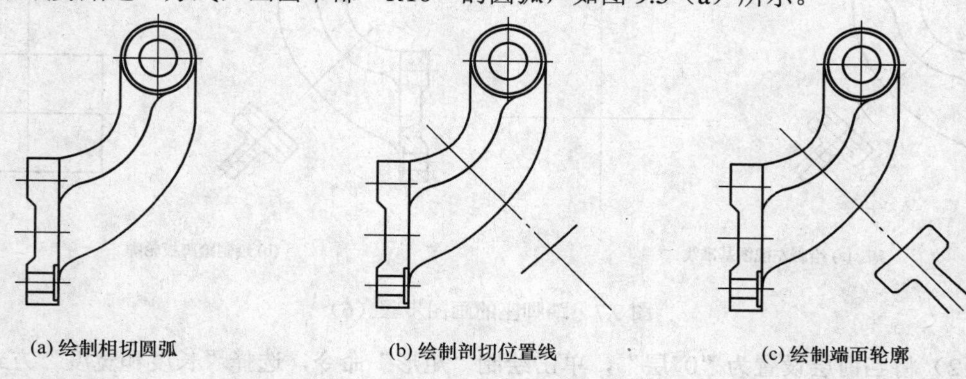

(a) 绘制相切圆弧　(b) 绘制剖切位置线　(c) 绘制端面轮廓

图 9.5　踏脚座的画图步骤（4）

（11）将当前层设置为“中心线层”，单击绘制“直线”命令，选择“切线/法线-法线-非对称-到点”方式，拾取“*R*23”圆弧，画出移出断面的剖面切线；单击右键重复上一命令，将当前层设置为“0 层”，将立即菜单“3：”，切换为“对称”，拾取剖面切线、输入移出断面定位点后键入直线长度“29”，画出移出断面左上部直线，如图 9.5（b）所示。

（12）单击绘制“孔/轴”命令，选择“孔-两点确定角度”方式，画出断面轮廓；单击“过渡”命令，用“圆角”命令绘制断面图上的圆角，如图 9.5（c）所示。

（13）将当前层设置为细实线层，单击绘制“样条”命令，画出移出断面及局部剖面的分界线，如图 9.6（a）所示。

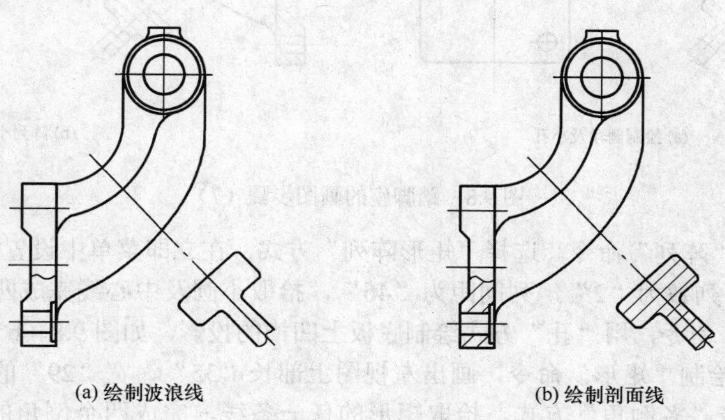

(a) 绘制波浪线　(b) 绘制剖面线

图 9.6　踏脚座的画图步骤（5）

（14）单击绘制“剖面线”命令，画出局部剖面线。单击右键重复上一命令，将剖面线角度修改为“30”，画出移出断面的剖面线。将当前层设置为“0 层”，用绘制“平行线”命令和“过渡”命令中的“圆角”方式，绘制顶部凸台，如图 9.6（b）所示。

3．画左视图

（1）将当前层设置为“中心线层”，将屏幕点设置为“导航”，单击绘制“直线”命令，选择“两点线-正交”方式，画出左视图上的对称线及轴线，如图 9.7（a）所示。

(a) 绘制左视图基准线　　(b) 绘制踏脚板轮廓

图 9.7　踏脚座的画图步骤（6）

（2）将当前层设置为“0 层”，单击绘制“矩形”命令，选择“长度和宽度”方式，在长度数值编辑框中输入“65”，在宽度数值编辑框中输入“60”，画出底板的外框，如图 9.7（b）所示。

（3）单击“过渡”命令，选择“多圆角”方式，拾取矩形的任一条线，同时完成四个圆角的绘制。用“直线”及“圆”命令，画出底板上一个孔的投影，如图 9.8（a）所示。

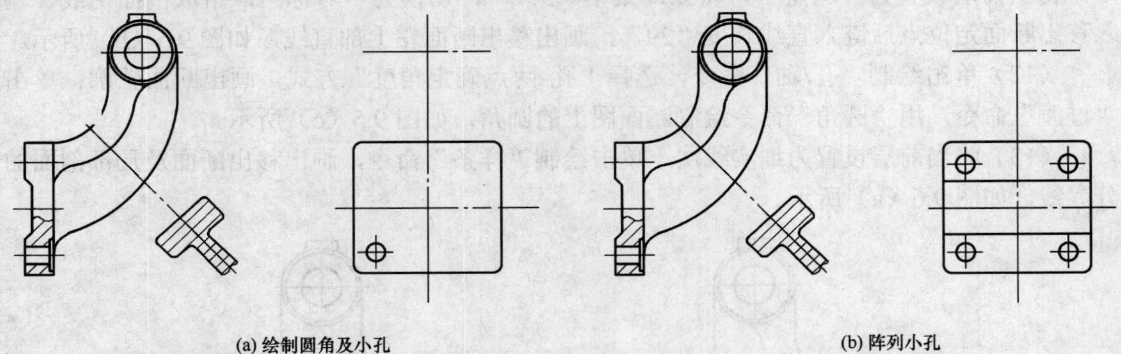

(a) 绘制圆角及小孔　　(b) 阵列小孔

图 9.8　踏脚座的画图步骤（7）

（4）单击“阵列”命令。选择“矩形阵列”方式，在立即菜单中设置行数为“2”，行间距为“40”，列数为“2”，列间距为“46”，拾取小圆及中心线完成四个孔的绘制；单击绘制“孔/轴”命令，用“孔”方式绘制底板上凹槽的投影，如图 9.8（b）所示。

（5）单击绘制“矩形”命令，画出左视图上部长“35”、宽“29”的矩形；单击“过渡”命令，选择“多倒角”方式，拾取矩形的任一条线，完成四个倒角的绘制，如图 9.9（a）所示。

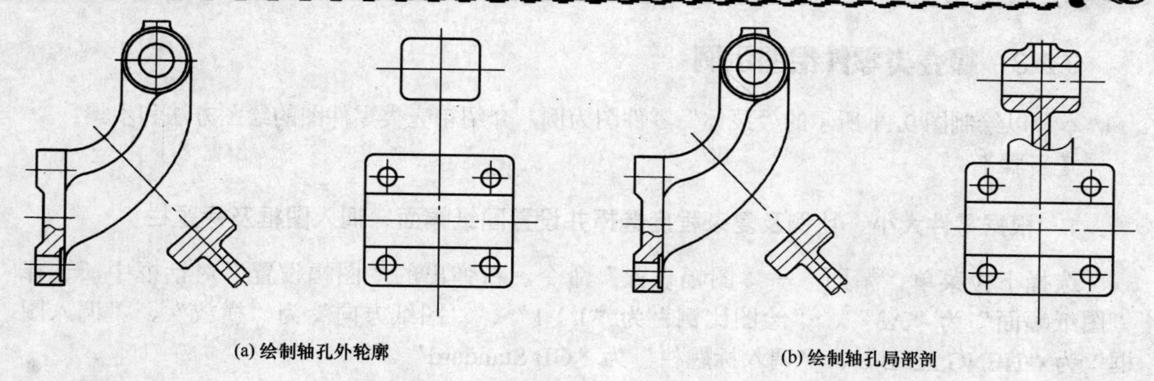

(a) 绘制轴孔外轮廓　　(b) 绘制轴孔局部剖

图 9.9　踏脚座的画图步骤（8）

（6）用“孔/轴”、“直线”命令绘制左视图上的其余轮廓；用“过渡”命令中的“圆角”方式绘制出各圆角；在细实线层用“样条”命令绘制波浪线；用“剖面线”命令绘制剖面线，如图 9.9（b）所示。

4．标注尺寸

用尺寸标注中的“基本标注”、“倒角标注”标注图中的全部尺寸，如图 9.10 所示。

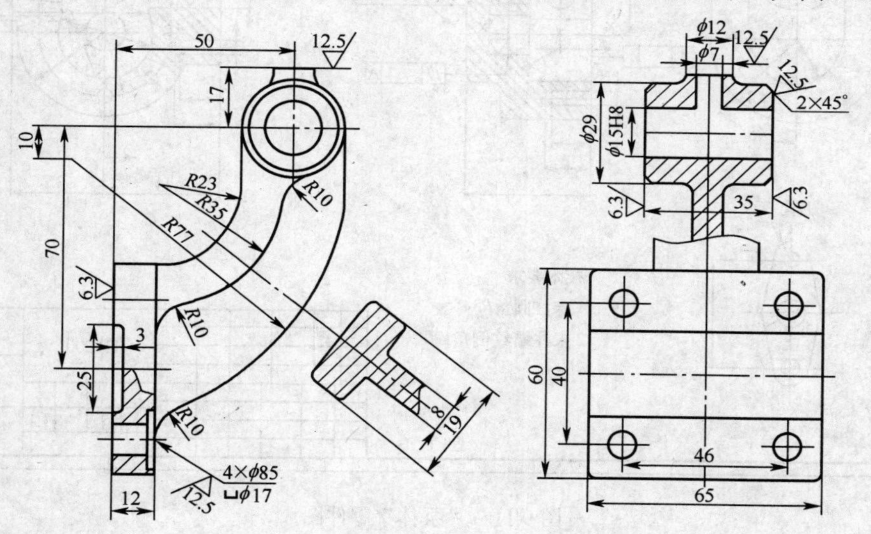

图 9.10　踏脚座的画图步骤（9）

5．标注技术要求

参考第 8 章相关内容，设置标注参数（字高：3.5，箭头：6），用“标注工具”工具栏中的粗糙度、形位公差、基准标注、文字等标注命令，标注图中的技术要求等内容，如图 9.1 所示。

6．填写标题栏、存盘

按要求完成标题栏的填写，单击“标准工具”工具栏中的“存储文件”图标，完成“踏脚座”零件图的绘制。

9.2.3 箱壳类零件绘图示例

本节以绘制图 9.11 所示的“泵体”零件图为例，介绍箱壳类零件图的绘图方法和步骤。

【步骤】

1．根据零件大小、比例及复杂程度选择并设置图纸幅面、调入图框及标题栏

选择下拉菜单“幅面”—“图幅设置”命令，在弹出的“图幅设置”对话框中，选择“图纸幅面”为“A3”、“绘图比例”为“1∶1”、“图纸方向”为“横放”、“调入图框”为“HENG A3 B”、“调入标题栏”为“GB Standard”。

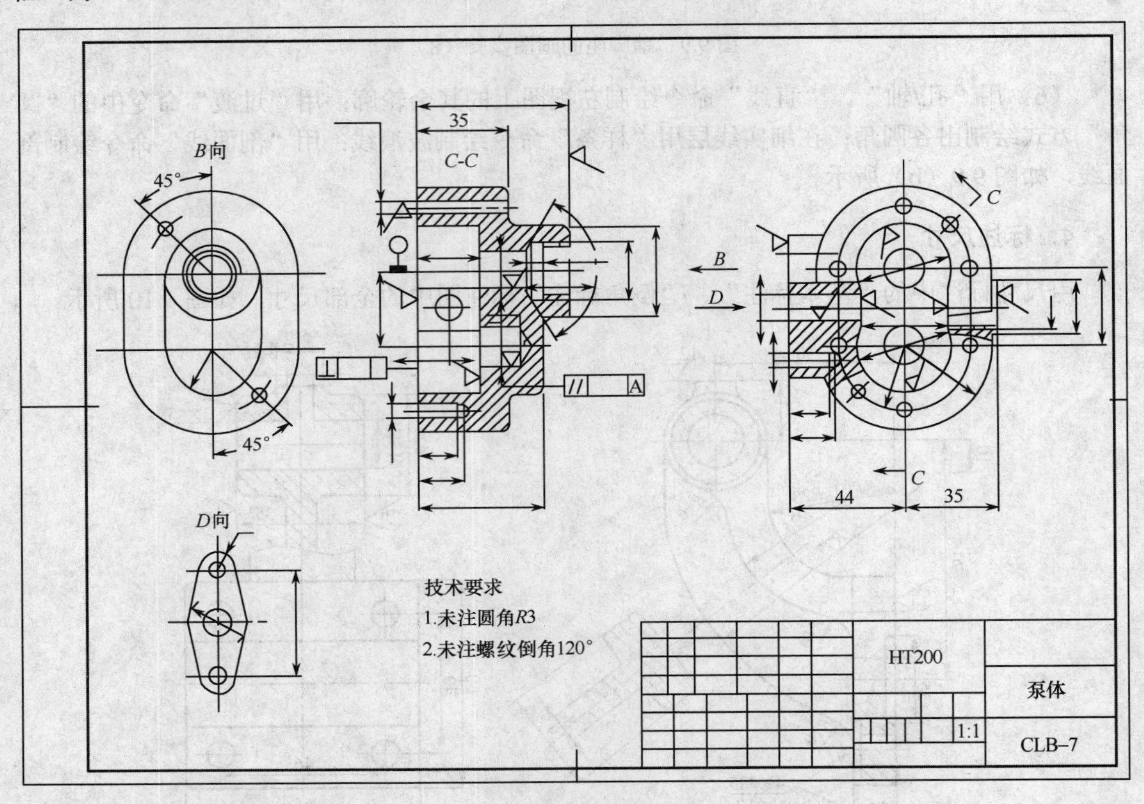

图 9.11 “泵体”零件图

2．绘制 D 向局部视图

（1）将当前层设置为“中心线层”。

（2）用绘制“直线”命令中的“两点线”方式和绘制“平行线”命令，在图纸的左下角绘制三条水平中心线和一条竖直中心线，如图 9.12（a）所示。

（3）将当前层切换为“0 层”。

（4）利用工具点菜单，分别捕捉中心线的交点作为圆心，用绘制“圆”命令中的“圆心_半径”方式，分别绘制圆“$\phi22$”、“$\phi10$”（中间圆）、“$R7$”（上边一个），如图 9.12（b）所示。

（5）利用工具点菜单，分别捕捉“$\phi22$”和“$R7$”圆的切点，用绘制“直线”命令中

的“两点线”方式画两条切线。

（6）用“裁剪”命令裁剪掉多余的圆弧，裁剪后的图形如图 9.12（c）所示。

图 9.12　泵体的绘图过程（1）

（7）用“库操作” 中的“提取图符”命令，在“图符大类”中选择“常用图形”，在“图符小类”中选择“孔”，在“图符列表”中选择“粗牙内螺纹”，大径为“5”，利用工具点菜单捕捉“*R*7”的圆心，作为图符定位点，绘制完成 M5 的螺纹孔，如图 9.13（a）所示。

（8）用“镜像”命令中的“选择轴线-复制”方式，绘制完成 *D* 向视图。用窗口拾取方式拾取中间水平中心线上部的图形作为镜像的元素，选择水平中心线作为镜像轴线，如图 9.13（b）所示。

（9）用“拉伸”命令调整图中的中心线的长度，如图 9.13（c）所示。

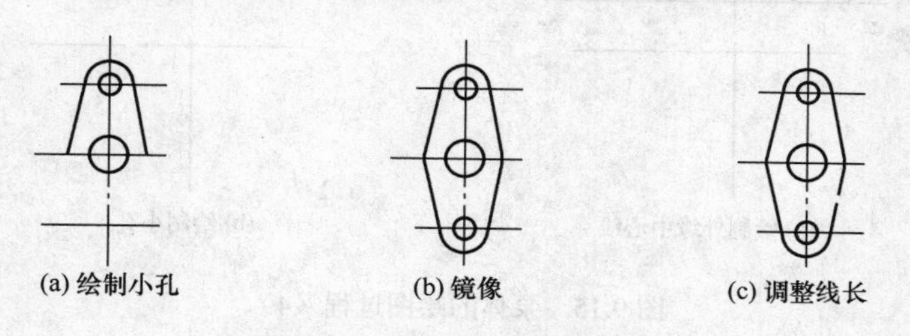

图 9.13　泵体的绘图过程（2）

3. 绘制泵体的左视图

（1）将当前层切换为“中心线层”。

（2）用绘制“直线”命令中的“两点线”方式和绘制“平行线”命令，在标题栏上部中间位置绘制水平中心线和竖直中心线，如图 9.14（a）所示。

（3）利用工具点菜单捕捉最上边的水平中心线与竖直中心线的交点作为圆心，用绘制“圆弧”命令中的“圆心_半径_起终角”方式，绘制圆弧“*R*33”，起终角分别为 “0”、“180”；用绘制“圆“命令，绘制圆“ ϕ36”、“ ϕ15”，如图 9.14（b）所示。

（4）将屏幕点设置为“导航”状态，用绘制“直线”命令画出圆弧“*R*33”两边的竖直直线；用绘制“平行线”命令绘制圆弧“ ϕ36”两边偏移距离为“16.5”的竖直直线，并用“裁剪”命令裁剪掉多余的元素，结果如图 9.14（c）所示。

（5）将当前层切换为“中心线层”，用绘制“等距线”命令中的“链拾取-指定距离-单向-空心”方式，输入距离“8”，拾取外圈的圆弧和直线，绘制出中心线圆弧和直线，如图 9.15（a）所示。

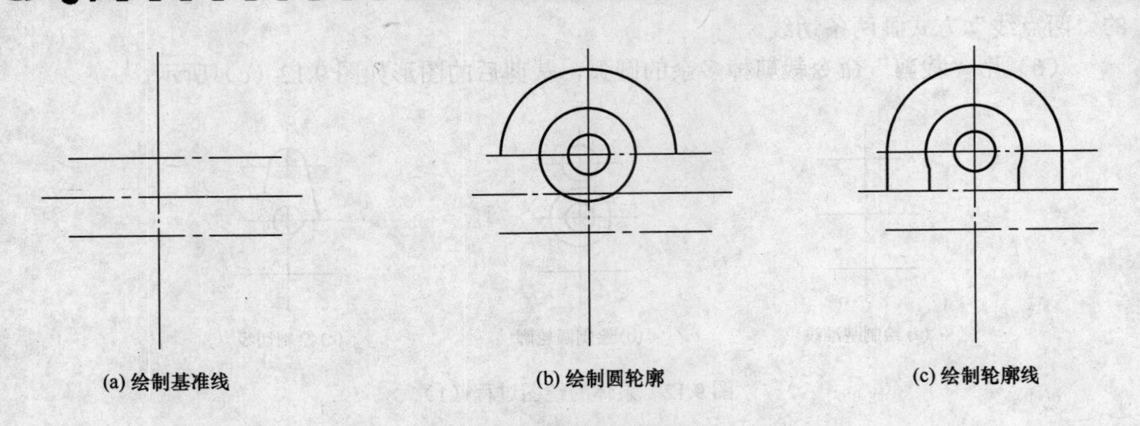

图 9.14 泵体的绘图过程（3）

（6）用“复制选择到”命令，拾取 *D* 向视图中的螺纹孔，将其复制到所画的中心线圆弧与水平中心线的右端交点处；再用图形“阵列”命令将其线图形中心点复制 3 个，如图 9.15（b）所示。

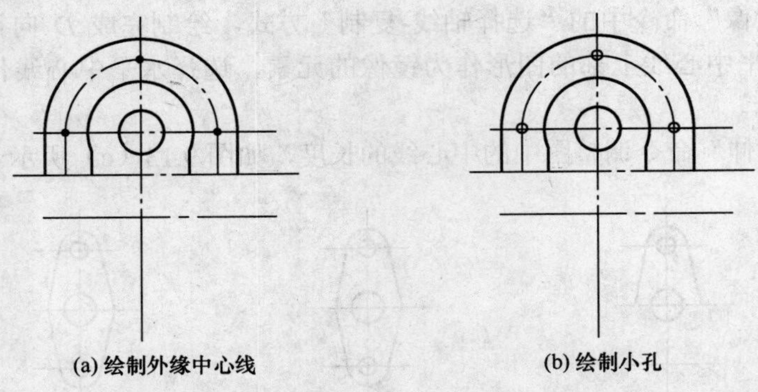

图 9.15 泵体的绘图过程（4）

（7）用“镜像”命令，绘制下部对称的图形，结果如图 9.16（a）所示。

（8）用绘制“直线”命令中的“角度线”方式，分别在图形的上部和下部过圆的中心绘制与 *X* 轴夹角为 45° 的直线。将当前层切换为“0 层”，利用工具点菜单捕捉该直线与中心线圆弧的交点作为圆心，分别用绘制“圆”命令画“$\phi 5$”的小圆（销孔），最后用“拉伸”命令调整图中中心线的长度，如图 9.16（b）所示。

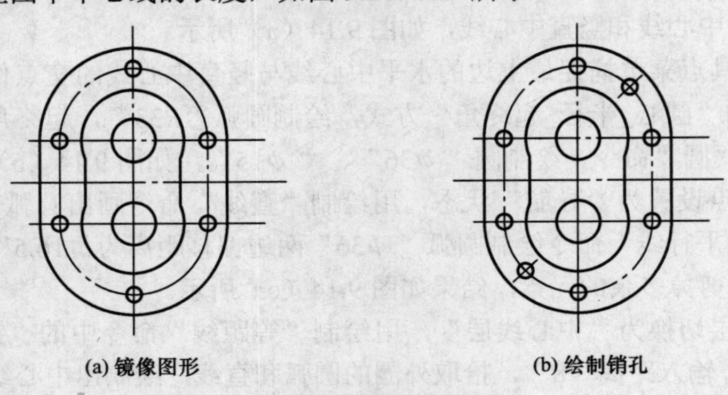

图 9.16 泵体的绘图过程（5）

（9）将屏幕点设置为“导航”状态，用“复制选择到”命令，将画好的 D 向视图移动到左视图的左边，并保证两图的中心线对齐。

（10）用“镜像”命令，拾取左视图外圈圆弧和直线、中心线及两个“$\phi5$”的小圆作为镜像元素，选择 D 向视图的竖直中心线作为镜像轴线，画出 B 向视图的外轮廓线，结果如图 9.17 所示。

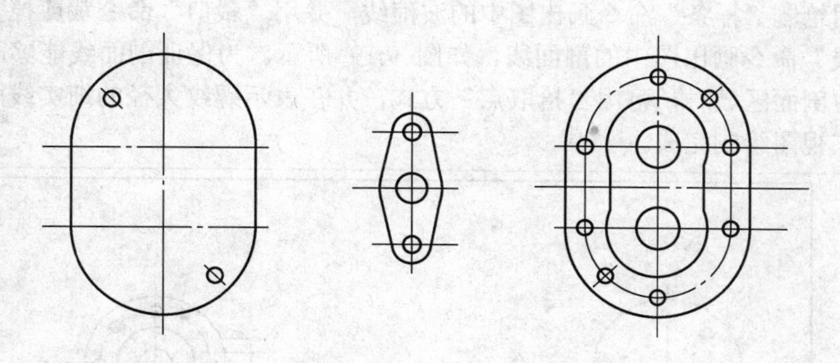

图 9.17　泵体的绘图过程（6）

（11）在导航状态下，利用 D 向视图，用绘制“直线”命令和“裁剪”命令绘制左视图左端的凸台外轮廓线。用绘制“孔/轴”命令中的“孔”方式，利用工具点菜单捕捉水平中心线与凸台左端线的交点作为插入点，绘制凸台中间的“$\phi10$”小孔，长度为“27.5”，如图 9.18（a）所示。

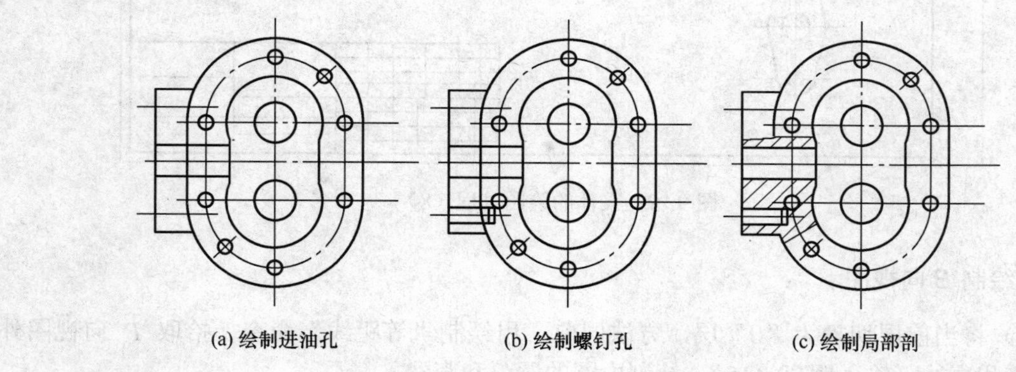

(a) 绘制进油孔　(b) 绘制螺钉孔　(c) 绘制局部剖

图 9.18　泵体的绘图过程（7）

（12）利用“库操作”中的“提取图符”命令，在“图符大类”中选择“常用图形”，在“图符小类”中选择“孔”，在“图符列表”中选择“螺纹盲孔”，大径为“5”，L 设置为“18”，l 设置为“15”，利用工具点菜单，捕捉下部螺纹孔的中心线与凸台左端面的交点作为图符定位点，并设置图符的旋转角为 90°，绘制完成 M5 的螺纹孔，如图 9.18（b）所示。

（13）用绘制“样条”命令画出图中的波浪线，并用“裁剪”命令裁剪掉多余的线。用绘制“剖面线”命令画出图中的剖面线，如图 9.18（c）所示。用“删除”命令删除中间的 D 向视图，至此，左视图左端的形状已全部画出。

注意

在选取绘制剖面线的区域时，不要漏掉螺纹孔大径与小径间的区域。

（14）将当前层切换为“0 层”，用绘制“孔/轴”命令中的“轴”方式，利用工具点菜单捕捉水平中心线与泵体右端的交点作为插入点，绘制右端的凸台，直径为“ ϕ22”，长度为“2”；切换为“孔”方式，捕捉水平中心线与泵体右端内壁的交点作为插入点，绘制螺纹孔的小径，直径为“ ϕ15”，长度为“18.5”；将当前层设置为“细实线层”，方法同上，绘制螺纹孔的大径，直径为“ ϕ17”，长度为“18.5”。

（15）用绘制“样条”命令画出图中的波浪线，并用“裁剪”命令裁剪掉多余的线。用绘制“剖面线”命令画出图中的剖面线，如图 9.19 所示。为保证剖面线能够画到螺纹的粗实线，在指定剖面区域时，可用“拾取点”方式，并在表示螺纹大径的细实线两侧各拾取一点。至此，左视图绘制完成。

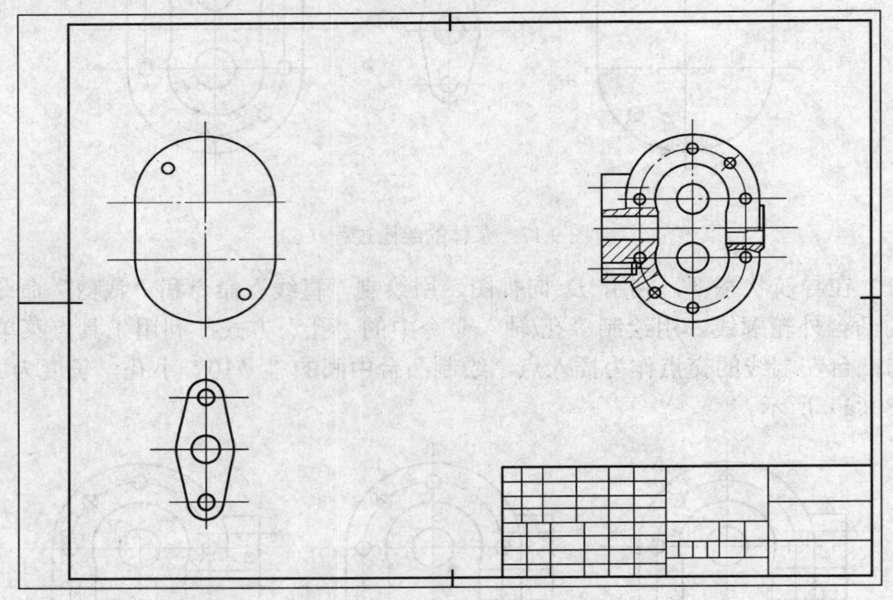

图 9.19 泵体的绘图过程（8）

4．绘制 *B* 向视图

（1）将当前层切换为“0”层，方法同前，用绘制“等距线”命令，拾取 *B* 向视图外圈的圆弧和直线，输入距离“15”，绘制内圈的圆弧和直线。

（2）用“拉伸”命令中的“弧长拉伸”方式，将上部的半个圆弧拉伸为整个圆。

（3）利用工具点菜单，捕捉上部水平中心线与竖直中心线的交点作为圆心，用绘制“圆”命令，画出“ ϕ15”；方法同上，利用“提取图符”命令，提取 M22 的细牙内螺纹孔，捕捉“ ϕ15”的圆心作为图符定位点，绘制该螺纹孔。

（4）将当前层切换为“中心线层”，用绘制“直线”和“圆弧”命令绘制两个“ ϕ5”小圆的中心线。至此，泵体的 *B* 向视图绘制完成，如图 9.20 所示。

5．绘制全剖的泵体主视图

（1）在导航状态下，用绘制“孔/轴”命令中的“轴”方式，绘制主视图左部的外轮廓线，插入点与左视图中的水平中心线对齐，直径为“ ϕ96”，长度为“35”；插入点不变，绘制直径为“ ϕ66”（内腔的上下轮廓），长度为“24”的内孔，如图 9.21（a）所示。

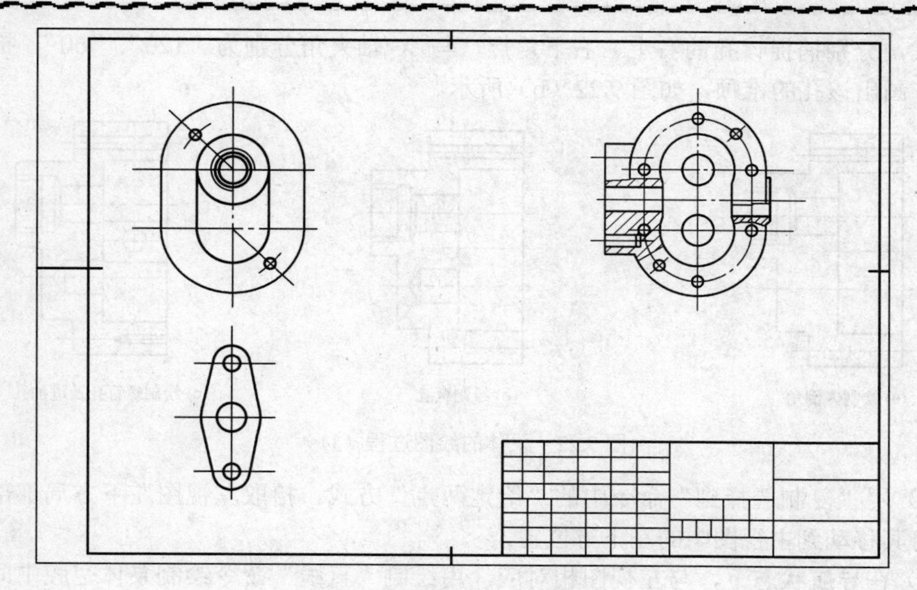

图 9.20　泵体的绘图过程（9）

（2）将当前层切换为“中心线层”，在导航状态下，绘制图中的中心线。

（3）将当前层切换为“0 层”，用绘制“孔/轴”命令中的“孔”方式，捕捉上部销孔中心线与泵体左端面的交点作为插入点，绘制直径为“ ϕ5”，长度为“35”的销孔；捕捉上部中心线与“ ϕ96”轴右端面的交点作为插入点，绘制直径为“ ϕ36”，长度为“23”的右端凸起；捕捉下部中心线与“ ϕ96”轴右端面的交点作为插入点，绘制直径为“ ϕ36”，长度为“13”的右端凸起。

（4）用“裁剪”和“删除”命令去掉图中多余的图线，结果如图 9.21（b）所示。

（5）用绘制“孔/轴”命令中的“轴”方式，捕捉上部中心线与内腔右端面的交点作为插入点，分别绘制直径为“ ϕ15”、“ ϕ22.5”、“ ϕ18.7”（螺纹孔的小径），长度为“19.5”、“4.5”、“10”的孔；将当前层切换为“细实线层”，捕捉“ ϕ18.7”孔的插入点，绘制直径为“ ϕ22”（螺纹孔的大径），长度为“10”的孔，如图 9.21（c）所示。

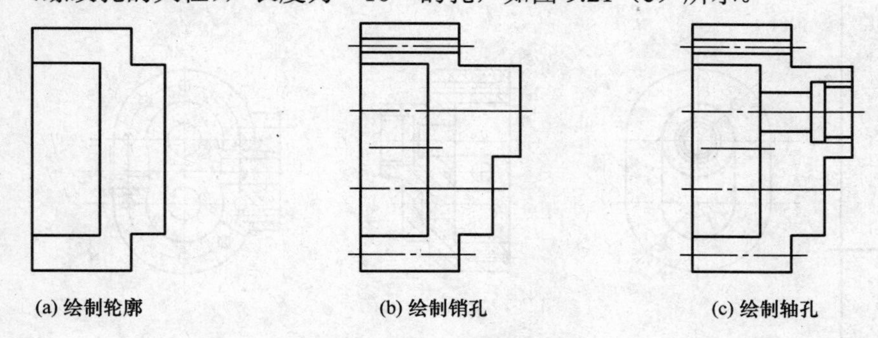

图 9.21　泵体的绘图过程（10）

（6）将当前层切换为“0 层”，用“过渡”命令中的“内倒角”方式，画出“ ϕ15”孔的内倒角，设置倒角为“60”，长度为“2”，如图 9.22（a）所示。

（7）用绘制“孔/轴”命令中的“轴”方式，捕捉下部中心线与内腔右端面的交点作为插入点，绘制直径为“ ϕ15”，长度为“15”的孔；用绘制“直线”命令中的“角度线-到线上”方式，分别捕捉该孔的右上、右下角点，与 X 轴夹角分别为“120”、“60”，拾取孔的中心线，画出该孔的锥顶，如图9.22（b）所示。

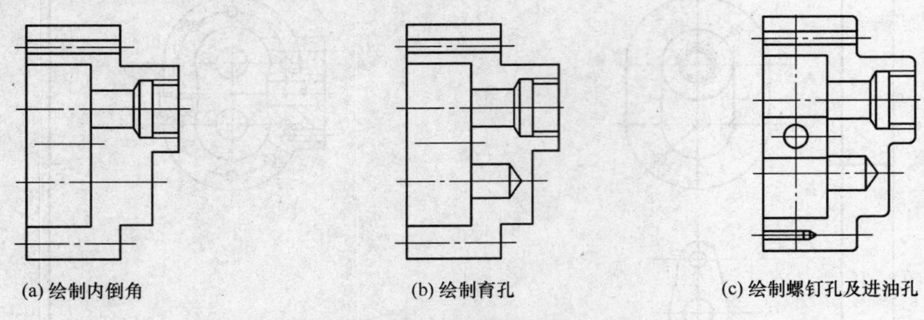

图9.22 泵体的绘图过程（11）

（8）用“复制选择到”命令中的“给定两点”方式，拾取左视图左下方局部剖中的螺纹孔，将其移动到主视图中的左下方位置。

（9）在导航状态下，与左视图相对应，用绘制“直线”命令绘制泵体空腔中间的两条水平直线。

（10）将当前层切换为“中心线层”，用绘制“平行线”命令，拾取泵体的左端面，输入距离“12”，画出一条竖直中心线；用绘制“圆”命令，捕捉该中心线与水平中心线的交点为圆心，画出“ $\phi10$”的小圆。

（11）用绘制“圆角”命令，分别拾取主视图的外轮廓线，画出轮廓圆角“$R3$”，如图9.22（c）所示。

（12）用绘制“剖面线”命令画出图中的剖面线。同前所述，为保证剖面线能够画到螺纹的粗实线，在指定剖面区域时，可用“拾取点”方式，并在表示螺纹大径的细实线两侧各拾取一点。

（13）用“拉伸”命令调整图中中心线的长度，至此，泵体的主视图绘制完成，如图9.23所示。

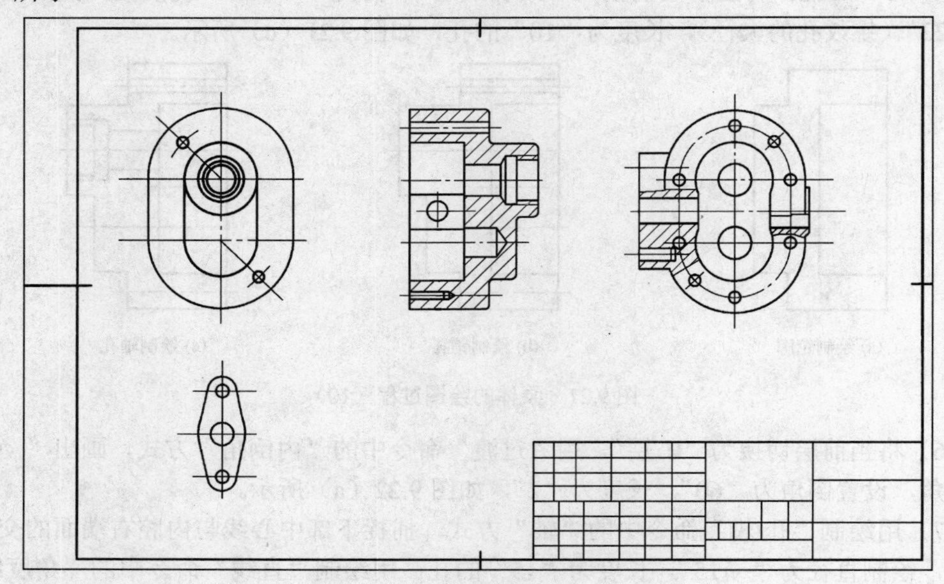

图9.23 泵体的绘图过程（12）

6．对泵体零件图进行工程标注

（1）单击“标注工具”工具栏中的“剖切符号”按钮，将立即菜单设置为 1:剖面名称: c ，根据提示“*画剖切轨迹（画线）:*”，在左视图中相应的位置处，利用工具点菜单，画出剖切轨迹线，绘制完成后，单击鼠标右键结束，此时系统提示“*请拾取所需的方向:*”，并出现一个双向箭头，在需要标注箭头的一侧单击鼠标左键，确定箭头的方向，系统继续提示“*指定剖面名称标注点:*”，在适当位置处，单击鼠标左键确定标注点，标注完成后，单击鼠标右键结束命令。

（2）参考第 8 章 8.7.2 节，设置标注参数（字高：4，箭头：6），标注图中的线性尺寸、角度尺寸、形位公差、表面粗糙度、基准代号、引出说明、文字标注（字高：10）等。

7．标注视图名称和零件技术要求

用“文字”命令，在“*B* 向视图”和“*D* 向视图”的正上方标注视图名称“*B* 向”和“*D* 向”；用绘制“箭头”命令和“文字”命令，分别在主视图和左视图的适当位置处，绘制箭头及标注“*B*”、“*D*”；在泵体零件图的适当位置处书写文字形式的技术要求。

8．填写标题栏

选择下拉菜单“幅面”—“填写标题栏”，在弹出的“填写标题栏”对话框中，填写相应的项目，如图 9.24 所示。

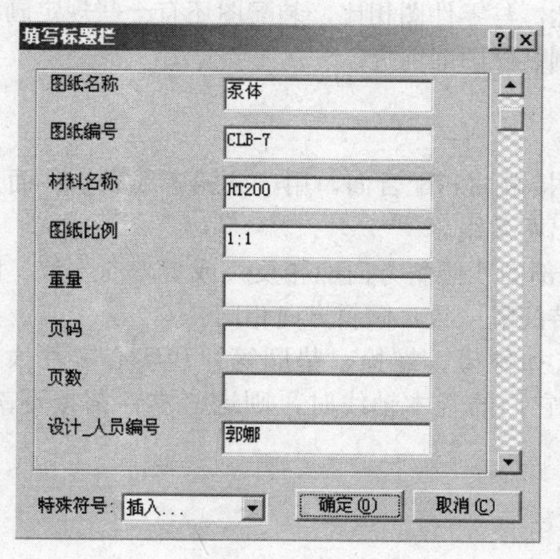

图 9.24　泵体的绘图过程（13）

9．用文件名“泵体.exb”存储该文件

至此，泵体的零件图绘制完成。

9.3　拼画装配图

在机械工程中，一台机器或一个部件都是由若干个零件按一定的装配关系和技术要求装配起来的，表示机器或部件的图样称为装配图。装配图是表达机器或部件的图样，是安装、调试、操作和检修机器或部件的重要技术文件，主要表示机器或部件的结构形状、装配关系、工作原理和技术要求。通过上一节的学习，已经了解了零件图的绘制方法，本节将通过“齿轮泵”装配图的绘制示例，介绍机械工程中装配图的绘制方法和步骤。

9.3.1 装配图的内容及表达方法

一张完整的装配图应包括下列内容：

（1）一组视图。装配图由一组视图组成，用以表达各组成零件的相互位置和装配关系、部件或机器的工作原理和结构特点。

（2）必要的尺寸。在装配图上需标注的尺寸包括部件或机器的规格（性能）尺寸、零件之间的装配尺寸、外形尺寸、部件或机器的安装尺寸和其他重要尺寸。

（3）技术要求。说明部件或机器的装配、安装、检验和运转的技术要求，一般用文字写出。

（4）零（部）件序号和明细表。在装配图中，应对每个不同的零（部）件编写序号，并在明细表中依次填写序号、名称、件数、材料和备注等内容。

（5）标题栏。装配图中的标题栏与零件图中的基本相同。

零件图中表达零件的各种方法，如三视图、剖视图、断面图及局部放大图等，均适用于装配图，此外，由于装配图主要用来表达机器或部件的工作原理和装配、连接关系，以及主要零件的结构形状，因此，与零件图相比，装配图还有一些规定画法及特殊表达方法，了解这些规定和内容，是绘制装配图的前提。

1．规定画法

（1）两相邻零件的接触面和配合面，用一条轮廓线表示；而当两相邻零件不接触，即留有空隙时，则必须画出两条线。

（2）两相邻零件的剖面线倾斜方向应相反，或者方向一致、间隔不等；而同一零件的剖面线在各视图中应保持间隔一致，倾斜方向相同。

（3）对于紧固件（如螺母、螺栓、垫圈等）和实心零件（如轴、球、键、销等），当剖视图剖切平面通过它们的基本轴线时，则这些零件都按不剖绘制，只画出其外形的投影。

2．特殊表达方法

（1）沿结合面剖切和拆卸画法

在装配图中，为了表达部件或机器的内部结构，可以采用沿结合面剖切画法，即假想沿某些零件间的结合面进行剖切，此时，在零件的结合面上不画剖面线，只有被剖切到的零件才绘制其剖面线。

在装配图中，为了表达被遮挡部分的装配关系或零件形状，可以采用拆卸画法，即假想拆去一个或几个零件，再画出剩余部分的视图。

（2）假想画法

为了表示运动零件的极限位置，或与该部件有装配关系但又不属于该部件的其他相邻零件（或部件），可以用细双点画线画出其轮廓。

（3）夸大画法

对于薄片零件、细丝弹簧、微小间隙等，若按它们的实际尺寸和比例绘制，则在装配图中很难画出或难以明显表示，此时可不按比例而采用夸大画法绘出。

（4）简化画法

在装配图中，零件的工艺结构，如圆角、倒角、退刀槽等可不画出。对于若干相同的零件组（如螺栓连接等），可详细地画出一组或几组，其余只需用点画线表示其装配位置即可。

9.3.2 “齿轮泵”及其零件图

“齿轮泵”是机器中用来输送润滑油的一个部件，其工作原理是：通过内腔中一对啮合齿轮的转动将油由一侧输送到另一侧。该齿轮泵由 9 种零件组成，其中的连接螺钉及定位销为标准件，不需要绘制其零件图，直接从图库中调用即可。需要绘制零件图的只有泵体、泵盖、齿轮、齿轮轴、螺塞、纸垫及毡圈 7 种零件。

在 9.2.3 节中已详细介绍了“齿轮泵”中“泵体”零件图的绘制方法，读者可参考其绘图过程，分别绘制泵盖零件图（“泵盖.exb”，如图 9.25 所示）、齿轮零件图（“齿轮.exb”，如图 9.26 所示）、齿轮轴零件图（“齿轮轴.exb”，如图 9.27 所示）、纸垫零件图（“纸垫.exb”，如图 9.28 所示）、毡圈零件图（“毡圈.exb”，如图 9.29 所示）、螺塞零件图（“螺塞.exb”，如图 9.30 所示）。具体方法和步骤请自行分析确定，此处从略（读者也可从该书的电子教学参考包或电子工业出版社网站上获得“齿轮泵”所有零件图的电子文件）。

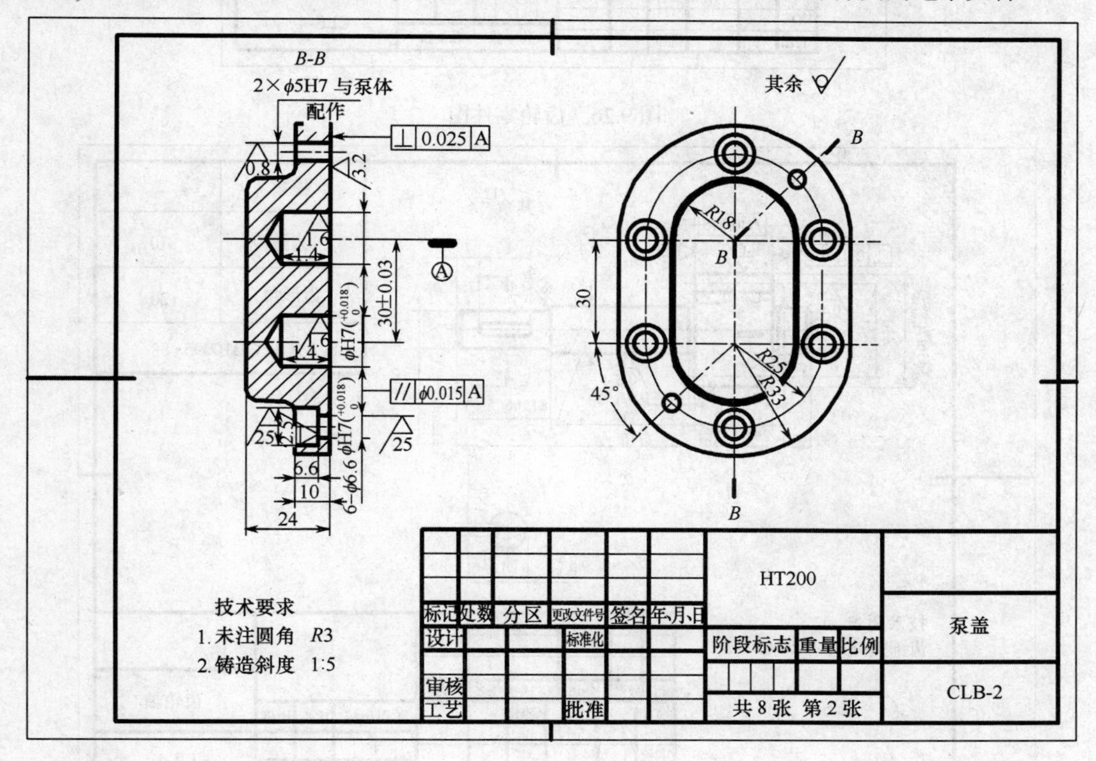

图 9.25 泵盖零件图

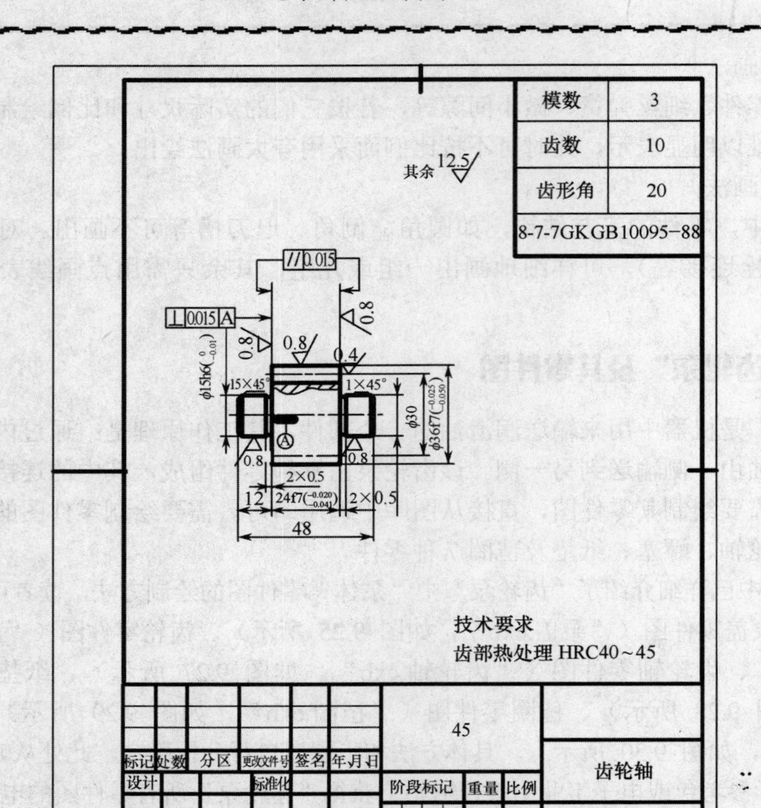

图9.26　齿轮零件图

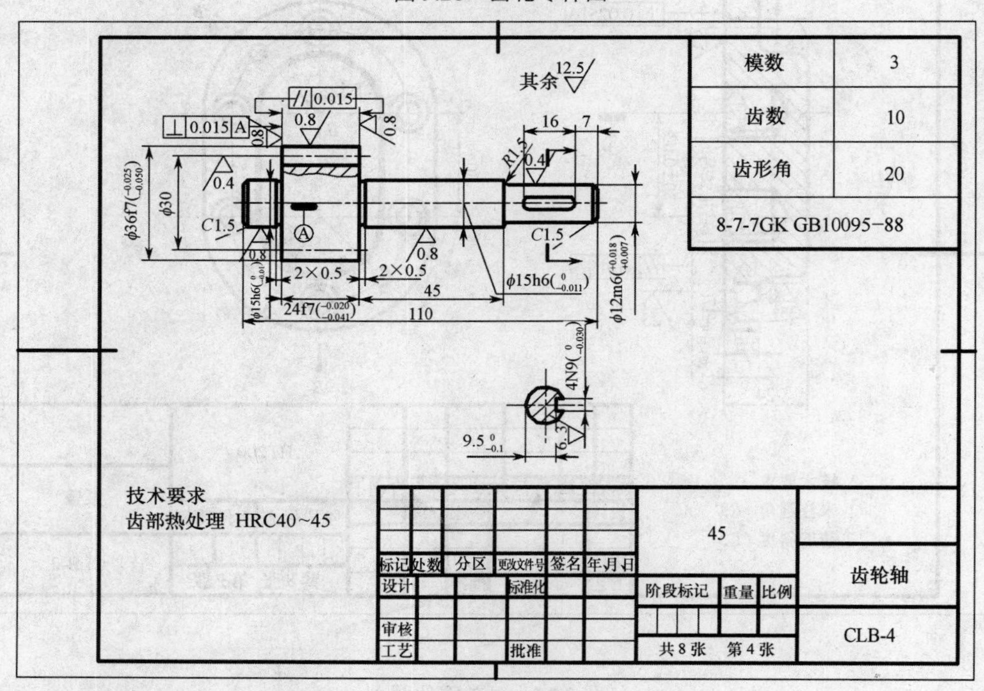

图9.27　齿轮轴零件图

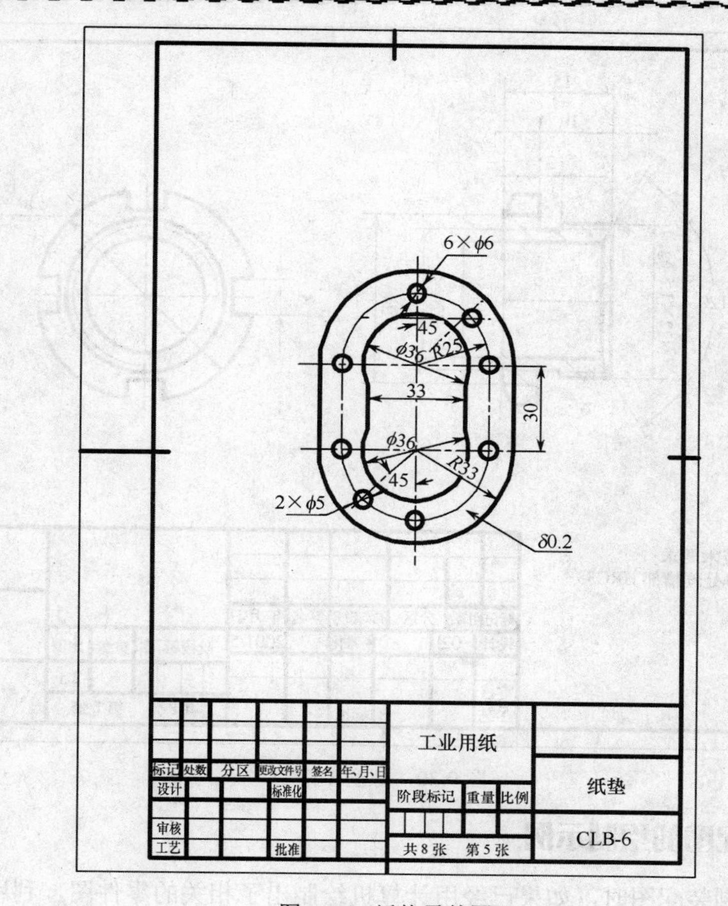

图 9.28　纸垫零件图

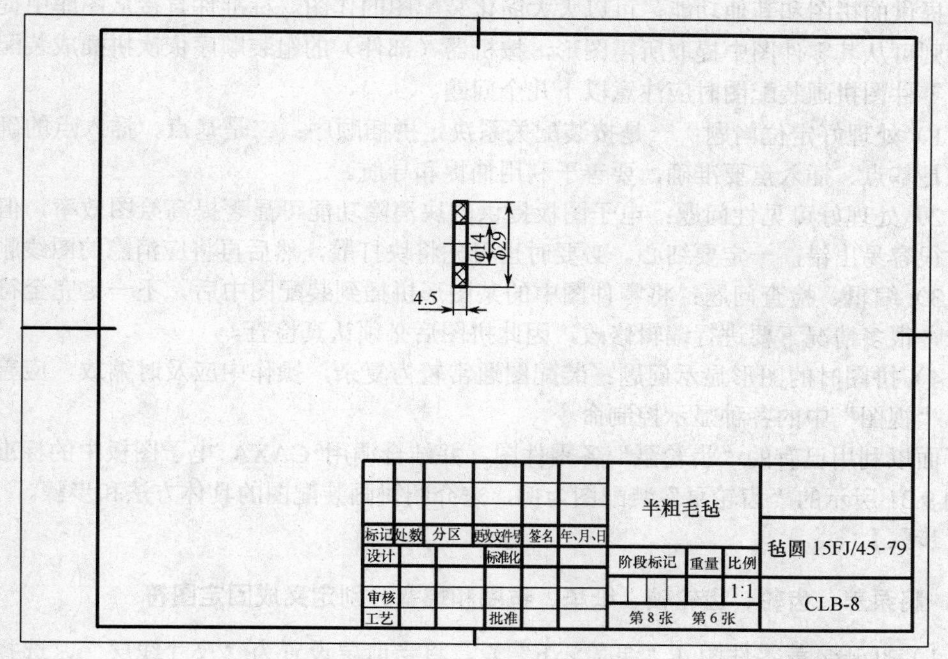

图 9.29　“毡圈”零件图

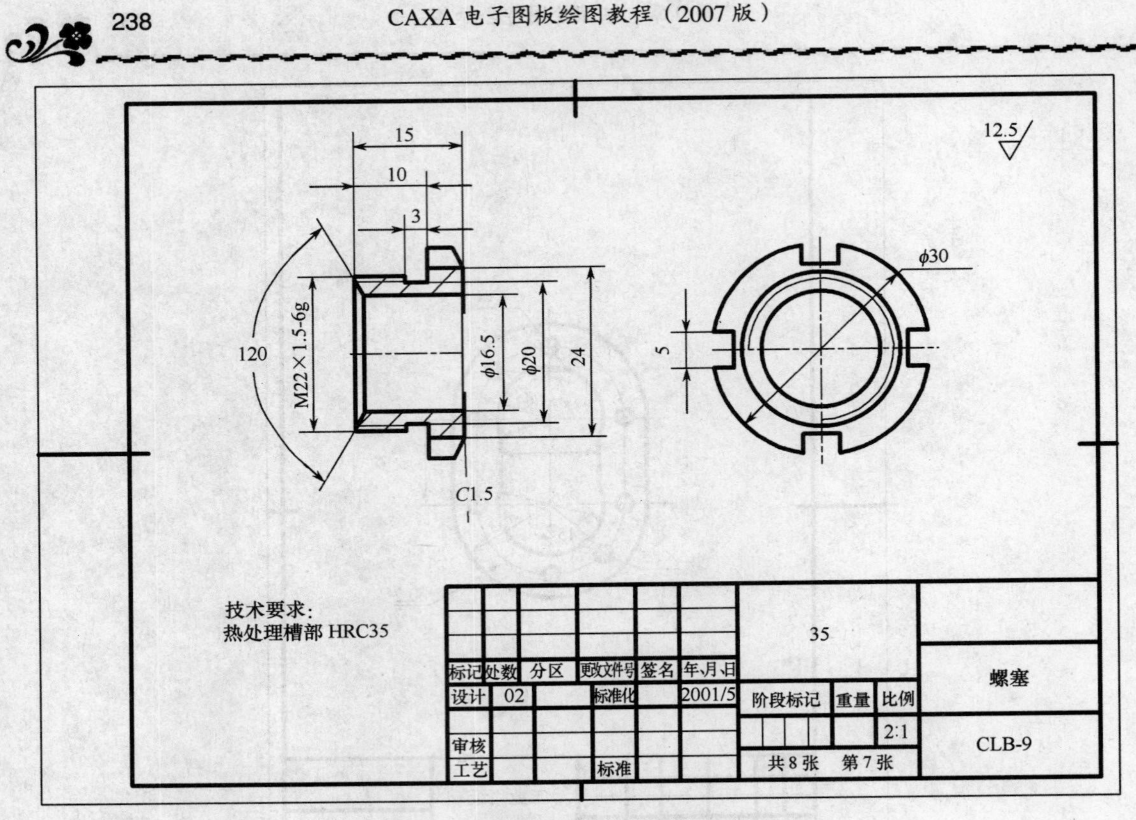

图 9.30 螺塞零件图

9.3.3 装配图的绘制示例

用计算机绘制装配图时，如果已经用计算机绘制出了相关的零件图，利用 CAXA 电子图板所提供的拼图和其他功能，可以大大简化装配图的作图。标准件直接从图库中提取，非标准件则可从其零件图中提取所需图形，按机器（部件）的组装顺序依次拼插成装配图。

由零件图拼画装配图时应注意以下几个问题。

（1）处理好定位问题：一是按装配关系决定拼插顺序；二是基点、插入点的确定要合理；三是基点、插入点要准确，要善于利用捕捉和导航。

（2）处理好可见性问题：电子图板提供的块消隐功能可显著提高绘图效率，但当零件较多时很容易出错，一定要细心。必要时也可先将块打散，然后再将应消隐的图线删除。

（3）编辑、检查问题：将零件图中的某图形拼插到装配图中后，不一定完全符合装配图要求，很多情况下要进行编辑修改，因此拼图后必须认真检查。

（4）拼图时的图形显示问题：装配图通常较为复杂，操作中应及时缩放，应善于使用主菜单“视图”中的各种显示控制命令。

下面以利用已有的“齿轮泵”各零件图，并结合调用 CAXA 电子图板中的标准件图符拼画图 9.31 所示的“齿轮泵”装配图为例，来介绍拼画装配图的具体方法和步骤。

【步骤】

1．将泵盖、齿轮、齿轮轴、纸垫、毡圈和螺塞分别定义成固定图符

（1）打开泵盖零件图（“泵盖.exb”），将当前层设置为“尺寸线层”，选择下拉菜单“格式”—“层控制”，关闭“尺寸线层”之外的所有层。

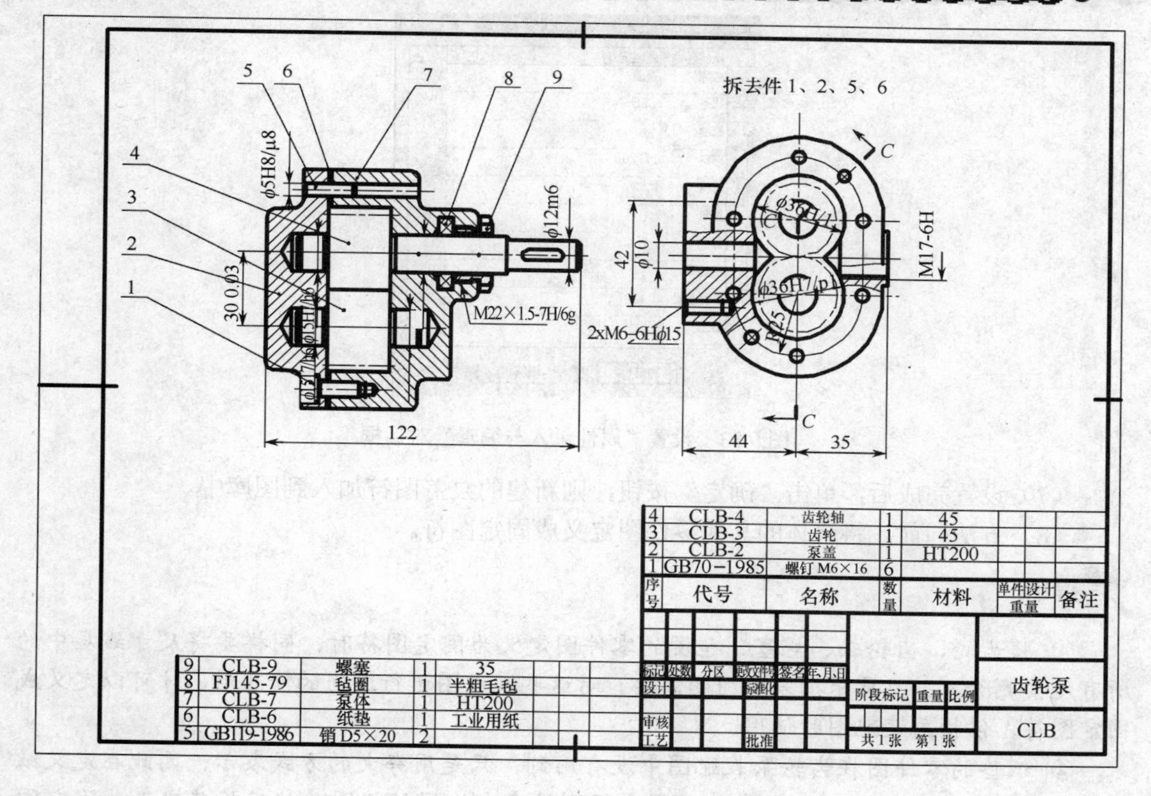

图 9.31　齿轮泵装配图

（2）选择下拉菜单“编辑”—“清除所有”，单击“确定”按钮，则将尺寸线层的所有元素删除。

（3）打开所有图层，则泵盖的图形重新显示出来。

（4）选择下拉菜单“绘图”—“库操作”—“定义图符”，设置图符的视图个数为“1”，选择泵盖的主视图作为第一视图，单击鼠标右键结束选择，利用工具点菜单，捕捉泵盖主视图的右上角作为视图的基点（基点要选在视图的关键点或特殊位置点处，以方便拼画装配图时的图符定位），单击鼠标左键确定。

（5）所有视图都输入完毕后，弹出“图符入库”对话框，按图 9.32 所示进行设置。

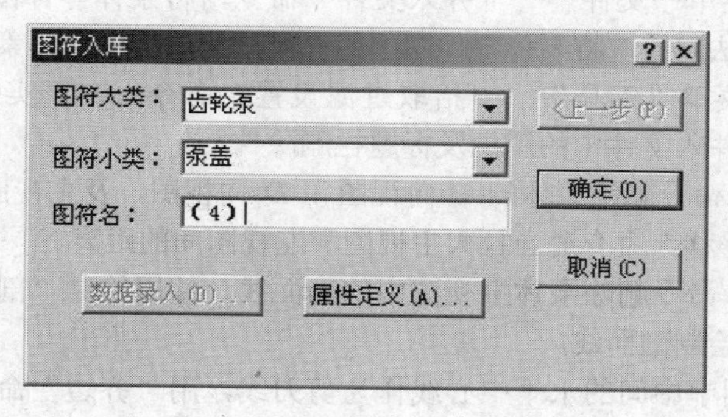

图 9.32　设置“图符入库”对话框

（6）单击“属性定义”按钮，弹出“属性录入与编辑”对话框，按图 9.33 所示进行设置。

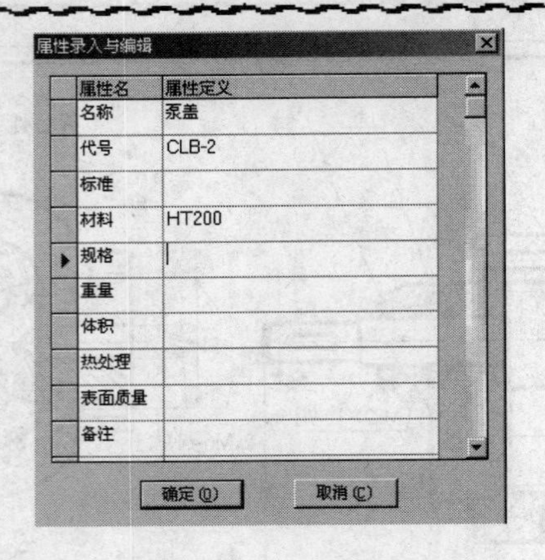

图 9.33　设置“属性录入与编辑”对话框

（7）设置完成后，单击“确定”按钮，则新建的泵盖图符加入到图库中。

（8）方法同前，将泵体的其他零件图定义成固定图符。

提示

① 将齿轮、齿轮轴、螺塞、毡圈的零件图定义为固定图符时，同样要将尺寸线层中的所有元素删除，并且要根据装配图的需要，对这些零件图进行适当的修改后，才可以定义成固定图符，供拼画装配图时使用。

② 纸垫的零件图在齿轮泵装配图中没有用到，只是用夸大的方式表示，因此在定义纸垫的图符时，应重新绘制一个在装配图中用到的夸大涂黑的视图，然后将其定义为固定图符，以便在拼画装配图时使用。

2．新建一个文件（A3 幅面），将其保存为齿轮泵装配图，文件名为“齿轮泵.exb”

（1）选择下拉菜单“文件”—“新文件”，在弹出的“新建”对话框中，双击“EB”图标，即可建立一个新文件。

（2）分别选择下拉菜单“幅面”—“图幅设置”命令，设置新文件的图纸幅面为 A3、“绘图比例”为 1：1、“图纸方向”为“横放”、图框为“HENGA3DB”、标题栏为“GB Standard”。

（3）选择下拉菜单“文件”—“并入文件”命令，将泵体零件图（“泵体.exb”）并入到新建的文件中，方法同前，将泵体零件图中的“尺寸线层”中的元素删除。

（4）选择下拉菜单“工具”—“拾取过滤设置”命令，在“实体”设置区选择“全有”按钮，选择“将并入文件中的图框及标题栏删除”。

（5）用“删除”命令删除泵体的 *B* 向视图和 *D* 向视图，及主视图和左视图中的“*B*”、“*D*”和箭头，用“平移”命令适当拉大主视图和左视图间的距离。

（6）用“删除”命令删除泵体主视图中的剖面线，并用绘制“剖面线”命令，将角度设置为“135”，重新绘制剖面线。

（7）拾取左视图中中间的水平中心线作为剪刀线，用“齐边”命令，分别将两个对称的“ ϕ36H7”圆弧延伸到中心线上。

（8）将屏幕点设置为“智能”状态，捕捉圆“ ϕ15H7”的圆心，用绘制“圆”命令，将当前层切换为“中心线层”，绘制直径为“ ϕ30”的中心线圆。

（9）选择圆“ $\phi 12$”、“ $\phi 30$”，用“镜像”命令，画出下部对称的圆。

（10）对齿轮泵进行“块生成”操作。

（11）选择下拉菜单“文件”→“存储文件”命令，用文件名“齿轮泵.exb”保存该图形。

3．在文件“齿轮泵.exb”中，插入前面定义的泵盖、齿轮、齿轮轴、纸垫、毡圈和螺塞图符

（1）单击“库操作工具”工具栏中的“提取图符”按钮，弹出“提取图符”对话框，选择要提取的齿轮图符，如图 9.34 所示。

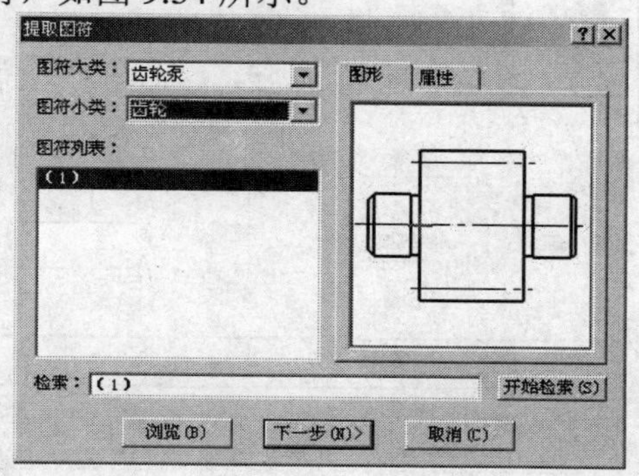

图 9.34　设置“提取图符”对话框

（2）单击“下一步”按钮，按所默认放大倍数“1”，利用工具点菜单，捕捉主视图下部中心线与左端面的交点作为图符的定位点，单击鼠标右键（旋转角为“0”），即可将齿轮插入到主视图中相应位置处。

（3）方法同前，依次提取毡圈、螺塞、齿轮轴、纸垫、泵盖图符，插入到主视图中相应的位置。

4．插入螺钉图符和销图符

方法同前，提取“GB/T 70.1—2000 内六角圆柱头螺钉”（关闭视图 2），提取“GB/T119.1—2000 圆柱销-不淬硬钢和奥氏体不锈钢”，将它们插入到主视图中对应的位置，如图 9.35 所示。

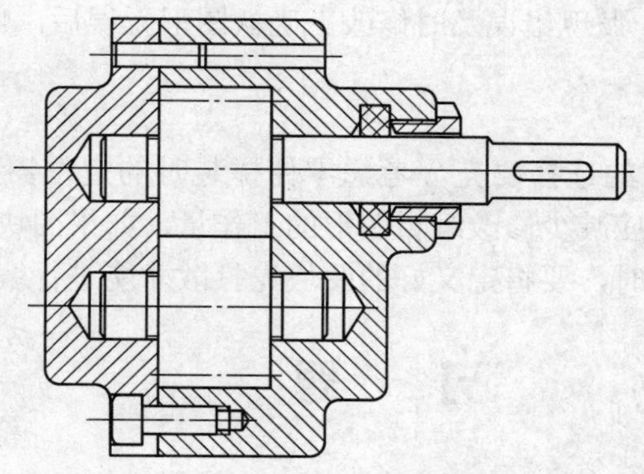

图 9.35　插入图符后的主视图

5. 参考泵体零件图中的工程标注方法和步骤，标注装配图中的尺寸

6. 定制明细表的表头，生成零件序号

（1）选择下拉菜单“幅面”—“明细表”—“定制明细表”命令，弹出“定制明细表”对话框，按图 9.36 所示进行设置。

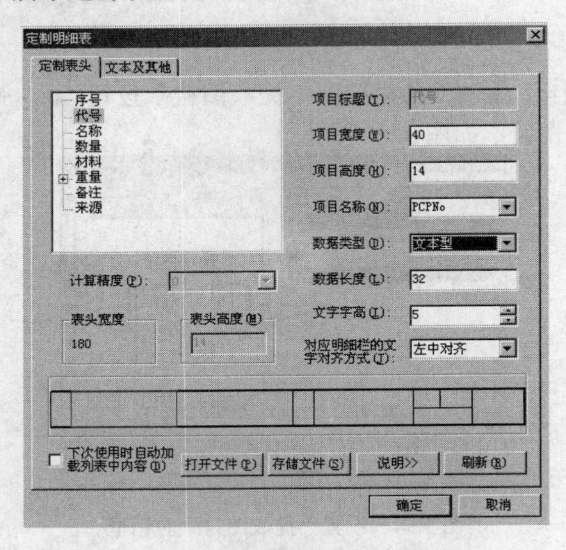

图 9.36 设置“定制明细表”对话框

（2）选择下拉菜单“幅面”— “生成序号”命令，将出现的立即菜单设置为：

按提示要求“*引出点:*”，在图中需要标注序号的位置处，单击鼠标左键确定引出点，拖动鼠标，在适当位置处单击鼠标左键，确定转折点的位置。

（3）此时，弹出“填写明细表”对话框，其中填写着定义图符时设置的图符属性，对其进行编辑修改后，单击“确定”按钮，即可将各项内容填写在明细表中相应的表项内。

（4）方法同上，依次生成所有零件的序号，并填写明细表。

（5）仔细检查图形，发现错误及时修改。确认图形无误后，保存文件。

注意

定义图块时，基准点的选择要充分考虑零件拼装时的定位需要。利用块的消隐功能处理一些重复的图素，可相应减少修改编辑图形的工作量，如果图块的拼装不符合装配图的要求，需要对图块进行编辑时，要将定义好的图块先打散才能进行编辑。

习 题

分析本章所给“泵体”零件图及“齿轮泵”装配图的绘制过程，请就某一部分的绘制提出与此不同的绘图方法和步骤。

上机指导与练习

【上机目的】

结合机械零件图和装配图的绘制，进一步熟悉 CAXA 电子图板的工程应用。

【上机内容】

（1）熟悉 CAXA 电子图板环境下绘制机械工程图的基本方法和步骤。

（2）按本章 9.2 节中所给方法和步骤完成“踏脚座”和“泵体”零件图的绘制。

（3）参考【上机练习】中的提示，完成图 9.25～图 9.30 各零件图的绘制。

（4）按本章 9.3.3 节中所给方法和步骤，利用已绘齿轮泵各零件图及 CAXA 图库完成“齿轮泵”装配图的绘制。

【上机练习】

分析零件特点，用合适的方法和步骤完成“泵盖”、“齿轮”、“齿轮轴”、“螺塞”、“纸垫”、“毡圈” 6 种零件的零件图（如图 9.25～图 9.30 所示）绘制。

提示

① 可充分利用已有的“泵体”零件图，以减少作图量，提高绘图效率。如“泵盖”和“纸垫”的外形轮廓均可用“编辑”下拉菜单下的“图形复制”命令从“泵体”零件图中复制，然后用“图形粘贴”命令粘贴到所需位置即可，而不必重新绘制；“齿轮”零件图也可经修改“齿轮轴”零件图获得。

② 绘制零件图中的剖面线时，应兼顾拼画装配图的要求，即相邻零件剖面线应有明显的区别（或方向相反，或方向相同、间隔不等）。

③ 在将零件图定义成图符时，应合理选择基准点和插入点，以方便拼画装配图的操作及准确定位。

第 10 章 排版及绘图输出

图形绘制完成后，通常需要图形输出设备（绘图机、打印机等）输出到图纸上，用来指导工程施工、零件加工、部件装配，以及进行技术交流。当同时需要输出大小不一的多张图纸时，CAXA 电子图板提供的排版和绘图输出功能，可以充分利用图纸的幅面并提高绘图输出的效率。

10.1 打印排版

> 菜单：“工具”—“外部工具”—“打印排版工具”
>
> Windows 桌面：“开始”—“所有程序”—“CAXA”—“CAXA 打印排版工具”

打印排版功能主要用于批量打印图纸，使得在一张大纸上可以一次输出多张规格不一的小图。该模块按最优的方式进行排版，可设置输出图纸幅面的大小及图纸间的间隙，并可手动调整图纸的位置或旋转图纸，从而保证图纸输出时图形不会重叠。

打印排版工具作为 CAXA 电子图板外挂的独立模块，可以从 CAXA 电子图板中启动，也可以独立于 CAXA 电子图板从 Windows 系统桌面直接启动。启动后的主界面如图 10.1 所示。可以通过其中的菜单或工具栏中的图标执行相应的打印排版命令。本节内所提到的菜单和工具栏均是针对打印排版工具界面而言的。

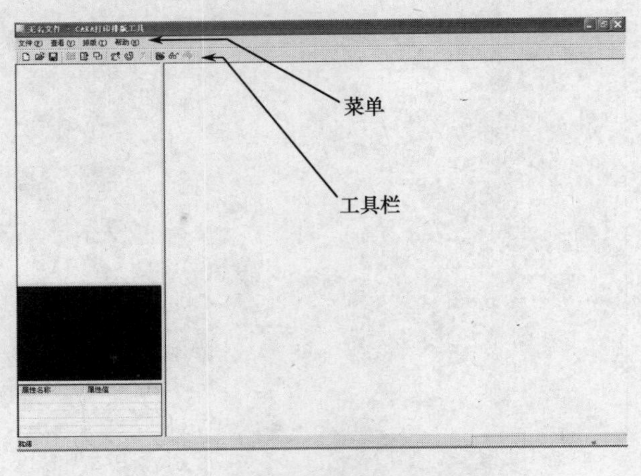

图 10.1 打印排版工具主界面

10.1.1　新建

菜单："文件"—"新建"

工具栏：

建立新的排版环境，包括打印图纸输出幅面宽度、图纸间的间距等。

启动打印排版工具环境下的"新建"命令后，弹出图 10.2 所示的"选择排版参数"对话框。在该对话框中可选择打印输出幅面（打印宽度）、设置图纸间距（由"图纸边框放大"值确定），单击"确定"按钮，即可开始排版。

10.1.2　插入/删除文件

1. 插入文件

菜单："排版"—"插入"

工具栏：

读取电子图板的图形文件（exb 文件），插入到排版系统中，并进行重新排版，支持多文件选择。

启动打印排版工具环境下的"插入"命令后，弹出图 10.3 所示的"打开"对话框。在其中选定要插入的图形文件并单击"打开"按钮，打开的图形文件就插入到新建的打印排版环境中。在插入图形时，支持多文件选择，如图 10.4 所示。

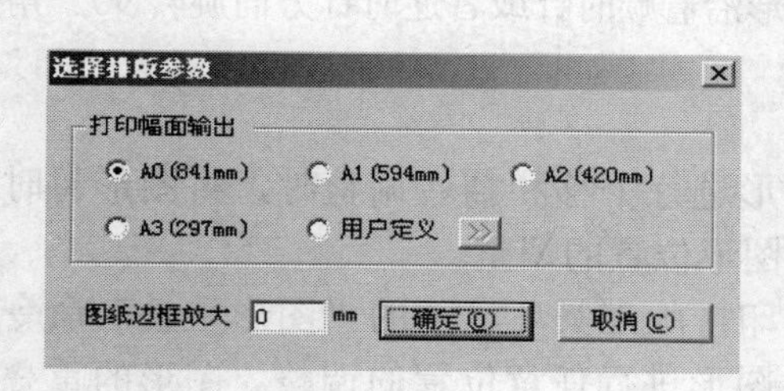

图 10.2　"选择排版参数"对话框

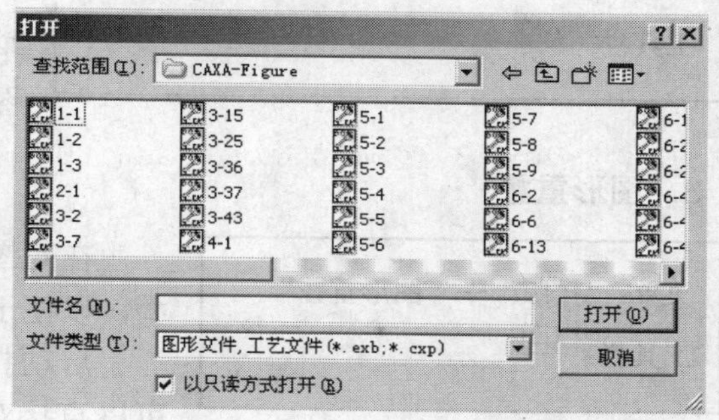

图 10.3　"打开"对话框

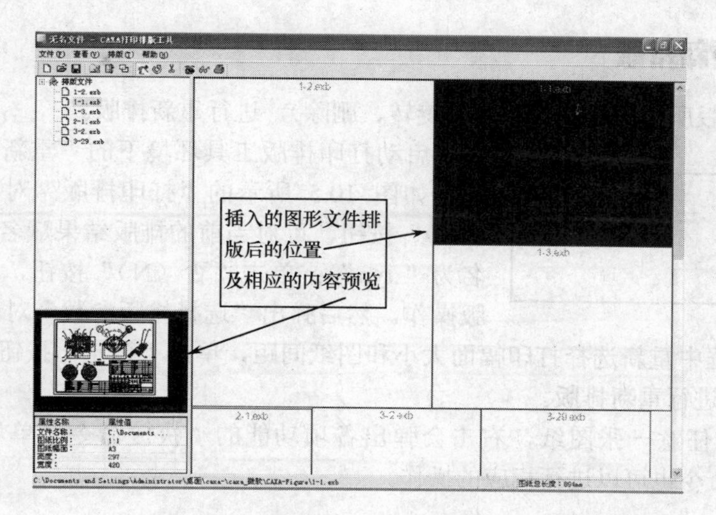

图 10.4　插入多个图形文件

2. 删除文件

菜单：“排版”—“删除”

工具栏：

将已插入的文件从打印排版环境中删除。

选中要删除的排版文件，然后启动打印排版工具环境下的“删除”命令，即可将所选的图形文件从当前打印排版环境中删除。

10.1.3 手动调整

1. 平移调整

菜单：“排版”—“手动调整” —“平移”

工具栏：

启动打印排版工具环境下的手动调整之平移命令，用鼠标拾取需要移动的图形，然后按住左键拖动鼠标，就可上、下、左、右平移该图形。

2. 翻转调整

菜单：“排版”—“手动调整” —“翻转”

工具栏：

启动打印排版工具环境下的手动调整之“翻转”命令，用鼠标拾取需要翻转的图形，系统将自动计算其两侧的旋转空间，使图形沿着顺时针或者逆时针方向旋转 90° 角。

3. 图形重叠

菜单：“排版”—“图形重叠”

工具栏：

在对图形进行平移和翻转调整时，将图形暂时重叠，以便于图形位置的调整。

启动打印排版工具环境下的“图形重叠”命令，可以直接对图形进行任意位置的调整。图形的重叠部分将显示为灰色。

10.1.4 重新排版

忽略手工排版所作的修改（移动、旋转、删除），进行重新排版。

菜单：“排版”→“重新排版”

工具栏：

启动打印排版工具环境下的“重新排版”命令，将弹出如图 10.5 所示的“打印排版”对话框，单击“是（Y）”按钮，可对当前的排版结果赋名保存（文件扩展名为“.typ”）；单击“否（N）”按钮，放弃已进行的排版操作。然后弹出“选择排版参数”对话框（如图 10.2 所示）。在对话框中重新选择打印幅面大小和图纸间距，单击“确定”按钮，系统将对打开的多个图形文件进行重新排版。

此外，选中任意一张图纸，右击会弹出各项功能的“快捷命令菜单”（如图 10.6 所示）。从中选择命令也可以进行相应的操作。

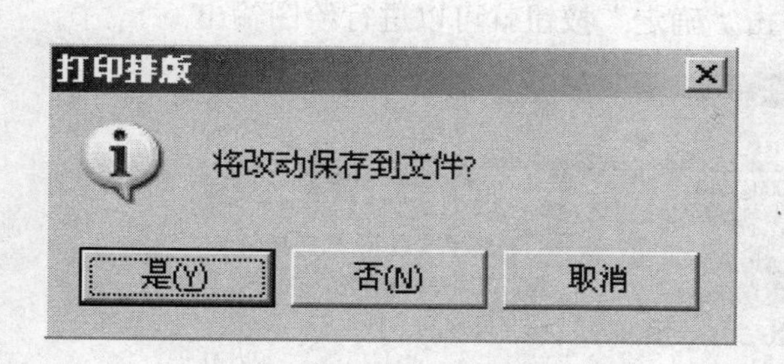

图 10.5　“打印排版”对话框

新建(N)	Ctrl+N
打开(O)	Ctrl+O
插入(I)	Ctrl+I
删除(D)	Ctrl+D
重新排版(A)	Ctrl+A
✔ 图形重叠(T)	Ctrl+T
平移(M)	Ctrl+M
✔ 翻转(R)	Ctrl+R
绘图输出(P)	Ctrl+P

图 10.6　快捷命令菜单

10.1.5　图形文件预览

> 菜单：“查看”—“浏览方式”—“位图”或“浏览器”
> 工具栏：

图形件的预览可以使用浏览器浏览和位图浏览两种方式。使用该命令可以在两种浏览方式之间切换。

使用浏览器方式浏览时，可以通过其上面的工具栏对指定的图形进行放大、缩小、平移等操作。但在选择图形时，其相应显示速度将明显慢于位图浏览方式。

10.1.6　幅面检查功能

> 菜单：“查看”—面检查”
> 工具栏：

检查图纸是否超出其幅面设置，以免图纸错位。

检查后，如果图纸没有超出其幅面设置，将弹出图 10.7（a）所示的提示；否则，弹出图 10.7（b）所示的提示。

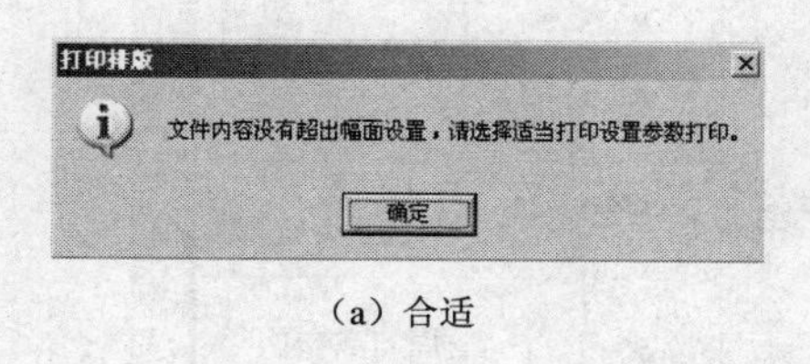

（a）合适

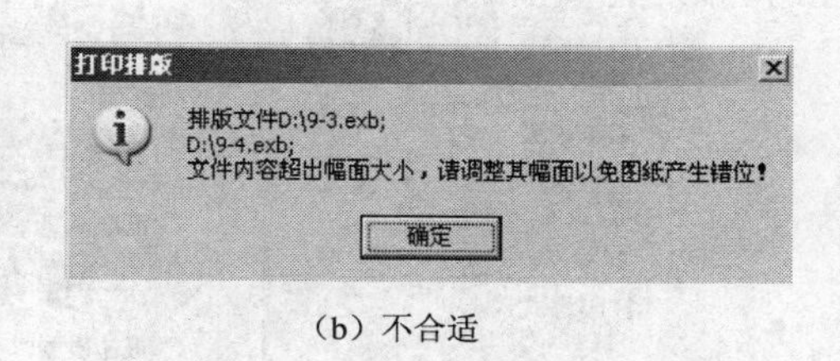

（b）不合适

图 10.7　幅面检查结果

10.2　绘图输出

> 菜单：“文件”—“绘图输出”
> “标准工具”工具栏：

绘图输出的功能，是将排版完毕后的图形按一定的要求由绘图设备输出图形。

电子图板的绘图输出功能，采用了 Windows 的标准输出接口，因此可以支持 Windows 系统所支持的任何绘图机或打印机，在电子图板系统内无须单独安装绘图机或打印机。

启动“绘图输出”命令后，将弹出图 10.8 所示的“打印”对话框，从中可进行有关绘图输出环境及参数的设置。完成后单击“确定”按钮就可以进行绘图输出。

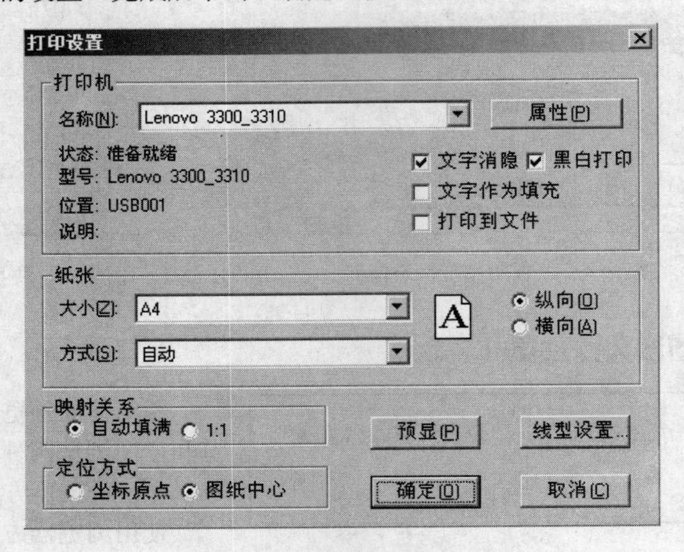

图 10.8 “打印”对话框

对“打印”对话框的内容及操作说明如下。

（1）“打印机”设置区：在此区域内选择打印机，并相应显示打印机的状态。单击名称框右面的“属性”按钮，将弹出图 10.9 所示的“打印机属性”对话框，从中可对打印机的相关属性做进一步的设置。

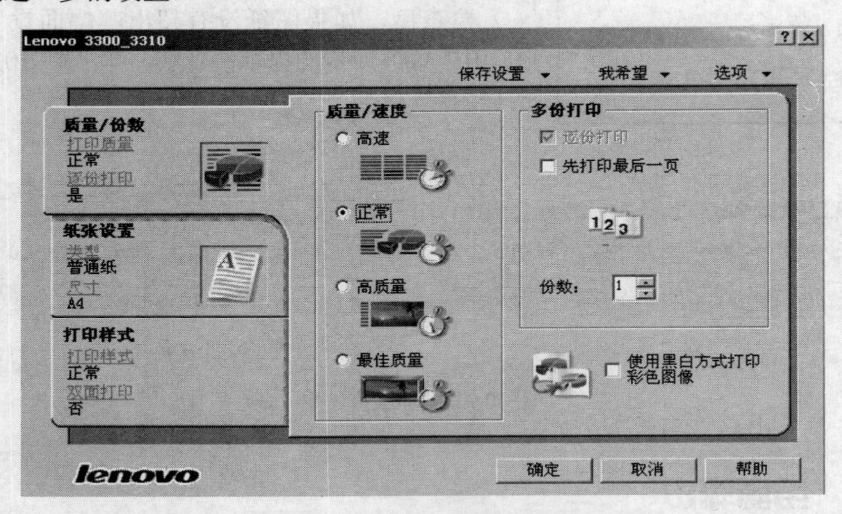

图 10.9 “打印机属性”对话框

（2）“纸张”设置区：在此区域内设置打印纸张的大小和方式，并选择图纸的打印方向（横向或纵向）。

（3）“映射关系”选项组：设置屏幕上的图形与输出到图纸上的图形间的比例关系。此组有“自动填满”和“1∶1”两个单选按钮。“自动填满”指的是系统自动计算输出比例，使得输出的图形最大地布置在所选图形的可打印区内；“1∶1”则是指输出的图形按照绘图尺寸的大小以 1∶1 进行输出。

（4）“定位方式”选项组：可以选择“坐标原点”和“图纸中心”定位。

（5）“预显”按钮：单击此按钮后在屏幕上模拟显示真实的绘图输出效果。在预显状态下，单击鼠标左键可连续两次以光标所在处为中心放大，第三次按左键后复原。

（6）“线型设置”按钮：单击此按钮将弹出图 10.10 所示的“线型设置”对话框。在“粗线宽”和“细线宽”下拉列表框中列出了国标规定的线宽系列值，可从中选择。也可直接输入标准值或非标准数值。线宽的有效范围为 0.08～2.0 mm。

注意

当绘图输出设备为笔式绘图机时，其输出图形的线宽与绘图机的笔宽直接相关。

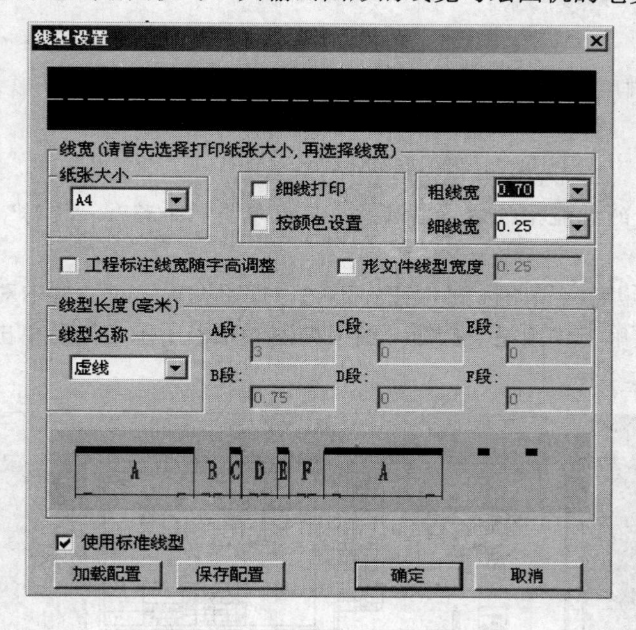

图 10.10　“线型设置”对话框

10.3　打印排版示例

利用“打印排版”功能对上一章所绘零件图进行优化排版。具体步骤如下。

（1）单击“打印排版工具”命令，启动打印排版功能，进入打印排版界面（如图 10.1 所示）。

（2）单击“新建”图标按钮，弹出“选择排版参数”对话框（如图 10.2 所示）。选择打印输出幅面为“A2（420mm）”，单击“确定”按钮，排版参数设置结束。

（3）单击“插入”图标按钮，弹出“打开”对话框（如图 10.3 所示）。从中选定要插入的图形文件并单击“打开”按钮，弹出图 10.11 所示的“打印排版”对话框，单击“是（Y）”按钮，继续依次选择需要插入的各零件图图形文件，最后单击图 10.11 中的“否（N）”按钮，结束插入图形文件的操作，结果如图 10.12 所示。

（4）单击“幅面检查”图标按钮，弹出如图 10.7（a）所示的提示，完成排版操作。

打印排版

是否继续插入图形文件？

是(Y) 否(N)

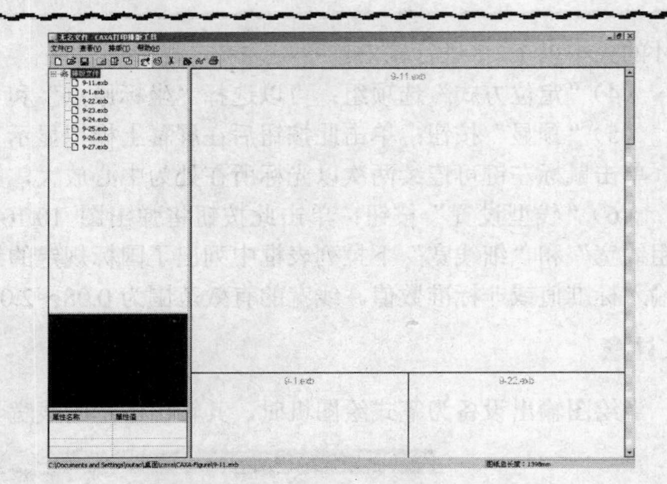

图 10.11 “打印排版”对话框　　　　图 10.12 插入多个图形文件

提示

如果对系统进行的智能排版结果不满意，可以单击“平移”、“旋转”、“删除”等图标操作进行手工调整。

（5）单击“打印输出”图标，在弹出的“打印设置”对话框中对一系列相关内容进行设置。设置完成后单击“预显”按钮，结果如图 10.13 所示。最后单击“确定”按钮，即可进行绘图输出。

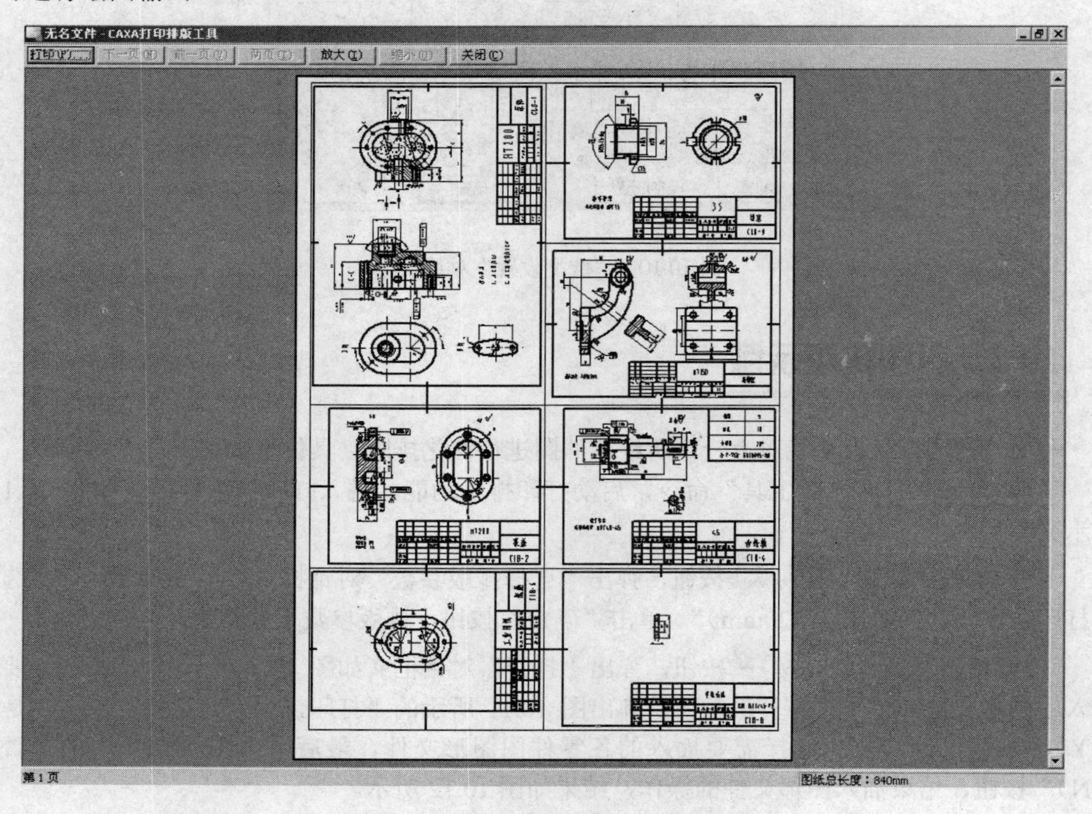

图 10.13 排版效果

习　题

（1）当用绘图机一次输出多个大小不一的图形文件时，可采用的最好方法是（　）

① 逐个输出图形文件；

② 先用打印排版工具编排在一个或几个大的图纸幅面上，然后再一次输出。

这样做的好处是（　）

③ 节省图纸；

④ 提高出图效率；

⑤ 以上两点。

（2）若欲将当前图形布满图纸打印，可将“打印设置”对话框中的“映射关系”设置为（　）；若欲按图形的真实大小输出，则应设置为（　）。

① 自动填满；

②1∶1。

（3）图形输出时，若欲使图形在图纸的上下和左右方向均“居中”打印，可将“打印设置”对话框中的“定位方式”设为（　）。

① 坐标原点；

② 图纸中心。

（4）为保证输出结果的正确性，在打印前，一般应先进行（　），确认正确无误后，再进行打印。

① 预览；

② 线型设置。

上机指导与练习

【上机目的】

熟悉 CAXA 电子图板环境下进行打印排版和绘图输出的方法及操作。

【上机内容】

（1）将自己所绘的主要图形以打印排版的方式布置在一张图纸上，并尽量充分利用图纸的幅面。

（2）选择自己最满意的一次作业图形用打印机绘图输出到 A4 图纸上（“纸张大小”选择“A4”；“映射关系”选择“自动填满”）。

参 考 文 献

1　郭朝勇，路纯红，黄海英．CAXA 电子图板绘图教程．北京：电子工业出版社，2003

2　高孟月等．CAXA 二维电子图板 V2 范例教程．北京：清华大学出版社，2002

读者意见反馈表

书名：CAXA 电子图板绘图教程（2007 版）　**主编：**郭朝勇　**策划编辑：**白　楠

谢谢您关注本书！烦请填写该表。您的意见对我们出版优秀教材、服务教学，十分重要。如果您认为本书有助于您的教学工作，请您认真地填写表格并寄回。**我们将定期给您发送我社相关教材的出版资讯或目录，或者寄送相关样书。**

个人资料

姓名________年龄____联系电话________（办）________（宅）________（手机）

学校________________专业________职称/职务________

通信地址________________邮编________E-mail________

您校开设课程的情况为：

本校是否开设相关专业的课程　□是，课程名称为________________□否

您所讲授的课程是________________课时________

所用教材________________出版单位________印刷册数________

本书可否作为您校的教材？

□是，会用于________________课程教学　□否

影响您选定教材的因素（可复选）：

□内容　□作者　□封面设计　□教材页码　□价格　□出版社

□是否获奖　□上级要求　□广告　□其他________________

您对本书质量满意的方面有（可复选）：

□内容　□封面设计　□价格　□版式设计　□其他________

您希望本书在哪些方面加以改进？

□内容　□篇幅结构　□封面设计　□增加配套教材　□价格

可详细填写：________________________________

____

您还希望得到哪些专业方向教材的出版信息？

____

谢谢您的配合，请将该反馈表寄至以下地址。如果需要了解更详细的信息或有著作计划，请与我们直接联系。

通信地址：北京市万寿路 173 信箱　中等职业教育分社　**邮编：**100036

http://www.hxedu.com.cn　E-mail:ve@phei.com.cn　**电话：**010-88254591；88254475

反侵权盗版声明

举报电话：（010）88254396；（010）88258888

传　　真：（010）88254397

E-mail:　dbqq@phei.com.cn

通信地址：北京市万寿路 173 信箱

电子工业出版社总编办公室

邮　　编：100036